建筑设计方法

东南大学　黎志涛　著

中国建筑工业出版社

图书在版编目(CIP)数据

建筑设计方法/黎志涛著. —北京：中国建筑工业出版社，2008（2022.8重印）

ISBN 978-7-112-11532-7

Ⅰ.建… Ⅱ.黎… Ⅲ.建筑设计—方法 Ⅳ.TU2

中国版本图书馆CIP数据核字(2009)第197987号

本书是建筑设计方法的专著，是作者集长期的教学和丰富的设计实践于一体的经验总结。书中系统地、详实地介绍了建筑设计的思维方法和运作方法，具体内容从五个方面阐述：一、分别介绍了设计概念、设计模型、设计程式、设计思维及设计基础；二、系统介绍了系统思维、综合思维、创造性思维和图示思维等方法；三、详细介绍了方案设计的前期准备、立意构思、探索建构、深化完善及比较综合等运作方法；四、介绍了建筑设计的技巧及各种表达手段；五、通过对设计命题的演示，具体而形象地进一步说明如何又好又快地完成建筑方案设计的全过程。

本书是高等学校建筑系、城市规划、景观学等专业的教学参考用书，也可供建筑设计、城市规划设计及景观设计等专业工作人员参考。

* * *

责任编辑：王玉容

责任设计：郑秋菊

责任校对：陈 波 赵 颖

建筑设计方法

东南大学 黎志涛 著

*

中国建筑工业出版社出版、发行(北京西郊百万庄)

各地新华书店、建筑书店经销

北京天成排版公司制版

北京建筑工业印刷厂印刷

*

开本：880×1230毫米 1/16 印张：16¾ 字数：536千字

2010年1月第一版 2022年8月第十六次印刷

定价：**46.00**元

ISBN 978-7-112-11532-7

(18782)

前　言

怎样做建筑设计？怎样提高建筑设计的质量与效率？这是每一位设计者关注的问题，也是建筑设计教学培养学生建筑设计能力的重要任务之一。许多有成就的设计大师和有作为的青年建筑师之所以有深厚的设计功力，就在于他们在建筑设计的学习与实践中掌握了正确的设计方法，因而能够面对复杂的设计问题游刃有余。而我们的建筑设计教学最核心的内容以及学生五年内建筑设计学习最关键的重点就是：传授(学习)正确的设计思维方法与正确的设计运作方法。掌握了这两点，也就打下了扎实的建筑设计基本功。

著者对此有着深刻的感悟：无论是在清华本科六年的建筑设计学习，还是在南工(现东南大学)三年的研究生深造，从恩师(汪坦、汪国瑜、胡绍学等)的启蒙教诲到导师(刘光华、齐康、钟训正)的言传身教；从北梁(思成)南杨(廷宝)的教学相长到在两校建筑系的环境熏陶，最大的长进就是懂得了掌握正确建筑设计方法的重要性，明白了打下这个基本功是我们从事建筑设计职业的立身之本。特别是从教近三十年的建筑设计教学经历，让著者铭记：授学生以设计方法比拘泥于设计手法更为重要。而改革开放以来，著者所参与的诸多建筑设计竞赛并屡屡获奖，以及完成数十项工程项目设计，充分验证了在学习阶段只要付出努力，真正掌握了正确的建筑设计方法，并为此打下扎实的基本功将受益一辈子。同时，在磨练设计基本功的过程中，一个人的职业素质、专业修养也会得到提升。这样，又反过来促进着设计能力的提高。

既然如此，著者有必要将从先师们那儿淘来的宝贵学识与自身的建筑设计教学经验和建筑设计实践体会，经过理论层面的探讨和实践层面的运用，将其成果著书立说。可以说，这本关于建筑设计方法的书在当前尽是理论、原理、图集、资料的建筑书海中尽管凤毛麟角，但为了使读者喜欢它，读懂它，著者在撰写的指导思想中特别注意了下述几点：一是强调本书要具有应用价值，避免空洞理论，言之无物；要让读者明白，究竟应该怎样做好建筑设计。因为不管你对建筑理论说得如何天花乱坠，真正的本事还是要看你手下的功夫、脑中的智慧。二是避免居高临下的说教，要以通俗的语言、平和的口气将建筑设计方法的相关理论、知识、道理深入浅出地描述出来，力图让著者与读者以平等姿态面对面促膝谈心。三是在论述建筑设计思维方法与构思中，所涉及的案例尽量选用中外名师佳作，尽量是当今惊世精品，以便能为读者拓展视野，增长见识。四是在阐述建筑设计运作方法和设计方法演示中所列举案例尽量是读者熟悉的中小型建筑，以便读者把注意力集中在对设计方法的理解上，避免对陌生案例或大型案例因费时甚至难以理解而导致阅读目的的本末倒置。五是为了突出本书与众多建筑书籍、教材不同的特点，书中所有插图均由著者徒手勾画，甚至将全部照片改为钢笔画。一方面使插图更清晰，做到能赏心悦目；另一方面也是为了说明掌握表现的基本功与掌握设计方法的基本功是一脉相承的，既体现了设计者个人的专业素质与修养，又说明徒手画对掌握正确的设计方法和提高设计能力也是一个基本条件。

当然，本书阐述的仅仅是一种设计方法，并不能作为清规戒律。但它确是普适性的基础训练，特别是对刚入建筑系门的学生来说尤其要重视这种设计方法的学习，毕竟这是为今后成为优秀建筑师在奠定基础。因此，要像演员“台上一分钟，台下十年功”、运动员“场上风光无限，场下泪汗成河”那样，去掉浮躁，沉下心来做学问，苦练五年设计基本功。

诚然，时代在发展，科技在进步，设计方法理应与时俱进。特别是在信息化、网络化的今天，计算机改变了一切，也冲击着建筑设计领域。然而，计算机辅助设计技术尽管显示出无比的优越性，但它还不能代替设计者的创造性劳动，更不能代替人的思维。何况任何先进的高科技手段还需要有扎实的基本功底、高智商、高修养、高素质的人去驾驭它。同时，本书是针对建筑设计前期阶段阐述的一种设计思维方法和运作方法，在任何时候设计者都要应用它。（顺便说一下，这种设计方法对于规划设计和景观设计也有一定参考价值。）因此，设计者仍然有必要重视建筑设计方法的学习，并在这个过程中不断修身养性，提高素质，增长才干。有了这个功底，再娴熟掌握计算机辅助设计技术，那将是如虎添翼。

本书断断续续写了两年多，一直受到中国建筑工业出版社王玉容同志的关心和支持，在此表示谢意。

还要感谢东南大学建筑学院陆莉同志为全书手稿作了全文打印，感谢王祖伟同志为本书的图片资料进行了整理工作。

限于著者水平，书中若有谬误之处，尚希读者批评指正。

黎志涛
2009.8.25.
于东南大学

目　录

第一章　概　论

第一节　设计概念

一、设计

设计从广义上来说就是人类有目的的意识活动。开天辟地以前，自然界的客观变化，如星移斗转、日月往复、冬去春来，沧海桑田、万物繁衍、生生不息，一切都顺其自然规律发展，本无所谓设计可言。但自有人类出现并进行改造自然界、改造人类社会本身开始，就逐渐萌发了有目的的意识活动。从构木为巢、结绳记事、钻木取火、制造工具、使用动力、开发能源、造字著文、讴歌咏诗，直至科技发明、兴教建国、社会更替等等，从古至今设计就无处不在，无时不有。这种人类自始以来有目的的意识活动由低级到高级，由简单到复杂，由个人到集体，由低效到高效，由狭窄范围到广阔领域，历经数十万年的实践，通过设计创造了当今无限美妙的物质世界和精神世界。

设计从狭义上来说，即是人们有目的地寻求尚不存在的事物或称之为发明、创造。它与科学的特征不同。科学是研究客观存在的事物，探索其客观规律，变不知为可知，称其为发现。例如牛顿发现了万有引力定律；哥白尼发现了地球围绕太阳旋转提出日心说；沃森、克里克、威尔金斯发现了脱氧核糖酸（DNA）的双螺旋结构；伦琴发现了X射线；伽利略发现了单摆的等时性原理；戴维通过电解物质独自发现了钾、钠、钙、铁、镁、锶、硼七种化学元素；法拉弟发现了电磁感应现象；哥伦布发现了美洲大陆；马克思从商品现象中发现了资本家剥削工人的秘密等等。从自然科学到社会科学，正是这些无数的发现，揭示了自然和社会的现象与规律，推动了人类的文明进步。而设计则要如实反映并掌握已知的事物客观规律，遵循其所存在的系统性、等级结构、层次结构、交联结构等序列性，采取最佳对策，将意愿与意志变为现实，从而创造出新的人工事物，包括创造物质的产品和环境与精神的产品和环境，有时两者兼而创造之。

虽然我们所创造的人工物是如此丰富多彩，各不相同，但就设计而言有其共同的特征：

(一)设计目的的明确性

既然设计是一种发明或创造的活动，那么就必须有一个明确的目的。文字的创造是为了人们的语言、书面交流；纸的发明是为了文化的记载与传播；电灯的发明是为了人类在黑暗中获得光明；汽车的发明是为了人们可以以车代步；火箭、飞船的发明是人类为了探索宇宙的奥秘；建筑设计的目的是为人类创造更舒适的生活环境等等。可以说，没有一个明确的目的，设计、发明与创造将一事无成。

但是，日常很多的设计多属于单一目的的设计。因此，设计目标十分明确。而一些多目的的设计，如国民经济计划、国土规划、区域规划、城市规划等都是一种综合设计，它们的多目的和综合目的当然也应该十分明确。但是，这一类的综合设计在设计之初，存在的若干不可预见因素具有未可确定性。同时，在规划实施过程中，由于有较长周期，常出现一些不可避免的可变因素需要修改、调整原设定的设计目标。因此，这一类综合设计表现出其设计目标在分阶段上有明确目标，而在发展前景上有未可确定性。因而在设计中要将近期目标与远期目标结合起来。

(二)设计目的的环境适应性

无论是单一目的的设计还是多目的的综合设计，必须适应自然环境和社会环境的客观需要。因为，自然和社会的发展有其自身客观规律，而人的主观意识发展的水平及其有目的的意识活动与前者有一个很大的可容性范围，也有一定可超越的幅度。但是，如果想摆脱自然环境与社会环境的约束而过多地进行超越或落后的意识活动，则设计目标非但不能达到，而且必将被淘汰。我国20世纪50年代的大跃进和人民公社化运动，因为超越了社会发展规律，最终沦为历史教训。而我国载人宇宙飞船的上天是改革开放后，我国在政治、经济、科技等诸方面国力不断增强的前提条件下达到目的的。在20世纪还不具备如此环境条件时，是不可能达到这一成就的。在一个山清水秀的自然环境中，为了单纯追逐利润而建设的造纸厂，由于没有治污能力，造成对环境的严重破坏，结果要么受到自然的惩罚；要么关闭造纸厂被淘汰出局。互联网的出现推动了当代科技的迅速发展，适应了社会高速发展的需要。但是在互联网上进行传播精神垃圾的活动则是健康社会所不允许的，必将受到抵制和清理。

(三)设计过程的复杂性

我们设计的一切目的物，无论是物质的产品和环境，还是精神的产品和环境，其各自都是一个大系统。在这个大系统中，其构成的各个要素错综复杂地交织在一起，它们互为依存，互相制约，既矛盾又统一。而且，在我们追求目的物实现的过程中，系统中的各要素之间的矛盾关系又不断在变化着、转化着。当我们解决了前一阶段设计的矛盾后，随着设计的进程每前进一步，又会出现新的矛盾。而前一阶段为解决设计矛盾所获得的结果，此时却转换成解决新矛盾的条件。就是这样，我们自始至终为实现设计目的而苦苦思索着。同时，当我们逐步深入地解决这些不断出现的设计矛盾时，并不完全是单向直进的，由于事物在发展过程中，各个设计要素总是相互联系在一起的，牵一发而动全身，我们不得不用复杂的思考方式去面对设计过程的复杂性。因此，我们在解决此设计矛盾时，不但要想一想对前一阶段解决设计矛盾所获得的结果有什么反作用，而且要预想一下对下一步，甚至下几步设计环节会带来什么影响。否则，任何孤立的、排除一切相互联系的因素而就事论事地解决某一个问题，必将导致设计的失败。

（四）设计目的的效应性

我们做一项设计，不但为了要实现设计目的，更要追求某种效应。这种效应或者是经济效益、社会效益、环境效益，或者是三者兼而有之的综合效益。这些效益就是设计价值及其评价的重要依据。

一般来说，我们设计的目的总是希望低投入高产出，即花最小的代价而获得最大的效益。但是，衡量最大效益的指标在当今社会又不是单一的，总是将经济效益、社会效益、环境效益综合起来权衡考虑。特别是一些大的、重要的设计，如国民经济计划、城市规划设计及重大项目的建筑设计等都具有多方面的综合效益，任何只强调某一方面效益而忽略或排斥其他方面的效益，都是片面的，甚至是有害的。开发商开发一片居住区，为了追求最大利润而把住房标准提得高高的，把价格涨到天价，把公众景观资源据为己有，把古树、历史遗存推平而提高建筑密度等等，开发商确实获得了最大利益，而社会效益、环境效益却遭到破坏。这种设计的综合效益显然不是我们所要的。一座怪异的所谓标志性建筑，因耗资奇高毫无经济效益可言，而它的形象不被公众看好，甚至可谓建筑垃圾而毫无社会效益。如果它突兀地与城市环境、历史文脉又格格不入，甚至产生热岛效应、光污染等弊端，那么连环境效益也谈不上了。这种设计应该是一种无功的设计，反映出设计的无效应性，这是我们要避免的。

（五）设计主体的意识活动

任何一项设计都是人围绕目的物和环境展开的一系列意识活动。这种意识活动首先要如实地反映现实条件的客观性质和规律，并正确地认识和掌握它们的规律。否则，不能如实反映客观条件的设计就会带有虚假性，就是一个不成功的设计。

客观世界虽然孕涵着无限丰富的内容和性质，但它们却存在着一定的序列性。人的意识活动要如实反映现实条件的客观性质和规律，那么，反映在我们的意识中亦会呈现出序列性。既然如此，当设计主体在意识活动过程中的种种表现如推理、判断、求解、构思、分析、综合等，如果缺乏序列性，那么，我们的设计就会存在这样或那样的问题，就会违背客观规律。

意识活动可贵之处在于它的可塑性，即具有活跃的构思活动，如模仿、移植、转换、交联、变换、影射、分解、幻想等等。而其更为可贵的是它的创造性。它为物质世界和精神世界不断增添新物质、建立新理论、取得新经验、获得新成果、首开新纪录。

但是，当设计主体的意识活动出现无知、主观主义、不负责任、不动脑筋时，就会出现诸如脱离实际、信口开河、异想天开等意识活动随意性的消极面，轻则造成设计的缺陷，重则造成设计的失败，这是我们竭力要防止的。

一切设计为了达到目的都需要采取相应的对策。而一个问题的解决，可以有多种对策。不同的对策又会获得不同的设计结果。因为，设计不像解数学题，1 加 1 等于 2 只有惟一解。因此，设计的结果只是相对的，我们总是期望从中择优。但是，由于各种原因，我们有时只能获得满意解，而非最优解，这完全取决于对策的正误优劣。因此，对策是设计主体为实现设计目的而展开意识活动的关键。

设计主体的意识活动虽然对客观世界具有反映性，但它又不是完全被动地反映客观世界。在一定条件下，它对自然界和人类社会具有反作用，并且在改造自然界和人类社会本身中，这种反作用具有无穷无尽的力量，这就是人类意识的能动性。

二、建筑设计

建筑设计虽然同一切设计一样，都是一种有目的的造物活动。但是，建筑设计所创造的目的物与其他设计所创造的目的物全然不同。建筑设计是创造人类赖以生存和生活的建筑物及其环境，乃至更大范围的城市。它除了具有前述设计的共性特征外，还表现出如下的个性特征：

（一）建筑设计是运用多学科知识与成果综合解决设计矛盾的过程

1. 建筑设计是多学科交叉的整合设计

建筑设计的目的物——建筑物及其环境是随着社会的发展、人类生活方式的日益丰富多彩，以及人们对生活质量的要求越来越高而逐渐复杂起来的。特别是在科学技术日新月异发展的今天，许多边缘学科、交叉学科渗透到建筑学领域中来，不仅变更着人们的生活理念与方式，要求建筑物及其环境应更好地满足现代人的物质和精神需要，而且使建筑设计仅依靠自身的学识和解决设计问题的手段已显得力不从心。它必须综合运用诸学科的研究成果进行整合设计，以便创造一个更能适应现代社会生活的目的物——现代建筑及其环境。

正是这样，为了完善地实现建筑设计的目标，首先就要运用建筑学的专业知识与技能处理好建筑物与环境的相依关系；处理好建筑物内部复杂功能的有机关系；处理好建筑物外在体形与内部空间的和谐关系；处理好建筑物各细部与整体的关系等等。

建筑物要想安全地容纳人的多样生活，其结构体系必须是合理的、坚固的。因此建筑设计要运用结构工程学的知识，对设计对象进行合理的结构选型、合乎逻辑的结构布置，以便为结构工程师对建筑物的结构计算提供设计依据。

建筑物是用各种建筑材料进行建造的。而各种建筑材料的性能、质感、适用条件、加工工艺等千差万别。因此，建筑设计要运用建筑材料学的知识对设计对象进行合理选材及其配置，以便使设计对象的建造成为可能，并且使建筑物内外表皮通过建筑(或装饰)材料恰如其分地表达设计意图。

建筑设计不但创造了建筑物实体，同时又创造了建筑物内外空间环境。这个内外空间环境支持着人的各种生活行为。建筑设计为了使人在其中获得一个适宜的生活环境，就要运用建筑物理学知识精心处理好声、光、热等技术问题，以便更合理地进行建筑物的选址、规划布置、方位选择，或者采用有效措施隔绝外界不利因素对建筑物内外环境中舒适性的干扰、妨害等，使观众在观众厅能看得好，听得好；读者在阅览室能安静学习；户主在居室内感受阳光的温馨；公务员在办公室能提高工作效率；旅客在宾馆能享受现代化的服务等等。总之，建筑设计一旦整合了建筑物理学的要求，就能在舒适性方面进一步提高建筑设计的质量。

建筑物不但是建筑设计的物质产品，也是人类文化的载体。"建筑是历史的史书"正是说明建筑物记载着人类的文明史，传承着人类文化的延续。因此，建筑设计不完全是一种工程设计，在一定程度上还要运用建筑历史学科的知识，对建筑物注入某种文化的内涵，不但要继承建筑文化传统，还要大胆创新，烙上时代发展的印记。

建筑设计所创造的建筑形象涉及到建筑美学问题。建筑物的美与不美虽然仁者见仁，智者见智。但是，任何事物都存在一定的内在规律。建筑设计就要遵循这个规律，运用美学理论指导对建筑色彩的选择，对建筑形体组合的把握，对建筑形式、比例、尺度的推敲，对界面虚实关系的处理等等，使建筑物形象符合美的原则，符合城市环境总体要求，符合人的审美情感。

任何一项建筑设计的产品——建筑物，都必须以经济为基础。材料要钱，建造要钱，维护要钱，再好的设计意图，再高明的设计手法，如果得不到经济的支持，建筑设计只能是纸上谈兵。因此，建筑设计必须要有经济头脑，并运用经济学原理把握好面积定额、设计标准、造价控制等使建筑物经济、适用、坚固、美观。同时建筑设计还要在深一层次上运用经济学原理，力图从设计、建造、使用及建筑物的日常管理维护各个环节，充分考虑如何以较少的投入获取最大、最好效益所能采取的对策。

当今的生态学发展给建筑设计带来严峻的课题，即建筑设计要更加注重生态环境问题，诸如节能减耗，消除污染等，以便使人类的建造活动尽量减少对自然环境的干预和破坏，达到人工界与自然界的和谐发展。信息技术革命不仅给社会和人类生活带来日新月异的变化，而且诸如自动控制、信息传递、网络技术、电脑普及等先进手段的出现也给建筑设计注入了新的活力。建筑设计自此摆脱了传统设计方法——以经验公式、图表、手册等作为设计依据的束缚，走出设计初级阶段，而进入现代设计领域。通过运用数字手段、建立数字模型、利用现代分析技术和计算技术使建筑设计解决更为复杂的设计问题成为可能，并大大提高设计效率和精确度，使设计的产品——建筑物比任何时代更现代化、智能化。

人不甘于生活在生硬材料的围合中，人与生俱来希望与大自然亲密接触，尤其在今天的高科技现代生活环境中渴望回归自然。因此，建筑设计要运用造园学的原理、知识与手法，使建筑物能够融入自然环境，并成为有机整体；或者在建筑物的内外环境中引入自然要素，并进行科学的规划与合理的设计，从而改善硬质环境的缺陷，进而创造美的、自然的生活环境。

建筑设计是为人的而不是为物的，不同的人对于同一类型建筑物及其环境的物质要求与精神要求是不同的，或者不同类型的建筑物所要表达的氛围也是各不相同的。为了更好地满足不同人的不同需求，建筑设计就要认真研究人的生理学、心理学、行为学。以此作为设计准则，更精心地进行功能布局，进行空间比例的推敲，进行材质色彩的选择，进行声光的控制，进行细节的处理等等。总之，上述建筑设计的一切方法、手段、目的都归结为对人的关怀。

凡此种种，说明建筑设计已不再能单一学科地独自解决日益复杂的设计问题了。它要综合地运用各学科的知识与成果进行整合设计。只是对于不同的建筑而言，整合的程度与方式有所差别而已。

2. 建筑设计是解决设计矛盾的过程

设计者在进行建筑设计的过程中，不是单纯为了功能的合理而机械地进行排平面，也不是为了在造型上标新立异而随心所欲地张扬形式构成，更不是为了标榜个人喜好而肆意玩弄设计手法，建筑设计的过程实实在在是不断解决设计矛盾的过程。如前所述，建筑设计与诸多学科的关系是那么宽泛而又紧密，要想将它们部分地或多样地关联起来进行整合设计并非易事，何况建筑设计一旦将它们整合在一起势必会产生这样或那样的矛盾。建筑设计为达到理想的目标不得不在设计的各个阶段分析它们的利弊关系，协调它们的相互矛盾，最终通过决策解决设计问题，以达到设计目标的实现。

从建筑设计的行为过程来看，设计初始，设计者就会立刻陷入如何处理建筑与环境关系的设计矛盾之中。这些矛盾有外在的，包括地段周边的道路、建筑、朝向、风向、景向等；也有内部的，如功能特征、技术条件、造型要求等。这些内外因素各自都对建筑设计提出约束条件。更为困难的是这些内外因素不是孤立地对建筑设计产生影响，而是相互错综复杂地交织在一起共同对建筑设计产生作用。这些作用有些是正面的，有些是负面的，从而让设计者从中难以取舍、难以判断、难以决策。但是设计者为了使建筑设计在起步阶段就能正确上路，必须运用唯物辩证法，通过分析、综合、取舍、决策等手段，找出建筑设计方案生成的起点。但是，这仅仅是开始。根据矛盾永恒的法则，在解决了一对设计矛盾之后，又会出现新的矛盾来干扰设计的进程。比如，当初步解决了建筑与环境的设计矛盾时，下一步就会面临建筑本身的功能与形式的矛盾、功能与技术的矛盾、形式与技术的矛盾等等。他们的出现可能有先后秩序，但始终是不可分离的，总是明里暗里影响着建筑设计的进程和结果，设计者又要在求解的途中不断回答这些不断涌现的设计矛盾。由于建筑设计的特点是没有惟一解，这就更增加了对设计矛盾判断、评价的难度。但是，建筑设计过程总的趋势是，当设计矛盾依次解决后，设计目标越来越明朗化。设计者只要在每一个设计阶段抓住相关的主要设计矛盾，设计问题就会迎刃而解，许多无关紧要的矛盾也可以一一被克服，设计就会沿着正确的取向向前发展。一般来说，只要建筑设计运用的解决设计矛盾的方法符合建筑设计程序的规律，当解决后一设计矛盾时，就不会颠覆先前的设计成果。正是这样，建筑设计才会在不断解决各个设计矛盾的过程中推进建筑设计的进程，直至建筑设计目标在图面上的完成。我们之所以讲建筑设计目标是在图面上的完成是因为建筑设计将贯穿到施工阶段的整个建造过程中。由于某些无法估计的原因以及图面上难免忽略的设计矛盾或隐藏的设计矛盾最终都会在建造的过程中逐一暴露出来。此时，又需要设计者为急需解决现场出现的设计矛盾作出修改设计，以便将设计矛盾尽可能地解决在建筑物竣工之前。

就是这样，设计者当在进行建筑设计时，自始至终总是在为解决不断涌现的设计矛盾苦苦思索着，尽力解决着。而建筑设计过程中的所有表达手段，仅仅是解决这些设计问题的媒介而已。

（二）建筑设计是一种有目的的空间及其环境的建构过程

如前所述，建筑设计的最终产品是为人类创造一个适宜的生活空间及其环境。大自区域规划、城市规划、城市设计、群体设计、单体设计，小至室内设计、陈设设计、视觉设计乃至家具设计等等。无论设计者设计的上述何种产品，“空间”自始至终都成为意愿的起点，又是所要追求的最终目标。设计者的一切设计行为就是这样紧紧围绕着空间及其环境的建构而展开的。当设计者一开始进行建筑设计起步时，他就要意在笔先地构思设计目标的空间形态，以此制约平面设计的生成、发展。或者为了完善平面的设计又在时时地调整最初的空间构想。这种互动的依存、促进，使得完善的平面设计成果水到渠成地纳入预设的空间形体之中；或者一个完善的空间体量很自然地包容了相应的功能内容。

那么，空间的特征是什么呢？通俗讲，它具有长、宽、高三度空间向量的“语汇”。但是，它与雕塑家设计的同样具有三度空间向量的产品(雕塑)不同，后者只具备造型，供人鉴赏其外形美；而前者不仅同样具备外部造型，更重要的差别在于它拥有内部空间，以便供人进入其中获得空间体验。人通过在空间中的连续印象赋予空间以完全的实在性。正如意大利有机建筑学派理论家赛维(Bruno Zevi)在《建筑空间论》中所说：“空间现象只有在建筑中才能成为现实具体的东西”，“空间——空的部分——应当是建筑的主角”。同时，建筑空间并不像雕塑那样，人们比较容易理解其造型变化，而建筑空间就复杂多了，甚至难以想像、体验、把握。因此，设计者在整个设计过程中，始终关注着空间的建构，不但要考虑建筑形体空间与城市空间、场地空间的适应问题，还要妥善安排建筑内部各组成空间为适应功能的有机联系而形成一定的空间秩序；或者为了达到某种设计意图而精心组织空间序列，巧妙创造空间变化等。此外，设计者还要大量推敲单一空间的体量、尺度、比例等细节，使空间形态至臻完善。

但是，空间毕竟是一种物质形态，并不是设计者所追求的终极目标。空间只有纳入人的因素才会使空间具有活力，具有生命。而人的因素就复杂得多，不同人对同一空间会有不同的体验；同一人对不同的空间也会产生不同的情感。这就涉及到空间对人的心理作用。因此，更深一层的空间研究、设计还需要设计者充分把握空间能给人以何种精神体验，达到何种气氛，创造何种意境。这些空间感的创造都是设计者运用空间形态的手段在其他设计要素(如色彩、光线、材质等)的参与下共同实现的。而其中对空间体量、形状、比例、尺度的推敲尤为关键。空间在设计者的笔下一旦赋予特殊使命，就能给予人某种情感的体验，如庄重、肃穆、宁静、喧闹、愉悦、恐怖、温馨、冷漠等等。因此，空间感的获得是空间建构的升华，在一些有特殊精神功能要求的建筑设计中成为设计者刻意追求的更高设计目标。

设计者不但要关注建筑空间及其环境的建构，也要关心建筑细节的空间形体。如楼梯的造型、陈设小品的式样、吊顶的形态、窗洞口的形式、直至家具的款式等等。设计者除了对它们的功能使用要考虑周全外，还要精心推敲它们各自的形体，也即空间形态问题。不仅如此，这些设计细节不是孤立存在的，而是置于建筑空间之中。这就涉及到这些设计细节如何有机整体地与建筑空间发生和谐、统一的关系，而不是杂乱无章地堆砌在一个美的建筑空间之中。

综上所述，空间及其环境的建构过程必须全面考虑，并协调人、建筑、环境三大系统的内在有机联系。

（三）建筑设计是一种生活设计的过程

建筑设计虽然如前所述是一种空间及其环境的建构过程，但并不是纯形式构成的艺术表现。这种空间建构的目的仅仅是满足人们物质与精神需要的手段而已。而建筑设计的本质应该是一种生活设计的创造。正如建筑物与鸟巢蜂窝的根本区别在于后者是鸟类、昆虫为适应单一生存目的的一种本能活动所致；而前者是人类不仅为了生存，更是为了进行多种行为目的而进行的创造。赋予空间以生命的关键就是因为纳入了人的因素，否则空间的创造充其量是设计者玩弄形式构成而已。

因此，设计者的工作首先要明确建筑设计是“为人而不是为物”。从根本意义上来说，可归结为建筑设计的目的物——建筑物如何满足人的生存、生活需要，并与环境友好。这就是如前所述：设计者在进行空间及其环境的建构过程中，必须全面考虑并协调人、建筑、环境三大系统的内在有机联系。

我们知道，人类最初建“屋”的动因是为了寻求庇护所。这是人类生存的需要(抵御大自然不利因素的侵害)，也是生活的需要(可以休息睡眠)。而不同地区建筑形式之所以出现“群居”(爱斯基摩人的“冰屋”，婆罗州的“长屋”)与“分居”(阿拉伯人的黑帐篷)之别，是由于环境的差异而导致人的生存模式不同所决定的。在现代的建筑设计中，已远远超出了远古时期人类对建筑的本能要求。特别是20世纪以来，科学技术与工业生产的发展使现代生活形成了与过去完全不同的一种崭新而多元的方式。这种生活方式由于设备、材料、家具等高度现代化而大大改观了建筑设计的本质。特别是伴随着信息革命的到来，建筑设计不仅要考虑空间中人的行为正常发展及其相互关系的和谐，而且要综合运用技术的、艺术的、数字的手段创造出更符合现代生活要求的空间及其环境。

人的现代生活都是有一定行为秩序的，而人的生活又是丰富的、多元的。建筑设计的宗旨既然是为人而不是为物，那么，它的一切设计产品都应周到地满足人的各种生活行为及其相互和谐的关系。

一个图书馆的建筑设计，除了要研究它与环境的和谐、造型的新颖典雅、结构选型的经济合理等因素外，最根本的考虑就是它要满足读者在此的一切借阅行为要求。诸如交通布局简洁明了，以保证各种流线互不干扰；功能布局合理，以保证读者行为秩序正常；阅览空间与藏书空间彼此联系紧密，以保证读者取书方便；阅览室布置宽敞，光线柔和，以满足读者阅览的舒适性要求等等。倘若对图书馆的生活设计稍有疏忽，就会给日后的使用带来这样或那样的麻烦。

一个剧场的建筑设计，不管造型设计如何新颖独特，材料如何现代高档，其最基本的设计目标就是满足观众在剧场里能看得好，听得好；演员在舞台上能发挥最佳演出状态。为此，建筑设计要通过空间的变化、光线明暗的转换等设计手法解决观众从日光强烈的外部环境进入光线较暗的观众厅时，眼睛生理上的暗适应过程；或者反之，解决眼睛生理上的明适应过程。还要通过观众厅平面与剖面的设计，解决好地面、楼面的合理升起，以保证每位观众毫无遮挡地看清演员的每一个表演动作。要精心进行观众厅的界面设计，以保证其音质能让观众听得真切感人。舞台部分的功能设计，更是保证演出成功的前提条件。从化妆间、道具间、服装间、抢妆间、到所有为演员服务的房间都要安排井然有序，以保证演员在演出过程中的一切行为能按剧情要求正常进行。并在灯光控制、音响效果、背景变幻的烘托、渲染下，使演出效果高潮不断迭起。可以说，满足上述所有观演要求的生活设计是剧场建筑设计的核心。

一个幼儿园的建筑设计，由于其服务对象是3～6岁的弱势群体，在生活设计上与上述建筑完全不同。之所以不同，完全是由于幼儿与成人在生理、心理上对建筑及其环境的功能要求有较大差别。为了给幼儿创造一个适宜身心健康发展的建筑环境，建筑设计势必要给予特殊关心。诸如每班若干房间的布局要自成一体，组成活动单元，以满足幼儿园教学要求。也要提供若干公共活动空间，以利开展各项兴趣活动。幼儿园的幼儿生活空间及室外场地一定要保证有良好的日照、通风条件，以满足幼儿能经常进行日光浴、空气浴、水浴，促进其体格的健康发展。建筑设计更多地要注意细部处理，诸如阳角抹圆、材质不可生硬粗糙、家具设施要低矮小巧等等，以适应幼儿身材的尺度。可以说，幼儿园建筑设计是一项更细致、更周到的生活设计。

对于公共建筑而言，生活设计是如此重要，那么，对于住宅设计来说，更是一项周密的生活设计的过程。因为它与我们每一个人的关系是那么的紧密，那么的重要。

在现代居住生活中，无论起居、睡眠、休息、学习、娱乐、会客、团聚、家务、洗浴等众多的现代生活行为都有着一定的秩序和相互和谐的关系(图1-1、图1-2)。为此，住宅建筑设计就不能不考虑为现代居住生活的秩序创造一个良好的居住环境。

例如，按居住行为秩序在入户的起始点需要有一个内外过渡的空间，称其为门斗。它可起到隔离外界视线的作用，以保证居住生活的私密性。在生活行为上可以进行换鞋、存物、整妆等多项入户或出行的生活行为。

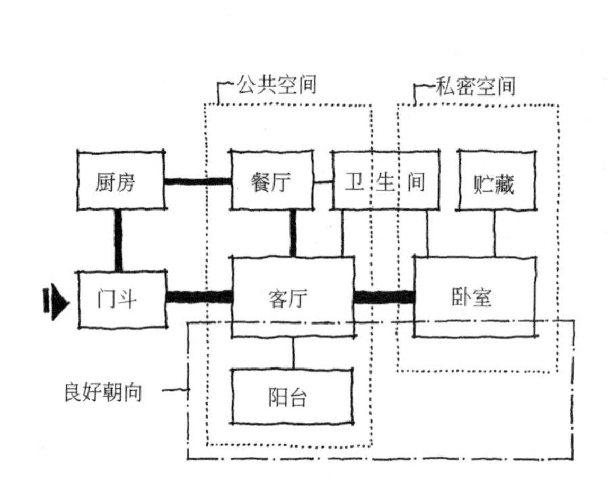

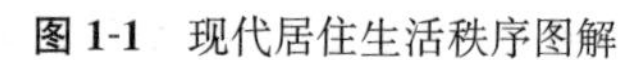

图 1-1 现代居住生活秩序图解

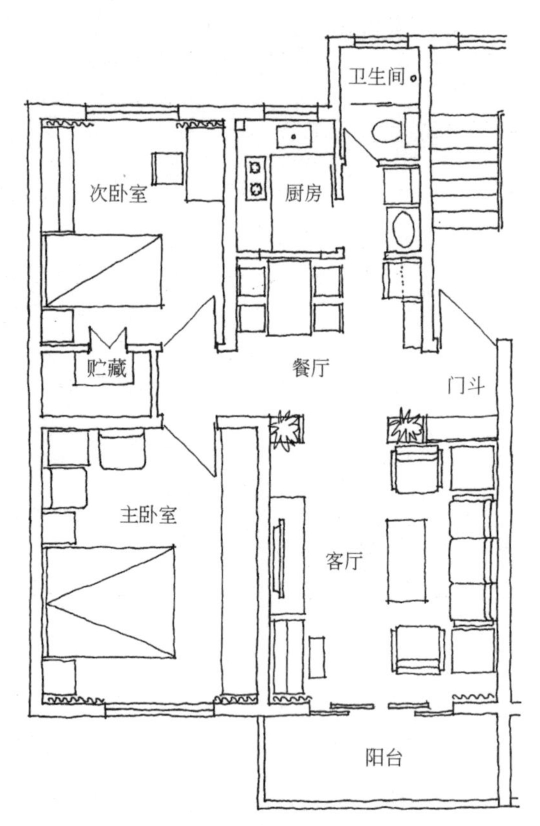

图 1-2 按现代居住生活秩序设计的住宅套型

而居住空间的核心部分——客厅，在居住生活秩序链上，理所当然地要位于入口附近，且最好朝阳，以便对外可接待客人、朋友，对内可家人团聚，并使客厅有一个阳光明媚的好环境，给人一个好的心情。

厨房在住宅中属于后勤用房，应尽可能接近入口，以便服务流线短捷，垃圾出门方便，而不干扰住户内其他的主要生活秩序。

餐厅与厨房在生活秩序上应保持最短的距离，以提高备餐与餐后整理的工作效率。

卧室是住宅内各空间最私密的区域，应布局在居住行为秩序链的尽端，以保证不受公共区域活动的任何影响和干扰。

现代高水准的生活质量要求，使卫生间不再成为一种漫不经心地随意设计，而是真正从关心人的居住行为和提高生活质量出发，使其不仅在平面布置上兼顾家人与客人使用的方便，更应精心推敲洁具的布置、陈设的摆放，以符合人洗浴如厕的生活秩序，并在使用时得心应手。

即使过去认为住宅设计中最不起眼的储藏间，在今天的现代居住生活中也变得越来越重要了。不再仅从利用空间的意义上采用诸如吊柜、壁柜等手法进行低层次的功能设计，而是为了保证大多数生活空间的整洁、宽敞，从而提高生活空间的环境质量，必须挖掘设计潜力，将储藏间合理地安排在居住生活秩序链的应有位置。

综上所述，建筑设计的意义不在于“生活的容纳”，而在于“生活的切实安排”。建筑设计一旦确立了“以人为本”的原则，就会在空间建构的同时，切实安排好各类现代生活秩序，最终的目的是大大提高现代人的生活质量。

(四) 建筑设计的过程是通过多种建筑设计媒介完成的

建筑设计是概念和因素转化为物质结果的必须环节，并伴随着运用不同的建筑设计媒介而完成的。所谓建筑设计媒介是设计者的一种意念表达方式，是传递建筑设计信息的方法和手段，也是作为建筑设计过程中各种信息的载体。而且，建筑设计媒介的特征总是表现在人与人之间的信息交流之中。可以说，在建筑设计过程的任何一个阶段，建筑设计的信息都有赖于建筑设计媒介的表达和传递作用。

就现代建筑设计而言，建筑设计媒介可分为建筑图形媒介、建筑模型媒介和建筑数字媒介。

1. 建筑图形媒介

建筑图形媒介是一种二维投影，并可以对三维甚至多维信息进行二维模拟表达。

建筑图形的作用是建筑设计过程中一系列设计概念、意图的表达方式，也是进行信息交流的重要手段。而建筑设计前期的设计工作，对于设计目标的实现起着决定性的作用。这个建筑设计前期工作的表达方式就是图形媒介中的一种，因而草图在建筑设计前期的表达中也显得特别重要。

我们知道，在设计前期，设计者对许多设计问题的思考都是模糊的、游移不定的、概念的。因此，不可能用肯定的、明确的、实在的图形描述头脑中暂时尚不确定的建筑设计意图。我们只能通过粗线条的、图示的、符号化的图形将头脑中对设计问题的初步思考在图纸上固定下来；并通过视觉的作用，对其进行观察、分析、评价、验证、综合、决策等；再将结果迅速反馈到大脑中，进一步促进思维的发展。如此往复多次，使设计意念越来越清晰、设计表达越来越明朗。可以说，草图是一种“在纸上的思考”，是其他建筑设计媒介(包括建筑数字媒介)在建筑设计前期不可替代的表达方式。

从前述中，我们不难看出草图的作用是：

(1) 草图可以将设计者头脑中不稳定的、模糊的意向变为视觉可感知的图形，而且这种转换一定是借助于手的运作与思维同步进行的。因此，它能迅速抓住头脑风暴中的任何信息，使其不至于稍纵即逝。

(2) 草图可以调动视觉这个人类最敏感的器官，通过对草图的表达迅速得出反应，并传递给大脑，进一步达到刺激思维活动的目的，或者验证思维的成果，这种交互作用也是迅速的。可以说，在建筑设计前期坚持运用草图帮助思考，就一定能使创作思维异常活跃。

(3) 草图所表达的图形可以作为评价、比较、综合、修改的依据。尽管我们在建筑设计前期各种想法会像潮涌一样，但是，如果我们不把它们表达出来，那么，对建筑设计而言就是毫无意义的。我们只有在图纸上一一展示这些想法，通过视觉扫描，再调动思维活动，才能立刻分清设计意图的取舍或方案的优劣。

(4) 设计灵感的产生往往是在伴随着草图与思维的交互作用中偶然闪现的，只要我们在做草图的过程中善于及时抓住灵感闪光的机遇，很可能成为构思立意的起点。否则，灵感就会像夜空中的流星一样一闪而逝。

(5) 运用草图作为图解思考的方式，还可以形成交流的重要手段。首先是设计者自我交流。在设计者与草图之间通过脑、眼、手、图进行信息的交流与处理。其次是设计者与他人之间的交流。此时，草图成了彼此之间的共同图式语言，交流起来既有效又直观。这是建筑设计在人与人之间特有的交流方式。

(6) 连续草图的成果包含了不同设计阶段的表达，也是不同深度的设计思考。将它们汇总起来常常成为建筑设计创作过程的最好踪迹。以此可作为设计者自我总结经验，不断提高设计能力的第一手资料。

总之，草图表达是设计者应具备的特有专业素质，其娴熟程度直接影响到建筑设计过程的工作效率和最终设计成果的质量。

建筑图形媒介除了草图这一重要表达方式外，还包括含有平、立、剖三个一组的方案图形、表现图形、工程图形以及以二维手段表达建筑物三度空间形象的透视图形。它们或是在建筑设计不同阶段，表达设计不同思考深度的方式(方案图形)；或者面向直接的实际建造过程(工程图形)；或者自身获得独立的视觉审美价值，成为表现建筑的手段，如展示作为探索新建筑的手段等(表现图形)。

上述建筑设计后期的图形与建筑设计前期的草图在表达方式、作用上虽不相同，但都是建筑设计图形媒介的构成部分。作为设计者，若要提高设计的技能和素质，同样需要娴熟掌握这些图形表达方式。只是作为初学建筑设计者，恐怕更应注重借助草图表达的方式，以便逐步掌握正确的建筑设计方法，并打下建筑设计的基本功。

2. 建筑模型媒介

建筑设计的产品毕竟是具有三维向量的空间体，在建筑设计的过程中完全依赖建筑图形媒介的表达与交流是远远不够的，还必须通过建筑模型媒介的手段，进一步研究在建筑图形媒介表达平面设计成果的基础上，设计目标在体型上的把握，或者通过建筑模型媒介的介入反思建筑图形媒介研究的成果。建筑模型媒介对于建筑设计在研究建筑实体与空间以及建筑形体与环境空间的作用上，也是其他建筑设计媒介不可替代的。

建筑模型媒介包括场地模型、工作模型、成果模型。

场地模型是设计前期工作阶段作为建筑基地场景的写意缩微，简略表达了基地周边的若干环境条件以及基地内的诸多地貌要素，以此作为设计者对建筑基地环境要素的直观了解，并由此有可能引发出最初的设计意念。同时作为纳入未来设计目标形体研究的底盘，以便协调、处理建筑与环境在整体上、功能上、空间上的基本关系，为下一步建筑设计的发展方向奠定可行基础。

成果模型是方案设计结束阶段，将设计成果中具有二维向量的平、立、剖面图和总平面图，运用一定的模型材料，按一定比例制作成缩微的建筑实物及其总图环境模型。主要作用是作为与非专业人士进行交流的直观表达手段，或作为展示功能。

在建筑设计过程中，真正用于研究建筑设计方案的模型当属工作模型。它的特征是以易于切割的模型材料，按小比例进行建筑形体的体量组合研究，其作用是：

（1）以直观的形体关系初步表达建筑设计方案的造型特征，可以从任意视角对工作模型进行评价，以验证二维平、剖面图形的空间表达是否符合设计意念。

（2）按造型美的原则通过对工作模型自身体块的加减、移位等推敲过程，使造型总的体块关系基本符合设计意念的要求。并以此反作用于平、剖面，进一步调整、修改、完善平面功能布局和剖面内外空间形式。

（3）在一些对精神功能有特殊要求的建筑设计中（如纪念性建筑设计），可以直接以工作模型作为研究建筑设计方案的构思手段，并使其形象化。

（4）经常性地以工作模型作为研究建筑方案设计的手段，可以逐渐提高设计者的空间理解力、空间想像力以及空间转换能力，直至这些能力娴熟到可以甩掉工作模型手段，而通过视觉直接观察二维图形就能立刻在脑中自动生成“工作模型”，并有把握同时控制住平面设计与空间设计的同步发展。

（5）工作模型作为建筑设计媒介，同样可起到信息交流的作用，主要是作为设计者与专业人员在讨论方案时的一种彼此交流。

3. 建筑数字媒介

建筑数字媒介是利用计算机对图形、模型等传统媒介进行数字化的表达方式。我们知道，传统的图形媒介（主要指成果图形）在设计概念转化为控件图形表达时，往往总是滞后和低效的，因而也就限制了设计的发展。而计算机图示作为一种新型的手段参与设计表现，正是借助于技术的强大威力，可以快速地、精确地进行从传递二维图形方式向三维模型乃至四维动画的表现演进。这种图式表达手段的拓展与更新必然导致设计思维与方法的变革。不仅如此，建筑数字媒介增强了人们实现建筑的能力，同时也转变着实现建筑的方式。

就建筑数字媒介在建筑设计中表达方式的作用可以表述如下：

（1）计算机以巨大的信息存储和检索功能，以及互联网给设计者带来的巨大信息来源，使设计者可以在信息数据库中最大限度地、快速地查询有效信息。据此，通过建模模拟含有全面而有价值信息资料的基地环境，并通过分析技术帮助设计者在设计前期对建筑与环境如何建立和谐关系进行思考。

（2）计算机二维图形的表达方式可以精确地、高效地绘制平、立、剖面图，并通过“虚拟建筑”的“建造”。其所有构成元素的控制参数和文本信息都可以方便地修改、编辑。使设计者从繁重的传统成果图形表达方式中解放出来。

（3）计算机三维建筑模型的表达方式，可以让设计者以任意视点、视角审视所设计的产品，在电子屏幕前直观地感受自己设计的空间，以此验证、评价设计目标是否满意。

（4）计算机四维动画的表达方式，使设计者可以身临其境从不同方位、角度来研究建筑空间各个方面的效果。甚至对于比例、尺度、材质、色彩、光影等以及与周围环境的关系都可以历历在目。这就大大提高了评价设计质量的可靠性。而多媒体技术甚至可以用专业剪辑方式在动画中加入音乐、解说等，以便更好地渲染空间环境气氛。这对于向非专业人员进行展示、宣传建筑设计的产品无疑是最佳的方式。

(5) 计算机利用数字媒介所特有的算法和规则进行对建筑元素的操作编辑过程，可以实现塑形建筑形式中任意复杂曲线、曲面的描述，这是图形媒介所无法实现的。

综上所述，建筑设计各种媒介在整个建筑设计过程中各自发挥着不可替代的重要作用。它们共同完成从建筑设计概念向设计目标的转化。就正确的建筑设计方法而言，任何从一而终地运用一种建筑设计媒介显然是不妥的。

例如，在建筑设计前期，设计者对许多问题的思考、意念、构思只能通过草图方式粗略地、快速地表达出来。这种表达过程是与思维过程同步的，且不会在表达中中断思维过程。而若运用计算机图形媒介进行前期的建筑设计工作，则会出现计算机是以明确肯定的线条去表达模糊的意念，这显然是自相矛盾的。而且设计者设计概念和想像力的表达也会被计算机精确数字的输入过程所中断，从而妨碍了设计者创造性思维的快速流动。可以说，尽管计算机在当代有着无比的优越性，但是对于建筑设计前期的建筑创作构思和抽象性、概念性的图式思维而言，这可能是迄今为止设计过程中计算机图示惟一无法完全代替的领域。

同样，当初步研究建筑体形的时候，用图形来表达显然力不从心。运用计算机图形来表达行不行呢？也不合适。因为此时，我们只需要根据造型构思推敲建筑体形的形式及形体组合方式，并不关注造型的细节问题，且这种造型构思过程仍然是模糊的、犹豫不定的。这样就不会有一个体形的三度空间尺寸，也就无从输入计算机去生成虚拟建筑体形。即使能生成一个体块模型，甚至可以随意变换角度观看，但毕竟是在二维的屏幕上进行三维的图示，对于经验不足的设计者恐怕也难以判断体形的优劣。我们只有通过小比例的实物模型，才能直观地一目了然其空间关系，并可方便地通过加减体块进行及时的修改、完善。

只有当建筑设计方案的毛坯初步确定后，才能将平、立、剖面的一切有关数据输入计算机内。此时借助计算机媒介的先进手段完成余下的建筑设计深化阶段直至完成阶段的所有设计与制图工作。其计算机的精确性、迅速性是传统媒介所望尘莫及的。

三、建筑方案设计

建筑设计的整个过程是从设计概念向设计目标逐渐发展的过程。在这一过程中，设计的问题逐渐变得明朗，设计的内容逐渐变得丰富，设计的深度逐渐变得细化，设计的广度逐渐变得需要介入多工种(水、电、设备、概算等)的配合，直至设计的目标变得具有可操作性。针对设计这一过程的变化和设计状态的不同，整个建筑设计过程可分成若干阶段。这样，在建筑设计不同阶段设计者将面临不同的设计问题与设计任务，也决定了在不同的设计阶段需要用不同的方法，解决各自的设计问题。

建筑设计的过程一般可分为建筑方案设计、扩大初步设计和施工图设计三个主要的设计阶段。其中，建筑方案设计是整个建筑设计链中的第一环。

(一) 建筑方案设计的特征

建筑方案设计是建筑设计全过程的重要环节，它奠定了建筑设计最终目标实现的基础和特色。就建筑方案设计自身来说，它的设计特征具有设计起步的开创性、设计过程的探索性、设计结果的基础性。

1. 开创性

建筑方案设计对于整个建筑设计是一个开创性的工作。“万事起头难”难就难在建筑方案设计开始是处在从无到有，从概念到具体的零起步状态。它需要从一个混沌的设想开始，而又要事先构思一个大体的设计目标，并为建筑方案设计下一步环节指明出路和发展方向。因此，这就决定了建筑方案设计的工作从一开始应是通过逻辑思维提出创新的设计概念，而不是方案设计在技术层面上的操作。为了产生一个与众不同且具有鲜明个性的建筑设计方案，就应冥思苦想，寻找奇妙构思的突破口。这个构思突破口是建立在特定条件分析下的灵感所致，而不是天马行空，毫无根据地玩弄设计手法。建筑方案设计开创性的工作做得如何，将关系到整个建筑设计过程的进展和最终设计目标实现的程度。如果建筑方案设计起步的开创性工作能做到构思立意定位独特、设计方向把握准确、设计路线制定有效，那么从建筑方案设计起步就奠定了设计过程顺利发展的基础。如果开创性工作粗糙，甚至失误，则由于设计起步工作的先天不足将导致设计结果的遗憾，乃至失败。

2. 探索性

建筑方案设计的过程没有一个直达设计目标的明确捷径，只能在探索中前进。特别是从一开始，当对所有内外设计条件进行分析时，并不是每一个设计条件都对设计产生积极的影响。其中有重要的，也有无关紧要的；有正面的，也有负面的。设计者要想从诸多设计条件中综合判断出指导方案设计工作的决策，探索出设计起步的路子并非易事。只能通过探索性的分析、综合的过程，力图找到关键的方案起步点。然而，建筑方案设计探索的艰苦性更表现在随后的设计过程中，有许许多多的设计矛盾涌出，似乎没有止境。让设计者要么穷于应对，要么束手无策。而且建筑方案设计因为没有惟一解，不像解数学题有个公式可套，因此，建筑方案设计只能靠设计者随机应变。要想随机应变有理有利，只能运用辩证法的观点指导自己去探求真理，探索解决设计矛盾的有效办法。而且，这种解决设计矛盾的办法并不是惟一的，需要设计者试探着寻求有没有更好的办法。似乎我们在设计过程中每走一步都心里没底。正是这样，我们只能在探索方案路子和解决设计矛盾的比较中择优。不管这种方案比较工作是在图面上的还是头脑中的，我们总是绕不开的。

3. 基础性

建筑方案设计通过艰苦的探索过程所得到的方案结果，仅仅是建筑设计最终目标的阶段性成果。因为它毕竟是设计目标的图面解，而不是建造的蓝本。但是建筑方案设计的结果对于后续的设计阶段却是基础性的，是指导后续设计工作的指导性设计文件。在这个设计文件中，规定了方案性的全部内容，包括平面、剖面、立面、总平面以及必要的文字说明。尽管它距离建筑设计最终目标还有许多技术性设计需要在后续设计阶段完成，但建筑设计方案基础性的工作做得如何将直接关系到后续设计工作是否能顺利开展，是否能避免因方案设计考虑不周或有误而出现颠覆先前的设计成果。因此，我们必须保证建筑方案设计的成果有较强的可操作性，尽管可能会隐藏着一些暂时未解决的设计问题，但已预见到这些设计问题是可以通过后续设计工作解决的。就怕我们在建筑方案设计阶段一味强调某一个设计要素(比如形式)，甚至是以牺牲其他设计要素(比如环境、功能、结构、节能等)为代价。那么，这个建筑方案设计的基础性工作至少是有缺陷的，严重的后果是将给后续的设计阶段埋下难题，甚至要付出不可想像的代价。如环境遭到破坏，或使用不符合要求，或因结构不合理使造价投资狂增，或立面材料选择不当造成能耗过大等。

因此，建筑方案设计的基础性工作，既要突出创新性，有独特的设计构思，又要努力做到可操作性，即建筑设计方案要有实现的可能。只是对于建筑教育与建筑工程而言，两者的侧重点不一样而已。前者以培养建筑设计人才为主，可强调方案创新性的训练，但不能否定方案设计的可操作性一面。否则，就会把建筑创作的方向引向歧途。而建筑工程当然要强调方案设计的可操作性，但又不能没有创新的努力。否则，设计者的工作总是很平庸的，设计的产品总是很平淡的。

总之，建筑方案设计的基础性体现在设计概念的创新性与设计成果的可操作性能有机地结合在一起。

(二) 建筑方案设计的任务

建筑方案设计从概念到目标的转化，需要完成若干复杂的任务才能实现。主要包括：

1. 协调设计对象与环境的关系

设计对象总是存在于给定的环境条件中。它们互相依存，互相影响，既有矛盾又要共处。建筑方案设计的这项首要任务是带有方向性、关键性的一步，两者处理如何将直接关系到建筑方案设计的命运。倘若这一任务完成有误，则会全盘皆错。

2. 研究平面功能的配置关系

一座建筑物是由若干功能区和若干功能房间有机组成的。它们的配置关系对于不同建筑类型的建筑来说都有其自身的组合规律。建筑方案设计的任务就是要寻找这种规律性的功能配置关系，并用图示表达出来。这种平面功能配置关系整合的程度将决定建筑设计方案在多大层面上最大满足人的使用要求。

3. 提出空间建构的基本设想

建筑方案设计的成果总是以空间形式反映出来的，包括外部造型和内部空间，两者互为依存。建筑方案设计的任务就是要创造一个空间体，一方面能合理地容纳功能内容，另一方面能鲜明地展示建筑形式的美。

4. 确定合理的结构形式

建筑的空间和形体需要结构的支撑，尽管完成这项任务需要结构专业的配合。但是，建筑方案设计的任务却要事先为结构的设计提供合理的结构选型和结构布置尺寸的设计文件，以此作为建筑设计方案定型的依据。

5. 推敲建筑艺术的细部处理

建筑方案设计的成果毕竟有一个美学要求，包括前述任务所存在的隐形美学(如平面功能设计合理体现了秩序美，空间建构新颖体现了形式美等)和建筑艺术所反映的显性美学(如色彩美、材料美、造型美等)。建筑方案设计的任务就是对建筑的界面、内部空间体的各个设计要素进行艺术推敲，使之符合人的审美要求。

需要指出的是，上述各项建筑方案设计任务都不是孤立而独立完成的，它们互相交织在一起，牵一发而动全身。尽管每一步骤的设计任务重点不一样，但在完成建筑方案设计某一项任务时还必须思考、协调、处理好与其他设计任务的关系。否则，建筑方案设计总任务的完成是会有缺陷的。

（三）建筑方案设计的成果

建筑方案设计的主要成果是依据设计条件提出方案试探性的图面解，包括设计说明、总平面图、平面图、剖面图、立面图、透视图，各图的主要作用是：

1. 设计说明

阐述方案设计的依据、构思以及对环境、功能、形式、技术等的设计手法和提供相关的设计指标。

2. 总平面图

反映设计项目与环境条件结合的方式与程度，以及基地内环境设计的内容。

3. 平面图

表达该设计项目所有房间在水平与竖向上的配置方式及彼此的有关联系。

4. 剖面图

揭示了该设计项目的内部空间形态与变化以及外部形体的高低起伏，同时也清晰地表达了结构构成的逻辑性和重要节点的构造样式。

5. 立面图

显示了建筑外表的式样、材质、色彩、装饰等的综合艺术效果。

6. 效果图

将上述各二维图转化为三维表现图，在配景的衬托、渲染下，表达较为真实的场景，以帮助人们对设计产品的外观或内部空间有一个直观的了解和感受。

7. 成果模型

应用一定材料将二维的平、立、剖面设计成果制作成三维立体的建筑形象，以帮助观者理解设计意图并直观地鉴赏评价其效果。

（四）建筑方案设计的评价

建筑方案设计的评价不能以“对”或“错”来判断。正如我们已说过的，因为建筑方案设计没有标准答案。那么，我们用什么其他判断标准来评价方案的优劣呢？尽管评价总是相对的，并取决于作出判断的人，作出判断的时刻，判断针对的目的以及被判断的对象。但是，就一般而言，任何一个有价值的方案设计应满足下列要求：

（1）充分满足了建造的环境条件，使设计目标成为这一特定环境的有机组成部分，从而建立了建筑—环境的对话关系。

（2）把握了功能分区与房间布局的合理性，使设计目标的全部功能内容成为不可分割的有机整体，也即基本满足了人的使用要求，从而建立了人—建筑的协调关系。

（3）创造了令人愉悦的空间形式，不但在建筑的外观上，而且在建筑的内部空间上，都满足了人的审美情趣。

（4）提供了建筑方案设计实施的必要前提，如遵守规范、结构合理、技术可行、节能高效、施工便利、造价经济等。

总之，建筑方案设计质量的优劣，是上述评价标准的综合运用，不可能平均对待，也不能过分强调某一方面。

第二节　设计模型

所谓“模型”是作为对“设计”结构的一种描述方式，以便从方法学上进一步阐释建筑设计的组成部分及其相互关系，使设计者从中可以了解到如何在相应设计阶段提高自己的各项设计能力。

一、设计模型的构成

根据现代认识心理学和实际设计过程的分析，我们可以把建筑设计过程大致分为五个组成部分：即输入、处理、构造、评价和输出。

（一）输入

设计者从接到任务书开始着手建筑方案设计，首先就面临着要进行大量信息的输入工作。这是设计结构的第一组成部分。如果输入的信息越多，说明设计者掌握的第一手资料也就越丰富。这就意味着设计者在动笔之前可以做到心中有数，有的放矢。

那么，我们需要输入哪些信息呢？

1. 输入内容

（1）外部条件输入　　包括基地周边道路条件、建筑物布局方式、景向、朝向、风向、方位、地貌特征、地形变化以及人文环境条件、城市环境关联，乃至地质、水文、气候等等，这些显性和隐性的外部条件都将不同程度地制约着即将开始的建筑方案设计。

（2）内部条件输入　　包括建筑物的房间内容、功能使用要求、面积规模、房间尺寸规定、各房间联系密切程度与方式、各房间布局的原则等。这些内部条件也将在不同程度上规定了构成该项目建筑功能内容的整合方式。

(3) 设计法规输入　　包括各建筑设计规范、规程。这些法规条文是对建筑方案设计的一种规定，甚至有些法规条文是带强制性的。设计者注意遵守这些法规条文的规定是建筑方案设计具有可操作性的保证。

(4) 实例资料输入　　包括各种文献资料中刊载的前人设计的案例与现实生活中随处可见的实例，以及一切相关资料。这些实例信息对设计者着手眼前的建筑方案设计或多或少起到启发、借鉴的作用。

2. 输入目的

输入信息的目的是设计者展开建筑方案设计的前提，只有通过输入上述内容的工作，设计者才能充分掌握设计的内外条件与制约因素，才能了解自己要设计什么？设计目标所包含的内容是什么？规模有多大？服务对象与要求是什么？如此等等。因此，设计者只有把准备工作做充分了，才有底气下笔展开建筑方案设计工作，否则，将是盲目的。

3. 输入的途径

上述众多的设计信息内容是需要通过多种途径获得的。

(1) 现场踏勘　　设计者只有亲历现场才能对设计目标所处的特定环境有一个较为感性的直观认识，对这个环境条件所反映的各种信息才能有较为深刻的理解。也许这种现场踏勘并不能一次完成信息的收集，而是需要多次反复，但每一次现场踏勘都会有更深一步的发现和收获。

(2) 查阅资料　　设计者特别是初学建筑设计者，刚开始时头脑中的设计语汇是贫乏的，不可能凭现有的知识和能力顺利展开设计工作。为了获得一些启发，可以通过查阅资料了解设计项目的设计原理知识，了解前人的优秀案例。为了不使下一步展开建筑方案设计有违规行为发生，可以通过查阅现行建筑设计规范、规程，以保证方案的创新性经得起可操作性的挑剔。为了使未来的建筑设计方案带有较强的文脉寓意，可以通过查阅相关史料、文献等，从中获得一点启迪。总之，查阅资料的过程对于建筑方案设计起步是一个不可忽视的环节。

(3) 咨询业主　　“为谁而设计”这一目的性是需要通过咨询业主而获得真实的理解。尽管设计任务书对设计要求有所提醒、强调，但许多细节要求只有业主最清楚。因此，建筑方案设计要想真正做到为人而设计，只有走到业主中去征询意见，才能收集到更为具体细致的设计信息。设计者才能将建筑方案设计进行到底，做到位。

(4) 实例调查　　现实生活是最好的教科书。其中有优秀的实例，也有设计失误造成的败笔，正面经验、反面教训一应俱全。这种向实例调查是一种生动的学习方式，印象更为深刻，记忆更为长久。对于设计者展开建筑方案设计工作会有很大的启迪作用。

总之，通过多途径的信息输入，可以为设计者在展开建筑方案设计之前做好充分的准备。显然，这些信息输入的准备工作面广量大，何况并不是每一条信息都会对设计起到某种作用。但是，这是必需的，而且输入信息量越大，以下的设计工作就越自由，这是毫无疑问的。倘若在设计结构的第一环节就偷懒，输入信息量太少，则设计者在整个设计过程中就会越来越被动，这也是毫无疑问的。

4. 输入方法

（1）应急输入　设计者在接到设计任务书后，即刻为该项目设计进行有目标的信息收集。这种信息输入方式针对性强，收效快，能直接推动该项目设计的进展，但局限性也较大。

（2）信息积累　一位成熟的有经验的设计者更多的是靠将信息输入到头脑中储存起来，以备用时信手拣来。这些信息如设计手法、生活经验、常用尺寸、通用规范等只有通过处处留心，日积月累才能厚实起来。可能当时并不起作用，但因大脑存有记忆，用时只要反应灵敏、快速搜索，就会信息如涌。

（二）处理

上述所有输入的设计信息相当广泛而繁杂，这些原始资料都是未经加工的信息源，它们并不能导致方案的直接产生。设计者只有运用逻辑思维的手段，对诸多信息进行分门别类，逐一分析、比较、判断、推理、取舍、综合、决策，从信息的乱麻中逐步理出走向方案起步的思绪，这一过程就是信息处理。当然，处理的好坏，是否抓住了能够产生与众不同的方案关键信息，全在于设计者个人处理信息的能力。处理得当，即找到了建筑方案设计的突破口，并为设计目标的实现奠定了基础。处理偏差，甚至失误，将导致建筑方案设计先天不足，并将设计方向引向错误。

（三）构造

信息经过处理后，设计者开始启动立意构思的丰富想像力，并综合各种限制因素构造出方案的毛坯。这个方案毛坯包含了外部环境条件对方案限定的信息，包含了内部功能条件对方案规定的要求，包含了技术因素对方案提出的苛刻条件，包含了建筑形式对方案建构的方式等等。总之，此时的方案毛坯尽管粗糙，但它像胎儿一样将随着设计的深入慢慢发育成长。只是这个方案毛坯能否健康发育，还未得到鉴别。会不会有更好的思路、更周全的信息处理，从而获得更有发展前途的方案毛坯？这需要设计者从不同思路，多渠道地去探索最佳方案的解。这是构造方案过程最显著的工作特点。与前一组成部分工作方式不同的是，在此阶段已将对信息的逻辑处理转化为方案的图示表达。

（四）评价

如何从上述多个构造出的方案中选择最有发展前途的方案进行深化工作，这需要事先对若干比较方案进行逐个评价，分析各自的优劣。但是，此时企图寻找一个十全十美的方案定夺，似乎不太可能，毕竟这些比较方案还是个方案毛坯，肯定还不同程度地存在这样或那样的问题。所以，我们不能用对与错来评价比较方案，只能相对而言，从中择优。从这个意义上来说，评价过程又是决策过程。评价决定了选择方案的结果，也就决定了设计发展的方向和前途。

（五）输出

建筑方案设计的最后成果必须以图形、实物和文字等方式输出才能体现其价值。输出的目的一是作为建筑设计进程中下一阶段工作的基础；二是对设计者自身能审视全套图纸作进一步的评价，提出完善和修正意见，以便指导后续设计工作最终能达到理想的结果；三是使设计者的建筑设计创作成果能得到公众的理解与认同。

二、设计模型的运行

从建筑方案设计的全过程来看，设计模型的五个部分是按线形直进状态运行的(图 1-3)。这就是说，设计者从接受设计任务书开始，就会立刻投入到信息资料收集的各项工作中去，并尽可能地充分掌握第一手资料，以便按设计任务书的要求对这些信息进行处理，从中明确设计问题，建立设计目标，以此构造出若干个试探性方案的毛坯。再通过一番比较、评价的过程择优出一个特色鲜明又较为有发展前途的方案，并以图示、文字等手段将其输出。大多数建筑方案设计的工作是按这个程序完成的。从这个过程来看，设计模型类似一个计算机工作的原理。这样来研究设计模型的结构有助于设计者按各个层面去观察设计问题，去认识其相互的关系。

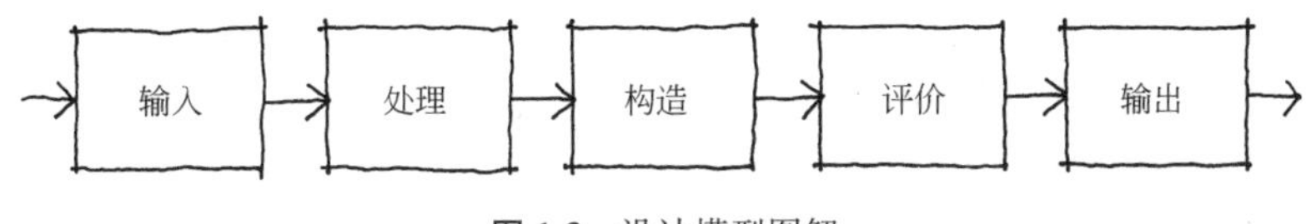

图 1-3 设计模型图解

然而，在实际的建筑方案设计工作中，这五个部分又往往不是线形直进展开的，有时会出现局部逆向运行。也就是说，当在进行后一部分设计工作而怀疑前一部分设计工作的结果有偏颇时，为了检查、验证前一部分设计工作的可靠性、正确性，设计者需要暂时回过头来，把前后两部分的设计工作关联起来进行观察。只有确认这种关联无误，则设计模型才能继续向前运行。否则，必须对前一部分的设计工作进行修正，直到前后两部分设计工作的因果关系满意为止。这种前后两部分设计工作的交互作用，说明设计模型五个部分按线形直进运行并不是绝对的。

其次，设计模型这五个部分有时并非依次按线形直进运行，而是任意两个部分都存在随机性的双向运行，从而形成一个非线形的复杂系统(图 1-4)。有时一个信息输入后可能会进入任何一个部分，而输入本身也往往要受其他部分的控制。这种似乎无规律的运行路线设计者无法预知，无法设定。但是，各个部分之间总是处于动态平衡之中。

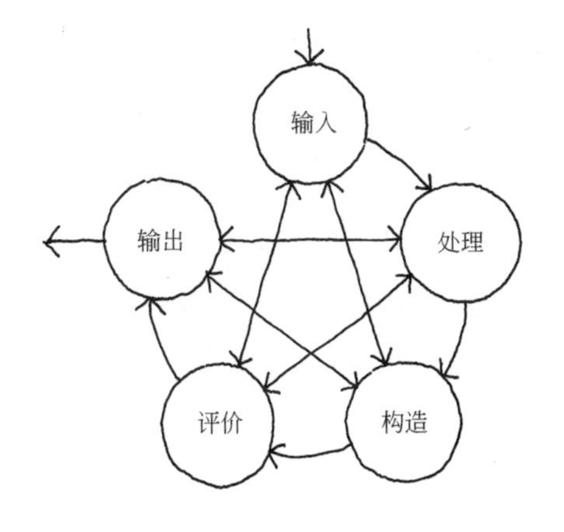

图 1-4 设计模型实际运行图解

三、设计模型的掌握

从设计模型的组成来看，设计能力是由五个方面构成的，即调研能力、分析能力、综合能力、方案能力、表达能力，它们各包含着不同的知识域。在设计模型运行状态中，把知识用于解决问题就成为技能，技能进一步强化便转为设计技巧。因此，掌握设计模型的能力体现在知识的积累和技能的熟练两个方面。而且掌握设计模型的能力只能依靠设计者自身的努力，没有其他更好的办法或手段能代替的。

但是，设计者自身的努力往往收效并不一样。在实际的设计过程中，有时会出现有的设计者的方案设计上路快，综合分析设计因素关键问题抓的准，设计路线较为顺畅，表现出设计水平高、能力强；而有的设计者的方案设计迟迟上不了路，抓不住设计问题的关键，设计周期不但较长，而且设计路线常有迂回，甚至对设计目标的实现心中毫无把握，反映出设计水平低、能力弱。之所以有这样的差别，根本在于两者对设计模型的掌握存在差别。前者因为设计经验丰富，动手操作熟练，设计技能高超等有利因素使设计模型的运行速度快，运行路线短捷，甚至某些部分是同步运行的，这就大大提高了设计效率和品质。而后者由于与前者相反的原因致使设计模型的运行速度慢，运行路线紊乱，导致设计效率低下，问题百出。

因此，得心应手地掌握设计模型的运行是每一位设计者，特别是初学建筑设计者在建筑设计方法上应努力追求的目标。

第三节　设计程式

一、设计程式的意义

任何一个行为的进行都有其内在的复杂过程，特别是建筑设计行为。因为它涉及到最广泛的关联性，其宏观上可关联到社会、政治、经济、自然资源、生态平衡、可持续发展等范围；中观上又关联到具体的环境条件、功能内容、形式构成、材料结构、设备施工等因素；微观上关联到室内环境要素、人的生理心理等细微的要求。建筑设计的目的就是把名目繁多的关联因素变为综合的有机体——设计产品。

这种转变过程虽然极其复杂，但事物的发展都有其内在的规律性，只要设计行为是按一定的规则性和条理性行事，即按正确的设计程式展开，就能使设计行为正常发展。因此，懂得了设计程式，即掌握了设计的脉络。

二、设计程式与步骤

研究设计程式与了解设计模型是掌握建筑设计方法的两个方面。按照系统论的方法，一个设计模型分为几个组成部分，即可分为几个设计步骤。在实际设计过程中，也许针对不同的情况还会分解为较多的步骤。不管怎样，它与设计程式有着不可分割的关联。设计程式规定了含有多个设计步骤的设计路线，而设计步骤又不为设计程式所束缚。根据设计类型与设计目的的不同，可以有各种各样的设计步骤，而不可能有千篇一律的设计步骤和绝对的顺序，只能存在一般的设计程式与原则。搞清设计程式与设计步骤的关系，我们才能发挥设计方法的作用，达到优化设计的目的。因为，在实际的设计工作中，具体设计方法的采用往往影响设计步骤的安排。反之，制定了具体的设计步骤，又必须采用相应的设计方法才能完成每一步骤的设计。这就是设计程式与设计步骤所反映的设计战略与设计战术的关系。

三、设计程式的展开

从设计的宏观控制来看，一般设计程式经历了环境设计—群体设计—单体设计—细部设计的线形直进。前一步骤是后一步骤的设计依据和基础，后一步骤是前一步骤展开的结果。如同画人体素描一样，先要把握人体的轮廓，做到各部分与整体以及各部分之间的比例务必准确，在此基础上才能深入对细部的刻画。如若违反这一程式，尽管眼睛刻画得炯炯有神，但因人体失去正常比例，其结果只能失败。但建筑设计又不完全等同人体素描那样按素描程式去展开。因为人体素描的对象是客观存在的，有不可改变性，不能因为后一步骤的细部刻画精彩但整体人的比例失调而舍本求末去改变人体比例。建筑设计却不然，它的对象是尚不存在的，不是绝对不可变的。建筑设计一方面要按一般程式展开，即先从环境设计入手，再进入群体设计或单体设计，最后深入到细部设计。另一方面，上述一般设计程式又不是绝对按顺序展开的。有时，各设计步骤经常互相反馈、校正。它们总是交织在一起，处于动态进行之中，有时几个设计步骤需要同步进行展开。

但是，过分程式化的设计步骤又会使建筑设计行为变得僵化、教条，不利于设计者的创造性思维发挥。因为，不同类型的建筑设计，其先决条件千差万别，设计目标也全然不同，采用的设计方法也各有差异。试图用一个设计程式去规范它们的展开，显然也是不合适的。那怎么办？对于初学设计者来说，出于为了打下扎实的建筑设计基本功目的，以及初步了解、掌握正确的建筑设计方法，还是以一般设计程式的展开作为训练的途径为好，要像运动员、演员千百次锤炼基本功一样，真正沉下心来，老老实实把一般设计程式的展开规律牢记于心、熟练于手。只有打下这个建筑设计的基本功，才能进一步提高设计能力，创造适合于自己的建筑设计方法。

第四节 设计思维

建筑设计的目标是由思维过程和表达手段完成的，是概念和因素转化为物质结果的必需环节。两者共同构成建筑设计方法的内涵。而思维是建筑设计方法的灵魂，手段则是思维活动赖以进行的方式。因此，对于设计者来说，首要的不是怎样去“做”设计，而是怎样去“想”设计。“想”即是思考。进一步说，就是怎样进行思维活动。为了使我们的思维活动符合建筑设计创作的特点，就要事先了解思维活动所依赖的思维手段及建筑设计创作过程中思维程序的概念。

一、思维程序

建筑设计行为的过程是极其复杂的，而且总是受到思维活动的支配。设计者从一开始就要面对名目繁多的与设计有关联的因素，如建造目的、空间要求、功能内容、环境特征、物质条件、技术手段等，并对它们进行分门别类的分析，找出其相互关系及各自对设计的规定性，然后采取一定的方法和手段，用建筑语汇将诸因素表述为统一的有机整体。这种思维过程有很强的逻辑推理，可以概括为部分(因素)到整体(结果)的过程。这就是设计方法所遵循的特定思维程序。在这种思维程序中，部分与整体的关系表现为部分是整体的基本内容，隶属于整体之中，而整体是部分发展和组合的结果。

所谓部分处理，即把将要表现为整体的结构和复杂事物中的各个因素分别进行研究处理的思维过程。由于部分经常表现为自由分离状态，因此，对于设计经验不足的设计者容易被某个部分因素吸引而忽略其各部分的内在联系，出现方案生搬硬套、东拼西凑的反思维程序的现象。

所谓整体处理就是把对象的各部分、各方面的因素联系起来考虑的思维过程。综合的结果使事物包含着的多样属性以整体展现出来。从这个意义上来说，整体处理过程是思维程序的决定性步骤。

思维程序作为设计方法的这种结构形式，在人类有建筑活动以来，随着由此而产生的设计方法的发展也经历了思维程序结构的发展过程。

人类早期的建筑活动其目的是为了抵御自然界不利因素的侵袭、防卫野兽伤害和休养生息的需要，以获得生存发展，便使用原始的木、土、石等材料，通过绑扎、叠垒、编织等方法建造了原始建筑。虽然早期的人类并没有意识到这个过程的属性，也没有形成设计过程，但却客观地经历了由部分—整体的思维过程。这是最原始的思维程序结构。只是随着社会的发展，生产力和文化水平的提高，人类对建筑不再拘泥于上述原始要求，且建筑类型和规模日趋扩大，为对日益增多的错综因素进行有效地处理，设计过程就成为必需。人类开始通过思维程序结构有意识地展开设计。

但是，从部分到整体这种传统的思维程序结构，在19世纪之前，由于受到当时社会科学和自然科学发展缓慢的限制，一直没有显著的变化。思维程序还不能对整个社会需要、生态平衡、自然环境等进行总体性关联。因此设计方法处于停滞不前的状态。

直到欧洲工业革命，特别是二次世界大战后，新兴学科的发展日新月异，系统论、控制论、运筹学、生态环境学等学科的发展为在各学科之间创立统一语言、建立广泛的联系提供了可能。建筑学一旦被纳入社会范畴，就日趋与社会总体发生密切关系。因此，设计者在着手建筑设计时，往往先要对设计对象的社会效益、经济效益、环境效益等做出全面综合考察、评估。只有在可行的前提下，建设者才能做出投资的决策。然后，设计者才进入思维程序结构下阶段对部分的处理，最后整合产生一个新的建筑整体。这种(整体)—部分—整体的思维程序结构是设计方法的重大变革，使建筑设计不再是古典主义学派的只注重单体设计，而是能使环境、建筑、人产生广泛而紧密联系的整体环境设计。

二、思维手段

所谓思维手段是思维活动赖以进行的方式，是达到目的的方法。就设计者个人的思维手段而言，它是依赖思维器官(大脑)的大量信息储存和经验知识的积累，按一定结构形式进行各种信息交流的思维方法。它在设计方法中占有重要的地位。即使在现代科学高度发展的今天，在计算机辅助设计日显优势的前景下，也没有别的手段能够替代。

设计者在设计行为中的思维活动主要依靠逻辑思维和形象思维两种方式，以及偶尔闪现的灵感思维。

(一) 逻辑思维

逻辑思维是运用概念、分析、抽象、概括、比较、推理、判断等心理活动对客观事物进行间接的和概括的反映，属于理性认识过程，表现出抽象性和逻辑性两大基本特征。

逻辑思维在建筑设计中主要在以下几方面发挥作用：

1. 确定设计项目的目标

不同的项目其追求的设计目标不同这是显而易见的，即使同一项目因处在不同场所，其目标选择也应体现它的特定性。

2. 认识外部环境对设计的规定性

文化属性、价值观念、审美准则、人口构成等软环境以及自然条件、城市形态、基地状况等硬环境对设计都会产生制约条件。

3. 分析设计对象的内在要求与关系

了解项目内容及其功能要求，寻找功能布局的内在逻辑与规律。

4. 表达意志与观念

确立立意与构思，寻找设计的主要思路与手段，这是意志与观念的突出反映，并贯穿于整个设计过程中。

5. 选择技术手段

任何一项建筑设计都是以技术条件为实施前提，设计者应使技术手段和意志观念紧密结合，最终塑造出所追求的预期目标。

6. 鉴定与反馈

整个建筑设计过程是伴随着进行不断的信息反馈以及鉴定、修正、完善各个阶段的设计成果。即使设计目标实现也需要通过鉴定与反馈为将来新的设计创作提供经验与教训。

(二) 形象思维

形象思维是借助于具体形象来展开的思维活动，是建筑设计特有的思维手段。这是由于建筑设计的产品具有三维向量的空间形象。因此，设计者需要通过二维图形——平、立、剖面来表达三维的形体与空间。这种由二维图形向三维形体的转换就是一种空间形象的想像力。

形象思维包括具象思维和抽象思维两种形式。

1. 具象思维

具象是使喻示的概念直观化，即从概念到形象的直接转化。它能启迪人们的联想，产生与设计者设计意图的心理共鸣。例如沙里宁(Eero Saarinen)设计的纽约肯尼迪机场TWA候机楼像苍鹰展翅欲飞。这种形象与建筑物的功能内容吻合，很容易引起人们对航空的联想(图1-5)。

2. 抽象思维

抽象是隐喻非自身属性的抽象概念。它表现的是人们的感知与思维转化而成的一种精神上的含义。建筑艺术所反映出来的也往往是这种抽象的精神概念。勒·柯布西耶(Le Corbusier)设计的朗香教堂是抽象思维的代表作。该建筑物的厚墙、屋顶都成扭曲状，无规则的大大小小漏斗状窗口透进的阳光造成光怪陆离的效果，犹如灵魂在闪现。教徒们走进幽暗的教堂内，一种神秘莫测的、对上帝崇拜的气氛油然而生(图1-6)。

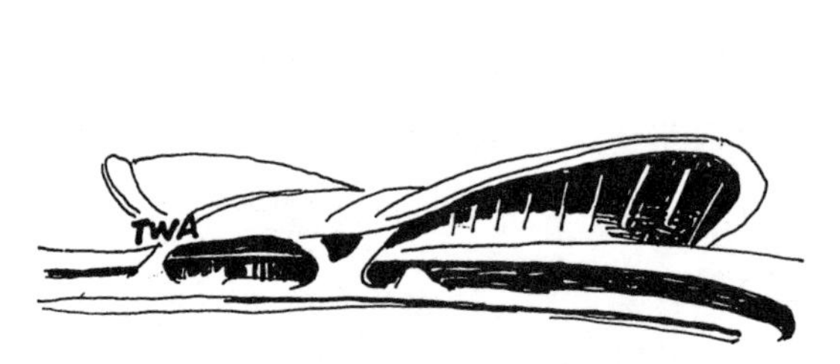

图1-5 纽约肯尼迪机场TWA候机楼

图1-6 朗香教堂

在建筑设计过程中，一般来讲，常从逻辑思维入手，以便摸清设计的主要问题，为设计起步找到突破口，为设计路线确定方向。特别是对于功能性强、关系复杂的建筑设计尤其要搞清内外条件与要求。然而，有时却需要先从形象思维入手。如一些纪念性建筑或对建筑形象有特殊要求的建筑，需要先有一个形象的构思，然后再处理好形式与功能的关系。但是，逻辑思维与形象思维并不是如此界限分明，而是常常交织在一起同步进行的。在具体的建筑设计中，谁先谁后并不是问题的关键，重要的是始终要把两者统一起来进行。

3. 灵感思维

灵感思维是人类思维发展到高级阶段的产物，是认识上的质的飞跃，是一种创造性的思维形式。

(1) 灵感思维的过程

一位设计者，在经历了建筑设计理论的学习和建筑设计的实践后，脑中不同程度地储存了大量“游离态”的“知识单元”。当设计者为了解决某个设计难题，长时间冥思苦想而不得其解时，正是由于头脑中的“知识单元”处于“游离态”。然而当设计者无意中受到旁人的点拨或受到某种外界因素的启发，忽然灵机一动，计上心来，顿时大悟。此时大脑中有关的“知识单元”被紧急动员起来，不断加速“运动”，并按想像的新方式把它们结合起来，进行加工、创造，从而爆发出新的思想火花，产生灵感，由此，设计问题便迎刃而解。这就是灵感思维活动的过程。

（2）灵感思维的特征

① 灵感思维是以逻辑思维和形象思维为基础的，但又不同于逻辑思维和形象思维。灵感思维是一种短暂的顿悟性思维，瞬息即逝。而逻辑思维和形象思维则可持续一个相当长的时间。

② 灵感思维往往是在逻辑思维和形象思维长时间紧张而暂时松弛时进行的。这是因为暂时松弛有利于设计者冷静回味以往的得失和被忽略的线索，有利于消化、利用和沟通储存的“游离态”的“知识单元”，找到新的启发而重新组合产生灵感。一旦灵感产生，就要立时抓住，否则就有丢失的危险。

③ 灵感思维的活动过程虽然是短暂的、突发性的，但又是极其重要的创造性的质变过程。正如爱迪生所说：“天才，就是百分之二的灵感加上百分之九十八的汗水”。这里的“百分之九十八”是强调勤奋（汗水）在数量上的重要性。而“百分之二”则说明灵感思维产生的灵感在质量上的关键性。没有艰苦勤奋的学习与较长时间的逻辑思维和形象思维这个“百分之九十八”的量变过程，就不会产生灵感思维这个“百分之二”的质的飞跃。

三、创造性思维

（一）创造性思维的概念

创造，是人的全部体力和智力都处在高度紧张状态下的一种活动。其中代表智力的思维活动并不是一般的“思考”，而是能产生前所未有的思维新结果、达到新的认识水平的思维，这就是创造性思维。它表明了创造性思维着重强调思维结果，而且核心是“新”。它并不具备特殊的思维形式。因为，前述的思维三种基本形式既能产生创造性思维，也可能产生非创造性思维。其关键在于某种思维的基本形式能否有效展开，或多种思维基本形式能否有效综合。

（二）创造性思维的本质

1. 新颖性

新颖性是指创造性思维的结果是首次获取。这些思维成果符合前所未有的条件。其新颖性必定是“空前”的。

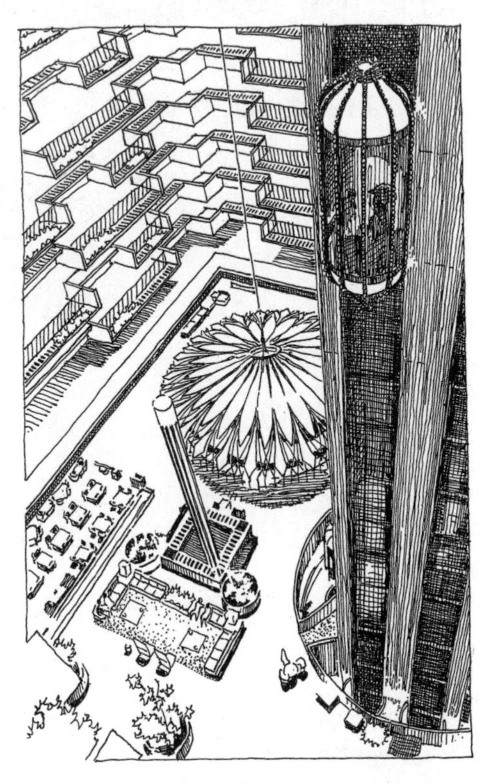

图 1-7　亚特兰大海特摄政旅馆中庭

美国建筑师约翰·波特曼(John Portman)在1967年设计落成的亚特兰大海特摄政旅馆突破成为公式的希尔顿等一类旅馆的设计手法，第一个创造性地将中庭用于现代旅馆（图 1-7），并在室内引入多个室外设计要素，让人为之一惊。特别是以三件“法宝”（内院大厅、露明电梯、旋转餐厅）征服了旅客，振动了建筑业，带动了旅游业。随之市政建筑、娱乐建筑、商业建筑、图书馆建筑、博物馆建筑等等几乎绝大部分公共类型建筑纷纷效仿，都获得了令人满意的效果。波特曼的这个设计充分体现了创造性思维的新颖性。

2. 非重复性

非重复性是指创造性思维的结果符合不可检索原则。心理学中，把重新运用自己以往解决问题的办法，或者移植别人设计成果，哪怕是改头换面的办法来解决当下设计的思维都归入再生性思维的范畴。显然，再生性思维与创造性思维是不相容的。

因此波特曼设计的亚特兰大海特摄政旅馆和旧金山海特摄政旅馆等系列是原创设计，属于创造性思维的新颖结果，有不可检索性。而此后所有类似含有中庭的公共建筑，尽管它们中庭设计花样百出，但都不是原创，仅仅是展现设计手法而已。因而从严格意义上来说，并不属于创造性思维的结果。

3. 超越性

超越性是指创造性思维的结果使设计者的认识超越以往的水平，达到一个崭新的高度。

还是以波特曼设计的亚特兰大海特摄政旅馆为例。他在创造中庭这样一个旅馆前所未有的室内新颖空间的同时，也使人们对传统旅馆门厅的理解超越了以往的认识水平。即旅馆门厅不再仅仅是接待客人、起交通分配人流的作用，而是创造了一个室外化的室内空间，提供了人看人的温馨环境。无论从中庭的空间形态，室内热闹场面，光环境变幻、气氛渲染等都是传统旅馆门厅所不及的。中庭不但给旅客以全新的感受，而且把设计者的创造性思维提升到一个崭新的高度。

（三）创造性思维的特征

1. 独特性

创造性思维的独特性是指从前所未有的新视角、新观点去认识事物，反映事物，并按照不同寻常的思路展开思维，达到标新立异、获得独到见解的性质。为此，设计者要敢于对“司空见惯”、“完满无缺”的事物提出怀疑，要打破常规，锐意进取，勇于向旧的传统和习惯挑战，也要能主动否定自己。这样，才能不使自己的思维因循守旧，而闯出新的思路来。

2. 灵活性

创造性思维的灵活性是指能产生多种设想，通过多种途径展开想像的性质。

创造性思维是一种多回路、多渠道、四通八达的思维方式。正是这种灵活性，使创造性思维左右逢源，使设计者摆脱困境，可谓“山重水路疑无路，柳暗花明又一村”。这种思维的产生并获得成功，主要依赖于设计者在问题面前能提出多种设想、多种方案，以扩大择优余地，能够灵活地变换影响事物质和量的诸多因素中的某一个，从而产生新的思路。即使思维在一个方向受阻时，也能立即转向另一个方向去探索。

3. 流畅性

创造性思维的流畅性是指心智活动畅通无阻，能够在短时间内迅速产生大量设想，或思维速度较快的性质。

创造性思维的酝酿过程可能是十分艰辛的，也是较为漫长的。但是一旦打开思维闸门，就会思潮如涌。不但各种想法相继涌出，而且对这些想法的分析、比较、判断、取舍的各种思维活动的速度相当快。似乎很快就把握了立意构思的目标，甚至设计路线也能胸有成竹。相反，思维缺乏这种能力，就会呆滞木纳，很难想像这样的设计者怎么能有所发明，有所创造？

4. 敏感性

创造性思维的敏感性是指敏锐地认识客观世界的性质。

客观世界是丰富多彩而错综复杂的，况且又处在动态变化之中。设计者要敏锐地观察客观世界，从中捕捉任何能激活创造性思维的外来因子，从而妙思泉涌。否则，缺乏这种敏感性，思维就会迟钝起来，甚至变得惰性、刻板、僵化。那么，创造性就荡然无存了。

5. 变通性

创造性思维的变通性是指运用不同于常规的方式对已有事物重新定义或理解的性质。

人们在认识客观世界的过程中，因司空见惯容易形成固定的思维习惯，久而久之便墨守成规而难以创新发展。特别是当遇到障碍和困难时，往往束手无策，难以克服和超越。此时，创造性思维的变通性有助于帮助设计者打破常规，随机应变而找到新的出路。

6. 统摄性

创造性思维的统摄性是指能善于把多个星点意念想法通过巧妙结合，形成新的成果的性质。

在设计初始，设计者的想法往往是零星多向、混沌松散的。如果设计者能够有意识地将这些局部的思维成果综合在一起，对其进行辩证地分析研究，把握个性特点，然后从中概括出事物的规律，也许可以从这些片段的综合中，得到一个完整的构想。

综上所述，独特性、灵活性、流畅性、敏感性、变通性、统摄性是创造性思维的基本特征。然而，并非所有的创造性思维都同时具有上述全部特征，而是因人因事而异，各有侧重。

（四）创造性思维的途径

怎样开展创造性思维才能有助于获得创造性思维成果呢？

1. 发散性思维与收敛性思维相结合

发散性思维与收敛性思维相结合是建筑创作中激发创造性思维的有效途径。其中发散性思维是收敛性思维的前提和基础，而收敛性思维是发散性思维的目的和效果，两者相辅相成。而且它们对创造性思维的激发不是一次性完成的，往往要经过发散—收敛—再发散—再收敛，循环往复，直到设计目标实现。这是建筑创作思维活动的一条基本规律。

那么，什么是发散性思维呢？

发散性思维是一种不依常规，寻求变异，从多方向、多渠道、多层次寻求答案的思维方式。它是创造性思维的中心环节，是探索最佳方案的法宝。

由于建筑设计的问题求解是多向量和不定性的，答案没有惟一解。这就需要设计者运用思维发散性原理，首先产生出大量设想，其中包括创造性设想，然后从若干试误性探索方案中寻求一个相对合理的选择。如果思维的发散量越大，也即思维越活跃、思路越开阔，那么，有价值的选择方案出现的概率就越大，就越能导致设计问题求解的顺利实现。

上述思维发散“量”固然影响到设计问题答案的“质”，但是，思维发散方向却对创造性思维起着支配作用。因为，不同思考路线即不同思维发散方向会使求解结果在不同程度上出现质的变化，因而导致不同方案的产生。这种不同思维发散方向可以归纳为下面两种情况。

一是同向发散。即从已知设计条件出发，按大致定型的功能关系使思维轨迹沿着同一方向发散，发散的结果得出大同小异的若干方案。如赖特(Frank Lloyd Wright)在不同地点为不同业主设计的三幢住宅。虽然其平面形式、房间的空间形态各不相同，但是各房间的功能结构却是完全相同的(图 1-8)。因此，从设计的本质特征看，三者同属于一种思维方向的结果，所不同的仅是房间图形有所差别而已。这种同向思维发散形式常见于创作某些功能限定较大的建筑，如住宅、学校等。由于其功能关系大致定型，设计者可以在一定的思考路线和变化幅度中徘徊，做出本同貌异的多个方案。

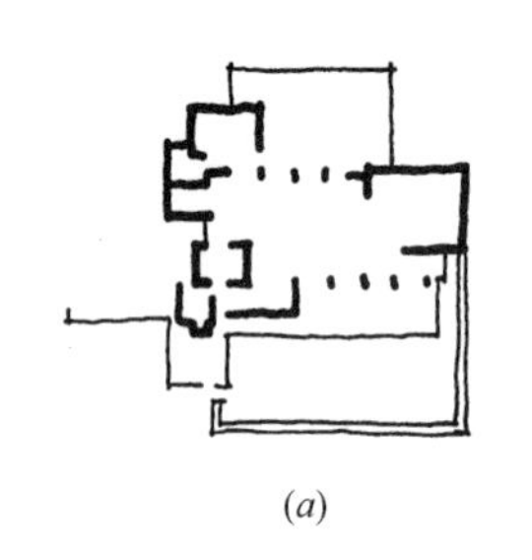
(*a*)

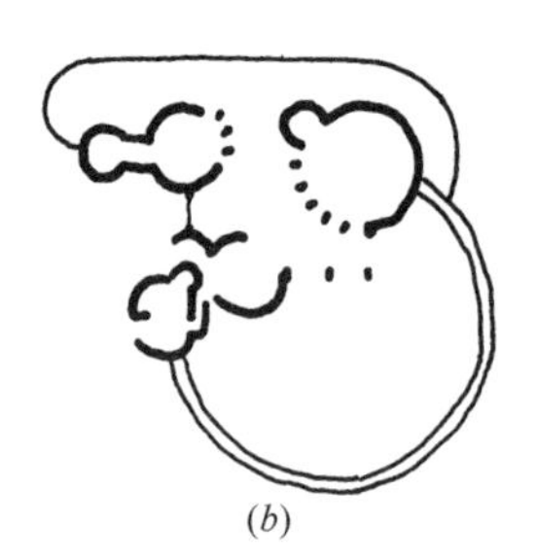
(*b*)

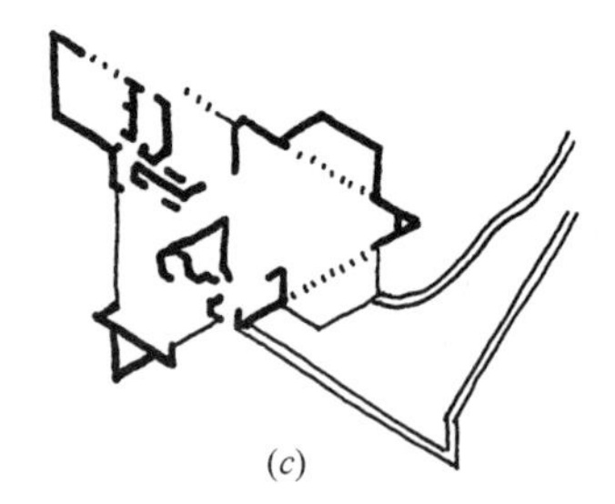
(*c*)

图 1-8 赖特在不同地点为不同业主设计的三幢住宅
(*a*)5000～6000 美元收入者的 Life 住宅，1938；(*b*)加州 Palos Verdes 地方的 Ralph Jester 住宅，1938；
(*c*)威斯康辛州麦迪生市附近的 Vigo Sundt 住宅，1941

二是异向发散。即根据已知条件，从强调个别设计因素出发，使思维轨迹沿着不同方向发散。发散结果会得出各具特色、截然不同的方案。许多建筑设计竞赛、竞标都属于异向发散思维的结果。

1997 年，我国在向国内外征集国家大剧院的方案设计竞赛中，69 件方案作品各具特色，显示出参赛者的思维发散是多向的，甚至是截然相反的。他们各自从不同的设计理念出发，强调甚至张扬个性，表达出各自对建筑文化的不同理解。

图 1-9 是法国建筑师保罗·安德鲁(Paul Andreu)的方案。他强调建筑创作“不是去追本求源，而是永远探索未知领域”。因此，它以一个巨大的“蛋”壳将四个剧场笼罩住，并后退长安街 120m，极其简洁、虚幻的造型像漂浮在“湖”中似的优雅、曼妙，成为充满诗意和浪漫的迷人艺术殿堂。特别是匠心独运的水下入口廊道，带给人们前所未有的惊奇和震撼。这个方案的创作成果是西方文化思维的产物。

图 1-9 国家大剧院安德鲁方案

图 1-10 是英国建筑师泰瑞·法雷尔(Terry·Fareell)的方案。他运用西方人的思维方式，着眼于未来，着眼于 21 世纪，而不是向后看，去与周边环境相协调。他通过新技术、新材料的运用，创造出一种通透的、变换的，甚至是梦幻般的空间，试图把剧场变为人生舞台的效果。造型以漂浮的像似云彩，又像展翅飞翔的屋面引人注目，是一个非常现代化的方案。

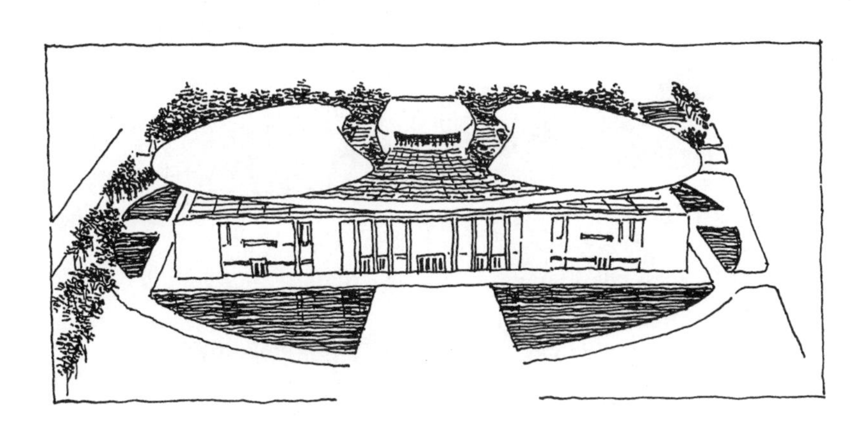

图 1-10 国家大剧院法雷尔方案

图 1-11 是北京市建筑设计研究院的方案，思维的发散完全不同于前两者西方人的理念。该方案强调大剧场要与天安门广场环境相协调而不是对比，应能够体现中国传统形

图 1-11 国家大剧院北京市建筑设计研究院方案

式。因此，采用了与人民大会堂一致的周边柱廊，立面的三段比例也有相通之处。柱顶模仿中国传统柱廊的额枋及斗栱做法。玄塔部分也模仿了中国大屋顶的曲线，是一个很有形似中国味的建筑。

图 1-12 是清华大学的第三轮竞赛第三次修改方案。该方案在延续中国建筑文化，力争具有中国特色上作了积极的探索。与北京院方案同样是强调协调思维发散，而有所不同的是，该方案进一步从中国“天圆地方”哲理的深层传统文化中，运用模拟式手法来处理建筑特色，是一个很有神似“中国味”的建筑。

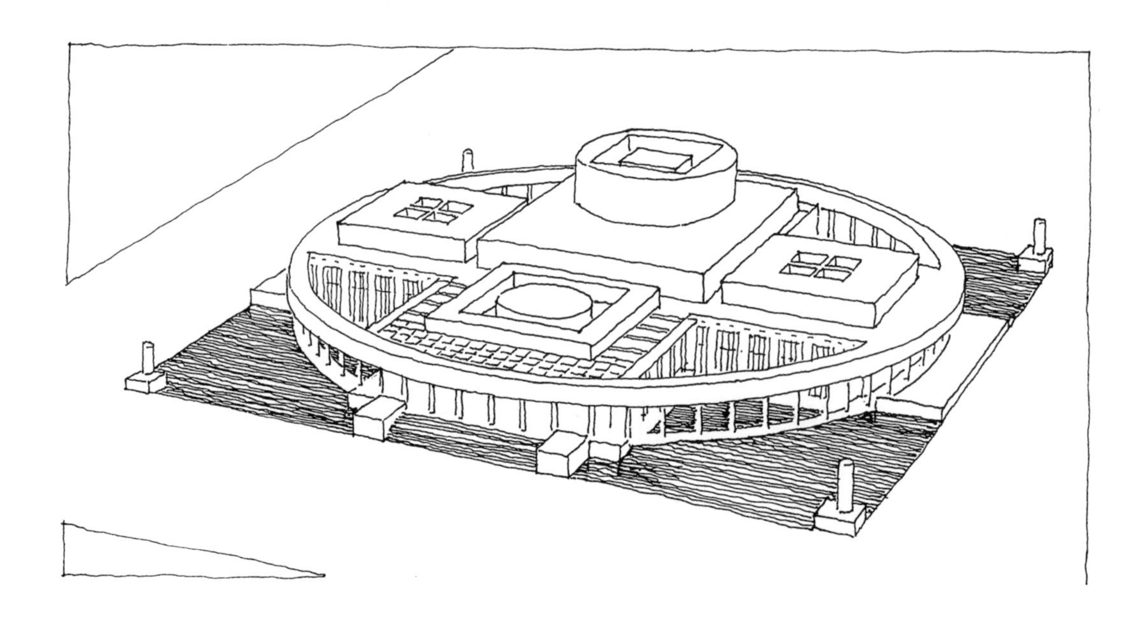

图 1-12 国家大剧院清华大学方案

四个有代表性的方案沿着不同的，甚至差异相背的方向进行思维发散，方案“质”的差别较为明显，体现了各自强烈的追求。这种多向性的思维发散形式多见于功能限定度较小，建筑艺术性要求较高的公共建筑，如博览建筑、文化娱乐建筑等。

从上述实例中可看出：在创造性思维活动中，思维的发散性起着特别突出的作用，是创造性思维的中心环节。但这并不否定和排斥思维收敛性在创造性思维活动中所起的重要作用。当需要从发散性思维所得的若干结果中寻求择优答案时，就要依靠收敛性思维的周密逻辑推理把各种思路和方案加以综合分析和评价鉴别。这样，既能在思维发散时避免不着边际的胡思乱想，又能在思维收敛时避免固步自封、停滞不前。

那么，什么是收敛性思维呢？

收敛性思维是指在分析、比较、综合的基础上推理演绎，从并列因素中做出最佳选择的思维方式。需要强调的是，这种最佳选择有两个重要条件，一是要为选择提供尽可能多的并列因素。如果并列因素少，选择的余地就小；反之，并列因素多，选择的余地就大。这就需要发挥发散性思维的作用，提供更多的选择因素。前述国家大剧院征集到的 69 件不同发散性思维产生的竞赛方案正是为收敛性思维作选择提供了更大的余地。二是确定选择的判别原则，避免盲目性。因为，不同的原则可能产生不同的判别结果，导致作出不同的选择。正如前述在评判 69 件国家大剧院建筑设计竞赛方案作品中，创作思路的差异如此巨大，评判的原则首先就成为国内外评委代表东西方文化的思想交锋。结果，收敛性思维集中倾向于国家大剧院要体现未来，要有突破和创新，强调应是时代的产物，应该把北京的建筑创作带到一个新的境界这个评判原则上，而并不把体现传统风格看得那么重要，因此最终选择了安德鲁的方案。

2. 求同思维与求异思维相结合

求同思维是指从不同事物(现象)中寻找相同之处的思维方法，而求异思维是指从同类事物(现象)中寻找不同之处的思维方法。由于客观世界万事万物都有各自存在的形式和运动状态，因此，不存在完全相同的两个事物(现象)。它们之间总会有差异，即使是孪生兄弟，至少指纹是不会相同的。而千差万别的事物(现象)，也往往存在某种相似之处。正如琳琅满目的商品，价值是它们的共性和本质。求同思维与求异思维的结合，能够帮助我们找到不同事物(现象)的本质联系，找到这一事物(现象)与另一事物(现象)之间赖以转换或模仿的途径。或者帮助我们找到相同事物(现象)之间我们过去尚未发现的差异，从而带来认识上的突破。总之，求同思维与求异思维的结合可以开拓新思路，为创造性解决设计问题提供有效途径。

仿生建筑是最为明显的例证。自然界的生物(动、植物)与建筑是完全不同的两个事物。但是，仿生学的研究打开了人们的创造性思路，从核桃、蛋壳、贝壳等薄而具有强度的合理外形中获得灵感，创造了薄壳建筑；从树大根深有较强稳定性的自然现象中启示人们建造了各式各样基座放大的电视塔等等。

楼梯与楼面是人们司空见惯的两个功能相近的建筑构件。前者供人上下，后者支撑人的各种行为活动。如果把它们结合起来会怎样呢？乌鲁木齐友好商场的营业部分由 20 个营业厅组成，每一楼面分为四阶，每阶高差 1.1m，每阶以踏步相连，构成螺旋式布局，打破了各楼面通过单独楼梯垂直联系的传统方式，从而创造了新颖的室内空间形态，使人在购物活动中不知不觉地通过了各层营业厅(图 1-13)。

3. 正向思维与逆向思维相结合

正向思维是指按照常规思路、遵照时间发展的自然过程，或者以事物(现象)的常见特征与一般趋势为标准而进行的思维方式。这一思维与事物发展的一般过程相符，同大多数人的思维习惯一致。因此，可以通过开展正向思维来认识事物的规律，预测事物的发展趋势，从而获得新的思维内容，完成创造性思维。一般来说，正向思维所获得的创造性成果其特色不

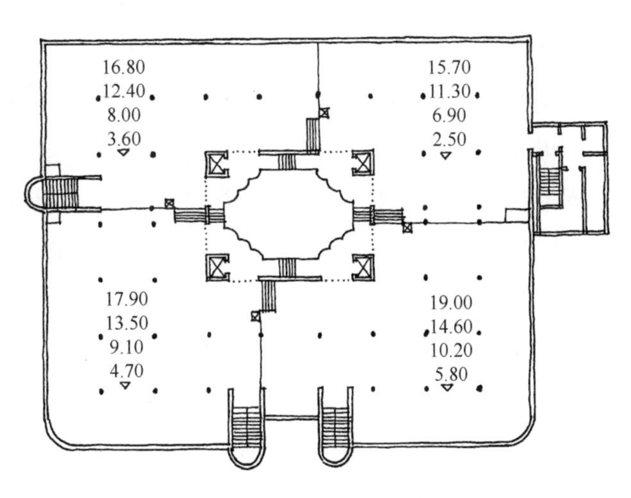

图 1-13 乌鲁木齐友好商场

及逆向思维所产生的创造性成果引人惊奇。这是因为逆向思维的成果往往是人们意想不到的。

逆向思维是根据已知条件，打破习惯思维方式，变顺理成章的"水平思考"为"反过来思考"。正因为它与正向思维不同，才能从一个新的视角去认识客观世界，有利于发现事物(现象)的新特征、新关系，从而创造出与众不同的新结果。

图 1-14 巴黎蓬皮杜艺术与文化中心

例如，建筑的设备管道在绝大多数的情况下，设计者的习惯思维方式是利用吊顶、管井把它们掩藏起来。然而，皮亚诺(Renzo Piano)和罗杰斯(Richard Rogers)设计的巴黎蓬皮杜艺术与文化中心却逆向思维，"翻肠倒肚"似的把琳琅满目的管道毫不掩饰地暴露在建筑外面和室内空间中，甚至用鲜艳夺目的色彩加以强调。这件作品一问世，立即引起人们惊叹(图 1-14)。

值得提醒的是，逆向思维是手段，不是目的；是相对的，不是绝对的。它和单纯追求反常心理刺激的故弄玄虚不可同日而语。如果把逆向思维绝对化，遇事"反其道而行之"，只能适得其反。正如"一切创造都是包含着新奇，但并非一切新奇都是创造"的道理一样。我们只能将逆向思维与正向思维结合起来，根据具体设计内容与条件开展创造性思维活动。

(五) 创造性思维障碍

重复性的实践会使人在头脑中产生习惯性的思维方式，形成思维定势，成为创造性思维的桎梏。例如，红砖可以干什么？回答是可以盖房子，这是一般人通常的思维方法。但是，如果思维仅限于红砖可以盖房子，或延伸讲可以盖仓库、建学校、砌烟囱、筑围墙、铺地面、修炉灶等，也仅仅限于把红砖作为建筑材料这一常规用途的范围之内的认识，那么就会使思维僵化。我们为什么不能认为红砖可以用来敲钉子、可以打狗、可以磨红粉呢？这种思维就突破了原有的"心理束缚"，创造性地把红砖的用途扩充到正常用途以外。

创造性思维障碍会使思维僵化，反映在两个方面：一方面是因经验而对事物的认识形成固定化。经验对于一个人的建筑创作来说无疑是十分宝贵和重要的，但运用经验却不能一成不变。倘若设计者在解题过程中总是习惯性地沿用以往的经验，必然会产生"先入为主"的思维定势。一旦如此，就会把经验变为框框，成为束缚自己发挥创造性思维的消极因素。另一方面是解决设计问题的途径单一化，认为要解决某个设计问题只有一种方法，即现成的方法。如无论做什么题目的建筑设计，不顾设计条件、设计内容都采用理性的空间建构方法做设计。这完全陷入到"千篇一律"的思维定势里去了。空间建构作为一种设计方法是可以加以训练的，但把它作为一种设计模式对于训练创造性思维却是不利的。其实，有时第一种方法只不过是首先想到而已，若以此为满足就会放弃对更好方法的探索。

找到了妨碍创造性思维的结症，设计者就能在克服“思维定势”的桎梏后激发出无穷的创作力。

第五节 设计基础

对于设计者，特别是对于初学建筑设计者来说，要想入门并掌握建筑设计方法，要想将来成为优秀的建筑师，确实需要具备先天的条件和后天的努力，两者的结合才能实现自己的人生目标。即便从掌握建筑设计方法而言，如果先天具备一点学习建筑设计的基础，就能促其在建筑设计的学习过程中，加快成长的步伐。倘若缺乏这些设计基础，只有在后天的努力中尽快弥补，否则学习建筑设计将是漫长而苦恼的过程。

那么，什么是建筑设计的基础呢？

一、兴趣要广泛

兴趣是学习的最好老师。一个人要想在某个专业领域内成就一番事业，首先要热爱它，对它产生兴趣。这样才能全身心地投入进去，再通过后天的努力逐渐靠拢它、触摸它、掌握它。正如陈景润把解数学题作为一种享受，喜爱数学达到痴迷程度，终使他成为我国著名的数学家。又如无数当代青少年对流行歌曲、歌星那种狂热的喜爱，促成了他们对流行音乐的通晓，对他们所崇拜偶像的无所不知。

要热爱建筑设计如同上述一样，何况它是一门博大精深的学问，没有一种兴趣去探索它，你无法在建筑学知识的海洋里徜徉。只要你以一种好奇心揭开它的面纱，你就会发现建筑设计创作不像解数学题那样理性、拘谨。它会让你放松畅想，尽情构思。它的成果又是那么美丽、那么艺术，真是一种美的共享。同时，你也会发现它并不像唱歌那样豪情，像跳舞那样浪漫。它会受到技术、科学的制约，有一种理性的秩序、方法的逻辑。

要提高对建筑设计的兴趣，就要从培养与建筑设计有关的一切领域的爱好开始，诸如要培养欣赏文学、音乐、美术、摄影、歌舞、服装等的兴趣。因为它们在艺术创作中与建筑设计是相通的，都有一种共同的内涵与外在美的表现。要培养善于心灵手巧，探索未知的好奇心，因为这是建筑设计创作中打开思路，从想像到现实的必由之路。要培养憧憬技术、崇尚科学的追求，因为这是保证建筑设计可操作性的前提条件等等。兴趣就是这样，将引领你走进建筑设计领域，融化在建筑设计创作的激情之中，直至达到废寝忘食，视建筑创作为一种享受的境地。

二、思维要活跃

建筑设计的特征之一就是自始至终贯穿着思维活动。这种思维活动综合了理工科专业学习——以逻辑思维为主和艺术类专业学习——以形象思维为主的各自特征。又由于建筑设计成果没有惟一答案，这就给思维活动的范围拓宽了想像的天空，也为建筑设计创作探索优质方案带来无尽的思考。

建筑设计施展设计手法，运用设计技巧是重要的。这需要知识的积累和经验的丰富。但这不是建筑设计成果取胜的关键，仅仅是表达设计意图的手段。“创意”才是建筑设计出众的先兆，而创意来自于思维的活动。不能想像一位思维僵化、头脑迟钝的设计者，会有什么样的惊人方案设想。只有这样的设计者：他平日对一切事物的想像就不“安分守己”，头脑中充满了“奇思异想”。这种思维活跃的习惯一旦被引导上学习建筑设计的正路，就会在创造性思维的发挥中大显身手。

建筑设计的过程充满了矛盾和艰难，克服这些设计矛盾，趟过这些设计陷阱，需要思维的力量，方法的指引。然而在解决建筑设计问题的征途上却没有现成的公式，只能在求索中前进。因此，学习建筑设计比注重手上技能更重要的是使思维活跃起来。只有使思维活跃起来，才会涌现想法，才能面对重重设计矛盾增强思辨能力，才能在众多试探性方案中，分辨优劣。所有这些，在手的参与互动下，使设计者的设计能力如虎添翼，日渐成熟起来。

三、空间概念要增强

建筑设计的过程自始至终都是围绕着空间建构而展开的。空间是那样的虚无缥缈，那样的捉摸不定，可是设计者却要凭空把它创造出来，而且还要尽善尽美，这不能不是一种挑战。为此，要求设计者首先对空间要有较强的理解力。这不比看一种平面广告或一件美术作品那样容易理解，而是需要将若干相关二维图形(平、立、剖面图)，在脑中拼凑起一个空间形象，并加以判断：是什么形状？比例尺度如何？有什么精妙或不足之处？这些疑问只能在设计者脑中展开。或者当设计者看到一个精美的建筑物照片或实物时，你能不能想像出它的大体平面图形？剖面图形？或者看到一座建筑的某个细节形状，你能不能理解这些细节表层的线角是怎样变化？怎样交错？怎样咬合的？等等。因为设计者是在创造一个三维空间的形体，必须要有这个空间的理解力。从上述阐述中我们还可以悟出一个道理，即设计者除了要有空间理解力，还需要有较强的空间转换力，不是吗？从平面图形到拼凑的空间形象，或反之，从建筑物实体到平面图形，都是一种二维图形与三维图形的相互转换过程。有了这种空间认知基础和空间转换能力，设计者才能在图面上表达头脑中的空间形象，或者从五花八门的平面图形中体味空间的趣味，看出空间的奥妙。

其次，设计者的工作虽然是从零开始的，但是他要预想到设计的目标大体上是什么样？这样，建筑设计过程才有目的性。为此，设计者又要有空间的想像力。若造型构思奇妙超群，设计成果才能出类拔萃；而造型想像平淡无奇，设计成果只能庸俗乏味。因此空间想像力丰富与否直接关系到设计者发挥建筑设计创作潜力的程度。

毕竟建筑设计的空间创造不是一蹴而就的，其过程中充满了对空间的推敲、修改、完善的艰辛创作。其间，设计者对空间的处理能力就显得十分重要了。这种处理空间的能力是设计者在个人专业修养、审美情趣、业务素质、实践经验、动手能力等诸方面综合因素积淀的反映。

总之，建筑设计的基础，正是在“空间”这一问题上成为学习的难点。

四、艺术素养要提高

建筑设计的任务之一就是要创造建筑物美的形象、美的空间、美的艺术。既然这样，就要求设计者本人具备美的素养、美的眼光。因此，设计者要不断提高自己，对美的追求、对美的鉴赏。要善于发现美，着力表现美。只有这样，才能在自己的建筑设计创作中以美的原则推敲空间完形，表达造型至善。

然而，艺术素养的提高是一种潜移默化、长期熏陶的过程，是设计者个人魅力、气质、修养的升华。这就要求设计者不能把艺术素养的提高当做美容化妆一样刻意去做作，而是一方面从用眼捕捉美，用手表现美的训练开始；另一方面从素养举止上修炼自己美的心灵、美的行为。这样，设计者有了美的素养和表达美的能力，距离一位优秀的设计者也就不远了。

五、知识领域要拓宽

由于建筑设计所涉及的知识域实在太宽，可谓无所不及，这就迫使设计者要不断知识增新，以应对建筑设计所面临的各种复杂问题。

对于系统学习建筑设计来说，凡是人才培养计划中的所有专业基础课、专业课，以及通识课、人文课等都是必须通晓掌握的。任何一种偏科行为都是知识的缺项，都会在不同程度上使设计者的设计能力受限。

然而，即使课堂内的这些知识还不足以把设计者造就成一位优秀的设计者。设计者还需要从旁学科领域大量吸取知识的营养，充实自己的智慧库。但是，这些知识的获取不可能立竿见影。它应当是一种积累过程，待到某一时刻或许会间接地对建筑设计产生启迪作用。如设计者若增加了文学修养的知识，也就提高了写作能力，在建筑设计中的文字表达方面将发挥作用。设计者若拓宽了摄影知识，掌握了用光原理，熟练了构图取景技巧，也就提高了审美能力，无疑对表现建筑的美将会起到潜移默化的作用。要学点历史，你会从历史的遗产、先哲的智慧中开拓思路、学习经验，如此等等。

但是，还有一些知识的获取不能带有任何功利主义的色彩，企图仅为用而学，这可能会成为我们拓宽知识域的障碍。如果把学习当作一种快乐的事，人的气质、修养就会高雅，设计作品就会折射出设计者做人的风度品格。

上述的知识域拓宽总跳不出向书本学习、向前人学习、向过去学习的常规之路。这当然很重要，只是拓宽知识域的渠道还要再宽些。其实，在我们的生活周围就充满了知识的海洋，建筑的词汇充斥着我们的身边，只不过我们已经熟视无睹罢了。因此，“向生活学习”对于建筑设计而言，也许是最重要的学习途径。“处处留心皆学问”，这是我国建筑界前辈——杨廷宝先生的至理名言。要做到这一点，一是需要设计者有敏锐的观察力，随时记录学习所得，日积月累，水到渠成。正如学习外语的基础是拥有大量词汇一样，当你同样拥有大量建筑词汇量时，你就会在建筑设计的自由王国里施展才华。二是需要设计者热爱生活、体验生活，从中下意识地获取感性知识。因此，各种生活方式都要设法去经历、参与，这种知识的获取才会印象深刻。比如，如果你勤于家务，擅长烹调，那么你设计住宅，尤其是设计厨房那是轻而易举的事；如果你喜欢跳舞，经常去舞厅休闲，那么舞厅设计对你而言就会得心应手，如此等等。不可想像一位从未去过机场，没有乘过飞机的设计者如何面对航空港设计的难题，至少他设计时心中诚惶诚恐，下笔胆怯不安。只有当他通过调研，亲临实地思考，一句话，只有去体验生活，补上这一课，才会增加设计的勇气。

这样看来，知识的积累是无止境的，拓宽知识的路径是多渠道的。设计者只有积累知识，才有资本去从事建筑设计。

六、能力表现要全面

建筑设计是全面展示设计者能力的舞台，单凭个人的勤奋、钻研是远远不够的，需要在下述几个方面打下能力培养的基础：

● **表达能力**　这是设计者从事建筑设计的看家本领。它包括动手的能力，即要善于通过各种表现手段，能很好地将脑中思维的成果即时转换为图形。正如本章第一节在阐述建筑设计概念中指出的那样，建筑设计的过程是通过多种建筑设计媒介完成的。为了娴熟掌握建筑设计方法，对于运用图形媒介、模型媒介、数字媒介的能力应该作为基本功打下扎实基础。不可沉溺于动鼠标而置铅笔于不顾，否则会发生动手能力畸形，最终导致设计方法失误、设计能力下降而悔恨终身的结局。其次，语言的能力是不可忽视的基本功。它反映了设计者在表达设计意图时口述逻辑是否清晰，头脑反应是否灵敏。而这些和手的表达又有必然的联系，那种“哑巴吃饺子心里有数说不出”的状态，只能说明表达能力有欠缺。

● **交往能力**　这是设计者学习建筑设计、掌握设计方法、促进设计能力提高不可或缺的本领。因为设计者在建筑设计过程中，需要与他人进行互动交流，以便不断完善方案设计成果。在建筑设计初始阶段时，需要与他人进行调查研究，获取第一手资料，在建筑扩初设计阶段需要与各专业打交道，协调设计矛盾，直至在建筑施工图设计阶段乃至施工阶段更需要与建设方、施工方、材料供应方等广泛接触，以便共同协作将方案设计变为现实等等。总之设计者在整个建筑设计过程中总是离不开与人交往。这既是工作方法，也是一种能力的体现。

● **合作能力**　这是建筑设计团队精神的体现。建筑设计从来不是一个人所能承担和完成的，特别是中、大型的复杂项目。它要靠集体的合作、工种的配合、各方面的协作，共同为一个目标形成一种合力。即使在建筑方案设计的范围内，设计者个人的意志要与合作者的意愿结合起来，要敢于自信，又要懂得协商切磋，只有发挥集体的智慧才能胜于个人的独想。

● **组织能力**　这是设计者作为项目负责人的职责。无论在一个方案创作小组里，还是在一个工程项目设计中，建筑设计人员总是起到领导的作用。许多方案性设计问题需要建筑设计人员作主，许多工程设计的矛盾，特别是对于复杂项目的设计矛盾更多，更棘手，需要建筑设计人员出面协调。这除了需要建筑设计人员过硬的业务能力，更需要建筑设计人员娴熟的领导艺术。因此，对建筑设计来说，不再是设计者个人的单干问题，而他首先是一位得力的设计班子的组织者。只有这样，设计工作才能顺利进展。

第二章　设计思维方法

在建筑设计现象中，我们经常会看到：同样的命题，不同设计者的设计效率有快慢之分；同样的命题，不同设计者会得出不同质量的设计成果。于是，人们会说，这位设计者设计能力强，那位设计者设计能力弱。如果进一步询问，设计能力为什么有强弱之分？也许有多种原因，比如知识积累的程度不同，设计经验有多寡之别，动手能力有高低之分等等。这些都是表层的原因，更深层的原因那就是思维方法的不同。因为，设计行为是受设计思维支配的，想到了才能动手表达出来，想不到的问题当然也就无从去解决它。同时，怎样才能有效展开设计，还有一个用什么思维方法指导设计的问题。前述不同的设计者，面对相同的设计命题，之所以设计效率不同，设计结果有优劣之分，正是由于他们看待设计问题是从不同的角度去思考，想问题不是一个路子，解决问题不是一个途径，一句话，思维方法有很大差异，导致殊途不可能同归。看来，思维方法与动手设计的关系是紧密的，如何掌握正确的思维方法就至关重要了。

就建筑设计而言，设计者将会涉及到多种思维方法。其中最主要的是系统思维方法、综合思维方法、创造性思维方法和图式思维方法。

第一节　系统思维方法

系统是客观存在的现象。在自然界中有许许多多的系统，大自宇宙系统，小到一个细胞。而在人工界中，系统现象也不胜枚举，从社会系统到产品系统。尽管各种系统千差万别，但它们都有一个共同的特征，即各系统都各自包含着许多子系统，子系统又由一些更小的分系统组成。这些子系统和更小的分系统之间相互联系、相互制约着，为了一个共同的目标结成一个系统总体，而这个系统总体又从属于一个更大的系统。由此，我们可以这样来认识"系统"的概念：由相互作用和相互依存的若干组成部分结合而成的具有特殊功能的有机整体可称为"系统"。

我们之所以要建立"系统"的观念，是因为建筑设计本身就是一个大系统，它包含着环境、功能、形式、技术等各个子系统，而这些子系统又分别由更小的分系统组成。如环境子系统包含了硬质环境和软质环境两大类分系统。其中，硬质环境又包含了地段外部硬质环境和地段内部硬质环境两个更小的系统。而地段外部硬质环境包含了城市道路、城市建筑、城市景观等等；地段内部硬质环境包含了地形、地貌、遗存物等。这仅仅是环境系统的体系就如此复杂，何况加上功能系统(使用功能、管理功能、后勤功能及其各自所包含的分系统)、形式系统(外部造型、内部空间、节点细部及其各自所包含的分系统)、技术系统(结构、电气、给排水、空调等及其所包含的分系统)就构成了建筑设计所面对的复杂体系。而这些子系统、分系统以及更小的组成部分并不是孤立存在的，它们相互之间联系着、制约着。那么，当设计者在思考设计某一个子系统或某一更小的分系统的问题时，势必要涉及到对其他子系统或更小系统的考虑。因此，我们不能孤立地研究某一个设计问题，而置其他设计问题于不顾。也就是说，设计者在进行建筑设计时，必须运用系统论的方法思考问题，要从系统整体出发，辩证地处理建筑与环境、功能与形式、功能与技术、形式与技术直至细部与整体之间的关系。只有这样，才能适应建筑设计的复杂性、灵活性、层次性的特点。正如医生给病人看病，不能头痛医头、脚痛医脚，而是要把人体作为一个完整的系统来认识，还要把病人放在环境这个更复杂的大系统中来分析病因，找出治病的最佳途径，从而治本而不是治表。

那么，什么是系统思维方法呢?

系统思维方法可以归结为两种基本方法，即：系统分析方法与系统综合方法。

一、系统分析方法

系统分析是指在进行建筑设计的思考过程中，把建筑设计项目的整体分解为若干部分，即子系统，并根据各个部分的设计要求，分别进行有目的、有步骤的设计探索与分析过程。但在这一过程中，每一部分的思考都是从设计项目的整体出发，并考虑到各部分组成之间，以及这些部分与整体之间的种种关系，从而找出若干与设计目标接近的方案。然后交由下一步系统综合，从中择优出一个可供发展的方案进行系统设计，直至达到设计最终的目标。

系统分析方法是贯穿在整个建筑设计的各个阶段中的。就建筑设计初始分析设计任务书而言，无论是对外部环境条件的分析，还是对内部功能要求的分析，都少不了系统分析方法。我们以幼儿园建筑设计的功能分析为例：

构成幼儿园建筑的所有功能房间本是一个完整的系统，在设计任务书中已罗列清楚。但我们不可能丢掉幼儿园建筑整体这个系统去一个一个房间进行设计，这势必要导致建筑设计的进程步步被动而顾此失彼，甚至发展到不可收拾的地步。我们只能运用系统分析的方法，逐步认识清楚构成幼儿园建筑所有房间的功能系统及其相互间的关系。

首先，我们要考虑幼儿园建筑所有房间作为一个整体系统能分成哪几个子系统？按照功能同类项合并的原则，我们可以把若干房间分为三大类：即幼儿活动用房、管理用房、后勤用房三个功能分区。这三个子系统包含着不同的功能内容和不同的设计要求，它们相互联系着。设计者面对这三个子系统应该比面对几十个房间的分析更容易把握其隶属于整体功能的相互关系。同时，也能从整体上应对外部环境条件另一个子系统对功能子系统的要求与关联。在此基础上，我们再往下作更细致的系统分析，即幼儿活动用房这个子系统还包含了各班级活动单元、公共游戏室和一个较大的音体活动室这些分系统；管理用房包含了对外办公用房与对内办公用房两大部分；后勤用房包含了厨房、开水消毒间、洗衣房等。或者再系统分析下去：班级活动单元包含了活动室、卧室、卫生间、衣帽储藏间四个部分；对外办公用房包含了晨检室、会计室、行政办公室、传达室等；对内办公用房包含了园长室、教师办公室、资料兼会议室、教具制作兼陈列室等；厨房包含了操作区、库房区、管理区。

如果我们对上述幼儿园建筑的功能系统能如此梳理清楚，那么，我们就能在研究任何一个房间时，搞清楚它从属于哪一个子系统，乃至分系统。它与左邻右舍的位置关系是否恰当，是不是被包含在它所从属的更大系统中。用专业术语来说，就是功能分区是否合理。这种系统分析的过程，应一边思考，一边把分析的结果图示出来，并通过与视觉的交流再不断调整它们的关系，最终以求达到平面配置的最优组合(图 2-1)。

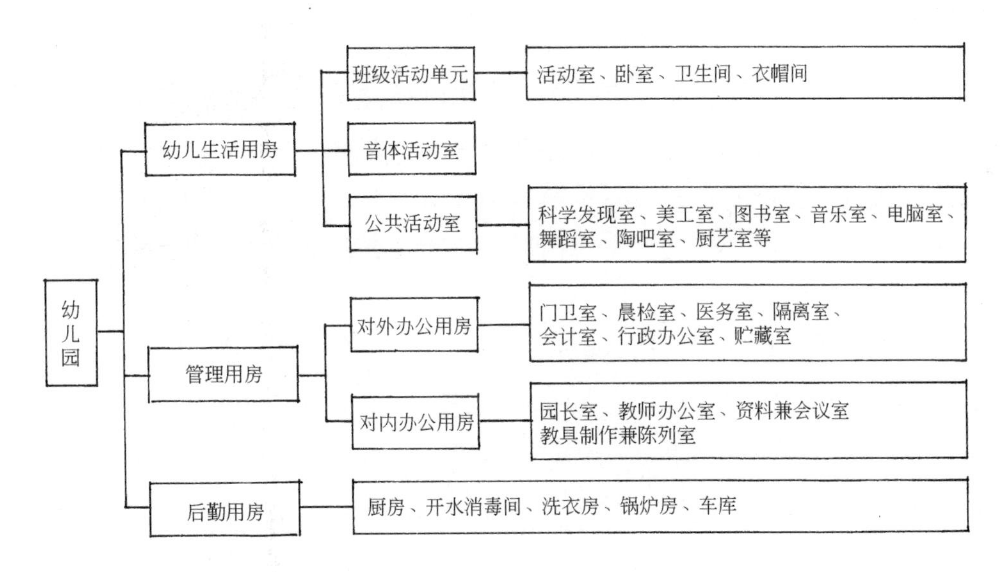

图 2-1　幼儿园建筑房间功能系统

类似的系统分析方法充满在建筑设计进程的各个阶段。可见，整个思维的过程就是一种系统分析的过程。虽然它的工作只是处理信息，而不是设计本身，但这一系统分析却是整个建筑设计的基础，也是设计不断展开的关键环节。因为，系统分析对信息处理的正确与否，完全决定了设计的走向和最终设计成果的质量。

综上所述，系统分析的目的是为系统综合提供确实可靠的信息资料，并经过对设计中不明因素的问题找出其合理的目标和可行方案，从而帮助设计者就建筑设计的复杂问题作出最佳选择。

在进行具体的系统分析时，我们要注意四个方面：

（一）分析要周全

建筑设计项目作为一个大系统包含了若干组成部分的子系统，各子系统又有自己的分系统。这些子系统、分系统都是大系统的要素。在系统分析中都要考虑周全，不可漏项，如果稍有疏忽遗漏，哪怕一个子系统或分系统有遗漏，都有可能给设计成果带来缺憾。

例如，在系统分析设计外部环境条件时，由于现场调查不仔细，或者分析不到位，遗漏了基地上空有一高压线穿过这个外部条件，结果主体建筑在垂直与水平两个方向与高压线的距离都不符合规范要求。如果对方案进行稍加修改能挽回失误那算是幸运的，如果违规严重，无法进行方案调整，只能以失败告终。

又如，在建筑设计任务书中，一般不罗列公共卫生间子项，但这不等于不设计。如果在功能系统分析中处处都非常周全，惟独遗漏了公共卫生间，那将是一个非常被动的事。要想在精心完成的平面设计方案中硬塞进遗漏的公共卫生间，势必要打乱原来的平面布局系统，至少要费很大的周折，才能弥补这一失误。

（二）层次要清晰

在建筑设计项目中，尽管系统比较复杂，有大系统、子系统，甚至分系统等，但在系统思维过程中，只要分析层次清晰，就能按正确的思维秩序有条不紊地解决设计中的问题。否则，如果分析层次颠倒，条理不清，就会乱了系统，导致两种分析错误：

一是在建筑设计过程中难以抓住各设计阶段的主要设计矛盾以及矛盾的主要方面，从而造成设计思维紊乱。例如，从建筑设计程序来说，一开始我们应该抓住建筑与环境这一对主要矛盾，仔细进行系统分析。而不是设计一上来就排平面功能，或者搞形式构成。这是将后一分析层次的设计问题置于环境设计这一首要分析层次之前，显然从建筑设计方法来说是本末倒置的错误。其次，在设计初始进行系统分析抓住建筑与环境这一主要矛盾时，还要注意到矛盾的主要方面在环境这一因素上，重点对它进行系统分析，以便充分把握设计的外在条件，进而有针对性、有目的性地考虑设计目标怎样适应环境的各种问题。只有在这个基础上，才能进入下一层次的系统分析。以此类推，系统分析层次清晰，就意味着掌握了建筑设计程序的脉络。

二是思维容易陷入就事论事地考虑细部的设计问题，而忘记了对项目整体的要求，造成子系统设计目标紊乱，而对大系统的设计目标失去了控制力。例如，我们有时容易先入为主地对设计的某个细节爱不释手，仔细推敲，反复研究，结果忘记了这个细部在系统分析层次上应在什么时候考虑，更是忘记了它与大系统的关系是十分重要还是可有可无，亦或根本就是画蛇添足。因此，在建筑设计中什么时候该考虑什么问题，有一个系统分析层次的先后步骤，而且分析的思路应该十分清晰。只有这样，才能保证建筑设计的进程顺利展开。

（三）重点要突出

建筑设计项目作为大系统，在整个设计过程中有许多不确定因素。系统分析正是针对这些不确定因素，从中寻找解决设计问题的出路。当然，这些不确定因素作为设计来说并不是对等的，它们有主有次。当我们解决设计某一阶段关键问题时，可能某一子系统起着重要作用。重点解决了该子系统的不确定因素的问题，就有可能使方案设计的进展有了突破，甚至形成某种方案特色。在建筑设计的不同阶段，设计的不确定因素也是不对等的，也只有抓住该阶段重点的不确定因素才能找到解决设计问题的关键，使设计进程再前进一步。所以，系统分析不是平均对待设计问题，不能为分析而分析，而是以求得解决关键问题的最优方案为重点。

例如，在设计构思阶段，很多设计条件都有可能产生一种构思设想。但是，它们不会是对等的，必有一个设计条件起主导作用。系统分析的目的就是要抓住这个重点，把它突出出来，形成主导构思，而其他也可能产生另一构思的设想只能让位。贝聿铭(Ieoh Ming Pei)设计的卢佛宫博物馆扩建工程，就是抓住了保护环境特色的主导构思这个重点，将全部功能内容埋入地下，仅仅在地面上以一个巨大虚幻的金字塔作为入口，使这个项目设计成为世人公认的杰作。如果在这一设计阶段系统分析抓不住重点，甚至主次颠倒，比如为了突出扩建博物馆的形象，将它置于地面上，不管你运用何等高超的设计手法去与现有博物馆在建筑风格上保持和谐一致，但是环境气氛因建筑物的拥塞而遭到破坏，最终使这个设计将成为败笔。幸好这种结局没有发生。

(四) 分析要始终

尽管我们强调在建筑设计起始阶段要加强系统分析的方法，但是，由于分析要素有许多是不确定的变量，即使通过系统的综合，我们也只能从若干系统分析所综合的不同方案中择优出一个相对理想的方案，不可能是十全十美的最优。随着设计进程的发展，还会出现许多新的设计矛盾，或者出现新的变量而需要加以解决。此时，我们仍然需要运用系统分析的方法，继续深化设计。只是此时的系统分析内容与彼时的系统分析内容有所不同，这就是彼时的系统分析所产生的系统综合结果，在此时的系统分析时转化为分析的条件因素加入到新的因素群中一并进行考虑。由此可知，系统分析的过程就是由此及彼贯穿在整个设计始终的。

二、系统综合方法

系统综合实际上是在对系统分析的结果进行评价的基础上，权衡各种解决设计问题之间利弊得失的关系，或者从中选择可供方案发展下去的较为最佳方案的过程。问题是在系统分析中，往往因为建筑设计的各子系统要达到的目标很多，有时相互间又有矛盾，所以不能因某一子系统在某一方面取得了最优质的目标就认为在整体上也是最好的解决设计问题的结果，或者是最好的方案。如果从另一子系统出发，也取得了在另一方面的令人满意目标呢？以此类推，可能我们从不同的子系统出发，都能取得各自方面较为中意的目标。但是我们设计的最终目标只能是一个，这就需要我们从总体上对各子系统所取得的目标值进行综合评价，由此奠定方案选优与决策的基础。

那么，怎样在评价的基础上进行系统综合的思维呢？

(一) 要保证评价的客观性

评价的目的是为了方案选优。因此，评价的质量就直接影响到方案选优的正确与否。

为此，要求系统分析所提供的信息、资料要尽可能周全，以便评价时依据充分。其次，作为评价人，要避免个人的感情色彩，喜好偏向和主观臆断，要坚持实事求是的原则，对各方案的优劣之处要给予公正、客观的评定，这是避免评价结局发生失真的根本保证。

（二）要保证方案的可比性

在建筑设计初始阶段，为了探索设计方向，寻找最佳方案，设计者往往要有若干方案作比较，以便从中寻找一个较为满意的方案作为发展基础，再综合其他若干方案的优点探讨吸纳的程度。但是，这一设计过程及其决策的前提条件是，这些方案要各自有特点，是从不同思路而产生的、又有鲜明个性的方案。这样才能有可比性，系统综合所考虑的问题才会更周全些。否则，若干方案的特点大同小异，个性雷同，缺少可比性，也就失去了系统综合的意义。

（三）要突出方案个性特点

系统综合不是寻求一个四平八稳的方案。这种设计方案即使不出大毛病，但因毫无特色可言，充其量只是个平庸的设计作品。因此，系统综合时首先要看方案是否有创新意识和与众不同的特色。值得注意的是，这种创新和特色不能以牺牲其他设计要素为前提。当然，即使一个很有创新意识又有鲜明特色的方案也可能暂时还存在着这样或那样令人遗憾的问题。但是，只要它们不是不可纠正的设计失误，或只是处理手法不完善的问题，那么，这种方案在系统综合时就要看大局，可以作为方案选优的对象。

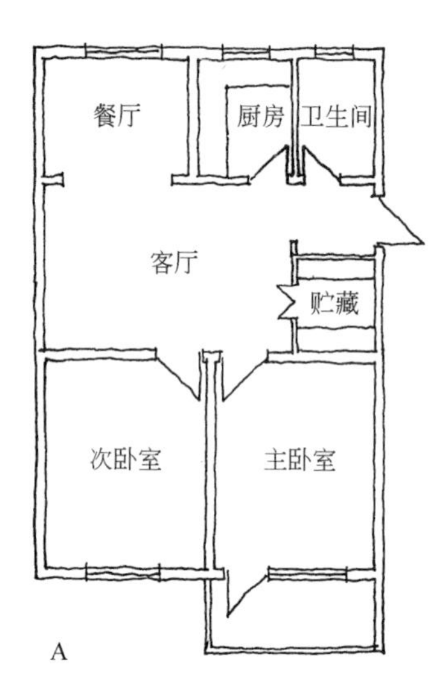

（四）要善于对其他方案取长补短

系统综合的目的是对方案选优或优化。以上三个方面论述都是为了选优所必须进行的工作。但不等于被选优的方案十分理想，总会有某些短处或缺憾。因此，紧接着就有一个继续对选优方案进行完善的过程。这就需要对其他若干被淘汰的方案加以研究，看看到底有哪些设计妙处可以取它之长补己之短。当然，这不是简单地移植，而是吸收。哪怕不是设计构思，而是设计手法，只要可取都可系统综合进来。

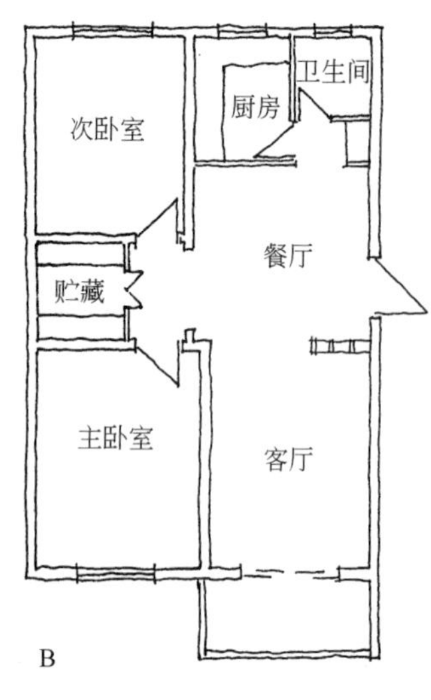

图 2-2 住宅中间单元方案比较

三、系统思维特点

（一）思考设计问题的整体性

整体特点是指在建筑设计的任何阶段，都必须坚持以整体的观点来处理局部的设计问题。因此，设计中的各个要素及各个细节都是以整体的部分形式存在的。它们之间互相影响着、制约着，任何局部的变化都会对整体产生影响，可谓牵一发而动全身。因此，我们要用整体的、联系的观点来看待设计要素和细节，避免孤立地、片面的就事论事处理局部的设计问题。

例如，图 2-2A 方案是一个住宅的中间单元，设计者由于没有从方案的整体性考虑，过分强调两间卧室朝阳，而忽略客厅这个家庭的主空间的条件满足，结果造成问题。如客厅居于平面中心位置，采光条件差，无法通过阳台与外部空间相联系；且周边门洞太多，也就意味着交通流线所占面积过大，使客厅家具难以布置；而厨房与餐厅流线也较迂回。尽管从局部看，两间卧室都朝阳当然很好，只是由此带来的设计问题较多，从方案整体看得不偿失。如果要调整方案以改进上述方案缺点，势必先要将客厅移至南向，而牺牲一间次卧室朝北，主卧室也要挪位置，以保证公共区与卧室区功能分区明确。不仅如此，原餐厅也要改变位置，如此发生连锁反应，而且结构平面也要相应做适当调整。这说明某一局部的变化，一定会对整体产生影响。当然，这种变化会使方案优化，但并不能保证面面俱到，也许会带来另一些新的问题，如B方案入户缺少门斗，这一点不如方案A。不过相比之下，这是次要矛盾，应该服从整体主要平面功能合理的需要。

（二）分析设计矛盾的辩证性

我们知道，建筑设计的过程实质上是解决各种设计矛盾的过程。按照矛盾的法则，任何事物的发展都不是绝对的，矛盾的双方总是相互依存相互转换着，而且旧的矛盾解决了，新的矛盾又会产生。因此，我们看问题的方法就应该符合事物发展的客观规律，采用辩证法的两点论，而不是唯心的一点论。正如前述，只要改变建筑设计中的某个子系统，就有可能引起相关的另一子系统的变化，并波及更多的子系统，导致“多米诺骨牌”式的连锁反应，直至引起整体的变化，这是建筑设计常遇到的现象。

例如，在设计一座剧场建筑的立面时，采用全玻璃幕墙行不行？这个问题的回答不是绝对的行或是不行，就看由此对其他设计问题会带来什么影响，是利大于弊，还是弊大于利？这要辨证来看，若采用全玻璃幕墙，当然立面效果现代感很强，大厅内易洋溢热闹气氛，夜晚灯火通明，晶莹剔透十分迷人。但是也有不利一面，大厅因太明亮耀眼，使观众进入观众厅的暗适应过程来不及调节瞳孔，造成两眼一片黑。如果主立面朝西，则西晒严重，能耗太大。怎样看待、处理这一对矛盾？如果坚持采用全玻璃幕墙以保证立面效果和突出反映剧场建筑的特色，那就要克服它的缺点。在建筑设计上要设法解决满足暗适应过程的功能问题，以及结合立面考虑采取遮阳措施，或采用隔热玻璃等技术措施。如果该剧场考虑全玻璃幕墙带来一次性投资太大，以及日常运行的维护费承受不起，修改全玻璃幕墙立面形式也在情理之中。如在立面上半部做若干大幅剧情广告招牌，以减小玻璃幕墙面积，一方面可起遮阳降耗作用，另一方面也起到广告宣传效果。因此，立面形式不是惟一的，就看如何辩证地处理由此带来的一系列设计问题。

（三）寻求目标的最优化

建筑设计的过程是一个复杂的解题过程，况且没有惟一答案。但我们总可以寻求相对较好的答案，无论是建筑设计中途，还是最终结果都是如此。这就存在一个解决设计问题的优化工作。系统思维方法就是通过对若干设计条件的系统分析，归纳出有几种解决设计问题的可能性，然后由系统综合择优。这种优化工作贯穿在整个建筑设计过程的始终，只是各个设计阶段或各个设计步骤的优化工作其目的与内容是不相同的。总的规律是从全局优化开始，奠定方案总体构思与布局的框架，再经过逐步深入的优化工作，不断在优化过程中解决各自的设计问题，直至达到建筑设计最终目标的优化，这说明优化是多层次的。

值得注意的是，建筑设计各个阶段的优化结果，有可能出现前后相互矛盾，甚至对立的现象。此时，就需要把它们放在建筑设计的大系统中进行审查，看与整体优化是否有矛盾，这说明在建筑设计每个阶段的优化工作都离不开系统思维。

另外，建筑设计由于涉及面很广，它的优化方法不像某些工程门类那样需要通过建立数学模型来进行量的计算，因此具有客观性、科学性。而建筑设计只能通过多方面的分析与比较，依据设计者本人的专业素质与实践经验，而寻求设计目标的最优化。因此，这种优化是有条件的、相对的，以及还有可能在后续设计过程中进一步优化。

第二节　综合思维方法

在科学与艺术两者中，因工作方式不同，思维也有所区别。科学侧重逻辑思维，表现在更多地运用概念、分析、抽象、筛选、比较、推理、判断等的心理活动。而艺术则侧重形象思维，表现在更多地运用知觉、想像、联想、灵感等的心理活动。建筑设计因属于理工与人文交叉的学科，且又是综合性很强的设计门类，既有工程技术问题，又有艺术创作问题。因此，用单一的思维模式并不能解决复杂的设计问题，而是需要将两者相互结合，即慎密的逻辑思维和丰富的形象思维两者相统一，这就是综合思维。

从上述可知，综合思维方法实际上是将逻辑思维与形象思维紧密统一起来进行思考的方式。因而，设计者对掌握逻辑思维与形象思维要像掌握手上的表达工具一样熟练，在此基础上，把两者作为一个整体，始终伴随着设计的进程同步运行。任何将两者分离或者失衡的思维都有违于建筑创作的思维方法。

那么，在建筑设计中怎样展开综合思维呢?

一、熟练逻辑思维与形象思维的方法

设计者进行建筑设计不能不进行思考。而这种思考要运用多种思维方式，主要包括逻辑思维和形象思维。只要熟练运用这两种思维方法就为掌握综合思维方法奠定了基础。

对于逻辑思维只要是正常人都具有这种能力，只是在强弱上程度不同，在方法上有科学与唯心之分，在结果上有大相径庭之别。那么，应该怎样更好地运用逻辑思维呢?上一节在论述系统思维方法时，实际上就是逻辑思维在建筑设计中的展现。只要掌握了系统分析方法与系统综合方法，也就熟练了逻辑思维方法。

问题是，设计者对于形象思维的掌握相对要困难些。这是因为，形象思维是借助于具体形象来展开的思维过程。它是一种多途径、多回路的思维，属于“面型”思维形式。不

像逻辑思维是从一点推向另一点的“线形”思维那样易于把握。而建筑设计的重要任务之一就是形的创造，包括建筑外部体形与建筑内部空间形态，甚至包括细部节点形态推敲。这些形象的确定有两个难点，一是这些形象在设计者脑中事先是不存在的，设计者很难想像设计目标的形象是什么样？即使设计者在形象构思中能够有一个朦胧的形象目标，但在设计过程中要控制它的实现也是比较难的。二是所构思的形象或者所实现的形象并不是惟一的结果，或者不是最好的结果。那么，还有更好的形象结果吗？很难回答。但是，我们能不能尽力去创造自己认为更好的建筑形象呢？只要设计者掌握了形象思维的方法，就能不断提高形的创造力。

（一）加强对形的理解力

运用形象思维方法进行的创造，其前提条件是设计者已经具备了对形的理解力。这是由于形象思维是以具体形象进行思考作为基础的。例如在解读设计任务书文件时，对于基地周边环境条件的认识，不能停留在给定的地形图上，这仅仅是二维的平面，与今后的现实在三维空间的真实感上有较大差距。设计者必须将二维的环境条件图，通过理解转换到脑中建立起三维的空间概念，只有感觉了这个外部形的空间特征，才能为今后设计目标——形的创造有一个与之有机结合的空间环境概念。

又如，在进行平、立、剖面设计时，同样不能把它们看成是二维平面的图形，一定要理解三者所构成的空间形象。在此基础上，从空间形象的视角给予正确的评价，若有不满意之处，再回到平、立、剖面上进行有针对性的调整、完善工作。因此，形象思维的基础有赖于设计者对形的理解力。

（二）提高对形的想像力

建筑设计是一个形的创造过程，大自建筑形体、小至细部形态，都具有形的特征。但是，这些形在设计之初原本没有，设计者就是要运用形象思维的方法首先把它们想像出来，然后才能创作出来。

对于不同的人，形的想像力是有差异的。有的设计者形的想像力丰富，有的设计者形的想像力较贫乏，其原因有多种多样。就形象思维方法而言，前者对诱发形的联想较灵活、丰富，而后者对诱发形的想像较为迟钝、单调。那么，怎样提高想像力呢？运用联想的办法不失为诱发想像力丰富的好办法。因为联想是人的一种重要心理活动，在某种外界条件的诱发下，可以回忆起过去曾有过类似的见识和经验，触类旁通而产生接近的、类似的形象想像。这种外界条件诱发联想的渠道可有以下几种途径：

1. 依托环境诱发的形象联想

任何一座建筑物都应融合于所处的特定环境之中。正因如此，设计者就应从若干环境要素中寻找最典型、最具特征的因素作为引发联想的因子。由此想像出相关的建筑形象。如丹麦建筑师约恩·伍重(Jorn Utzon)设计的悉尼歌剧院，其基地处在突向大海的班尼朗岛上，三面环水，面临海湾，形成独特的环境特色：蓝天白云、大桥海水、千船竞发。悉尼歌剧院以什么样的形象最为贴切地和环境融为一体呢？伍重用象征性的手法，背弃了现代主义建筑家信奉的“形式因循功能”的准则，颠覆了传统歌剧院的形象模式，从海湾环境中诱发出以三组巍峨的壳顶，塑造出既像一堆贝壳，又像一组迎风扬帆而驶的船队，其形象与其所在的环境融合似乎再没有更好的替代方案了。这个独特的建筑形象今天已永载史册，成为悉尼乃至澳大利亚的象征(图 2-3)。

图 2-3 悉尼歌剧院

2. 依托仿生诱发的形象联想

自然界的一切生命体(包括动物、植物)和无生命的东西(如各种矿物)组成了千变万化的物质世界。它们以千姿百态的形状表明各自存在的功能合理性、环境的适应性以及结构的科学性。正如蜂房以许多正六边形组成，显示结构合理、空间经济；贝壳、核桃、蛋卵等以薄壳获得较大的强度；大树根深蔓延，以保持树干稳定；伞状树枝使结构传力合理，以较少支撑材料覆盖很大有效面积；动物骨架以其支撑结构不但用最合理的形态保护内藏器官，而且以结节的灵活性适应各种动姿的变化；无机物的晶体结构保证了形态的稳定性等等。自然界系统这些优越的机制、生命的规律，正是我们从中获得启发，进行建筑形象创造的源泉。但是，这并不意味着可以单纯地模仿照抄，而是运用类比的方法，吸收动物、植物的生长肌理以及一切自然生态的规律，结合建筑的自身特点而进行的一种创作。

建筑形态仿生是建筑仿生学四种表现与应用方法(另有城市环境仿生、使用功能仿生、组织结构仿生三种)之一。许多建筑的形象都源自于自然界生态形象的启迪。如埃罗·沙里宁设计的美国耶鲁大学冰球馆形如海龟，屋盖大而造型优美(图 2-4)；日本建筑师丹下健三(Kenzo Tange)设计的东京代代木体育馆和游泳馆，利用悬索结构仿贝壳体形，使功能、结构与造型达到有机结合，成为建筑艺

图 2-4 耶鲁大学冰球馆

术品的优秀范例(图 2-5)；西班牙建筑师高迪(Antoni Gaudi)设计的米拉公寓(图 2-6)建筑形象奇特，怪诞不经。但各种形态和色彩都来自大自然。螺旋状的支柱是受树干的启示，屋顶的起伏形态似受地中海波浪或是受巴塞罗那附近的蒙特色拉山起伏的启发。整个米拉公寓的装饰效果十分强烈，被视为表现主义的先驱。

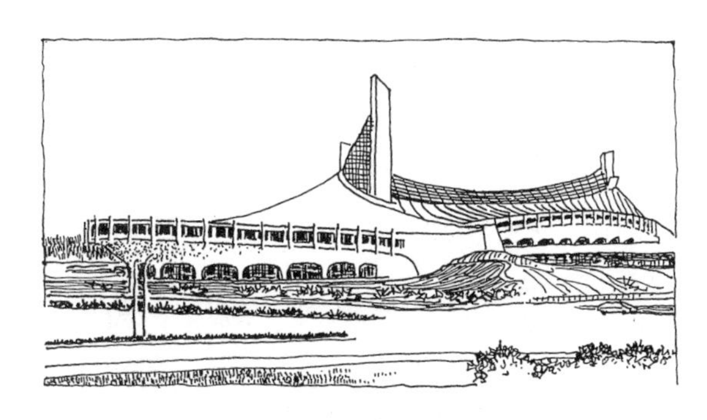

图 2-5　东京代代木国立综合体育馆

图 2-6　巴塞罗那米拉公寓

3. 依托寓意诱发的形象联想

寓意是为了表达一个特定的命题，提出与功能或场所性质相联系的一种心理暗示。它可以使人产生“移情”，进而诱发形象与情感的连锁反应。如一座城市或一个地理区域常用一个“大门”的象征物，以寓意一种地理空间的界定。因而，在许多城市就把火车站、航空港等交通建筑物作为城市的“大门”便在情理之中。或者把一个新开发区入口也用标志性建筑起到“大门”的标识作用。

建筑师 E・沙里宁设计的美国圣路易斯市杰斐逊纪念拱门(图 2-7)呈跨度为 190 多米的抛物线形，以现代感的、轻盈豪放的形象标识着该城作为通往美国西部疆域的门户，以及该城在当年开发西部疆域过程中的历史作用。同样，由建筑师 J・O・V・斯普瑞克森(Johan Otto Von Spreckeisen)和 P・安德鲁设计的法国巴黎德方斯大拱门(图 2-8)，以巨大而开敞的方匣子形象与老城凯旋门遥相互应，有“展望未来”、“通向世界的窗口”的寓意。

图 2-7　圣路易斯市杰斐逊纪念拱门

图 2-8　巴黎德方斯大拱门

我国的沈阳火车站(图 2-9)、杭州火车站(图 2-10)在建筑形象创作中，都以主体建筑中段挖空，形成“门”的暗示，有寓意城市“门户”的异曲同工之妙。

图 2-9　沈阳火车站

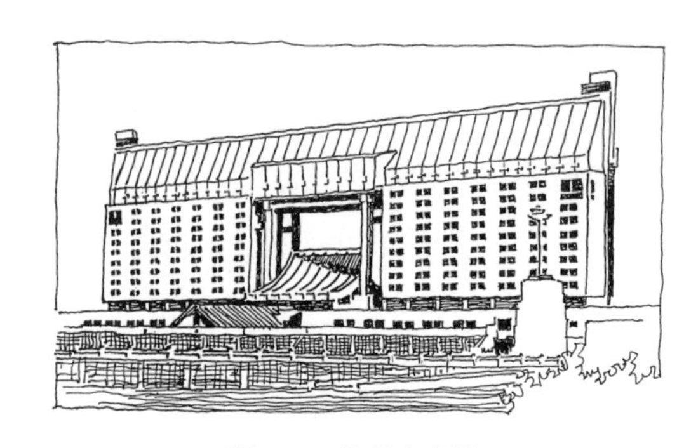

图 2-10　杭州火车站

（三）增加对形的记忆与经验的积累

设计者形象思维的能力不是凭空而生的。它一定是建立在对形的记忆与经验的积累基础之上，可以通过书本杂志、现实生活中的各种建筑造型、内部空间形态以及细部节点式样进行仔细观察、分析、理解、收集、记录，并养成一种行为习惯。这样，设计者头脑中有关形的信息储存量越大，密集程度越高，这就意味着对形象思维的激活程度就越容易，形象联想就来的灵活。

（四）熟练运用想像的能力

一般来说，想像力人皆有之，只是具体到每个人因运用想像的能力有差异而大相径庭。对于设计者而言，如果只有想像而无运用想像的能力，那么，这种想像也就毫无意义。特别是在建筑设计中，形的创造不是转移已有的形象符号，若如此，那便是抄袭、堆砌、拼凑。这在现实中是经常发生的。我们只能是在建筑设计过程中从记忆库中提取可借鉴参考的相似形象，再与建筑设计具体目标联系起来灵活运用，独立地去构成一个新的形象，这就是创作想像。它与创造性思维（在下节中将详述）有密切联系，是创造性活动所必需的，是设计思维中的高级而复杂的思维形象。

总之，建筑设计既属于艺术创作的范畴，又涉及到多学科交叉的工程设计领域。这种复杂系统问题的解决需要丰富的形象思维与慎密的逻辑思维且两者应兼而有之。

二、加强逻辑思维与形象思维的互动运行

在建筑设计中，凡是在处理环境关系、功能布局、技术措施等问题时一般多用逻辑思维的方法来解决各种设计矛盾。而在形体塑造、空间推敲时，多凭借形象思维的方法来进行艺术创造。这样，可以发挥各自的优势，有针对性地完成各自的设计目标。但是事情并不是这么简单，逻辑思维与形象思维如此界限分明地活动并不是建筑创作的思维特征，现实中也是不存在的。只能说在设计过程的各个阶段，两者各有侧重，但总是错综复杂地交织在一起，互动运行的。认识到这种规律，设计者就要有意识地将两者紧密统一在一起，共同参与对设计问题的思考与处理，这正是综合思维的特征。

那么，逻辑思维与形象思维怎样统一起来互动运行呢？

（一）逻辑思维与形象思维谁先入手并不是设计起步的关键

在建筑设计开始阶段，有两种情况发生：一是设计起步从平面设计开始。因为，平面

可以反映多种设计征象，诸如表达功能布局关系，各房间相互联系，流线组织方式，结构布置体系等。这些设计征象的解决主要通过逻辑思维逐一分析清楚。大多数功能性明确的公共建筑设计多属于这种思维方法。一旦抓住了平面设计的关键问题，其他次要的设计矛盾也相应可以逐一解决。另一种情况是设计起步从形象思考开始。因为，形象设计对于某一类建筑(如纪念性建筑)是至关重要的。要充分发挥形象思维在此时的重要作用，只要注意到功能内容能恰如其分地容纳进去，也应是设计起步的思路之一，而且往往因造型独特可以达到先声夺人的效果。因此，两种思维孰先孰后并不是问题的关键。然而，在这两种思维各自的进行之中，或多或少下意识地渗透着另一种思维活动。如，当进行平面设计时，的确是在运用逻辑思维进行分析工作，但同时也要有意识地进行形象思维考虑。如房间形状、组合方式、结构布置等，还是要通过图形来表示，再通过逻辑思维进行评价、反馈，如此交替进行。而在进行造型设计运用形象思维时，也应有意识运用逻辑思维对形进行评价、分析、修正，再运用形象思维对形进行不断完善，如此循环反复。

(二) 提高主动运用逻辑思维与形象思维互动的能力

从有意识到下意识运用逻辑思维与形象思维的互动，表明了设计者已娴熟掌握综合思维方法的能力。这种能力表现在从全局如何把握逻辑思维要解决的设计方向与形象思维要解决的设计目标两者的互动，到设计每一环节所涉及到的形式与功能、形式与技术、功能与技术等的细节如何运用两种思维互动解决设计问题。我们从彭一刚院士在创作天津水上公园熊猫馆的过程中看，如何自始自终将逻辑思维与形象思维紧密统一在一起展开设计的。

(1) 在创作伊始，设计者首先运用形象思维构思，依托寓意诱发形象联想。“最先闪现在头脑中的一个意象就是能不能摒弃一般建筑所惯常采用的以平面、直线等要素组成的方方正正的空间、体量，而代之以圆、曲面、曲线等要素。并以此作为构图的基本手段，从而与熊猫的体形相协调，并赋予建筑形象以某种象征意义”(图 2-11)。

图 2-11 运用形象思维构思，依托寓意诱发形象联想

设计者的自述可以说明两个问题：其一，形象思维在某种条件下，可以作为构思立意的先行，但却不是随心所欲、异想天开的，应与所创作的目标有一种内涵的必然联系；其二，这个意象是闪现而成，说明许多不加思索的“直觉”一旦闯入脑海，就可以跨过逻辑思维过程，一跃而进入形象思维，从而产生意象(或意念)。看起来好像纯属偶然，但它是建立在设计者长期经验积累和知识储存的必然性基础之上。

这样说来，似乎设计者在创作开始仅仅进行了形象思维活动？不尽然，设计者首先自我提出了问题：“能不能摒弃一般建筑所惯常采用的以平面、直线等要素而组成的方方正正的空间、体量，而代之以圆、曲面、曲线等要素”。这说明设计者在形象思维之前肯定潜意识地闪现着逻辑思维的活动。对两种设计手法作了迅速比较，在脑海中由逻辑思维提出问题，在手上运用形象思维表达出来。因此，即使在以形象思维占主导时，逻辑思维也在潜意识中互动着。

（2）在创作构思中，作者通过形象思维证明了圆形平面比方正平面好。但从系统思维考虑，形式与功能两者能否统一还需进一步验证。这个任务要交给逻辑思维：即设计者比较了“相同的面积，以圆的周界为最短。如果以同等面积的正方形展笼与圆形展笼作比较，虽然后者的周界只占前者的88.6%，可是实际有效的观赏线长度反而比前者长”。“此外，绕方形展笼行进，每走完一边就要转一个90°的直角，这将会打断观赏的连续性，而绕圆形展笼行进却可以确保展线的连续流畅。”这种分析与比较(何况还有百分比)完完全全是逻辑思维的特征。但它又不是独立进行的，设计者同时运用形象思维在脑中和手上表达出上述逻辑思维的图示表现(图2-12)。看来，即使在以逻辑思维占主导时，形象思维也在同步互动着。

（3）设计者在进一步考虑展笼与辅助房间组合时，也是同时将两种思维方法紧密统一起来：“采用圆形平面的展笼，其辅助部分用房很自然地呈扇形平面。与矩形平面相比，如果两者面积相等，不言而喻，扇形平面的内侧边长要比矩形的短一些，这就意味着圆形平面将有助于获得较长的观赏线”(图2-13)。这种以图形表达逻辑思维的方法避免了逻辑思维的抽象性，是设计者通过形象的帮助更易理解逻辑思维的分析。其实，这种综合思维的方法在我们日常生活中经常出现。例如，两位设计者在一起交流，除了语言的对话外，往往还要动手画画，可能比说一大堆话表达更清楚些，对于听者也会一目了然。这种综合思维的方法无论在生活中、在业务上一旦成为设计者的职业习惯，设计能力就会得到大大提高。

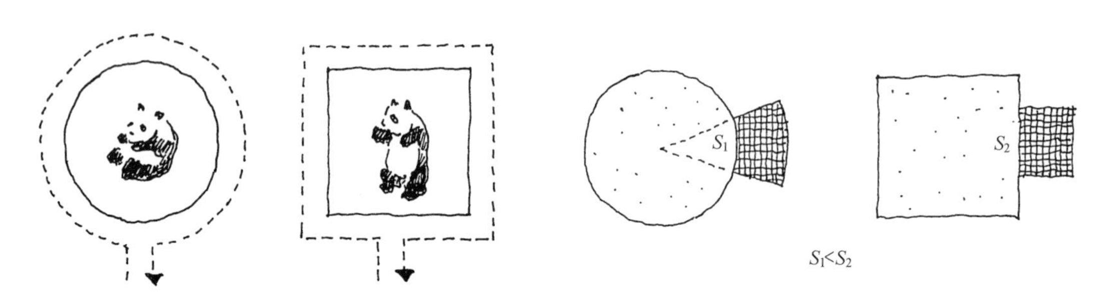

图2-12 逻辑思维与形象思维结合，对两种平面图形进行比较

图2-13 运用综合思维进一步比较两种平面图形

（4）即使在完全的形象思维中，也不能忽略逻辑思维的作用。因为形象的设计，有一个运用逻辑思维比较、推敲的问题。设计者在考虑两个展笼的相异与相同之处时，就借助了逻辑思维的分析：“两馆不仅在面积、体量上有显著的差别，而且在形状和处理上也不宜雷同。为了突出重点、分清主次，大熊猫馆取椭圆形平面，小熊猫馆取圆形平面。前者立面以横向分割为主，后者立面以竖向分割为主；前者装饰较丰富，后者装饰较简洁。”这说明，在推敲建筑造型时，虽然是以形象思维为主，但它需要逻辑思维帮助把握造型的原则以及优化的决策。

（5）在展馆的功能设计中似乎只要运用逻辑思维组织好流线，安排好大小展馆及室外场地小品的组合，解决好采光通风就算是一个好设计了。其实不然，解决上述设计问题的过程，同样需要形象思维的配合与互动。

设计者"紧紧抓住采光、通风——也就是功能的特点而合理地赋予形式，必然会避免一般化，并使建筑形象具有鲜明的性格特征。"设计者正是在处理建筑设计的功能问题时，总是结合形式一并考虑，互相调整，互相促进。因此，在立面上"打破了常规，在上、下各开一列小窗，从而形成一种两头虚、当中实的独特形式。这样做的好处是：首先，可以减弱观众活动部分的亮度；其次，可以借空气的温差而加强对流和循环。最后，由于中部不开窗，不仅有效地防止了反光现象，而且还可以避免分散观众的注意力，从而把人的视线高度集中于展笼内部——熊猫活动的地方"（图 2-14）。在这里，逻辑思维与形象思维的统一使建筑的形式与内容得到高度有机结合。

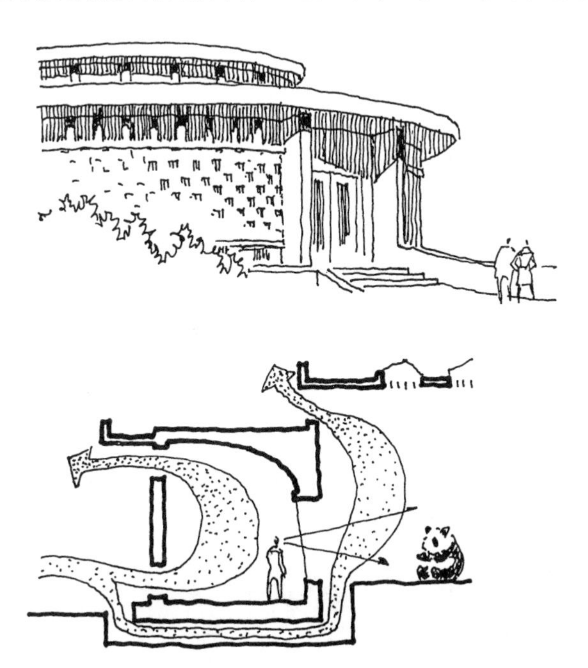

图 2-14　运用综合思维将功能设计与造型设计结合起来

此外，在细节处理上，如把人与熊猫隔开的观赏玻璃幕墙设计成向外倾斜的形式是为了观赏功能的需要，同时也活跃了室内空间气氛；为了与倾斜的玻璃幕墙相协调，把顶棚处理成弯曲的形式，也促进了空气对流；弧形曲面的外墙采用凹凸不平的装饰块可掩饰光滑曲面在阳光照射下因施工质量而呈现的缺陷，反而获得装饰性效果等等。由此可看出，每一个设计问题的解决无不包含着两种思维的互动。

综上所述，综合思维所包含的逻辑思维与形象思维在整个设计过程中，针对不同设计问题各有占主导地位的时候，但同时又不能缺少另一思维的辅助作用。而重要的是，两者作为综合思维整体始终是互动运行的。

第三节　创造性思维方法

建筑设计是一种创作活动，为此，设计者必须善于运用创造性思维方法，即运用创造学的一般原理，以谋求发现建筑创造性思维活动的某些规律和方法，从而促成设计者创造潜能的发挥。

在第一章第四节论述设计思维中，我们已提到创造性思维的途径包括：发散性思维要与收敛性思维相结合；求同思维要与求异思维相结合；正向思维要与逆向思维相结合。这些都是从思维方式上说明了创造性思维的基本方法。除此之外，从设计操作层面上还有一些创造性思维的方法需要设计者引以注意，这就是：

一、发挥创造性想像

创造性思维不同于一般思维活动的重要区别在于前者具有想像，而想像是人类特有的一种心理功能，只是具体到每一个人其想像力不同而已。

想像力可分两类：即再造性想像和创造性想像。前者是根据对事物的现成描绘(图样、图解、文字说明等)，在头脑中形成实际形象的能力。如设计者在进行建筑设计时，将平、立、剖面图在脑中想像出建筑的立体形象的空间想像力。或者当我们看资料解读一个建筑方案图时，看到它的平、立、剖面图，能不能想像出它的造型是什么样？这也是一种再造想像能力的体现。这种再造想像，无疑是设计者思维活动中一个重要的基础条件，也是从事建筑设计的基本功之一。否则，一个人欲从事建筑设计工作就无从谈起。

但是，对于创造性思维方法来说，更重要的是有无创造性想像。它要求设计者不依据现成的描述，突破空间和时间的限制，通过联想而独立地创造出新的形象。这是决定设计者从事建筑设计有无发展潜力的先决条件。

当然，这种不依据现成描绘而创造出新的形象，并不是凭空想像，而是在设计者过去感知过的形象为媒介，以在头脑中进行创造性加工为手段的。那么，就创造性思维而言，这种“创造性加工”是怎样进行的呢？

(一) 对要素加工进行创造性想像

所谓对要素加工进行创造性想像就是对各种已有形象和记忆库中储存的形象元素，通过人脑的组织能力，进行重新编排、组合和加工，从而赋予事物以新的意义，创造出新的形象。这就是说，构成新形象的若干元素并不是设计者的首创，只不过他把这些若干元素按自己的创造性想像重新进行了组合而已。

美国建筑师波特曼设计的许多旅馆，有一个突出的创新构思，就是把中庭、露明电梯和旋转餐厅三者组合起来，成为前所未有的新颖空间组合体，并由此而被各类公共建筑模仿。其实，这三件“法宝”没有一项是波特曼本人所首创。但是，就是因为他开创了这样一个对要素加工的先例，才设计出富有创造性想像的独特成果，而其他模仿者就谈不上创造性了。

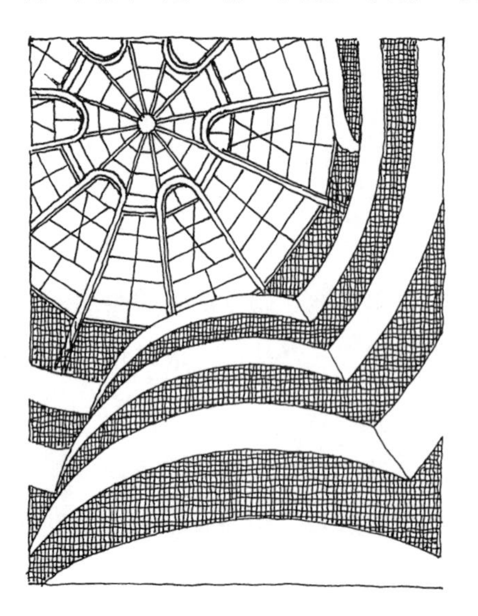

图 2-15 纽约古根海姆美术馆室内

美国建筑师赖特设计的纽约古根海姆美术馆利用一般美术馆的水平流线、展览空间、休息厅等常规要素，进行创造性加工，重新编排它们的组合关系。即：变由下而上的展览馆路线为先把观众用电梯送到顶层，然后由上而下的展览顺序；变分段式展区为一气呵成的连续展览；变方整封闭式展厅为螺旋形开敞式展廊。虽然该美术馆展览的设计要素与众没什么不同，但就是因为展览方式经过创造性想像，对设计要素重新进行加工、编排，从而使该美术馆以大胆新颖的造型和变化迷人的内部空间闻名遐迩(图 2-15)。

世界文化遗产苏州古典园林名扬海内外。她以诗画的意境、变化的空间、丰富的要素、灵活的组合、文人的品格构筑了苏州千变万化的大小园林。其实，抽出她们的构成要素就是众所周知的山石、水体、建筑、植物四大类。而建筑(厅、堂、轩、阁、榭、亭、廊等)的要素又都是简单的几何形体，看似“千篇一律”。可是，正是由于各园结合不同环境条件，以及园主各自的情趣，对上述园林构成要素进行精心组织，通过创造性想像营造出如此灿烂的园林艺术(图 2-16)。

图 2-16 苏州拙政园

(二) 受原型启发进行创造性想像

受原型启发进行创造性想像是运用想像力在不同事物(现象、概念)之间建立起某种联系的方法，由此诱发出创造性设想。在上一节论述综合思维有关形象思维如何提高对形的想像力中，提及：“依托环境诱发的形象联想”和“依托仿生诱发的形象联想”都是受原型启发进行创造性想像的途径。这些途径包含了形成回忆、增强记忆、促进推理，使人获得新认识，达到温故知新的效果，有助于产生新的思维成果，对于开发创造性想像大有好处。

如果对受原型启发进行创造性想像进行分类的话，可以有如下类型：

1. 接近联想

接近联想是想像的事物与原型在某方面(形式、生活模式、平面构成等)有外在的相近之处。前者是受后者的启发而产生，但并不是模仿、再生，而是结合当前的各种条件进行再加工，再创造，从而产生新思维结果，人们从这个新成果中能看出原型的“影子”。

意大利建筑师皮亚诺在新喀里多尼亚设计的特吉巴欧(TJIBAOU)文化中心(图 2-17)，

图 2-17 新喀里多尼亚特吉巴欧文化中心

从当地的棚屋受到启发，进而提炼出其中的精华所在——木肋结构。这种木肋结构是用棕榈树苗制成的，上面加有覆层。而文化中心每一根竖向弯曲的木肋及其连接的竖向和水平与斜向不锈钢构件天衣无缝地交接围合成一个“容器”——新的棚屋。那些木肋高挑着向上收束，其造型与原始棚屋有着异曲同工之妙。文化中心这种用来自世界各地的现代材料建造，最终表达的仍是传统文化的优秀杰作。正是运用接近联想的思维方法，在原型的启发下发挥出创造性想像结果，用皮亚诺的话来说就是“用我们的餐具喝他们的汤”。

2. 相似联想

相似联想是想像的事物与原型之间有某种内在的相似之处。前者仅仅受后者的启发，并不按照原型的样式做线性思维的直线发展、引伸，而是根据想像的意图，进行新的变化设计。其新成果可以有点“神似”原型的内涵。

德国建筑师汉斯·夏隆(Hans Scharoun)设计的柏林爱乐音乐厅(图 2-18)，是个外形看起来有点古怪，演奏厅内部空间又复杂多变的建筑物。这正是建筑师在构思时，把音乐作为焦点，希望人们如同在山谷围成圈子听音乐。底部是演出场地，周围是一级级座位，像梯田似的层层升起，上面的顶棚要像帐篷和下面互应。夏隆还声称，建筑物的形状和轮廓，是他在家乡不莱梅看到的海港外浮动的冰山的反映。而演奏厅平面形状像个手提琴的“容器”，近乎六边形。中心是演出场地，四周是不同大小和形状的层层梯台式听众席，不但丰富了室内空间效果，而且使演奏者与听众的交流很直接。这里，“围成圈子”、“层层梯田”、“帐篷”、“冰山”、“容器”等对于夏隆来说，都是创作的原型。他受此启发，围绕音乐焦点，展开创造性想像，成就了他这个富有代表性的杰作，被认为是二战后世界范围内成功作品之一。从爱乐音乐厅的成果看，它并没有在形式上迁移原型，也不是信手勾画出来，而是和功能、造价、音质很完美地结合在一起。但是，只要我们细细品味这座建筑，许多设计妙处与构思原型却有相似之处。

图 2-18 柏林爱乐音乐厅

3. 对比联想

对比联想是想像的事物与原型之间产生对立的关系。前者确受后者的启发。但设计者运用逆反思维，反其道而行之，其新成果往往让人为之一惊。

传统的西方教堂模式是把上帝神秘化，把教徒渺小化，渲染人间对天国的崇拜气氛。因此，形制是长十字形的，平面是封闭的，室内光环境是幽暗的，空间是高耸狭长的。然而美国建筑师菲利普·约翰逊(Philip Johnson)设计的迦登格罗芙水晶教堂(图 2-19)，虽然教堂设计要素不变，但是在教堂要素的具体组织上似乎与传统教堂原型背道而驰。他改变了神父在教堂内主持礼拜的惯例，而尊重著名牧师舒勒(该教堂为他而建)的意愿，希望建一座像是没有屋顶和墙的教堂，便于他露天布道。为此，约翰逊用空间网架和晶莹明亮镜面玻璃造型让阳光普照大地，有如室外般的景象，以此代替了传统石造教堂。而平面摒弃了传统的十字形，代之以尖菱形平面，以巨大通透似变色龙的外壳和宽敞、明亮又不失亲切尺度的室内空间，完全改观了传统教堂那种压抑、紧张、神秘的形象。用牧师的话来说，同过去石造教堂相比，上帝也许更中意于这个人间天国似的环境。

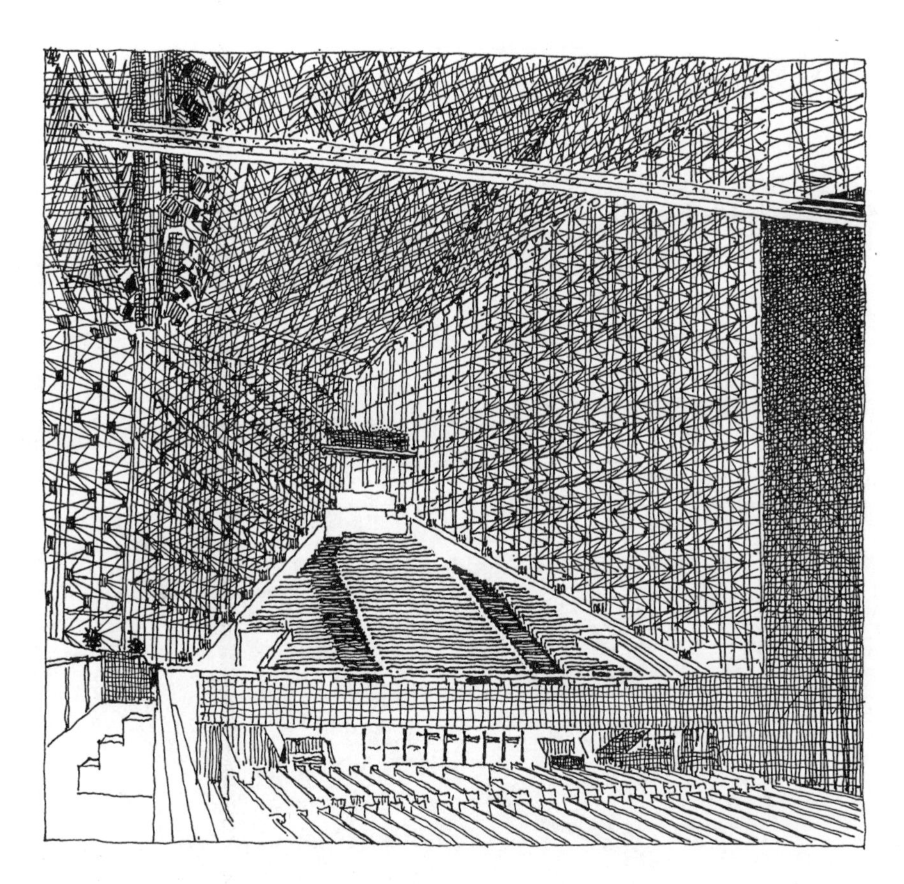

图 2-19 美国加州迦登格罗芙水晶教堂

(三) 在理念支配下进行创造性想像

创造性想像的源泉许多是来自原型的形象，只是由于“创造性加工”方法不同或者联想的途径不一，而呈现出五彩缤纷的创造性想像成果。但是，还有些创造性想像的源泉并不是来自原型的形象，而是来自最初的独特设计理念。在某种理念的支配下，设计者可以大胆创造出与众不同，甚至可能引起褒贬不一的设计作品。由法国建筑师 B·屈米(Bernard Tschumi)设计的巴黎拉维莱特公园(图 2-20)就是突出的实例之一。

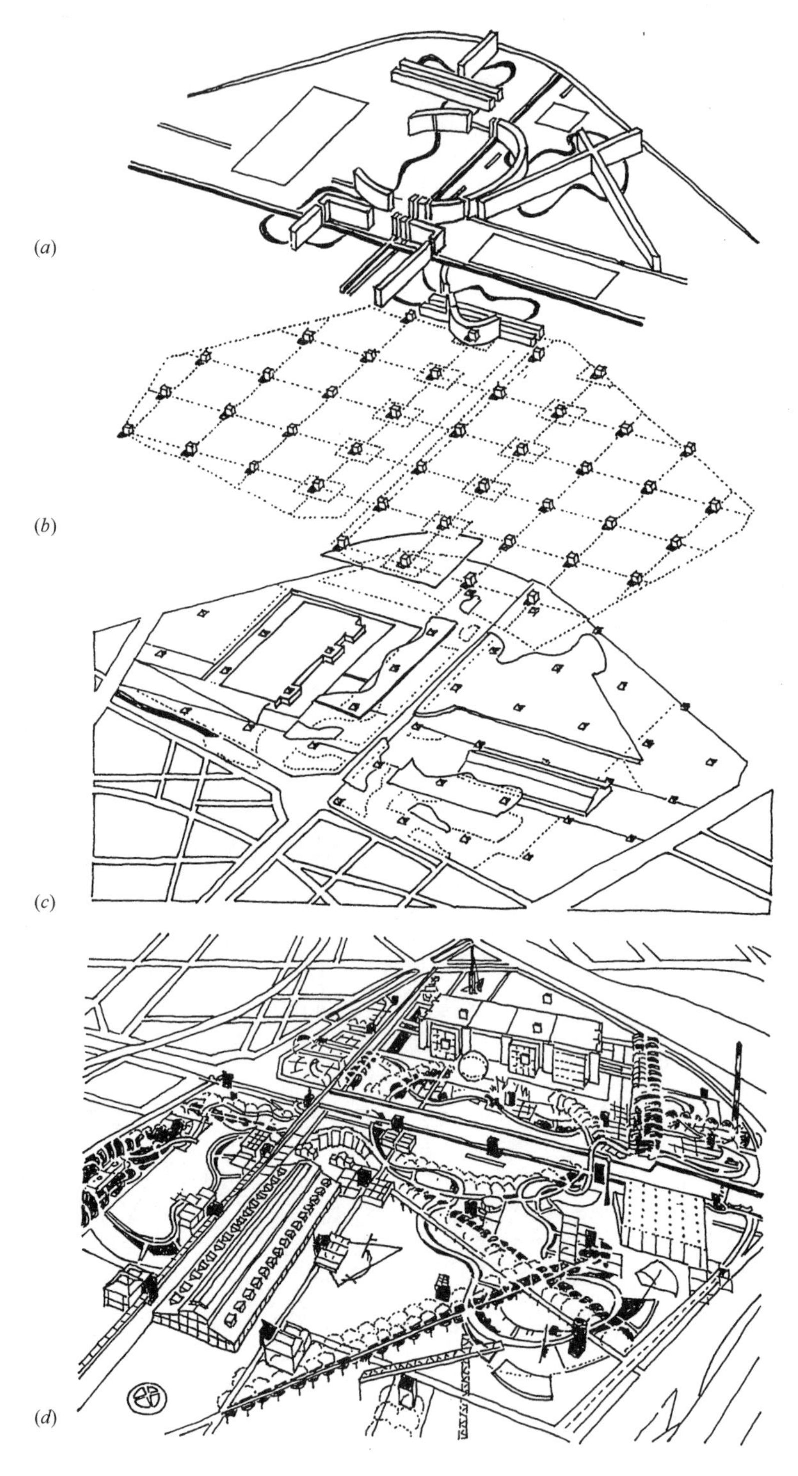

图 2-20 巴黎拉维莱特公园

(a)线系统；(b)点系统；(c)面系统；(d)鸟瞰

屈米深受法国解构主义哲学家J·德里达(Jacques Derrida)的影响，认为拉维莱特公园应当是无中心、无边界的开放型公园。建筑艺术可以不依赖传统的构图规律，而应以点、线、面三套体系并列、交叉、重叠，创造动态构图，产生一种新的城市空间模式。在这种理念的支配下，屈米把公园用地按 X、Y 坐标划分为120m见方的矩阵，在交叉点上布置着内容和形式各不相同的“疯狂屋”(Folie)。这些红色“点”的体系是一种强烈的识别符号，作为公园的基调。而“线”的体系则由两条相交呈十字形的直线(纵贯南北的高科技走廊和横贯东西的原有水渠)和精心规划、把各景点串联起来呈曲线的园中小道构成。此外，大片绿地呈现“面”的形态，在闹市区令人心旷神怡，并衬托出变化万千的“点”更加生动醒目。

上述这些“点”、“线”、“面”叠加在一起，看似“偶然”、“巧合”、“分裂”、“不稳定”、“不协调”的态势，却表现了解构主义创造性想像的理念。

二、借助科学方法与工具

人进行创造性劳动的前提条件有三个：思维、方法、工具。

1. 思维

思维是人脑的属性，是对客观事物间接的和概括的反映，是在表象、概念的基础上进行分析、综合、判断、推理等理性认识的过程。这一过程有助于设计者了解设计任务，明确设计目标，搞清设计矛盾，指导设计展开。而创造性思维较之一般思维更是一个极其复杂的过程。这一过程反映在建筑创作中，涉及到政治、经济、文化、民族、艺术、自然、环境、技术、工程、生活、生理、心理等多元要素。创造性思维有助于设计者打开设计思路，找到标新立异的突破口，推动创造想像的发挥，由此获得新颖的成果。然而，上述建筑创作所涉及的领域，相互之间又错综复杂地交织在一起，互相联系、互相制约、互相矛盾、互相交融，从而使建筑设计的创造性思维构成一个独特的多层次、多因子、多变化的动态系统。面对这样一个局面，传统的建筑设计方法以经验、感性、静态、封闭、单一为基础就显得力不从心了。尽管设计者可以极大地施展创造性思维能力，但是为了跟上当今科技高速发展的趋势，必须以现代设计法取而代之，借此让创造性思维插上翅膀，向着人脑难以触及的想像领域高飞。

2. 方法

所谓现代设计法主要在于这个“法”字。“法”就是指途径、方法、规律、法规等。就“科学方法论”而言，唯物辩证法具有普遍意义的、符合客观自然的方法、途径、属性与规律，是放之四海而皆准的科学方法论。虽然它不能取代各类层次的具体的科学方法，但它可以给我们的创造性思维带来更宽、更广、更深的领域。

能促进创造性思维发展的科学方法包括众多因素，归纳起来主要有系统论方法、信息论方法、控制论方法。

(1) 系统方法论。以系统整体分析作为前提，帮助创造性思维研究建筑创作中的各种设计问题，理清头绪、分别主次、比较利弊、提出重点、引导方向、指明途径等等。这样才能真正使创造性思维从全局到局部有条不紊地展开。

(2) 信息论方法。以取得原始设计数据为准绳，并对一系列已知数据因素进行参数的估计与识别检验和合成。这就有助于创造性思维充分利用新的信息资源，进行有效的构思和各项设计准备工作。

(3) 控制论方法。重点研究动态的信息与控制过程，使系统在稳定的前提下又准又快地工作。对于创造性思维而言，学会科学的“控制论”方法，就可以驾驭创造性思维的全过程。

其他还有离散论、突变论、优化论、模糊论、功能论、对应论、智能论、艺术论等科学方法对创造性思维都有着推动作用。作为设计者，不能仅仅依靠感性的、经验的创作方法，一定要研究各种科学方法，以其理论武装自己头脑，借助现代设计法，使创造性思维活动更理性、更科学、更符合事物发展规律。

3. 工具

建筑设计思维的各种形式最终是要通过工具表达出来的。笔、模型、计算机三种工具在建筑设计过程中，在不同设计阶段担当着不同的角色。“笔”作为设计的工具，在传统设计方法中曾占有主导地位，以至于设计者表达设计成果主要依赖手绘。但作为创造性思维的工具“笔”的作用也功不可没，直到今天仍然不可舍弃它。关于这一点我们将在下一节结合图示思维方法再详述。

模型作为创造性思维的工具也发挥着它应有的作用。作为研究方法，我们强调运用工作模型帮助创造性思维，进行建筑造型研究，而不是用成果模型通过制作来表现最终设计成果。因此，具体掌握工作模型这一工具时，可用小比例尺，易于切割的泡沫块，按照创造性思维的意图，轻松而方便地进行体块的加加减减，以保证在研究形体时创造性思维不因手的操作迟缓而受阻甚至停顿。

特别需要多加笔墨阐述的是我们对待计算机工具的态度与掌握。计算机技术的出现、应用、推广已经极大地改变着世界，同时也深刻地影响着建筑设计领域，特别是数字化时代的到来，几乎颠覆了以往的许多观念、方法和手段。

在建筑设计中，计算机除了能精密、细致、准确、快速、高效地制作设计成果表现图外，更大的优越性在于电脑建筑设计软件可以精确地帮助创造性思维解决原本“不可能”解决的复杂问题，特别是奇形怪状的造型问题。而且，对于重复性的工作，计算机具有无比的优势。这两个特点体现了计算机作为设计工具的巨大潜能。从长远看，掌握并熟练运用计算机技术不仅是建筑设计的工具、手段，也是一种方法。它应与手绘、模型媒介共同承担开发创造性思维与建筑设计表现的作用。一位优秀的设计者应能在这三方面协调发展，不断提高自己的潜能。特别是有了计算机这个现代工具以后，创造性思维可以有一个极大的飞跃。

但是，唯物辩证法告诉我们，任何事物都有两面性，计算机工具也是一把双刃剑。值得设计者警惕的是，完全依赖计算机工具，特别是在方案构思阶段和设计起步阶段，有时会因它的特点，如只有输入数据才能在严格的逻辑程序的编码中诞生精确的成果，反而束缚甚至桎梏人的创造性思维对设计目标概念性的、模糊的、游移不定的想像。如果一旦沉溺于计算机工具，那么，“脑·眼·手”作为创造性思维赖以进行的互动链就会严重断裂。“人脑”就会因“电脑”代替了许多技术性工作而使思维边缘化。“人脑”就会迟钝起来。

“手”就会被强势的“鼠标”取代，失去对创造性思维的控制。手做方案的感觉消失，最终也就越来越懒。“眼”逐渐被屏幕上匠气、冷漠、机械的方案线条和毫无艺术、失真的效果图潜移默化，导致设计者创造性思维的潜能基础——人的专业素质、修养丧失。因此，计算机只是辅助设计的工具。它仅是人脑的延续，而不是人脑的替身，更不能代替人的思维，尤其是创造性思维。

总之，计算机技术作为现代工具极大地开拓了建筑创作的领域，促进创造性思维更加活跃，使建筑设计新成果不断涌现。同时，我们应注意计算机技术对于创造性思维的负面影响，使两者各自发挥优势，又能互补，共同提高设计者的创造力。

三、利用非推理因素

在心理学中有一种所谓“垃圾箱理论”。这种理论认为，客观世界反映到人的头脑中的东西可以分两类。一类是经常反复反映进来的东西，或者说是人的思维中经常要用到的东西。对于这一类东西，人们能够认识到它们之间的联系，能够按此联系把它们有系统地排列在头脑中。在需要从头脑中去找这些信息时，就可以按它们系统排列的顺序去找，这个系统顺序就是逻辑思维中的推理因素。大脑中的另一类东西则属于不是经常反复反映进来的东西，不是人们经常利用的东西，人们认识不到它们与别的事物有什么联系，因而不能够系统地加以排列。这一类东西只是杂乱无章地堆放在大脑中的某一处，像个“垃圾箱”。要想从“垃圾箱”中找东西，只能靠乱翻，也就是靠心理活动中的非推理因素。

根据上述心理学的描述可知，既然发明创造不是阐明已知的事物联系，而是要发现事物间未知的联系，因此就得靠翻“垃圾箱”，靠非推理因素把似乎无关的东西联系起来。在科学领域，很多发明创造就是把在逻辑推理上看来完全无关的东西联系在一起时产生的。对于创造性思维来说，非推理因素很重要。这种利用非推理因素，从“垃圾箱”中寻找解决问题的方法就是“综摄法”，具体说可分为两个步骤：

第一步是“变陌生为熟悉”。这是综摄法的准备阶段。即把问题分解为一些小问题，以便深入理解问题的实质，并由此得知解决哪些具体小问题才是建筑创作的关键所在。

第二步是“变熟悉为陌生”。这是综摄法的核心。即暂时抛开问题本身，通过类比的方法，从陌生的角度进行探讨，得到一些启发之后回到原问题上来，再通过强制联想，把类比成果应用于解决原问题。

例如，当我们设计一座大型现代医院门诊部时，对于许多设计者来说是较“陌生”的，但我们可以把复杂的门诊部所有应考虑和解决的问题细分成：科室布局应合理、三级分流应清晰、流线组织应短捷、就医程序应畅顺、洁污管理应分离、专属领域应独立等等。有些问题如功能布局、流线组织都是建筑设计的共性问题，是设计者较为熟悉的，只是处理手法可能要就事论事。而有些问题如对门诊部三级分流要素的处理可能是发挥创造性思维、产生新颖方案的关键。

我们可以采取类比办法，把三级分流比作人体的血液循环系统：由心脏发送的血液流到动脉主管，再流向人体各器官、各肢体的支管，直至流到毛细血管。血管系统表明了路径清晰、路途简捷。这样，我们可以联想到门诊部也是一个生命体，把门诊大厅当作心脏，患者由此通过如同血管作用一样的有组织的廊道流向各科室候诊厅。这种门诊部的交通体系保证了医患人员各自的功能要求。同时，心脏——门诊大厅的处理将成为体现医院建筑的特色之处。我们还可以把自己比作患者(或称感情移入，角色扮演)，从陌生的角度去体验一下就医过程，并设身处地地想一想，当我进入门诊大厅后，我希望做什么，有什么要求。比如环境要安静、宽松，不要人满为患；要能很快发现就要找或要去的地方，而且路途不能太长，上下楼最好有电梯、自动扶梯；希望能便捷地获得我需要的各种信息；当我被医床推着走时，不希望仰天看到阳光刺眼，灯光眩目等等。这些人性化类比都是设计要解决的问题。由此可见，综摄法就是力图避免思维定势，以新的视觉来观察分析和处理设计中的问题，以此启迪新的创造性设想。值得提出的是，创造性思维并不是以创造新颖形式为惟一目标。如上所述，对于解决设计中除形式以外的其他关键问题(如功能、结构等)也是创造性思维应涉及的范围。

第四节　图示思维方法

图示思维就是借助于徒手草图形式把思维活动形象地描述出来，并通过视觉反复验证达到进一步刺激思维活动，促使设计方案的生成与发展。这种思维活动与动手勾画草图是同步进行的，互动促进的，也是迅速展开的。这正是图示思维方法的特征。它与设计成果的图形表现不一样，后者仅仅是通过图形表现设计的成果，而前者是设计初、中期研究设计问题的一种思维手段。其表象是思维活动所产生的设计概念、意向与徒手表达的图示都是由模糊逐步到清晰的过程。思考与表达设计问题的路线是从全局到局部逐步深化的，直至两者共同完成设计目标。

由此可知，图示思维与前述若干思维形式最大的不同之处在于，前者由于手的参与，形成了建筑设计专业特有的思维方式。它也是作为建筑设计人员设计功力与修养的重要业务素质。因此，娴熟掌握图示思维方法是相当重要的。

那么，怎样掌握图示思维方法呢?

一、善于思考

毫无疑问，善于思考设计问题是进行建筑设计的基本前提，也是掌握图示思维方法的必要条件。因为，建筑设计是从无到有，而且，是先有想法，后有操作。如果懒于思考，也就谈不上创作。在这一点上谁也帮不上忙，即使先进的电脑也爱莫能助。总之，图示思维本质是发挥思考的主导作用。那么，如何善于思考呢?

(一) 要积极思考

在设计之初，需要一个强化的思考过程。为了寻找方案的前途与目标，首先要保证一定量的设想。要通过强化信息刺激，促使设计者展开想像、引起思维扩散，在短期内产生大量设想。为此，设计者不要受任何条条框框的限制，放松思想，让思维自由驰骋。要从不同角度、不同层次、不同方位、大胆地展开想像，尽可能标新立异，与众不同，提出独创性的想法，并进一步诱发创造性设想。至于设想的质量问题，先不急于过问，可留待手的参与后共同处理解决。我们之所以在运用图示思维方法时，追求设计之初思考的量，其目的在于，只有积极的思考才能涌现大量的设想，其中的创造性设想就可能更多。这就是创造学中的“头脑风暴法”。

（二）要巧于思考

积极思考可以产生大量设想。但是这些设想最终有许多是要被放弃的，只有某些设想对展开设计有所价值。那么，我们在追求思考量的基础上，怎样提高它们的有效性，使得有参考价值的设想更多一些呢？这就要求我们在思考时，紧紧围绕设计问题展开思考，要运用前述三种思维(系统思维、综合思维、创造性思维)方法，巧于思考。这样，从思考的大量设想中，择优的几率就会高，就会准。例如，我们说过，建筑设计没有惟一解，但可以从中选优。其前提条件是，要有一定量的思考结果，而且这些思考结果不要雷同，要有差距，而且差距越大，越易于通过比较进行决策。如果我们不注意思考的方法、技巧，将会作许多无用功。

（三）要快速思考

由于设计之初许多设想不会受条条框框的约束，处于像涌泉一样喷发状态。因此，我们的思考速度要紧紧跟上，哪怕这些思考的设想比较粗糙，比较模糊，甚至仅仅是一个概念也不能放过。因为你现在还不是对这些思考、设想下结论进行判断的时候，就没有理由舍弃它。相反，由于思考是如此敏捷，高度紧张，反而刺激了思维活动，促使它更放开、更积极地思考。这种不间断的、流畅的思考过程可以使你排除一切杂念，不受干扰地沉浸在对设计问题的冥思苦想中。只有这样，才能提高设计效率。特别是在快速思考中，某些灵感、知觉会伴随着大量设想不期而至，这对于设计有个好的开局是大有裨益的。

因此，在设计创作环节上不能思维懒惰，不能心态浮躁，更不能随手抄袭。只要积极思考，巧于思考，不断地训练快速思考能力，就能逐步具备展开图示思维的必备条件。

二、勤于动手

手的作用是将头脑中所有思考的设想通过符号、图示及时记录与表达出来。这种表达应该是概念性的、粗线条的、奔放不羁的。之所以如此要求，是希望不要因为手的动作稍有怠慢、滞后，而使思考速度受限，受阻，甚至中断。由此可看出，我们为什么不提倡此时运用计算机代替图示方法。因为计算机哪怕运行速度再快，也需要几秒钟的过程，思考只好等待屏幕的结果。这种等待不断地重复，最终导致思维速度迟缓，思考设想被干扰。而且，计算机所“绘”出的线条都是明确的、清晰的、准确的，这与思考问题的朦胧状态不相吻合。因此用手拿笔而不是用手握鼠标更符合图示思维方法的工作特征。

三、提高眼力

眼是脑与手的中介，它在两者之间传递信息。它要验证脑的设想信息通过手的运作是否将概念变成了图示，再通过视觉扫描将获得的判断信息反馈回大脑。在此信息往返过程中，眼力的敏锐程度、扫描速度以及洞察力，对脑的思维活动、对手的运作方式都会有直接影响。眼力若能善于发现图示的关键所在，则有利于脑的思维应答，或手的动作跟上。眼力若迟钝，观察不到图示所以然，则脑的思维缺乏反应或手的动作不到位。由此可见，脑、手离开了眼，就无所谓图示思维。

那么，怎样提高眼力呢？

（一）眼路要宽

即视力的范围不要局限于一个一个的图示，要尽可能地扩大视野，将视域覆盖所有图示，或者借助于头部的必要运动帮助视野扩大。特别是在做多方案比较时，应该将它们平铺开来，才有利于一目了然。这样，让视力同时可以触及它们，才能同时相互参照进行比较。

（二）眼力要准

图示的东西常常是有用与无用混在一起，甚至像一堆乱麻。要想从乱麻中抽出线头，或者从一堆图示中寻找出有价值的信息，就需要眼力很准，善于发现。在这一点上，正是不同设计者设计能力的差距之一。

（三）眼光要远

图示的东西都是明摆着的，设计者容易进行分析、判断。但是，能不能从明摆着的图示中发现隐藏着的问题，以便给大脑一种预示？这就是说眼光不要局限于已表达出来的图示，还要看出对后面的图示会有什么影响，正如下棋要走一步看三步一样。例如，一个集中的图示表示建筑布局将采用集中式。此时，眼光一定要发现集中的图中间部分今后布局房间时将会出现黑房间，通风也不好。就要把眼光发现的这个信息传递给大脑，让大脑引起进一步思考。因此，一位能力强的设计者，他的眼光总是用联系起来的方法观察事物，并有较强的洞察能力。

四、合理使用图示工具

在设计的初、中期阶段，由于思考设计问题的粗细程度不一，因此图示表达的方式与程度也有所不同。设计初期主要是对全局性、整体性的设计问题进行思考。这些思考很多是游移不定的、模糊的。因此只适宜采用粗铅笔，以粗线条和符号简略地表达思考的概念。这样可以快速跟上思维的流动。此时运笔不要拘谨，可以像涂鸦一样随意。若要改变图示也不必换纸，可以在原图示上继续重叠涂抹线条。运笔如此跟随思维流动，不间断地游走，似乎图面线条越来越乱，越来越糟。但是，设计者的思维条理却由此越来越清晰。如果此时换一种图示工具，比如用细钢笔，那么，效果就会适得其反。因为任何细的、肯定的线条都有可能将设计者的思路引向对细部、对趣味的关注，这就本末倒置了。

当设计进入一定深度阶段时，许多设计问题，比如功能布局、房间定位、面积尺寸、结构格网、立面推敲等需要大致确定时，设计者就要关注设计的细节问题了。此时，就应该用细铅笔或钢笔对图形进行定位，或者勾画小透视进行方案细部研究。这种细线条手绘仍然是作为设计研究手段，不要求尺寸绝对准确，但图形要基本没有大的出入；细部不要精致，但要大体令己满意；线条不要僵硬、笔直，但要流畅生动。

此外，使用徒手草图还是工具草图要视图幅大小而定。小幅画面图示时宜徒手勾画，运笔可灵活自如，速度较快。若图幅较大，可用工具草图，避免徒手画长线条。一是因为长线条不容易画直，二是速度快不了。

总之，用好图示工具不仅是建筑设计的工作方法，也是作为培养设计者掌握设计基本功和提高艺术修养的基本手段。当你面对计算机极大的诱惑力和信息时代的挑战，而沉下心来坚持图示思维方法，一定会陶醉于过程的愉悦，沉浸于手感的灵动中。只有这样，当你打下图示思维方法的基本功，并从中提高个人的艺术修养，再去操纵鼠标，将会如虎添翼，设计能力将会迅速提高。

五、脑、眼、手协调同步

图示思维的方法是一边思考一边动手勾画，并通过眼睛在两者之间传递信息。因此，脑、眼、手三者是一条协同互动链。一旦头脑思维启动，手、眼随即同步运行，就促成了建筑创作，特别是构思阶段高效率、高强度的工作状态。只有这样，才能鼓起创作的激情，扬起想像的风帆，涌现出奇思妙想。如果三者有一方存在缺陷，如头脑僵化，或眼光迟钝，或动手力不从心，甚至“三缺一”（如手绘被鼠标代替），那么，“脑、眼、手”协同互动链将严重断裂，复制、拷贝、粘贴将代替头脑思维。其后果将是设计者的设计能力逐渐丧失，设计基本功逐渐退化。因此，脑、眼、手协调同步的图示思维方法，乃是设计者成就事业的基本功。

第三章　方案设计运作方法

建筑设计是一个从无到有的创作过程，也是从概念和因素向设计具体目标的转化过程。设计者对这一过程的掌控既会面临环节多多，也会遭遇矛盾重重。是盲目瞎撞呢？还是按科学的方法行事，这关系到设计的效率与质量双重结果是否如愿。我们当然希望设计效率要高，即设计路线要直达设计目标，少迂回，少碰钉子。也希望设计质量上乘，即设计方案的结果尽可能完善，少遗憾，少出败笔。希望怎么变成现实呢？按设计规律操作设计过程，即掌握正确的设计方法是进行建筑设计的惟一出路。

我们知道，世上一切事物的发展都有其自身运动的规律。你遵循事物的发展规律，就会成功；你违反了事物的发展规律，一定会受到惩罚，任何人爱莫能助。科学的发展、社会的发展，这些正反面的例子太多了。科学家之所以有所发明，有所发现，有所创造，正是因为他们遵循自然规律，掌握了科学方法，因而就获得了成功。而人类为追逐眼前的最大利益，无节制地向大自然索取、掠夺，一旦破坏了自然规律，将招致诸如洪水暴发、狂风肆虐、沙石飞扬、天崩地裂、干旱无雨、江河污染、怪病横行、气候失常等等各种惩罚。一项工程建设若违反了其建造规律，如不按程序办事，为某种目的而缩短工期，不精心设计、精心施工而粗制滥造，其结果一定是在工程浮华的背后埋藏着种种隐患。为消除这些隐患，一定得付出数倍的代价，甚至工程垮塌，这就是惩罚！

建筑设计也一样，若不按设计规律办事，一定会使设计者对设计全过程的掌握失控，要么设计程序颠三倒四，要么解决设计问题因小失大，要么对设计因素的处理顾此失彼等等。一句话，设计的过程和结果一定会问题百出。那么，什么是设计的规律呢？什么是正确的设计操作方法呢？通俗地说，我们需要知道设计过程有哪些环节？这些环节的顺序是什么？每一设计环节，设计者要考虑什么问题？重点抓什么？这些设计环节相互之间的关系是什么？设计者怎样辩证地、同步地思考它们，处理它们等等。上述这些问题都关系到建筑设计的方案性问题，也可以说是全局性的问题。因此，凡是方案性、全局性的问题，一定要运用正确的设计方法加以解决。

我们已经掌握了上一章论述设计思维方法的武器，那么，就用它来指导本章所要论述的设计操作方法吧。

第一节　设计前期准备

任何一件事情、事件的发生都有一个前期的准备、酝酿过程，这一准备过程是否充分，酝酿是否周全都会直接关系到、影响到后续环节的发生、发展。因此，作为建筑设计首先要进行的方案设计，设计者对前期准备工作务必要做到位。如果匆忙上阵，急于上手，可能会因违反方案设计规律而受到欲速不达的惩罚。

一、设计文件解读

设计前期准备工作的重要任务之一就是收集设计的相关信息。其中之一就是在设计者的大脑中首先输入设计任务书信息。

（一）设计任务书的构成

设计任务书是建筑方案设计的指导性文件。它从多方面对设计者将要展开的设计工作提出了明确的任务与要求、条件与规定，以及必要的设计参数。设计者只有充分了解了设计任务书，才能有目标地着手进行设计工作。设计任务书分工程项目设计任务书和课题设计任务书。

1. 工程项目设计任务书内容

（1）项目名称　明确设计对象的功能目标。

（2）立项依据　凡是实际工程项目必须有上级主管部门的有关批文，在计划和投资落实的条件下方可委托设计。即使是工程招标或工程设计竞赛，在设计任务书中也应标出主办单位的法律手续。

（3）规划要求　实际工程项目的用地范围由规划部门核准，同意划拨出该工程项目的用地边界，并附规划设计要点。即从总体规划设计的要求中，提出对该工程项目的具体规定。如建筑退让红线或边界的要求、拟建建筑物的高度限制、建筑容积率、建筑密度、绿地率，甚至建筑的造型、色彩等各种具体限定。

（4）用地环境　阐述用地周边环境条件（如道路、相邻建筑物现状、景观、朝向等）以及用地内环境条件（如地形、地貌、保留物、上空与地下情况等）。

（5）使用对象　明确或暗示出该设计项目的适用对象以及使用性质。

（6）设计标准　它涉及到设计的多方面规定，如功能完善程度、面积规模、结构类型、抗震级别、节能措施、设备标准、装修档次等等。

（7）房间内容　这是设计任务书的主要构成部分，阐明该设计项目所需要的各类房间及其面积规定。

（8）工艺资料　许多技术性要求复杂的建筑方案设计必须服从工艺流程要求。因此，设计任务书要相应提出相关的工艺资料。如电视台设计项目，在设计任务书中需列出节目制作的工艺流程及各技术用房的具体设计要求（音质、温度、隔声、防震等）。博物馆设计项目须提出馆藏部分藏品的收藏、保护、管理工艺程序及技术用房的具体要求(防盗、防腐、温度、湿度等)。

(9) 投资造价　　投资是工程项目资金的总投入，包括征地费、拆迁费、土建费、设备费、装修费、室外工程费以及各项市政管理费。造价是资金总投入平均到每平方米上的费用。设计任务书一般为计划投资，实际上往往要突破，形成追加投资。其原因：一是计划投资书本身可能缺乏科学性；二是建设过程出现不可预见的客观因素(如地基处理、材料价格上涨、设计变更等)；三是人为因素(如盲目追求高标准，决策随意性等)。

(10) 工程有关参数　　某些设计任务书详尽说明了对设计有参考价值的数据，如气温、风向、降雨量、降雪量、地下水位、冰冻线、地震烈度等。

(11) 其他。

上述各项内容不是所有设计任务书都要一概罗列，可因具体项目而异。小设计项目只言片语即可交代清楚；复杂工程项目千言万语方可说明。

2. 课题设计任务书内容

课题设计任务书没有工程项目设计任务书那样复杂。它是从训练学生掌握建筑设计的基本功和方法出发，制定出有目的、有计划、有管理的既是设计文件又是教学文件。为了将工程项目的可操作性与设计教学的训练相结合，设计任务书制定的宗旨是以真实的环境条件进行有针对性的设计训练。因此设计任务书反映了自身的一些特点：

(1) 设计任务　　阐明课题设计项目的目标、交代环境条件及用地面积和总建筑面积。

(2) 设计内容　　罗列出该项目的所有房间名称及面积要求。

(3) 设计要求　　提出设计教学的要求(如通过课题设计训练要求学生掌握正确的设计思维方法和操作方法，要求加强绘图的基本功训练等)和课题设计的要求(如剧场设计要求学生解决听得好、看的好的声学和视线设计；博览建筑设计要求学生处理好“三线”设计，即解决好流线、光线、视线的技术设计等)。

(4) 图纸要求　　明确规定总图以及平、立、剖面图的数量与图纸比例；明确透视图的表现方法，甚至规定图幅尺寸。

(5) 教学进度　　详细制定出一个课题设计全过程的几个阶段及其教学内容与要求。以此制约设计教学按训练计划进行，并检查学生阶段性设计成果。

(6) 参考文献　　指导学生课外查阅相关设计资料，以增强学生对设计课题的理性认识和学习借鉴他人的设计成果。

(二) 设计任务书的解读重点

设计者在着手设计前需要通读设计任务书，这是毫无疑问的。问题是要把设计任务书读懂，对于不同设计者却大相径庭了。如果在解读设计任务书这第一环节上囫囵吞枣，往往会使设计者的设计路线误入歧途，甚至导致设计失败。如果解读设计任务书抓住了设计要求的关键词，准确地理解了题意，就会为设计目标定准方向，为设计路线探明途径。

那么，解读设计任务书要抓那些关键问题呢？

1. 命题

设计任务书的命题是对设计目标的一种规定。从这一信息中我们可以初步了解到诸如设计目标的功能定位、规模大小、服务对象、服务范围、所处环境等等，设计者要根据具体命题琢磨它对设计者的意图。这些意图有的是直观的，有的是隐喻的、有的是含蓄的。如果审题稍有不慎，甚至想当然，其后果可想而知。

如《小邮局设计》命题，设计者不仅要立刻明白功能定位是邮局设计，还要抓住“小”的关键词。即这是小邮局，不是大邮局。它们有什么不同吗？小邮局因设计任务书给出的房间内容不多，面积不大，故平面设计宜简洁，不要伸胳膊伸腿使其复杂化。造型设计宜简洁明快，不要各房间层高多样使其体块繁琐。特别是小邮局作为街头建筑小品，应体现小尺度个性。因此，立面设计宜采用大块界面的虚实对比，避免符号变化过多；宜加强水平线条，少用竖向挺拔的处理，或者采用大挑檐、厚檐口等。抓住了“小”的关键词，在平面设计、造型设计、立面设计等一系列的过程中就会紧扣“小”字做文章(图 3-1)。否则，就会使设计简单问题复杂化。

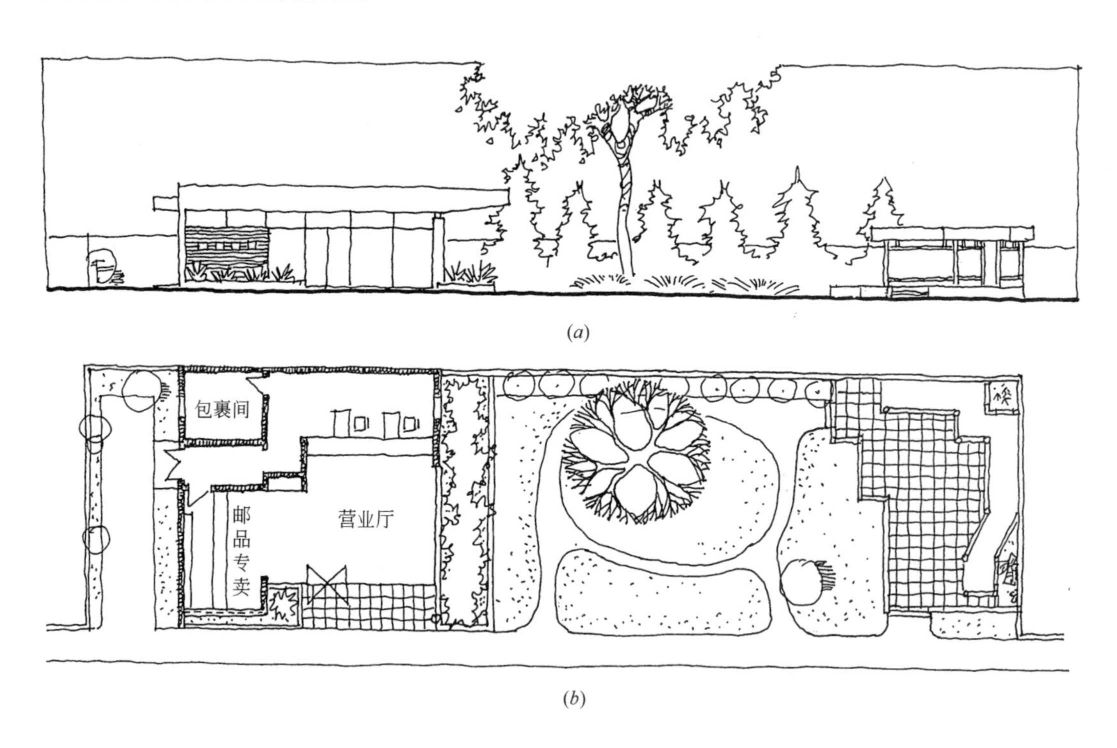

(*a*)

(*b*)

图 3-1 小邮局设计方案

(*a*)立面；(*b*)平面

又如《某宾馆的扩建设计》命题，关键词是“扩建”。既然这样，那肯定就应该是配角，就不能喧宾夺主，不能将主角——宾馆主体抛在一边另搞一套。而应该找出主角的设计特征，比如主角的平面模式是正方形转 45°，其现有裙房也是这个方形母题，那么你设计的扩建配角，不是也应该采用同一平面母题从主体建筑旁生长出一个新的配角单元吗(图 3-2)？事情就是这么简单。然后设计者在这个平面单元中，再进行竖向功能分区、平面功能布局、立面设计、剖面设计等等。设计就非常顺利，非常简单了。

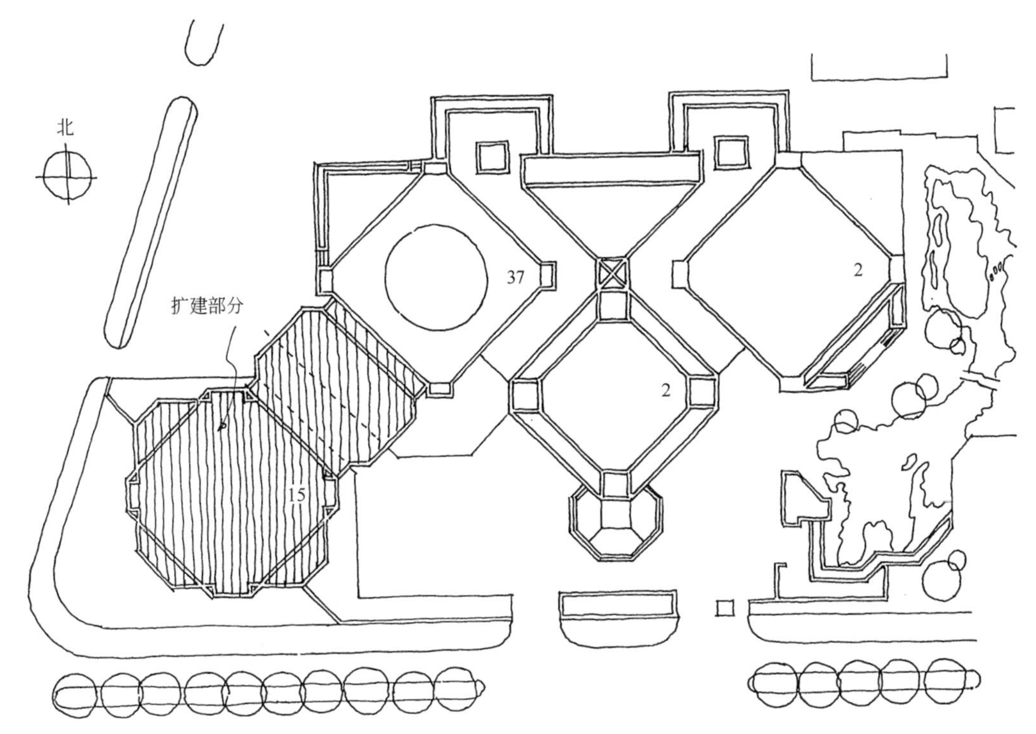

图 3-2　某宾馆扩建设计

再如《某镇镇政府服务楼设计》（包含餐厅、住宿、娱乐功能内容）。这一命题已明确规定了它是为镇政府公务员和基层来此办事的出差人员服务的。那么服务楼的总图就不应临街布局，而应归纳在用地的后勤区。而服务楼的主入口就不应面向街道，只能是迎合从办公楼方向来的内部人流(图 3-3)。你看，命题就是这样暗示着方案设计的走向。如果设计者对命题不稍加思考，很可能使设计路线导向错误的方向。

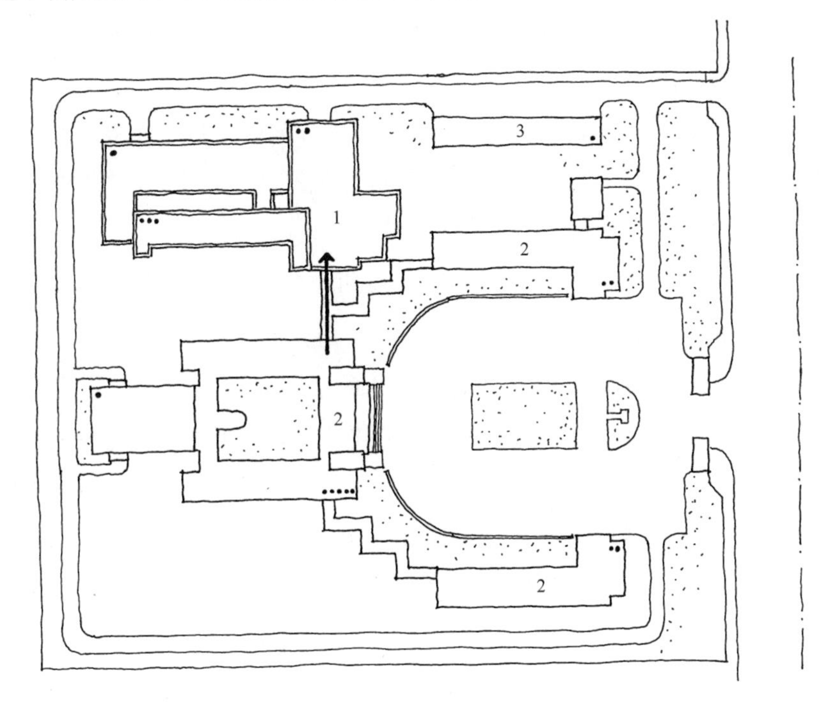

图 3-3　某镇政府服务楼设计

1—服务楼；2—办公楼；3—车库

总之，仅就命题而言，要读懂它还真不能掉以轻心。

2. 环境条件

在设计任务书中，环境条件都是通过文字叙述和地形图同时给定的。在解读它时，要将两者合成起来在脑中建立起空间形象的概念，这有助于加强对环境条件的阅读。

例如，对于用地周边的建筑条件，读懂它们的体量、层数，就会在脑中建立一个立体的场景。这有助于你对拟建建筑体量、布局的控制。

又如，设计任务书若规定用地中要保留一棵古树，这暗藏什么用意呢？首先你要明确，保留这棵古树，一定有观赏价值，这就提醒你在下一步设计中如何将它作为一个设计要素考虑进去。怎么考虑进去？还要搞清这块地用地的属性。如果用地是该设计项目所有，那么这棵古树应作为设计项目的一个设计要素考虑进去，例如组织到院落中去。如果用地不属于设计项目所有，而是利用城市公共用地建造一座为公众服务的项目，那么这棵古树亦不属于设计项目所有，你就不能把古树围合在设计项目的内院中，而应作为城市环境设计的要素向城市开放，只不过设计项目与古树仅有视觉的对话而已。

再如，在解读设计任务书时，对特殊的环境条件要特别给予关注。《某风景区茶室设计》，它的环境条件不仅限于用地范围而要扩大到景观方向，以及周边的自然地貌、地形条件。比如有湖面，有坡地等。你要使茶室设计成功，很大程度看你对特定的自然环境条件应答的程度如何。《某校园多媒体教学楼设计》，似乎环境条件没有什么，但是设计任务书给出拟建建筑相邻教学主楼和图书馆的现状照片（四坡顶）以及总图关系（入口向心汇聚校园广场）。这就暗示你，拟建的多媒体教学楼无论在平面设计、造型设计、甚至立面细部设计上都要与这个特定的环境条件形成有机整体。

因此，认识环境条件是解读设计任务书第二个重点，务必充分读懂。

3. 设计要求

设计任务书中的一般设计要求，如功能布局合理、交通流线通顺等属于设计原理的常规要求，这是设计者通常熟知的（当然处理是否好那是另外一回事）。这里所说的设计要求是一种特殊的规定。这些规定若不遵守，则意味着设计就会跑题。

如《老人活动中心设计》，环境条件是在含有两个台地的坡地上，设计要求为坡屋顶。这一特殊的设计要求，使设计者在平面设计时不得不事先同步考虑造型要求，即平面形式要为能搭起坡顶创造条件。否则一个较完善功能的平面，因造型滞后考虑，怎么也搭不起来真是一件痛苦的事。其原因，就是因为在解读设计任务书时，忽略了造型为坡顶的设计要求。

又如《现代幼儿园设计》，规模为 12 班，另设 12 个工作坊（能开展不同兴趣活动的公共活动室），要求在双休日和寒暑假将公共活动室和多功能厅对外开放，作为亲子园使用。这一要求不是幼儿园建筑设计原理所含的内容，是在现代生活中出现的新事物。设计者要注意到这一特殊要求对设计的规定，即在下一步设计工作中，要将 12 个工作坊和多功能厅布置在入口附近。在保证内部 12 个班级活动单元使用方便的前提下，便于对外开放，又不使外来人员深入到幼儿园内部中来。

诸如此类的特殊设计要求，是每一设计项目的特点，也是难点。因此，设计者就应给予更多的关注了。

（三）设计任务书解读方法

1. 通读设计任务书全文

通读设计任务书是理解设计任务书的前提。无论设计任务书篇幅多少，都要从头至尾仔细阅读一遍。初步明白设计任务书要你设计什么？以及有哪些内外设计条件。为了进一步对设计目标（比如设计一座图书馆）加深理解，你马上要在脑中搜索过去储存下来的有关图书馆信息，包括对图书馆设计的原理掌握了多少？有没有在图书馆学习的经历？阅读过多少有关图书馆的资料？甚至是否参与过图书馆的设计经历等等，这些信息搜索应是快速的。如果这些问题你都能给予肯定回答，那么，在通读设计任务书之后，你对于设计任务书规定的设计目标就会胸有成竹，接下来的设计工作就会很快上路。如果上述问题你很含糊甚至没有把握回答（比如要你设计一座殡仪馆），那么，在通读设计任务书后，你定会感到茫然生疏。这也不要紧，赶紧通过各种渠道搜索相关信息。只是由于对设计目标不熟悉，有可能使设计工作起步较迟，速度较慢。

2. 分层次理解设计任务书内容

设计任务书的内容不是每一句话都对展开设计本身产生决定性影响，也不需要立刻记住每一内容。可根据设计进程要求分层次、按轻重缓急逐步理解设计任务书的内容。

设计任务书有些部分属格式语言陈述，如项目概述，通读一遍，一眼带过，心里明白即可。有关对设计成果的要求，如图纸内容、表达深度等，那是设计工作结束时才需要遵循的，大可不必一开始阅读设计任务书时就关注它。还有些参考性的叙述和数据，如投资、工艺要求、气候参数等，即使对设计中后期有影响，也不必马上记住它，心里知道有这么回事就可以了。因为方案起步所关心的还不是这些因素。没准儿，有些参数对设计工作一点用处也没有。即使真正用得着这些设计要求，回过头来再仔细阅读理解它们也不迟。

但是设计任务书有些内容就必须认真阅读，细心理解了，万不可粗心大意。如命题，似乎谁都能一看就明白，正如前述所说，抓不住命题的关键词，就会一错百错。对于命题的理解，有时不能停留在字面上，还要引伸想得更深一些。如《某小区售楼处设计》命题，明眼人一看就清楚它的功能是什么。但是，进一步想，它是临时性建筑？还是稍加改造或扩建后可另作它用而成为永久性建筑？这两种对命题的不同理解，就会产生不同的设计结果。因此，阅读设计任务书的命题要三思而行。

其次，设计任务书对环境条件的描述，包括地形图的明示，都是解读的重点。因为这是马上展开设计所要搞清的问题。解读时，一定要边读边在脑中建立起环境空间形象的概念：东面是什么？南面是什么？西面是什么？北面是什么？因为你要设计的建筑作为这个区域建筑群中的一员，要与周边建筑或环境发生有机对话关系。对环境条件解读的结果将一直影响到整个设计过程。它告诫你，无论在考虑总图关系、平面布局、造型设计时始终不能忘了周边环境条件的制约。否则，整个设计就会失控，轻则设计问题多多，重则导致设计失败。

另外，有关规划要点的内容，这是展开方案设计的指导性意见，有些是带强制性的规定，在阅读时务必仔细、牢记。但对于一些指标要求，如建筑容积率、覆盖率、绿地率等暂时不必强记。因为现在还没有开始着手进行具体的设计操作，只是需要在设计起步时进一步在图面上加强理解，照章执行。

至于设计任务书中所规定的设计内容，虽是重点要理解的部分，但也没必要一开始就记住每一个房间内容，甚至面积大小。尤其是中大型建筑设计，房间数量几十上百，你一时无法搞请它们。再说，你若面对一大堆房间清单只能产生功能太复杂的概念，引起内心无所适从感，特别是容易使你失去对设计全局的把握。其实只要先搞清楚几大功能区组成，再进一步搞清主次关系以及各大功能区组成的面积谁大谁小就行了。因为这是马上展开设计所急需要了解清楚的。当方案设计一旦涉及到需要各个房间就位时，再回头来了解各个功能区组成的房间内容和面积也不迟。

3. 独立思考、敢于创见

有些设计任务书，由于种种原因，可能制定并不科学，或者只代表一种设计倾向，一种具体要求，甚或代表业主意愿。设计者解读此类设计任务书务必需独立思考，敢于创见，也许可使方案设计另辟新径，成果一鸣惊人。特别是对于竞赛类、招投标类设计任务书，更可以发挥设计者的才智，从解读设计任务书开始就要用独特的视角理解题意与要求。这样做可能有违设计任务书的宗旨，也会有失败的风险。但也不排除能产生出人意料的惊喜结果。这样的案例不在少数，也为众人所熟知。其次，对于课题设计任务书，学生从学习角度出发，当然要按教学要求解读设计任务书。但是，也有必要强调学生需独立思考，毕竟课题设计任务书不是金科玉律，会有粗糙的表述，甚至错误的引导，学生都应有自己的分析头脑，敢于向教师提出质疑，能够发现课题设计任务书不足之处，甚至错误之处，这就是一种成长，其设计潜能应该是有发展前景的。

为了阐述清楚这一部分的内容，我们不得不多费笔墨。而在实际设计操作时，理解设计任务书应是快速的，是逻辑思维与形象思维能动地共同发挥作用的结果。在这一点上也可以看出一位设计者的思维能力与设计水平。

二、设计信息收集

理解了设计任务书的内容仅仅是设计信息输入的一部分，要使建筑方案设计能建立在更扎实的准备基础上，还必须获得更多的第一手资料。因为信息量越大，越有利于方案设计的展开。可以采取如下手段进行信息收集：咨询业主、踏堪现场、调查研究、阅读文献。

（一）咨询业主

1. 咨询业主的必要性

设计者必须明白：你的工作虽然是创造性的，但毕竟是为人而设计。要服务好，就必须充分了解业主的具体要求，正如裁缝为客户做成衣，除了量体裁衣，还得向客户了解诸如款式、配饰等具体的要求是什么，这样才能让客户心满意足。建筑设计也一样，只是更复杂、要求更高而已。如此，你更应该在着手设计前充分与业主沟通，才能做到对设计目标心中有数。

其次，书面的设计文件并不能全部包含建造者所要交代的内容。由于制定设计任务书者有专业人员，也有非专业人员，其设计文件的深度和水平也参差不齐。特别是对于只有意向而无具体目标的设计任务书，以及非专业人员制定的设计任务书往往需要设计者帮助参与设计任务书的完善工作。因此，更需要摸清业主的意图以及各项详尽要求，提出合理的建议，以取得业主的共识与认可。这样，可以减少设计过程中因业主经常变主意而产生不必要的设计重复工作，甚至是徒劳的返工。

限于业主制定设计任务书的水平，或业主为了自身的利益，常常会有些不甚合理的条款，如违反国家规范的要求，不符合规划条件的规定，忽视环境质量的要求，片面追求经济效益的倾向，一味强调政绩形象的主张等等，都需要你既坚持原则，又要向业主做好说服工作，以求设计任务书更具科学性和可操作性。

设计者并不能精通所有类型建筑的各房间功能要求，即使常规房间也可能业主会有特殊的要求。例如总经理办公室，业主会提出除了在办公室一侧套一间接待室外，还要求附一间休息室，甚至带一个卫生间。诸如一些更详细的要求，如哪些房间需要朝南、哪些房间需要什么设备、哪些房间需要达到什么装修标准、哪些房间必须多大等等。这些要求只有通过向业主咨询才能获得信息。

2. 咨询业主的方法

咨询业主本身是一门调查研究艺术。目的就是为了获取尽可能多的有用设计信息，对于设计者来说也是设计能力强弱的体现，因此掌握好咨询方法很重要。

（1）咨询业主工作应贯彻始终　　在阅读设计任务书之后你还有什么不明白，或有疑问甚至有歧义的都可以罗列出来，做好咨询提纲，让业主逐一进一步解释，这样可以提高咨询效率。但是，咨询工作并不是一次所能奏效的，因为你还没有进入设计状态。一旦开始设计起步，会遇到设计任务书某些没有交代清楚的内容。此时，你根据当前阶段遇到的设计问题，归纳整理，再次列出咨询提纲，二度找上门，希望业主进一步解释、明确。甚至到设计后期更具体的设计问题，也需要业主明确要求，此时，也要继续征求业主意见。就是这样，整个设计过程就是业主与设计者紧密配合的过程，只不过业主是出主意，设计者出智力，共同完成设计目标的。那种仅凭设计任务书，甚少与业主沟通而闭门造车的设计是不合适的，至少设计者的服务意识不强，也必然使设计质量不会令业主满意。

（2）坚守职责、平等讨论　　在咨询业主中，我们会碰到各种各样的业主，有懂行的业主，也有对设计、建造不懂的业主；有通情达理可商量的业主，也有不讲理以势压人的业主；有尊重设计者的业主，也有视设计者为画图工具的业主等等。面对不同素质、不同涵养的业主，我们怎样去咨询呢？

首先，设计者要放下架子，以诚意取得业主的信任，不要以为自己有设计权、签字权就可以颐指气使。毕竟业主花钱建房，只要不违法，多从自身获利考虑也是可以理解的。而设计者毕竟是服务行业的一员，何况为了使自己的设计成为精品，与业主的意愿应该是一致的。有了共同的目标，就会有共同的语言。只要业主的要求是合理的，设计者就不能因怕设计工作麻烦而推脱。不但如此，设计者更应主动想方设法帮助业主完善设计任务书。这种互动的咨询工作往往为尔后的工作配合奠定了良好的基础。

其次，设计者在遇到设计任务书中有不甚合理之处，如由此而带来结构不合理，或者造价提高，或者建成后会影响周边环境质量等等。你在了解业主的意图后，加以说服，或者平等讨论，以求帮助业主懂得非分要求的不合理性。此时，你虽然有理，但说出的话是商量的口气，使业主在明白了道理之后，心悦诚服。

另外，当设计任务书有明显违反国家规范、规划要点限定时，如突破限高、扩大规定的容积率等，在咨询业主时应坚守职责，劝说业主遵章守法。若业主坚持己见，也希望他通过正常程序办理相关手续再行设计，而不应毫无责任心地顺从业主的无理要求，充当业主的绘图工具。

(二) 踏勘现场

1. 踏勘现场的必要性

一个设计项目是要实实在在地落在给定的用地上。正因如此，设计之前不踏勘现场怎么下笔呢？何况现场不是孤立的一块地皮，它的里里外外有许多影响设计的限制条件，或者决定设计走向的因素。设计者必须亲临现场对它有一个切身的感受才行。其次，我们不是在纸上谈兵，也不是在图纸上做形式构成，而是要创造一个形体让它站起来，并和周边所有环境要素和谐共处，因此，空间的感受也只有到现场去体验才能领悟。

2. 踏勘现场的内容

可以说，设计者到现场踏勘，是为了获取一切可以获取的环境信息及感性认识，主要包括：

(1) 视察场地内的地形地貌特征，以了解场地是否平整，是否有起伏。场地有否应保留的现状物，如建筑物、树木、设施等。

(2) 巡视场地周边的环境条件，在用地外有些什么环境因素，如建筑物、水体、道路、绿化带。再看远点，还有景点、景观方向、山脉等等，以及这些条件对场地能产生什么样的影响？

(3) 观察周边道路上人、车流量，活动规律。

(4) 询问场地周边城市供水、供电、供气的情况，这些管线有可能从哪个方向进入场地。

(5) 了解场地的地质条件，如是否有暗河、暗沟，在场地什么地方，走向如何？再看天上，有没有高压线通过，是多少伏？距地多高，走向如何？等等。

(6) 如有必要沿场地周边再跑远点，看看城市公共设施有哪些，诸如，文化设施、交通设施、服务设施等等。也许这些踏勘成果对设计用处不大，甚至毫无用处。但是作为一项调查工作尽可能多收集一些信息总不是坏事。特别是现场若地处他乡，来去不便，更应踏勘仔细为好。

针对不同的设计项目和不同的现场条件，可能还会有许多应踏勘现场的内容。不管怎样，从踏勘现场所获得的信息情况，也可看出一位设计者的工作能力。

3. 踏勘现场方法

（1）边踏勘边体验　设计者面对设计任务书所给的地形图仅仅是在平面上的表达，在未来现场前，你对环境的认识会毫无感觉。那么，你到现场去，除了对照地形图核对、认知现场的状况，还要身临其境感受一下现场环境的空间、尺度、氛围。也许图面上看用地还不小，可是到现场一看，由于周边建筑物较密集，感觉并不大，甚至有点局促。这种感受、体验对你今后展开设计、把握方案设计的布局、体量控制等都会有一定的参考作用。

（2）边踏勘边提问题　现场许多环境因素是直观的，但仅调查这些还不够深入。你还要善于提问题，因为提出一个问题比回答一个问题更重要。这样可以获取更多的隐性环境信息。也许，能提出要深入了解的问题是一种经验使然，但更说明你已在思考设计的环境问题了，这是设计能力强的一种表现。

（3）边踏勘边构思　到现场踏勘不仅是看看而已，或者获取一些设计信息，还可以在现场试着对方案设计进行总体构思，甚至可以在脑中初步建立一个虚拟的设计目标。让它“立”在现场，再对照周边的建筑现状，感觉一下如何。对于这么好的机会，现场又有切身感受，又可以和业主、同事就地讨论，也许由此真可以得到一些构思的启发或眉目。那么，正式开始着手设计时，不就有了基础吗？

（三）调查研究

1. 调查研究的必要性

我们讲，建筑设计是“为人而设计”的。那么，你在接手一项设计任务时，就应走到使用者中去，仔仔细细了解他们的要求。尽管这些需求可能五花八门，但总有可参考之处，甚至对设计者展开设计工作可能是至关重要的。

其次，我们做建筑方案设计不能闭门造车。“没有调查研究就没有发言权”，你要想在设计过程中，充分掌握发言权，进行有针对性、有目标的设计，就必须尽可能多地收集第一手信息，必须想使用者所想。

再则，设计者的思路毕竟有限，包括各种生活体验、各种专业知识、各行业的管理、工作方式等的特殊性，我们并不熟悉。设计者只有不耻下问、虚心请教才能获得设计任务书以外的更新鲜、更广泛的信息。这些信息获得越多，你的设计工作才能有的放矢，设计成果才能有深度。

2. 调查研究方法

针对不同获得信息的渠道和内容，我们可以采取如下的调查研究方法：

（1）走访调查

设计者通晓各类型建筑设计的原理，应该是从事建筑设计工作最基本的前提。但这并不代表可以娴熟掌握各类型建筑设计的操作。何况事物是在发展变化的，对原有的设计原理不能墨守成规，应通过走访使用者调查清楚，有没有超出设计原理以外的其他特殊使用要求。此时你会发现，使用者提出的要求还是真应该听取的，也许正是采纳了这些要求并在设计中得以体现，反而创造出一个有特色的方案。否则，按一般设计原理解决功能使用问题很可能是平庸之作。如你接受一座实验幼儿园的设计项目，按常规完全可以轻松按套路设计，最多在造型上搞些所谓新颖形式。但是，当你走访幼儿园老师时，她们从幼儿园实验教学出发，提出活动室空间不要太完整，希望有一些边边角角，甚至低矮空间(只要幼儿不碰头)，可以让幼儿分组进行趣味活动，但老师站在活动室，对各个活动角落又能一目了然。她们希望家具不要固定不动，能装上万向轮，随意用它来灵活分隔空间，为适应幼儿园教学变换活动内容提供方便。她们希望公共活动室不要做平整的封闭吊顶，最好用格栅，便于老师们在其上悬挂美工作品的饰物等等。她们对使用要求会提得很仔细，很具体，这些要求教科书上都是没有的。你只有走到老师们当中，才能获取这些信息。

又如，当你设计一座大学生活动中心时，不能按传统活动项目安排诸如乒乓、棋类这些当代大学生不感兴趣的内容。可以走到大学生中去调查，询问他们对课余活动的兴趣取向，活动要求。他们会告诉你，他们需要电子游戏室、塑身健美房、咖啡室、沙龙、KTV、迪厅等等。既然为大学生设计活动中心，就要迎合年轻人对娱乐文化的需要，这才是一个有目标的设计。

再如，当你设计中小套经济适用房时，不能想当然套用一般住宅的设计模式。必须先深入调查这类居民群体的生活水平、经济状况、人口结构、家庭职业等等。通过走访，你会发现，他们希望在有限的面积内尽量合理安排生活空间，不要出现过多的交通面积。他们希望不要降低生活质量，把厨房、卫生间设计得紧凑、有效些，把客厅设计得宽敞些、明亮些。特别是这些家庭生活水准不太高，会有一些杂物舍不得丢弃需要有地方储藏起来，最好有一间储藏间等等。你若设身处地为住户着想，这种住宅设计还真需要挖空心思一公分、一公分精打细算呢。

总之，走访调查工作做得越深入细致，对提高方案设计深度越有帮助，也兑现了一位设计者“为人而设计”的诺言。

(2) 体验调查

设计者要想做好建筑方案设计，除了应具备一定的专业素质与修养外，有丰富的生活体验也是很重要的。应该说，凡是所有的社会生活内容，设计者都应争取有机会进行参与，并有心观察生活，从中获得书本上没有的知识和信息。例如，要你做一项航空港的方案设计，如果你没有见识过航空港，更没有乘坐过飞机，一点感性认识都没有，怎么展开设计呢？至少困难重重。因此，扩大自己的生活阅历、参与各项生活体验是做好方案设计的基础之一。

因此，设计者要主动进行体验调查。这样，可以亲身感受信息，更易明白设计的生活依据。如当你进行一项服装专卖店设计时，不仿在店内待一段时间，甚至站几天柜台，体验一下生活，体察一下售货员在经营、管理方面的行为规律及其对商店设计的要求，你就会进一步了解到开架销售的特点，柜、货架布置的形式，名牌服装展示的方式，灯光的配置以及由此对室内设计的要求。另外，你通过站台还可以观察到顾客在店内的行为、表情，从中可以了解到顾客是怎样被吸引进店内的，室内的布置、购物环境气氛是怎样迎合了顾客行为与心理的，并思考在建筑方案设计中怎样去配合这些所获得的第一手信息等等。也许所有这些亲身体验，将会使你加深对这一项目设计的理解与认识，而且设计操作起来就会得心应手。

(3) 问卷调查

当你设计一种涉及大量人群使用并带共性要求的设计项目时，为了提高调查效率，可以采取普查的方式，即问卷调查方式进行，以获得大量信息。这些信息可能意见、要求、看法相佐，但你可以通过概率分析从中研究得出有倾向性的结论，供展开设计时参考。

为了使问卷调查顺利。一定要精心设计调查表。其原则是设计调查问题一定要紧扣设计，题意简单明了，题型宜为选项打勾，可以适当有些问答题，题量不宜过多。总之，问卷调查不要使被调查人感到占用时间过多，感到填写麻烦。并且，被调查对象应有针对性，即选择与设计项目使用对象有关的人群。

(4) 实例调查

① 实例调查目的　　实例调查是设计者从现实案例中获取相关信息的必要途径，特别是对于较陌生类型的建筑设计，更应通过实例调查建立起感性认识，有助于设计者对其设计原理加深了解。

另外，设计者通过实例调查，在加深对设计项目理解的基础上，可以通过个人对被调查实例的评价提高观察力、判断力，从中可以学习、借鉴可取之处，或引以为戒之处。

② 实例调查内容　　实例调查对象。主要是针对与设计项目有关的建筑类型进行有目的的调查，其调查内容包括什么呢？我们以调查剧场建筑为例。

● **功能使用情况调查**　　首先，你需要亲身感受一下剧场建筑是由哪些功能组成的？你所调查的各剧场的大厅、观众厅、舞台及后台三大功能部分是如何布局的？有什么突出特点，各自又有什么优缺点？观众进入观众厅看演出前有哪些活动行为，需要什么相应的功能为之服务？观众厕所布局合理不合理，面积大小是否合适？观众厅的疏散方式是否合理？舞台尺寸能否满足演出要求？演员在后台上场前准备的程序是怎样的，演出中演员是怎样跑场的？耳光、面光位置在哪儿，是如何操作的？等等。这些问题，你虽然通过剧场建筑设计原理知道了一些理性的认识，但是，你只有到了现场才更直观、更清楚地获得感性理解。何况还有许多细节的功能内容，各个剧场处理并不一样，也许对你的设计多少有些启发。

● **室内空间形态调查**　　剧场各功能内容对空间形态有着不同的要求，你要仔细调查清楚各剧场大厅空间的特征是什么？包括空间在水平与高度方向上是怎样变化的？比如你会发现有的剧场大厅空间充分利用楼座下部空间，使顶界面呈倾斜状；有的剧场将楼座进场休息区呈夹层空间敞向大厅；有的剧场大厅因有多层观众休息廊显得高大恢宏等等。这些各不相同的剧场大厅空间形态不但拓宽了你的见识面，而且也因亲身体验大厅空间感而获得对不同空间尺度的把握。

对于剧场的观众厅空间形态，你更会感到各剧场的特色之处：楼座有一坡式的；有挑楼座的；有跌落式楼座的；有包厢的等等。这仅仅是视觉上感受的差异。更需要你调查的是观众厅空间形态在一些界面上的起伏变化与视线、声学设计有什么关联？

对于舞台空间形态的调查，你需要搞清楚：主台与副台在平面与高度上的尺寸有哪些特点？台口与观众厅、主台有什么样的尺寸关系？舞台与后台是怎样联系的？舞台上有哪些设施等等。这些技术内容恐怕也只有到了现场调查你才能搞得清楚。

诸如其他一些辅助空间，如大厅与观众厅之间的过渡空间是怎样处理的？它对于观众从明亮、耀眼的大厅进入观众厅的暗适应过程是怎样起作用的？观众厅两侧休息厅的地面标高变化是怎样与观众厅地面升起相吻合的？舞台乐池的空间有什么特征？等等。这些剧场空间的体验你只有走到其中去才能有真实感受，书本上的原理是很难说清楚的。

● **设计手法的调查** 　设计手法完全是设计者对知识与技巧的运用。通过实例调查，一方面你可以积累设计知识，另一方面可以明白运用这些设计手法的道理。

例如，剧场大厅内一座主楼梯，你在调查时要明白它为什么要布置在那儿？为什么显露在大厅内的两跑或弧形主楼梯侧面要面向观众展示出来，而不是正面对着人流？两者哪一种设计手法更能体现主楼梯造型的美？它的第一阶踏步方向是怎样设计的？对迎合人流处理如何？第一梯段下部低矮三角形空间通过什么设计手法加以处理的？有什么优点？楼梯栏杆设计有什么特色？

又如观众厅的座椅是怎样设计的？那么多椅腿落地妨碍清扫工作这个矛盾是通过什么设计手法解决的？观众厅的界面设计通过什么设计手法解决了声学要求与视觉美感的和谐统一？

甚至一些装修设计的细部，你都应仔细调查。如大厅墙面的花岗石的拼缝是怎样处理的？线脚有什么形状变化？许多室内水平线条是怎样交圈怎样收头的？不同材料怎样相接？在形体的什么部位过渡等等，真是“处处留心皆学问”。这些设计手法的调查学习也许对当前要展开的设计工作并无作用，但作为知识与手法的积累完全是必需的，并应养成职业的习惯。

● **施工做法的调查** 　在方案设计中，我们总是抓方案性的问题进行推敲这是对的。但是它的可实现性、可操作性如何并不关注。等到方案深化设计时，可能会遇上对这些细节性设计问题落实的考虑。与其到时束手无策不如趁实例调查时，对调查的内容再深化些，这些知识也是靠日积月累的。如前述提到观众厅座椅减少椅腿做法，经调查原来若干座椅是固定在有一定跨度的钢梁上，两端只要两个钢柱支点就可支撑起来。这样，椅腿数量大大减少而方便了清扫地面。再如观众厅吸声墙面的处理并不是单纯为了美观，它的材料选用、形式设计、各层做法都有一定科学道理。把它搞清楚了，对于你在设计剧场观众厅时，不是很有帮助吗？甚至许多装修的细部做法，在调查中也要仔细琢磨。例如一个花岗石门洞贴脸，它上面的线脚交圈时，在拐角处的几块花岗石的线脚断面是怎样处理的？

门洞贴脸与墙面这两种不同材料是怎样碰撞的？等等。对这些细部做法多关注，有助于提高设计者今后对方案设计深度的关注，自然也就提高了方案设计的质量。

③ 调查手段

● **观察**　实例调查主要以观察为主，要善于找看点，要会看门道。当然这与调查前，自己先提出调查问题、拟好调查提纲有关。提出的问题越多，调查的收获就越大。其次，在调查中观察力要敏锐、脑筋要灵活，以提高调查的效率。

● **体验**　实例调查中有些信息是靠观察手段的，而有些感觉却要靠体验手段。比如，尺度、环境气氛是由很多因素决定的，有时难以用言语表达。你一定要通过体验的手段去感觉它，从中获取一些设计的参数和了解一些影响因素。

● **记录**　看到的东西不记录下来容易丢失，特别是对于尺寸的调查结果应及时记录下来。甚至一些节点做法最好现场勾画一下，可以及时搞懂，又能永久保存。

● **拍照**　调查中，对调查对象的整体形象、空间效果，或不易触及的建筑部位都可以通过拍照手段记录下来，一则方便，二则效率高。

上述几种调查手段在实际中总是综合采用的，可以发挥各自的优势，共同完成收集信息的任务。

（四）阅读文献

衡量一项设计成果的水平是高还是低，不仅看设计者对专业知识的掌握程度，也要看他运用旁学科知识的宽度和深度。因为，建筑设计是一门综合性很强的学科，设计的知识域相当宽泛，需要多学科知识作用于建筑设计过程。如果仅以建筑学专业的知识来解决设计问题，则设计成果只能停留在一般水平上。只有通过阅读相关文献，从中将所需知识融入到建筑设计领域内，才能使设计成果上升到一个更高的水平。

例如，当你设计一座幼儿园建筑时，除了运用本专业的知识展开设计工作外，还需阅读有关幼儿生理学、幼儿心理学、幼儿卫生学、幼儿教育学、幼儿园管理学等有关论述幼儿身体、智力、言语、情感、意志等身心健康发展的理论与知识，以及这些成长条件对建筑设计的要求。设计者只有把创造适宜幼儿身心健康发展的建筑环境作为幼儿园建筑设计的指导思想，才能从设计的整体把握直到对细部的推敲上把幼儿园建筑设计成精品，也才能把“为人而设计”的口号落实到自己的设计作品中去。

又如，设计一座名人纪念馆建筑时，你不仅要按展览馆建筑的一般设计原理和方法进行建筑设计，而且需要通过阅读有关该名人所处时代的历史背景知识以及该名人的生平事迹和成就中，挖掘出创作的灵感，找出突出设计特征的途径，使设计成果超越一般化的模式，达到强烈个性的表现。

总之，大量阅读相关外围知识的资料、文献可以使设计者跳出建筑学专业的局限，站在更高、更深的境界做出高水平的设计。

此外，阅读相关图例资料不是全盘移植、抄袭他人的设计成果，或稍加改头换面成为己有。更多地是从他人的设计经验中获取有益的借鉴。即使局部的优秀设计手法也常常可以启迪我们的思路，特别是对于初学建筑设计者而言有着很好的启蒙作用。值得注意的是，阅读图例资料切忌一知半解，要真正读懂设计的布局、处理的手法。对于设计的优秀之处要细心琢磨，即使某些设计的欠缺处也应分析其原因。同时，从阅读每一实例的平、立、剖面中逐渐训练起很强的空间理解力。这些对图例阅读过程所获得的认知，一方面对你即将展开的设计有很好的参考价值，另一方面可以作为一种记忆储存在你的脑海中，届时信手拣来，运用自如，无需临时再到书海中去寻找了。

还有一些专业性的文献资料如相关建筑类型的设计原理、设计规范也是值得翻阅的。它们或作为设计指导原则，或作为设计应遵守的规则，对设计者的设计行为起着作用。你熟练掌握了这些知识就能减少设计的失误，从而使设计成果更加优秀。

建筑设计资料集是建筑设计最有权威的工具书。它涵盖了设计者应知应会的全部知识，而且还涉及一些边缘学科的知识领域，对于提高设计者的理论水平和创作水平有着重要的指导意义。因此，这些“天书”是每一位设计者应结合具体设计项目经常查阅的必备资料。

三、设计条件分析

以上所阐述的设计文件解读与设计信息收集仅仅是获得第一手的设计资料。这些设计信息还是杂乱无章的，设计者还需要经过一番分析、处理的过程。其目的是摸清设计的条件，并为设计起步和以后的设计过程寻找充分的依据。

那么，怎样分析设计条件呢?

（一）外部条件分析

外部条件分析是把用地及其周边环境(包括现状条件、自然环境、人文环境)作为设计的“外力”。由外向内考察制约设计的因素，从中得出个别环境因素对设计的指导性要求或某些限定。

1. 从用地所处城市位置的分析中，可以了解到用地与城市若干要素相互之间的关系及其紧密程度。这一分析结果将提醒设计者要从城市设计的角度思考建筑设计的问题。

2. 从用地周边道路状况的分析中，可以了解到不同级别道路的性质、车流量大小、人流方向与强度。这一分析结果将对设计的起步及整个设计过程产生决定性影响。

3. 从日照分析中可以了解到周边建筑对用地产生的阴影影响，以及拟建建筑对周围建筑的日照影响。这一分析结果将影响总图的布局和建筑的节能设计。

4. 从常年主导风向的分析中，可以提出污染源布局的合理构想。

5. 从城市景观的分析中可以提出控制建筑布局、体量、高度的思考。

6. 从景向分析中可以为主要房间的定位找到最佳方向。

7. 从文化传统的分析中可以了解到某一建筑风格的历史沿革，为建筑的形式创作提供借鉴。

8. 从朝向分析中可以获得建筑总体布局的大体意向。

9. 从气候特点分析中可以提出建筑布局最理想的方式，以及建筑的平面、形体、材料等的最佳选择。

10. 从地貌的分析中可以考虑哪些现状可以予以保留，或者加以改造利用，哪些因素可以拆除。

11. 从场地上空诸如高压线的现状分析中，思考有效回避或迁移设想。

12. 从地下诸如暗河、暗管、填埋池塘等的调查中，可以引以注意，并在规划中提出对此采取的有效解决措施。等等。

根据不同的设计项目所处环境条件，可能还有许多其他外部条件因素需要设计者加以分析。虽然，并不是每一项建筑设计都需要作出包罗万象的分析，但是尽可能详尽分析每一存在的外部条件的利弊，就能给设计者的设计工作带来更大的主动性。倘若某一外部条件没有分析到，则这一条件所带来的设计矛盾在设计过程中迟早会暴露出来，它将直接影响甚至干扰着设计工作的进展。

(二) 内部条件分析

内部条件分析是将设计任务书对设计对象的若干规定。如房间组成、面积及设计要求等进行系统分析的一种方法。它是由里向外制约设计走向的因素。以此决定功能布局原则、空间组织方式、形体构成形式及综合处理内部各种设计矛盾的方法等，最终引导设计过程向设计目标前进。

内部条件分析主要侧重对功能的分析和对技术要求的分析。

1. 功能分析

(1) 平面功能分析

平面功能分析的任务是将设计任务书提出的若干房间有机地组成一个有序的、相互紧密结合在一起的功能体系。这个功能体系的建立，首先需要设计者运用逻辑思维方法进行抽象的、概念的图示表达过程。此时，设计者关心的不是个体房间的平面形状、尺寸大小，而是它们之间的配置关系。通过逻辑思维理清楚所有房间的关系后，要用泡泡这个抽象符号来表示各个房间，并用线按彼此的关系连接起来，这就是功能分析图。对于小建筑而言，这种功能分析图比较简单(图 3-4)。稍大的建筑类型，这种功能分析图就比较复杂了(图 3-5)。

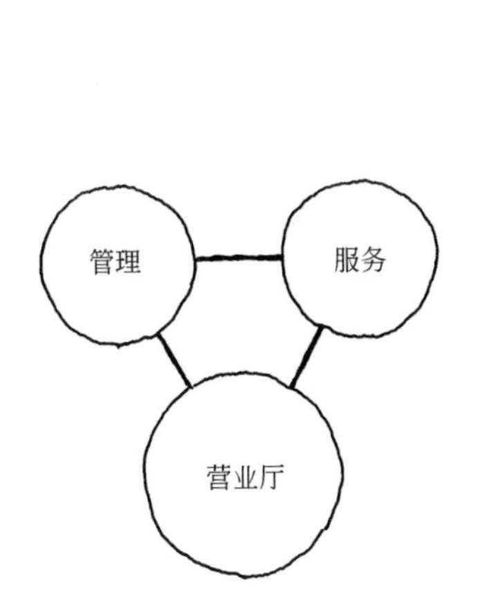

图 3-4　茶室功能分析图

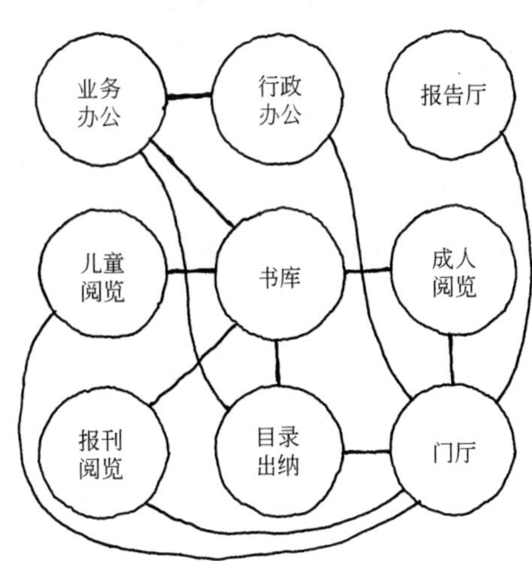

图 3-5　闭架图书馆功能分析图

上述图解表达仅仅表明各房间之间的功能关系的表象，还不能作为设计的基础。它只完成了两件事：一是把概念转化成图示，有利于设计者用视觉对图示进行评价，并将信息反馈到大脑中，促进思维活动向深度发展。二是初步表明了房间之间的关系网络。但是，我们从中也看到这种功能关系的网络是杂乱的，还需要进一步调整泡泡图的相互位置，使关系线更简洁明瞭，以便提供更清晰的功能分析图。同时，还需要进一步表明各房间的相对大小及其相互之间关系的强弱和方向，以进一步搞清诸多房间之间的关系与排列秩序。房间大小可以按同一比尺大致画出，而各房间之间关系的强弱可用线的粗细来表达。粗线表示房间之间关系密切，细线表示房间之间关系薄弱，而箭头表示房间的序列关系。表示以上内容的图称之为框图。它比泡泡图在功能分析上更接近建筑设计的要求。图 3-6 是反映多种表象的平面功能分析图，很显然，它要比图 3-5 更明确易懂。同时，它也暗示了下一设计阶段，在处理功能问题上要想避免流线交叉，各房间应处在合理位置的定位关系。

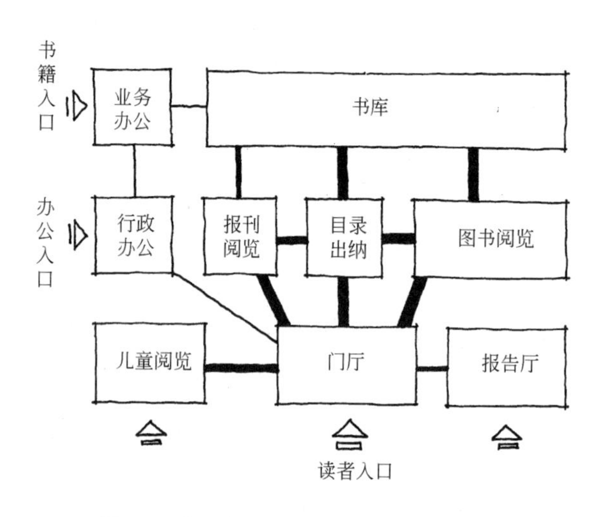

图 3-6 表示多表象的闭架图书馆功能分析图

需要指出的是，上述功能分析图不仅仅是对各房间相互关系的分析，更重要的是引入了人的行为因素，是按人在各房间之间的行为活动规律而组织安排房间的。这点很重要，否则我们会误入到把房间的布局看成是机械安排和测算面积了。

但是，对于较复杂的含有几十、上百个房间的建筑，如果我们一上来就如此逐一无疏漏地进行分析，那么，我们肯定会手忙脚乱、顾此失彼而陷入自设的迷魂阵中。因为，面对那么多房间我们无法一时搞清它们有机的内在联系，一旦钻进对单个房间的功能分析，就只能看到局部而失去对全局的把握，这是违反系统思维方法的。因此，分析的技巧在于先要从功能分区开始，搞清如此众多的房间究竟能不能同类项合并成几个功能相近的区域。一般而言，再多的房间总可以分为使用、管理、后勤三大功能区。这样，这三个功能区的关系显然要比面对众多单个房间的关系更容易一目了然。然后，在此基础上再考虑每一个大功能区域内还可能再细分为更小的功能区。这种分析路子可称之为细胞裂变法(图 3-7)。它的长处一是将复杂问题简单化，避免陷入对单个房间的分析，而失去对全局的关注；二是无论怎样分析，此区的房间不会被分析到彼区去；三是各区域房间千变万化的排列不会影响到此区域与大功能区的既定关系。

图 3-8 是住宅两大功能分区的框图，它清楚地表示了公共活动区与私密生活区的功能布局。尽管公共活动区中客厅、餐厅、厨房有多种组合关系，但我们不会，也不应把餐厅分析到属于私密生活区去，也不会把本属于私密生活区的小卧室分析到公共活动区去。如

果不是这样的分析程序，尽管房间之间也可能保证有一定关系，但是难免会出现大的功能布局不甚合理的问题。比较一下图 3-9 两个套型面积几乎一样的住宅方案的不同之处就一清二楚了。

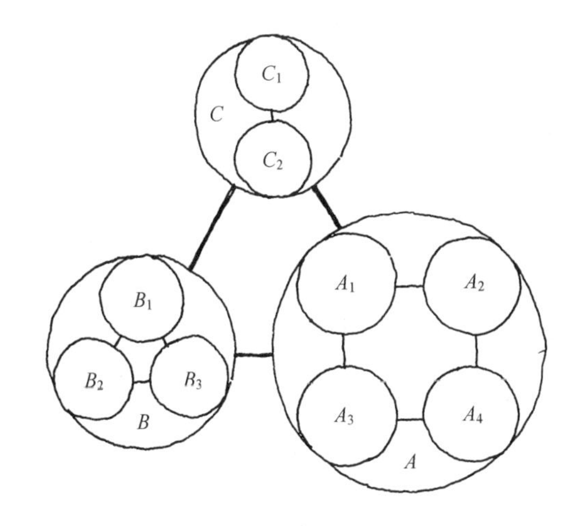

图 3-7　细胞裂变功能分析法

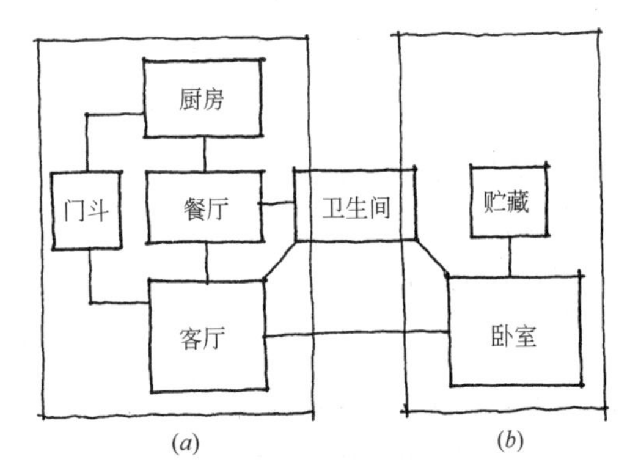

图 3-8　住宅两大功能分区的框图

(*a*)公共区；(*b*)私密区

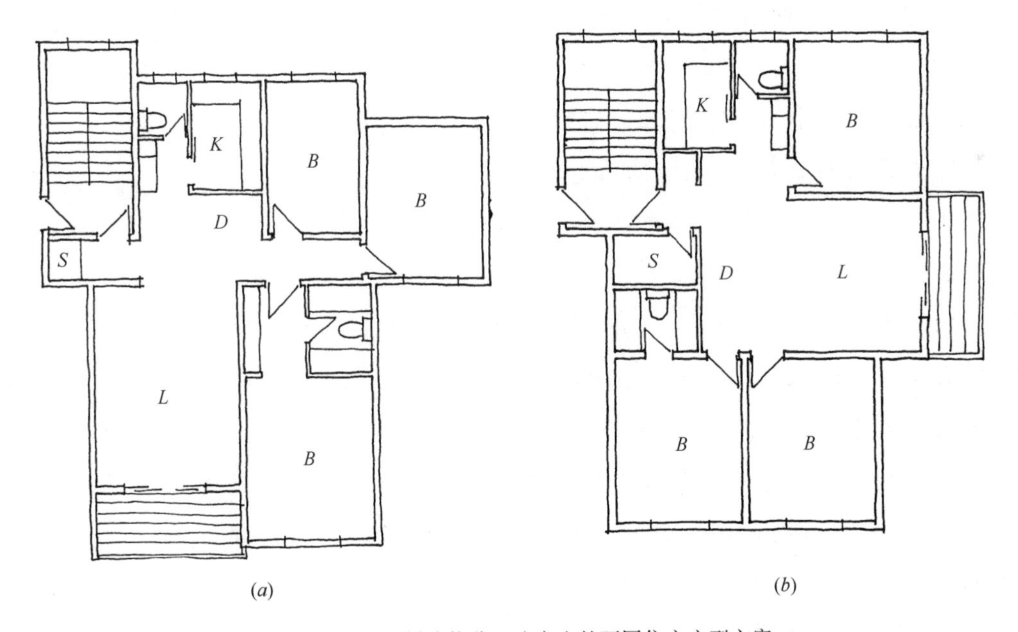

图 3-9　两种不同功能分区法产生的不同住宅户型方案

在图 3-9(*a*)方案中，由客厅、餐厅、厨房、卫生间组成的公共区与由 3 个卧室组成的私密区，在功能分区上十分清晰，两者互不相混，给居住生活带来极好的舒适性。而图 3-9(*b*)方案中，由于 3 个卧室布局分散，中间夹着公共区各房间，使功能分区较为混乱，给居住生活带来若干不便，且客厅有一半的面积实际上变相成为交通厅。由此可见，平面功能分析合理与否，直接关系到平面功能布局的优劣。

(2) 竖向功能分析

毕竟大多数建筑物不是按一层建造的，总有一些房间要布置在楼层。因此，在上述平面功能分析之前，需要先做好竖向功能分析。

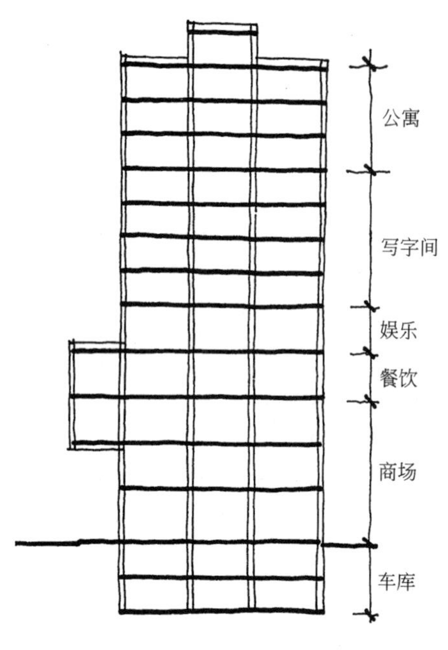

图 3-10 综合楼的竖向功能分析

那么，竖向功能分析的依据是什么呢？

① 依据各层使用对象的性质进行竖向功能分析

为公众使用的房间在下层，为独立人群使用的房间在上层。还可再细分，使用人数多的房间在下层，使用人数少的房间在上层。例如综合楼类型的建筑，由于它容纳了若干不同功能的房间，且各功能房间相互又无关系，因此，对这种类型的建筑进行竖向功能分析往往更具有优先权。即按各使用项目的要求，在竖向上先进行合理的分层布局。通常把对公众开放的项目如商场、餐厅、娱乐从低到高依次分层布局，而把写字间、公寓布置在上面几层。这样彼此在功能使用上可以各得其所，互不干扰(图 3-10)。

② 依据功能闹静要求进行竖向功能分析

一些建筑类型在使用中会有相对闹与静两种人群。例如在图书馆建筑中，人流瞬时集散量大的报告厅及读者停留时间短的检索出纳、报刊阅览、儿童阅览等房间一般布置在下面，而读者阅读时间长的各阅览室、研究室应布置在上面几层。

③ 依据服务对象不同进行竖向功能分析

对于办公建筑，虽然各房间同为办公，但有对内与对外之别。通常将传达室、接待、管理、后勤等对外服务的用房布置在一层，而将大量业务办公、领导办公等房间布置在各楼层。即使对于小型建筑的办公部分，如幼儿园建筑的办公区，如果两层的话，一般也将对外管理的办公用房如门卫、晨检、接待、行政办公、会计等房间放在一层，而将教师办公、园长、会议、资料等房间放在二层。

④ 根据房间使用频率多寡进行竖向功能分析

一幢建筑，各房间使用频率是不一样的，一般将使用频率高的房间放在下层，使用频率低的房间放在上层。如中小学教学楼，首先保证普通教室布置在下面几层，而将对于学生不是每天使用的音乐教室、美术教室、计算机教室以及各类实验室等可以放在普通教室之上。对于美术馆的展览类建筑，临时展厅因更换外来展品频率较高，因此，宜布置在一层。而展示馆藏品的陈列厅，其展品更换频率低得多，因此，宜布置在楼层。

⑤ 依据流线组织进行竖向功能分析

在交通建筑中，为了避免各种人流的交叉干扰，要通过合理的竖向功能分析组织各种用房。一般将到达的旅客所使用的房间布置在一层，便于尽快利用地面各种市内交通工具离去。而将乘车(机)离去的旅客所使用的房间如候车(机)厅等布置在楼层。这样，进出站(港)的旅客才能完全分开，互不干扰。

⑥ 依据结构合理性进行竖向功能分析

对于低层建筑而言，在房间平面与空间尺寸差别大的情况下，如果大房间不能独立于主体建筑之外，则竖向功能分析时，一般将它布置在顶层。此时，房间内部空间的柱子就可方便地抽掉，且层高也可不受主体建筑层高的限制，而楼面可由下层小房间结构支撑。

⑦ 依据楼层荷载大小进行竖向功能分析

在拥有众多仪器设备的建筑中，各层楼面的荷载差别甚大。为了使建筑物具有稳定性，一般将有重型设备(如各种车床、铣床、钻床等)或有重量大的设施(如书库等)的房间布置在一层或低层，而将设备、设施轻的房间布置在楼层。

当然，针对不同条件还会有各种不同的竖向功能分析方法，但是上述竖向功能分析的原则并不是绝对的。在另一种条件下，可能情况正好相反。例如餐饮类房间最好放在底层，以方便招徕顾客，并为厨房进货、出垃圾提供便利条件。但在一些高档酒店里，却有时把它们置于高层建筑的顶层，这样顾客在餐饮过程中可以鸟瞰全城美景。因此，要具体问题具体分析，这需要设计者有丰富的生活经验和很强的分析判断能力。

2. 房间使用要求分析

每一建筑物都包含着许多房间，不同的房间其设计要求不尽相同，在解读设计任务书和分析内部条件时，设计者务必要搞清。这样，在进行平面设计时，才能明确目的。

例如，住宅的起居室、主卧室虽然都需要朝南，但前者空间要开敞，与餐厅空间既分割又流通；而后者空间要封闭，以保证私密性。展览馆的陈列厅应避免阳光直射，而休息区要明亮。铁路旅客站的候车大厅空间要求高大，服务用房应低矮。风景区茶室要面向景观好的方向，而不必迁就好的朝向。中小学教室应南北向，以保证良好的采光、通风条件。厕所、楼梯间为不占好朝向，可置于东西向。电教建筑的录音室、演播室要求防震、隔音、防尘、恒温，而候播室、演员化妆、服装室无此苛刻条件。银行建筑的金库要求被内部房间围合，空间密闭，以保证绝对安全，而营业大厅则要求向城市空间开放，内部明亮宽敞。观众厅要求看的好，听得好。舞台尺寸则要求满足演出条件等等。即使同类型房间在不同类型建筑中使用要求也并不是相同的。如阅览室在图书馆建筑里要求环境安静，而在俱乐部建筑里则并非要求严格。因为前者是一种学习、研究性的阅览；而后者是休闲、娱乐性的阅览，性质不一样，功能要求也自然不同了。

当遇到个别特殊房间有特殊要求时，在设计任务书中将会明确提出。但是大量的使用房间的功能要求，则需要设计者日常积累生活经验，尽可能熟悉各类房间的使用要求，以利于在设计中获得功能满足。例如剧场观众厅设计，如果熟悉它对声学和视线的特殊要求，你就会在平面设计中将舞台两侧做成倾斜墙面，形成向贵宾席的声反射面。在剖面中，就会画出地面升起是一条前缓后起的曲线，而不是一条斜直线。顶棚不是水平的，而是多个向楼座声反射的折面等。倘若对这些使用要求一无所知，难免在设计中出现常识性的错误。

第二节　立意与构思

前一节我们阐述的设计前期准备工作，无论是设计文件解读、设计信息收集还是设计条件分析，都是正式展开设计工作之前必需的环节。其目的是初步搞清影响并制约设计从起步直至实现设计目标全过程的各种因素，以便在正式展开设计工作时胸有成竹。而且，这种准备工作越充分，就越能使方案探索具有明确的方向，就越能使方案建构具有可操作性。

当我们进入方案设计的探索阶段时，它既是建筑方案设计的关键环节，又是建筑创作的最困难时期。这是因为，方案探索阶段的各个环节如立意构思、方案起步、方案生成、方案比较、方案综合以及方案建构都直接关系设计方案发展的命运与质量。况且，万事起头难，难就难在从无到有。而且在整个方案设计过程中，要把握正确的设计走向也不是一件轻而易举的事。但是，只要我们能激起创作的热情，调动创作的才思，掌握正确的方法，运用娴熟的技巧，经过一番艰苦的探索过程，设计方案的毛坯就能够创造出来，而且设计目标也会越来越明晰。

那么，设计准备工作完成之后，是不是立即开始运作设计呢？不是的。设计者还需要在设计准备工作的基础上，先要把握设计总的思路，并预设最后的设计目标，这就是立意与构思。

为了避免设计行为的盲目性和随意性，更为了使最终设计成果具有独特性和创新性，设计者在着手设计运作前务必对创作主体的意念进行一番思考。也就是说，一个好的建筑设计总是高度地发挥创造想像力，不断进行创作立意与创作构思的结果。特别是在方案设计开始阶段的立意与构思具有开拓的性质，对建筑设计目标的实现、设计成果独创性的展现都具有关键性的作用。因此，准确的立意与独特的构思往往是出色的建筑创作胚胎。

图 3-11　流水别墅

一、立意

“意在笔先”是一切艺术创作的普遍规律，建筑创作也不例外。所谓立意，是指设计者为了形成某种创作意图所进行的逻辑思维活动。这种创作意图可能是明确的，也可能是模糊的。此时，尽管这些创作意图仅是一些意念的闪动，但在一定程度上却反映了设计者的主观意愿、思想感情、个性偏爱以及设计者试图要达到的目标与境界。正如赖特设计流水别墅立意时，是设想要让业主伴着瀑布生活，使瀑布成为业主生活中不可分割的部分。因此，他把别墅设计悬于瀑布之上，使两者融为一体（图 3-11）。贝聿铭设计美国达拉斯市政厅立意时，他认为“室外比室内更重要”。因此，说服市政府要多买一些地，以便在市政府前能有一个较大广场，形成人们的活动中心(图 3-12)。

图 3-12　美国达拉斯市政厅

许多建筑设计大师的作品之所以感人并能流芳百世，很重要一点在于他们的创作立意新颖，独树一帜。当然，这种创作意念不是凭空而生，也不是冥思苦想，它有赖于设计者在全面而深入的调查研究基础上，以他丰富的设计经验和学识的积累，运用他的想像力、灵感、建筑哲学理念，对他所要表达的创作意图进行独到的立意。

那么，怎样产生一个好的立意呢?

(一) 创作想像是立意的必备条件

想像力对于建筑创作的立意而言是不可缺少的心智活动。很难设想，一个想像力很贫乏的设计者能够在创作的立意上达到很高的境界。其实，想像力人皆有之，只是每个人头脑中能激活想像力的信息储存量不同而已，而且具体到每一个人却因对想像力开发利用的不同而大相径庭，特别是创造想像对于不同的人差别就更大了。创造想像是人们在创作活动中独立地去构成新形象的过程。它与创造性思维有密切联系，是创造性活动所必需的。创造想像参加到创造性思维中，结合过去的经验对头脑中现存的知识、信息进行碰撞、组合而诱发出崭新的意念，从而提出新的见解、创造新的形象，这是开展创造性活动的关键。从一般的想像上升到创造想像是一切艺术创作，包括建筑创作立意的必由之路。它往往使设计者对建筑产生无限的遐想和回味无穷的魅力。

从画界对创作立意的琢磨中我们会获益匪浅：一幅“深山藏古刹”的命题画，立意的基准点无疑是要牢牢抓住一个“藏”字。怎么“藏”? 不同人对“藏”的不同理解和创作想像的差距都会导致不同的“藏”法：有人画出只显露一点点被郁郁葱葱树木遮掩的飞檐翼角，可谓把古刹“藏”了起来。也有人画得满幅山峦重叠，林海苍茫，只在目及极远处依稀可辨有一丁点古刹的身影。显然他比前者“藏”得深远，但仍然停留在视线可及的画面之内。更有甚者，只画了一位老和尚正在下山挑水，其背景是无边无际的深山老林，遮天蔽日，古刹却不见踪迹。这一“藏”藏得极为巧妙，也极为深远。它让赏画者从老和尚饱经沧桑的形象中自然联想到此山必有古刹。古刹在哪儿呢？一定藏于画面以外某处，至于古刹藏于何处全凭赏画者各自的想像力了。画家这种绝妙的立意居然能调动起赏画者的想像力，产生互动效果，不能不说高人一筹。由此可看出，立意的精到之处在于不要把结果说白了，而是要善于埋下伏笔，巧设暗示，让观者顺着设计者的意图各自悟出其中的真谛。

建筑创作的立意也是如此。

例如，某“高等工业学校校庆纪念碑”设计竞赛方案(图 3-13)的创作想像十分耐人寻味。它超脱了一般碑的形式概念，立意引用“十年树木，百年树人”的成语，在校园内一片树林中以若干铭刻建校以来的业绩的树桩作为纪念碑，寓意树木已成材，其根仍留在校，周围又有新树长大成材。这就把校庆纪念的主题卓有见地的从一个形式表达提升到一种高水准的寓意境界。

图 3-13 高等工业学校校庆纪念碑—第三届全国大学生建筑设计方案竞赛优秀奖

又如，华裔美国学生林樱(Maya Ying Lin)设计的华盛顿越战纪念碑，其创作想像一反高大雄伟、庄严气魄的常规，为了寓意这场战争在美国人心中留下的创伤，设计者把它设计成“V”字形挡土墙，像伤痕一样凹陷在大地上，上面镌刻着 5 万多名侵越战争中死亡或失踪的军人姓名，让凭吊者的身影映在黑色的磨光花岗石碑上，似生者与死者对话。这既达到了对越战的纪念，又回避了对越战的宣扬，不能不说其立意与众不同(图 3-14)。

图 3-14 华盛顿越战纪念碑

(二) 灵感是立意的催生剂

灵感在创作立意中虽属偶然性的灵机一动，但只要善于抓住这瞬息即逝的“偶然”机缘就会使混沌的思路茅塞顿开，从而产生某种新的意念。这种“踏破铁鞋无觅处，得来全不费工夫”的创作现象是复杂思维活动的一种表现形式，对创作过程可起到积极的推动作用。这种复杂的思维活动可称之为灵感思维。看起来，它似乎总是在没有预感或先兆的情况下突然发生。正如我们有这样的体验：为了确立一个设计意念，总是长时间冥思苦索、绞尽脑汁却不得其解。然而，正当山穷水尽的时候，无意中受到某种信息刺激的启发，猛然间便思潮如涌，恍然顿悟。这说明，尽管灵感的出现是突发性的，但灵感在突发之前却有一个酝酿的过程，往往要通过艰苦的思索来孕育，这样才能灵机一动计上心来。

所以，灵感从现象上看，虽然是偶然因素在起支配作用，但必然性是，如果没有丰富的知识和经验做根底，而坐等偶然因素来触发灵感就如同守株待兔一样断无希望。从哲学的意义上来说，偶然性寓于必然性之中。这就是灵感的产生必须建立在知识和经验的积累上，不可能一蹴而就。而且，设计者若头脑中储存的知识和经验信息量越大，密集程度越高，就意味着他的想像力越丰富，灵感就来得快、来得多。很明显，知识与经验的积累是立意产生的基础。所谓天才设计者的灵感不会来自一个空无一物的头脑，而是天才设计者的头脑已充满了比别人更多的创作源泉。

侵华日军南京大屠杀遇难同胞老纪念馆的创作立意过程很说明这个问题。老馆的设计者齐康院士一开始进行立意时，为了追求纪念性建筑惯有的气氛，深深陷入纵长轴线、对称布局、深远空间、序列展开、升起高度、营造高潮以期形成“气”和“势”，达到雄伟、庄严、崇高境界的套路。正在思绪陷入凝固的发愁阶段，忽然经旁人指点：“为什么一定是对称呢?”一句话使设计者从习惯势力的桎梏中解脱出来，灵机一动使创作之路豁然开朗。立意对“死”的表现不再通过对称手法表达“死”的崇高，而是通过不对称的布局，以空旷院落、遍地卵石、孤独枯树营造出生与死抗争的环境气氛，着重渲染悲愤与控诉、压抑与深沉的主题。“死亡”的立意就这样被凸现出来了(图 3-15)。

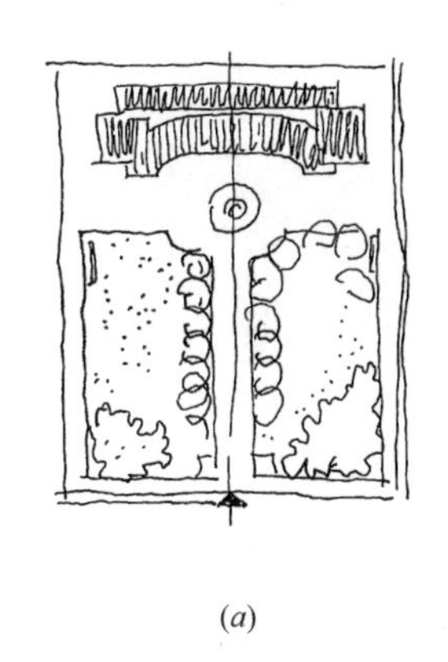

(*a*)

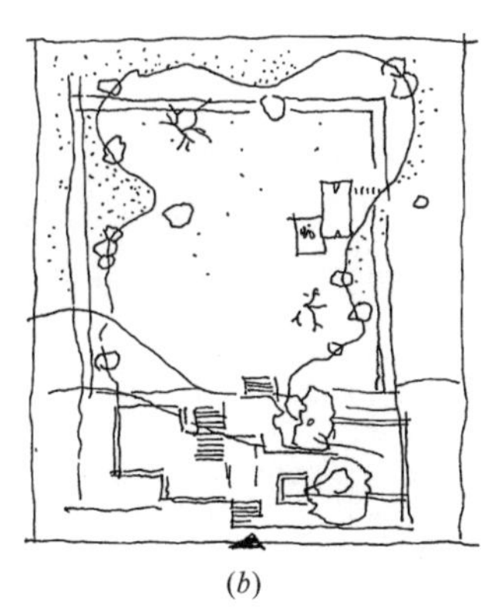

(*b*)

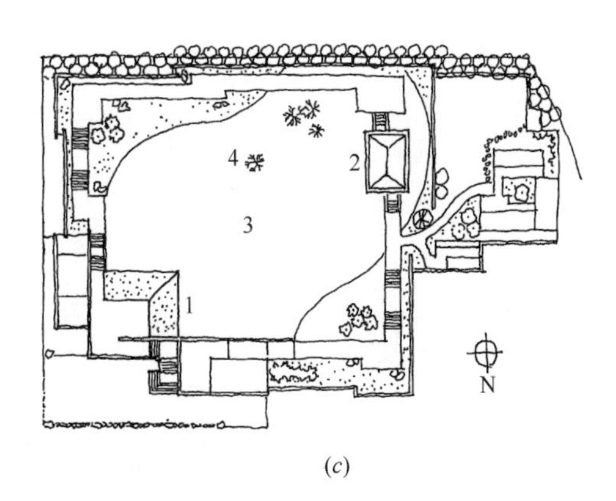

(*c*)

图 3-15　侵华日军南京大屠杀遇难同胞纪念馆(老馆)

(*a*)最初的对称构思草图；(*b*)灵感启示的不对称构思草图；(*c*)建成后的总平面

1—主体建筑；2—遗骨陈列室；3—卵石铺地；4—枯树

(三) 建筑哲学理念是立意的高层次出发点

任何一位设计者进行建筑创作时总是受到自己的建筑理念支配的，只是各个设计者的建筑理念有所不同，造成有的设计者立意浮浅，甚至毫无想法；有的设计者立意就会别出心裁、高人一筹。但是，要想使创作立意高深，具备建筑哲学理念是不可缺少的。

一些世界著名的建筑设计大师在建筑创作的生涯中逐渐形成了个人的建筑观念和理论，并以此指导自己的建筑创作实践，设计出为世人所称赞的杰作。例如，巴塞罗那国际博览会德国馆的创作立意是密斯·凡·德·罗(Mies van der Rohe)基于"少就是多"的理论设计出对现代建筑影响深远的珍贵精品(图 3-16)。萨伏伊别墅的立意是勒·柯布西埃基于"新建筑五点"的建筑理论，对现代主义建筑运动革新精神和建筑观念探索的代表作(图 3-17)。包豪斯校舍的立意是格罗皮乌斯(Waiter Gropius)基于"艺术跟当

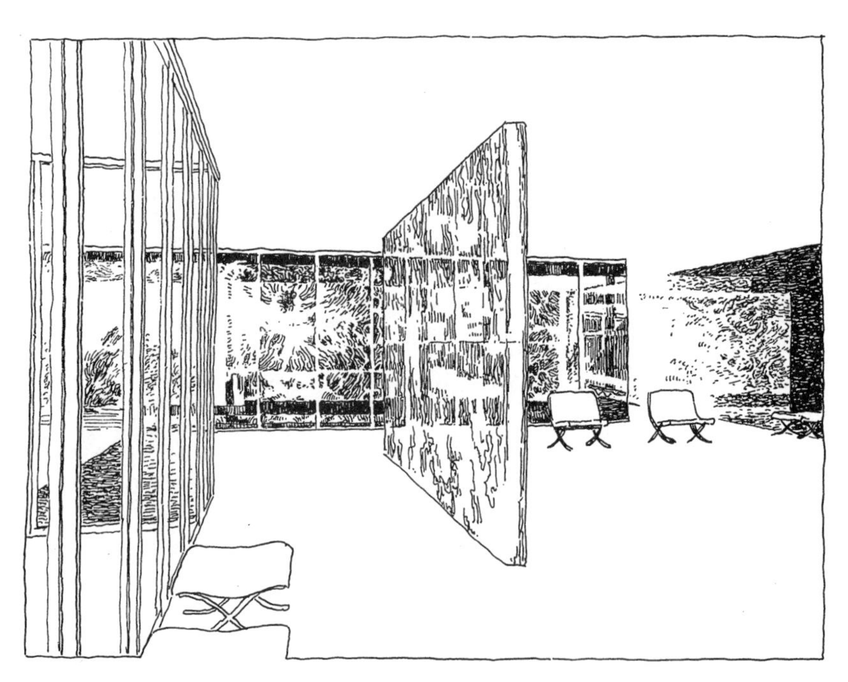

图 3-16 巴塞罗那国际博览会德国馆

图 3-17 萨伏伊别墅

代技术——新的统一”观点，把功能、材料、结构、建筑艺术紧密结合起来的成功作品，成为现代建筑史上的一个重要里程碑(图 3-18)。日本福冈银行楼的立意是黑川纪章(Kisho Kurokawa)基于新陈代谢主义观点表达他对日本建筑传统观念的追求(图 3-19)。即使像住

图 3-18　包豪斯校舍

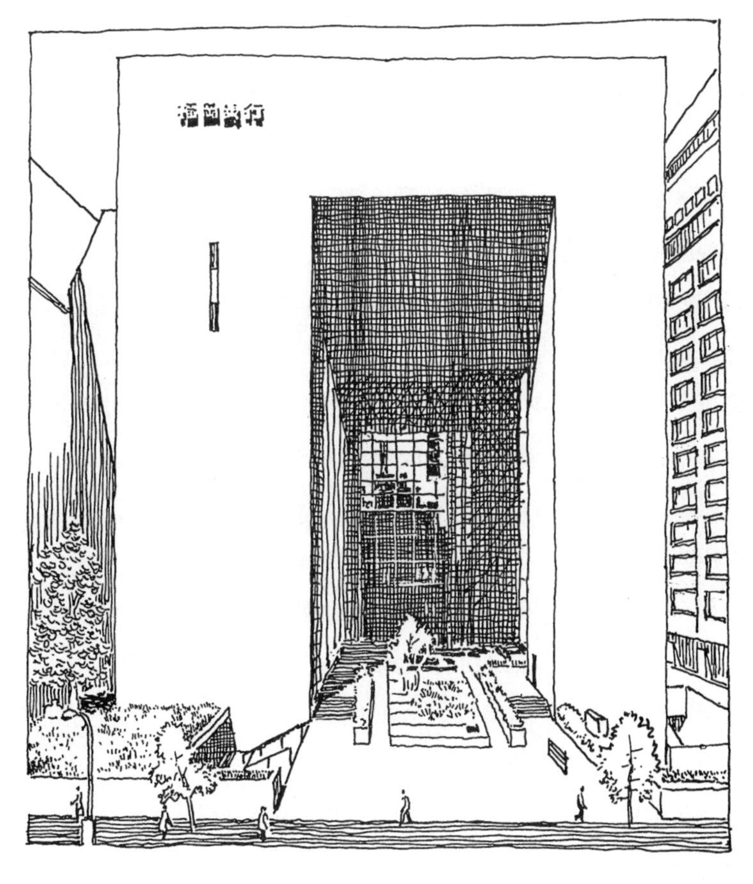

图 3-19　日本福冈银行本店

宅这样面广量大的建筑类型，同样有一个用什么样的哲学思想指导实践的问题。荷兰建筑师哈布瑞根(Nikolas John Habraken)基于SAR(Stichting Architecter Research)理论，提出了将住宅设计分为“骨架”和“可拆开的构件”的概念，从而打破工业化住宅千篇一律的弊端，使这种工业化住宅的最终产品具有无穷的多样性与灵活性。同时，使住户可成为自己居住环境的创造者等等。由此可见，一座能在世界建筑发展史上产生深刻影响的建筑物或一种能推动创作实践的设计理论与方法无不是建筑师哲学理念的物化。

二、构思

构思并非一般的思考方式，更不是为玩弄手法的胡思乱想，甚至“天马行空”的狂想。它是紧扣立意，以独特的、富有表现力的建筑语言达到设计新颖而展开的发挥想像力过程。而且，这个思考过程必须贯彻设计的始终，以保证建筑创作构思的整体性。可以说：构思是设计的灵魂。

那么，什么是一个真正好的构思呢?

构思贵在创新，即应根据设计条件，抓住创新点，并在实施可行基础上的别出心裁，与众不同的思路。不少设计者误以为在建筑形式上标新立异，诸如搞解构、玩形式、贴符号、附表皮等故弄玄虚的设计手法，就是一个好的构思。诚然，建筑形式最容易表达设计者的“匠心”，也最能吸引人的眼球，备受大众关注。它也确实是建筑创作所要刻意推敲和着意表达的设计目标之一。因此，追求形式很容易成为设计者构思的首选。但仅此而已，甚至于陷入形式主义，就会误入创作的歧途，就会堵塞更广阔的构思渠道。因为，建筑创作不仅限于形式的标新立意，还在于现代建筑创作已有了新的概念和含义，建筑学已经集各学科之大成全面地反映社会、政治、经济、文化、科技等的变化，在学科上它已融入环境学、生态学、社会学、行为学、心理学、美学以及技术科学等宽广的领域。所有这些方面，既对建筑设计起着限制与约束的作用，又有可能成为建筑创作的构思源泉。因此，一个好的构思不应被束缚在单纯迷恋形式的圈子里，而应是对创作对象的环境、功能、形式、技术、经济、材料、文化等方面最深入的综合提炼结果。

我们可以从以下几个方面拓宽构思的渠道。

（一）环境构思

建筑物总是存在于某一特定的环境之中。而“环境”从微观来说，它要受到建筑物所处基地周边的一切环境要素，包括地形、地貌、道路、广场、绿化、水体、现有建筑物、保存遗留物，甚至阳光、空气等的制约。从中观来说，建筑物要和它所处的城市环境发生关系。从宏观来说，它要受到所处地区的自然环境和人文环境的直接和间接影响。“环境”这三方面的内容在作为设计条件的同时，也会对创作的构思给予某种启示，就看设计者是否能以敏锐的眼光捕捉到环境构思的灵感。因此，从某种意义上来讲，环境是建筑创作构思的源泉之一，是打开设计者创作“灵感”的一把钥匙。如果建筑物所处环境条件十分苛刻，却又很有特色，设计者若视而不见，那么，建筑创作就会成为无源之水、无本之木，也就必然设计不出具有独创性的设计作品来。

1. 基地环境构思

许多有成就的建筑师历来十分重视建筑物与基地环境的结合，总是把基地环境构思作为建筑创作的首要出发点。

世界著名建筑师贝聿铭的三个设计杰作：美国波士顿的约翰·汉考克大厦、华盛顿国家美术馆东馆和巴黎卢浮宫扩建，虽然三者设计表达不同，但都是把基地环境中新老建筑的有机结合作为建筑创作构思的出发点，并在设计上加以重点解决的主要问题，取得了令世人称赞的美誉。

约翰·汉考克大厦(图 3-20)偏立在波士顿市历史悠久的科普莱广场的一角。在这个广场的周边，有建于十九世纪末著名的 Trinity 教堂及波士顿公共图书馆和旅馆，整个广场具有一种波士顿市民熟悉并感到亲切的氛围。贝氏为了使大楼与广场发生融合有机关系，将大楼主体呈平行四边形和直角三角形的基本平面构成。其斜边指向广场，而让出东面三角形入口广场，使人们能够从入口广场上看到 Trinity 教堂较完整的景观。同时，贝氏为了消除新老建筑在形象与风格上的对立，将大楼全部覆盖反射镜面玻璃。其构思在于充分利用玻璃幕墙的反射效果，以灰蓝色的柔和调子反映周围的环境、建筑、蓝天和流云，使这座 60 层、241m 高的庞然大物具有虚无飘渺的消失感，若隐若现地融化在天空之中。而

(*a*)

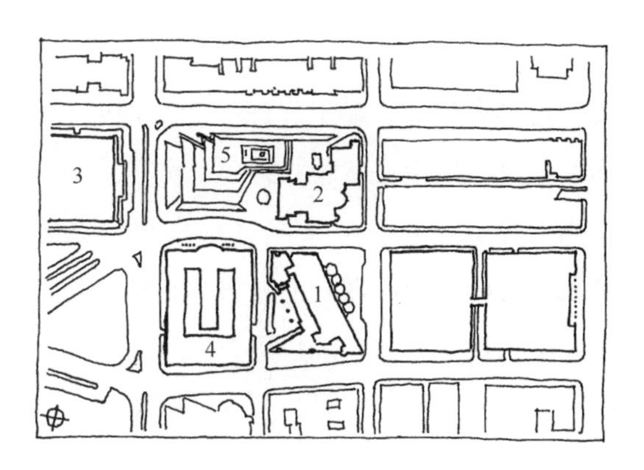

(*b*)

图 3-20　波士顿约翰·汉考克大厦

(*a*)外观；(*b*)总体布局

1—汉考克大厦；2—三位一体教堂；3—公共图书馆；4—广场旅馆；5—科普莱广场

正对教堂一面的玻璃幕墙却因反射作用而使古典教堂虚实相映，似乎新老建筑兼容并存，使人们仍然可看到往日的场景。只是当初玻璃幕墙技术还不成熟，曾造成使用过程中大面积玻璃破碎，被市民风趣地称为“美丽的灾难”。

华盛顿国家美术馆东馆(图 3-21)坐落在一块梯形的用地上，是西侧紧邻的美术馆西馆的扩建部分。贝氏从基地环境构思出发，着重解决东馆如何与这块形状怪异的用地很好结合起来。他根据东馆的功能要求，把基地一分为二，形成一个等腰三角形和一个直角三角形。前者是展览馆，后者是视觉艺术高级研究中心。并以等腰三角形的对称轴对准西馆东西向轴线。这样，贝氏就天衣无缝地裁剪了这块令人难以下手的梯形基地，并使东西两馆合为一体。其次，为了使东馆与国会大厦前林荫广场周边若干公共建筑巨大的、纪念碑式的尺度相顺应，贝氏基于地形的环境条件，对东馆的形式处理采取三角形构图，以极其简洁的体块和采用与西馆同样的田纳西大理石外墙材料，取得了整体上的和谐有机。

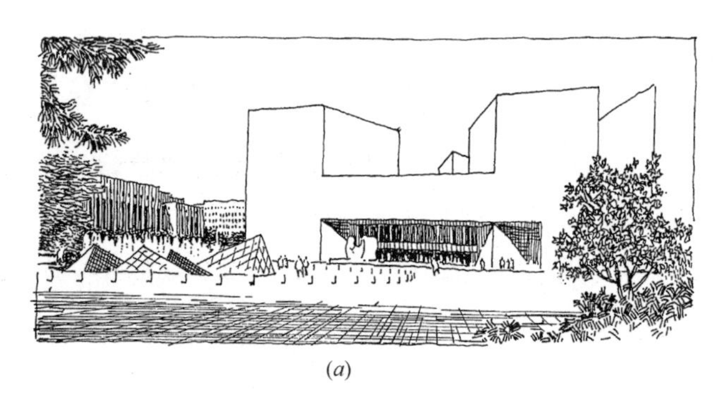

(*a*)

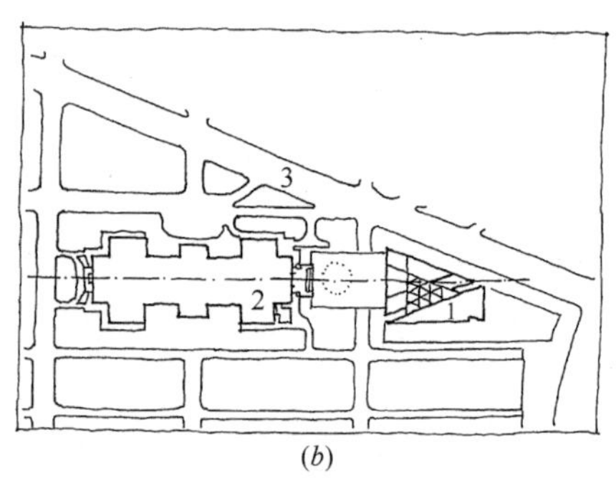

(*b*)

图 3-21 华盛顿国家美术馆东馆

(*a*)外观；(*b*)总体布局

1—国家美术馆东馆；2—国家美术馆西馆；3—宾夕法尼亚大街

巴黎卢浮宫扩建工程(图 3-22)在处理新老建筑如何在同一环境中共处更是一个难题。然而，贝氏别出心裁地将扩建部分的 5 万 m^2 内容全部设计在地下，仅在原有建筑群中心广场上建了一个 32m 见方 20m 高的玻璃金字塔作为地下部分的主入口。不但解决了保护老建筑群的环境问题，而且为旧有的环境增添了光辉。

从上述贝氏三个杰作中我们可以看出，建筑与用地环境的依存关系是多元的。因此，环境构思要解决好建筑物与天际呼应、建筑物与周边对话、建筑物与地下衔接三大有机结合的关系。

2. 城市环境构思

建筑物不仅总存在于某一特定的用地环境之中，也融入于某一特定的城市环境里。因此，在有些条件下，环境构思必须从城市环境的要素中找到启示或灵感。

由澳大利亚建筑师 H·赛德勒(Harry Seidler)设计的澳大利亚驻法国大使馆(图 3-23)也是一个棘手的难题。这个难题不是别的，乃是环境条件的苛刻：用地形状怪异狭小，特别是城市规划管理严格，限定高度不超过 31m，建筑占地系数不大于 50%，建筑形状要有

(a)

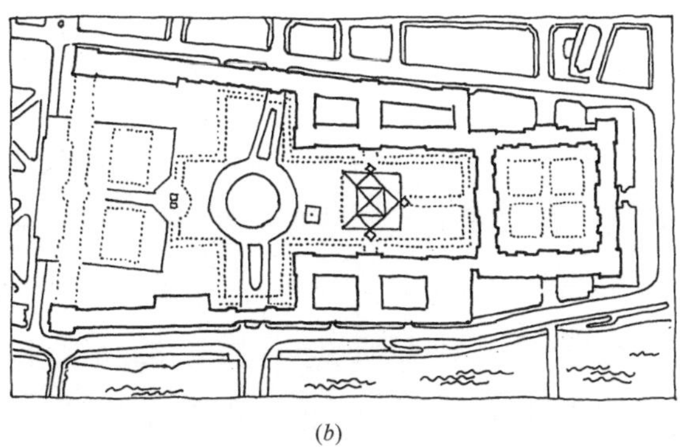

(b)

图 3-22　巴黎卢浮宫

(a)外观；(b)总体布局

图 3-23　澳大利亚驻法国大使馆

1—大使馆；2—埃菲尔铁塔；3—夏依奥宫

助于加强原有的轴线，并且同穿过埃菲尔铁塔的横轴线取得关系，形式要同周围建筑相协调，等等。对建筑创作而言，这既是一种挑战，也是一次机遇。赛德勒详细考察和研究了巴黎城市的历史结构和传统建筑风格，特别是对那些几乎遍及巴黎、法国乃至整个欧洲的府第、教堂建筑的巴洛克曲线进行了研究，直至对塞纳河沿岸的使馆用地周围的环境特色都成了他构思方案的依据。在这种基于城市环境构思的启示下，赛德勒创造性地借鉴了巴洛克的正反曲线图形(以一个外凸，一个内凹的两个90°扇面形组成一幢呈“S”形的建筑物)与塞纳河对岸的弧形建筑夏依奥宫遥相呼应。而凸凹两个弧形体的端墙又正好与通过埃菲尔铁塔的轴线相平行。再加上设计者在建筑底层采用粗犷的“芭蕉扇”形的钢筋混凝土结构，使人联想到巴黎传统建筑的某些特征。总之，大使馆建筑既与古老的巴黎城市环境和谐一致，又在巴黎传统建筑风格的基础上进行了创新。

贝聿铭大师的封笔之作——苏州博物馆新馆(图3-24)是现代建筑与传统城市和谐共处的又一经典之作。在他的该馆“不高不大不突兀”的立意之下，一反一般博物馆庞大整体的设计思路，从苏州城特定的城市环境构思出发，采用了庭院式布局，并精心打造出具有创意性的山水园，由此保持了原来的古城肌理与风貌。在此基础上，贝氏进一步抓住苏州民居瓦顶高跨比例与尺度的共性特征，将屋顶的三角形、四边形几何图形与空间完美地结合起来，创造出与周围老民居屋顶形式相融，却又新颖别致的多种屋顶形式。加上色彩也是灰黑的顶、白的墙，更使新馆透出老民居古朴的韵味。特别是室内随处可见的空棂窗洞、点缀置景、人字廊顶、粉墙竹影等等，这些精妙之笔无不散发着苏州城的灵气。贝氏正是从苏州历史文化名城的整体环境考虑，不追逐大搞城市标志性建筑的风潮，而让新馆谦逊地站在旧城之中。

图3-24 苏州博物馆新馆

3. 自然环境构思

处在大自然中的建筑创作绝不能等同于在城市中设计建筑，其根本原因在于两者的环境条件大相径庭。我们只能将建筑物看成是大自然中的一员，要与其和谐共生，而不是凌驾其上。这就需要设计者从宏观环境构思开始就把握好设计方向，处理好建筑物与自然的关系。只有这样，才会有好的设计作品问世。

伦佐·皮亚诺在新喀里多尼亚首府努美阿设计的特吉巴欧（TJIBAOU）文化中心（图3-25）可以说是宏观环境构思的杰作。

图 3-25　新喀里多尼亚 TJIBAOU 文化中心

皮亚诺在构思之初曾被岛国湛蓝的太平洋、漂亮而挺拔的松树、清晰而多姿的岛屿天际线、和谐的生态系统和当地文化的核心——神话所打动，并从中获得丰富的创作源泉。

首先，皮亚诺从当地的棚屋受到启发，提炼出木肋结构，其造型不但与原始棚屋有着异曲同工之妙，而且以廊道贯通的三个村落，共 10 个圆形棚屋一字排开，仿佛是回应海与天的召唤，在蓝天碧水的映衬下展现着舞蹈纹样般的身姿。这正是卡纳克斯文化最主要的表达方式。

对于岛屿炎热的气候特点，皮亚诺采用被动制冷系统控制。将棚屋设计成开放性的外壳引海风入室内，并以天窗百叶的开合进行机械控制，从而改善室内风环境。特别是当风穿越开放外壳的木肋时，产生一种“嗓音”，“这正是卡纳克斯村落和森林的嗓音”。

此外，为了抵御海风的压力，木肋之间的水平构件和倾斜屋顶都有助于减弱高处风力对建筑物的影响。

皮亚诺是从对自然环境因素的思考出发，从功能、形式、技术、材料各方面不但完善解决了建筑与自然环境和谐共生的问题，而且最终借此还表达了属于人文环境的当地传统文化。

（二）平面构思

建筑平面本质上是对建筑功能的图示表达，同时，又是对空间内外形态、结构整体系统等诸多设计要素的暗示。因此，设计者对解决建筑设计的功能问题千万不要看成是轻而易举的事，或者认为只要有一个建筑形式的框框就可以任意将其填塞进去的。设计者如果持有这种设计观念，就不会认识到平面构思在建筑创作中的独特作用。这是因为，我们曾反复强调过，建筑设计的诸多因素(环境、功能、形式、技术)是一个整体系统，不能将其中任一设计要素单独从系统中割裂出去思考。我们只能以某一设计要素为构思出发点，综合其他设计要素进行建筑创作。当然，在这一建筑创作过程中想必不会是一帆风顺的。因此，轻视平面功能设计，在设计观念上是对建筑设计本质的误解，在设计方法上也是失当的，作为建筑创作也失去了一种重要的构思渠道。

当我们抛开孤立看待平面功能的问题而将人纳入其中时，就会发现因为人的生理、心理差异性，人的行为复杂性，以及人的需要多样性会导致平面功能设计并不是一件机械地配置房间的摆弄工作。更何况如果要将平面构思作为设计突破口，以创造出新颖的建筑设计方案来，就不能不绞尽脑汁了。这就需要设计者在解决平面功能的常规设计基础上，从创造独特平面形式的立意出发积极展开构思工作。

那么，我们可以通过哪些平面构思渠道展开建筑创作呢?

1. 以顺应功能演变为目的进行平面构思

在建筑设计中，满足平面功能要求是建筑设计的基本目标之一。但这仅仅是屈从于因袭的现实功能要求，而抛弃了创造性，充其量至多在平面形式上追求一些变化而已。

然而，功能问题实质上是反映人的一种生活方式，不同建筑类型的功能要求反映着人的不同生活秩序与行为。而人的生活模式不是凝固的，随着社会的发展、科技的进步，人的生活方式也随之发生变化。因此，我们不能只满足于把功能处理得较为完善和舒适，不能停留在能动地去适应功能的要求，而需要发挥建筑创作的主观能动性，即要在平面构思中去创造一种新的生活方式。

例如，在旅馆建筑平面设计中，门厅曾一度作为纯粹的交通枢纽、办理入住手续、休息等候等功能场所。因此，门厅平面设计为适应上述旅馆功能的要求，一般面积不大，功能也不必过多，平面所反映的内部空间形态也较为紧凑(图 3-26)。但是，这种国际式旅馆及其门厅的设计模式由于缺乏人性和激情，不能满足人们日益增长的精神功能要求，逐渐被人们所厌倦。直到二十世纪六七十年代，美国为了适应旅馆业的发展，复兴城市中心，建筑师波特曼在旅馆设计与开发中，从建筑平面构思上进行了大胆突破，创造出一种多用途中心——中庭。它既是交通的枢纽，又是人们的活动中心，也是空间序列的高潮，具有多功能特点。并创造出令人激动的环境和氛围，从而完全颠覆了传统旅馆门厅的平面形态。当然，连同空间各要素(多样统一、运动、水、人看人、共享空间、自然、光线色彩和材料)戏剧化手法的运用，波特曼从此开创了旅馆建筑平面设计的新模式(图 3-27)，且很快波及到图书馆、博物馆、办公楼等各类公共建筑门厅平面设计，并风靡世界沿袭至今。可见，当由于生活方式的改变而推动功能发展时，从平面构思作为起点进行建筑创作不失为一条重要的渠道。

图 3-26　布加勒斯特洲际旅馆

1—入口大厅；2—接待；3—旅行社；4—餐厅；5—厨房；6—酒吧；7—服务

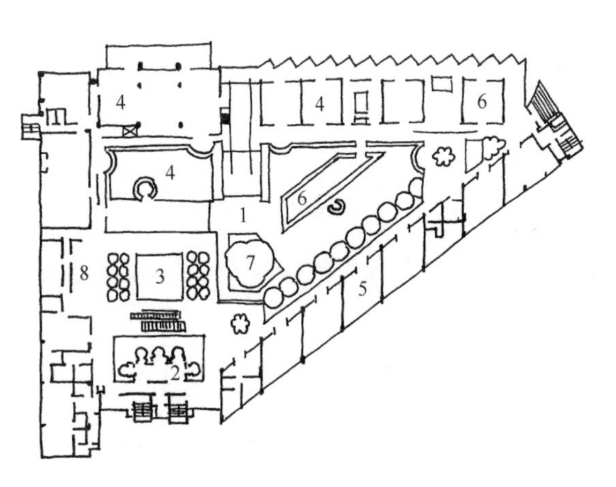

图 3-27　旧金山海特摄政旅馆

1—中庭；2—景观电梯厅；3—阶梯休息座；4—餐厅；5—商店；6—酒吧；7—金属雕塑；8—总台

从医院护理单元功能的演变中我们也不难看出，为了适应医学模式从生物医学模式转变为生物——心理——社会医学模式的发展，医院建筑的护理单元设计，是不断以平面构思为突破才得以推动医院建筑完善的。由英国护士南丁格尔提出并沿用至今的护理单元形式是对 18 世纪以前机械医学模式下的大厅式护理方式的变革。从而彻底改变了过去那种不同疾病的病人混杂一室，护理环境简陋、恶劣的状况。而现代医院的护理单元随着医疗的进步，也经历了单廊式——复廊式——岛式——半岛式的发展过程(图 3-28)。单廊式护理单元可使走廊两侧的房间自然采光、通风较好，但护理路线较长，功能分区不明确。为了克服上述缺点，1950 年代后期，随着空调设备的发展，产生了复廊式护理单元。其平面形式使功能分区明确、紧凑，护理路线短。为了满足医疗条件进一步高标准化，病房少床化与家庭化的功能发展，随之在平面模式中出现了岛式护理单元。但是，当人们在今天重新认识到回归自然的重要性，基于生态环境理念，在护理单元的平面构思中，又演变出半岛式护理单元模式。它既保留了岛式护理单元平面布局紧凑、护理路线短的优点，又可做到大多数病房都有好朝向。

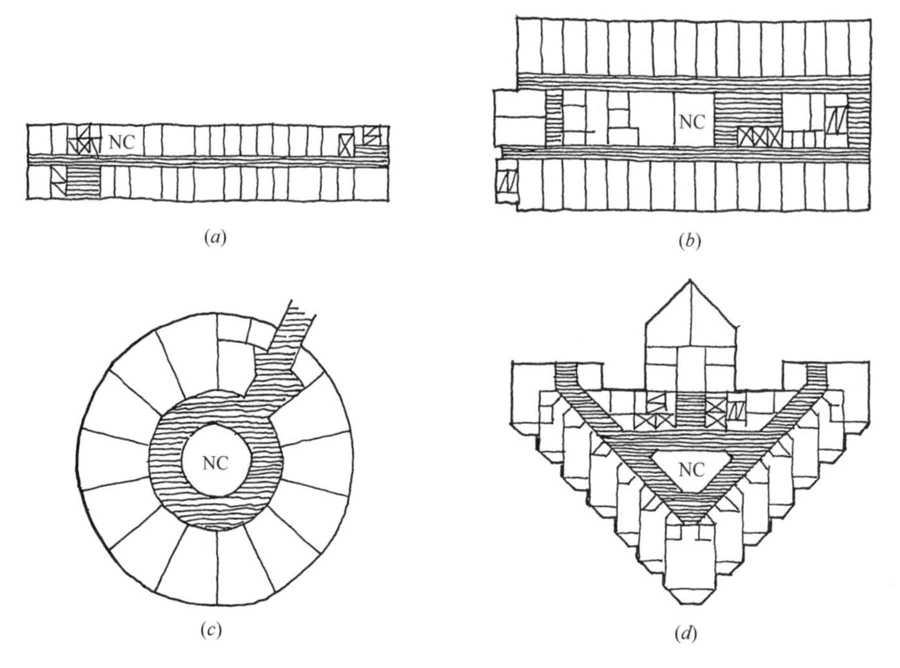

图 3-28 医院护理单元设计的演变

(a)单廊式护理单元：沈阳辽宁肿瘤医院；(b)复廊式护理单元：美国洛杉矶十字医院；(c)岛式护理单元：美国洛彻斯特美以美教会医院；(d)半岛式护理单元：杭州邵逸夫医院

此外，从护理理念、制度的相应变革中，平面构思仍然可以从中进行建筑创新的探索。如新的护理理念要求从关心病人局部性症状发展到生活护理、基础护理、心理护理为主要内容的整体护理，要求护士最大可能接近、熟悉病人。因而，岛式与半岛式护理单元平面模式又发展为组团式多护士站护理单元(图 3-29)，使护理质量大大提高。

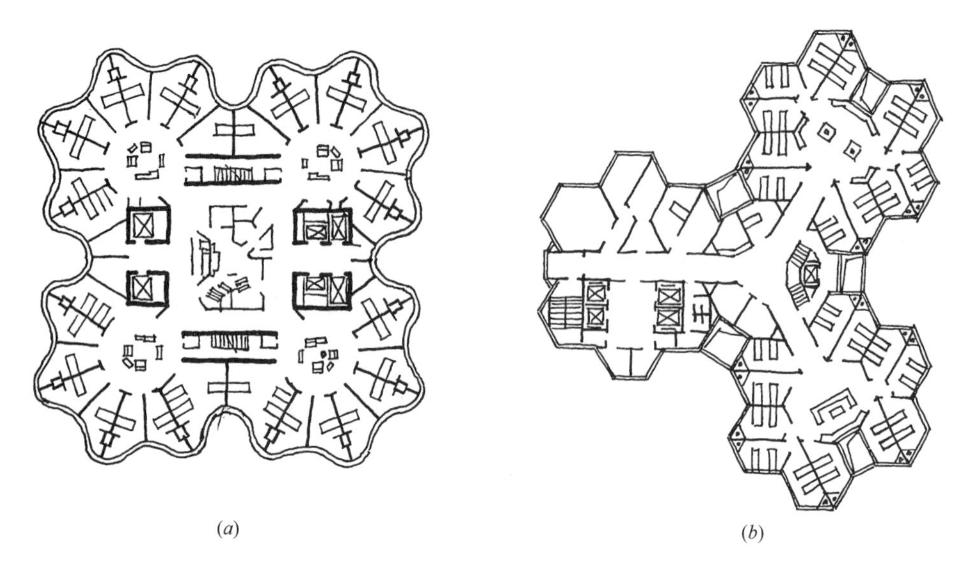

图 3-29 组团式多护士站护理单元

(a)美国华盛顿州塔可马圣·约瑟夫医院；(b)成都中医药大学附属医院

由上述可见，平面构思的精髓是改变过去一种生活状态，创造一种新的生活方式，这与简单地进行平面设计有着本质的不同。从建筑设计而言，前者是创新，后者却是模仿。

2. 从突破传统平面模式中进行平面构思

平面构思的突破并不是仅以前述功能演变为惟一前提。在大量各类公共建筑设计中，即使是设计者早已熟知的平面功能也有一个突破固有模式的平面构思问题。这是基于对传统单个平面形式的分析中找出其中尚存在的不足而引发的，它往往成为平面构思的触发点。

例如，矩形、方形教室这种单一平面形式在学校类建筑中似乎已被公认是一种最适用、最经济的平面形式。但北京四中教室的平面却独具匠心地采用六边形平面构思(图 3-30)。其缘由在于根据学生观看黑板的视角、视距而决定最佳平面形式，即教室后部三条边所围合的平面形态与视距(8.5m)所控制的弧形相一致，而教室前面的两条斜边与视线控制的有效范围基本吻合。这说明六边形平面比矩形更接近有效功能空间，面积利用更充分，且由此而带来的变宽度外廊在教室门口可留出供人流缓冲的角落。而多个六边形组成的教学楼则创造了丰富多变的形体和新颖活泼的外观。

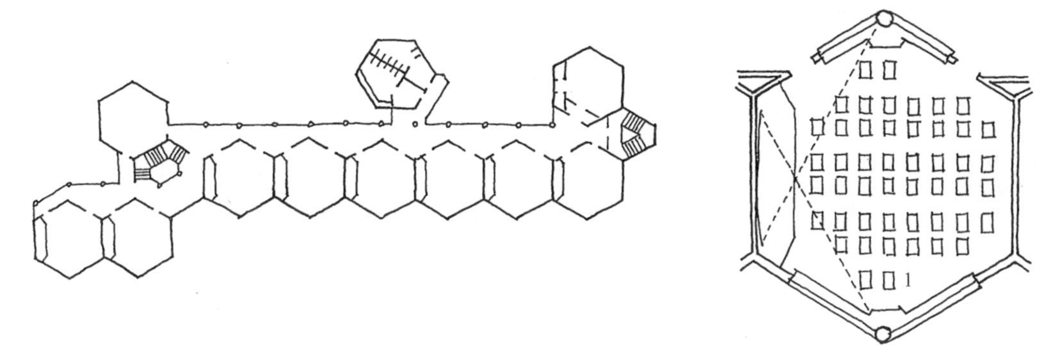

图 3-30　北京四中教学楼平面

昆明长途汽车客运站的候车大厅也是在突破传统矩形平面的模式中进行平面构思的。它采用半圆形候车大厅(图 3-31)比一般的矩形候车大厅有如下优点：

(1) 在同等面宽的情况下，弧线长度大，可获得更多的发车位；

(2) 各班次候车旅客的步行距离均匀而较短；

(3) 候车旅客在候车厅入口可一目了然地看到各班次的候车位置，行进路线与视线一致，方便旅客找到等候位置；

(4) 放射形坐椅排列使其中间走道形成头宽尾窄，符合人流交通的特点，为进站口提供了缓冲余地；

(5) 发车位呈放射状，车辆进出、转弯较为方便。

上述半圆形候车大厅的诸多优点是矩形候车大厅所不具备的。由此可见，该候车大厅的平面设计不仅是形式的变化，更体现了平面一旦建立在科学的分析基础上，必然能突破传统单个平面模式而带来新颖的设计成果。

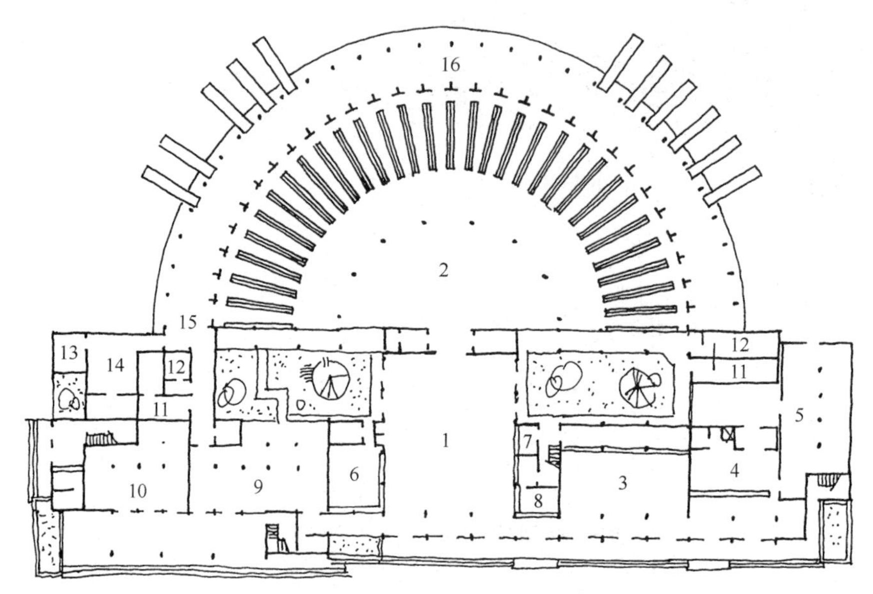

图 3-31 昆明长途汽车客运站平面

1—进站大厅；2—候车大厅；3—售票厅；4—行李托运；5—另担；6—小件寄存；7—问询；8—小卖；
9—休息；10—到站行李；11—男厕；12—女厕；13—调度；14—司机；15—出站；16—站台

即使是在建筑设计的整体平面布局上，通过对设计条件的分析，也可能通过平面构思找到设计创新的突破口。

传统的铁路旅客站根据基地条件可有线侧平式、线侧上式、线侧下式。它们的站址都处于城市边缘地带。但上海铁路客运站却地处市区，铁路轨线将城市分隔成南北两区。因此，传统站房平面模式无法在此采纳，只有在平面构思中突破框框才能找到方案设计的出路。这就是基于“南北开口、高架候车”的平面构思——将整个站房凌驾在铁路线之上。由此不但创造了上海铁路旅客站特有的个性，也成为当时我国铁路大型客运站建设史上的一次创新(图 3-32)。在我国城市化飞速发展的今天，许多原处于城市边缘的铁路客运站已

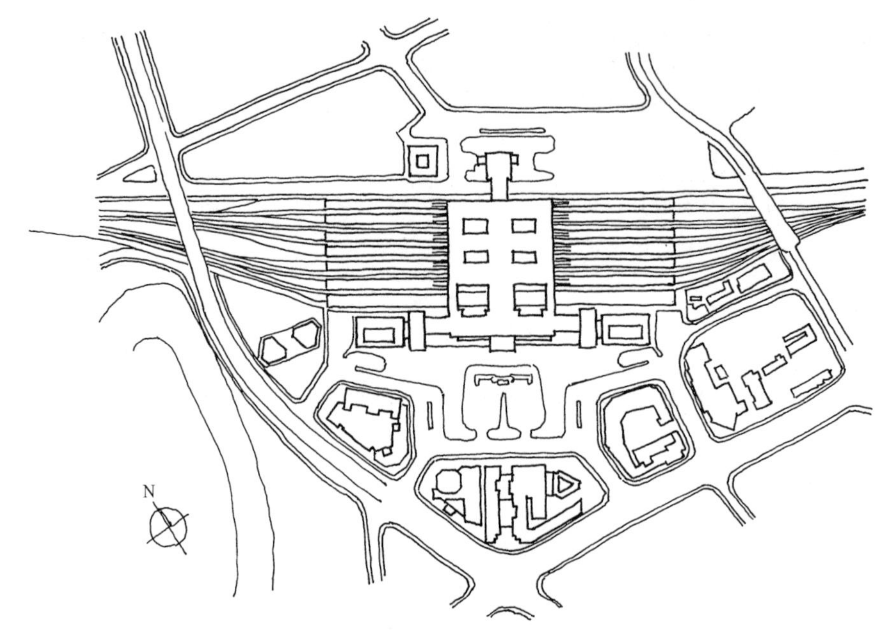

图 3-32 上海铁路客运站总平面

经被不断扩张的城市所包围，于是在改建、新建的铁路客运站中，上海站的高架候车平面模式得到了新的发展。

3. 从流线的独特处理中进行平面构思

流线处理是平面设计中对功能布局的科学组织和对人的生活秩序的合理安排。尽管各类建筑的流线形式有简有繁，但都必须符合各自的流线设计原则。诸如交通建筑流线应短捷通畅；医院建筑流线应洁污分流；法院建筑流线应避免各种人流交叉；厨房流线应遵照食物从生到熟的加工程序；博览建筑流线应符合展览顺序等等。但是，设计者在遵守流线设计原则的基础上，能不能开创另一种流线处理的新思路，从而获得与众不同的新颖方案呢？

赖特在设计纽约古根海姆美术馆时，就是以“组织最佳展览路线”为平面构思的。他打破了传统组织展览路线的套路，而另辟新径：将陈列大厅设计成一个圆筒形空间，高约30m，周围是盘旋而上的层层挑台，地坪以3%的坡度逐渐升起。圆筒形空间的外围直径从底层的30m到顶部的38.5m。观众参观时，先乘电梯至顶层，然后边参观边顺坡而下。展览路线全长430m，从上而下一气呵成，可使观众保持连续的观赏情绪。这种展览方式与众不同，并由此又创造出别具一格的建筑形象(图3-33)。当然，美中不足的是：螺旋形盘道使观众总是站在斜坡上观看展品，而展品总像是被挂歪了一般。

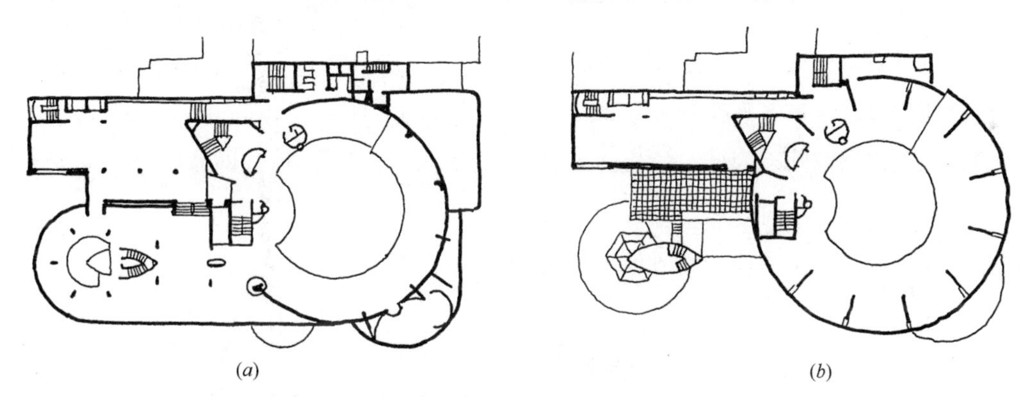

图3-33　纽约古根海姆美术馆
(*a*)二层平面；(*b*)五层平面

铁路旅客站从来都是把交通流线作为其设计的重点，由此决定了建筑空间的组合模式。可见，对于铁路旅客站的平面构思而言，立足于对其流线的精心处理远胜于把它作为“城市大门”的造型推敲更为重要。

传统铁路旅客站客流的特点是旅客众多、提前来站、等候时间长。由此带来候车厅大而多，并使流线复杂，相互干扰严重。而大广厅、袋形候车室导致旅客进站流线长且迂回。如北京站用一个大广厅联系8个大候车室，其广厅面积为5487m^2，无形中增加了流线的长度，且二层“口袋式”候车室造成流线迂回曲折、穿套较为严重(图3-34)。而成都站为了使旅客流线短捷，采用小广厅、横向贯通式候车厅，使旅客进站方向明确、流线短捷(图3-35)。重庆沙坪坝站干脆取消广厅，将候车大厅位置居中，并将进站检票口和二层天桥入口都布置在候车厅一端，从而为旅客列队秩序创造了良好条件，同时也为母子候车室优先进站创造了短捷便利条件(图 3-36)。上海站是采取“高架进站、线上候车、南北进出口”的立体布局，使各种旅客进站流线相当短捷，并得到周到的服务。

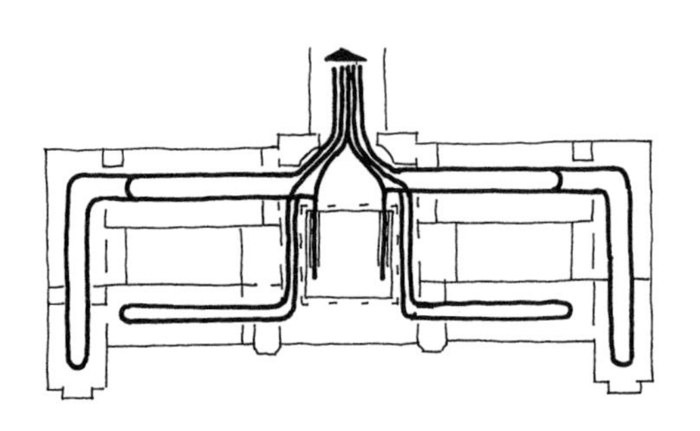

图 3-34 北京站二层平面流线分析

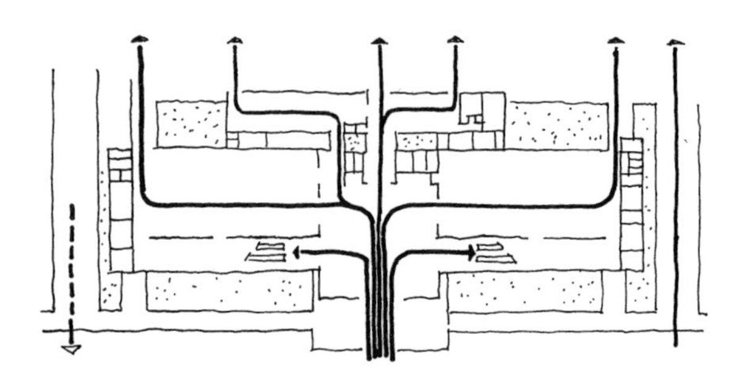

图 3-35 成都站一层平面流线分析

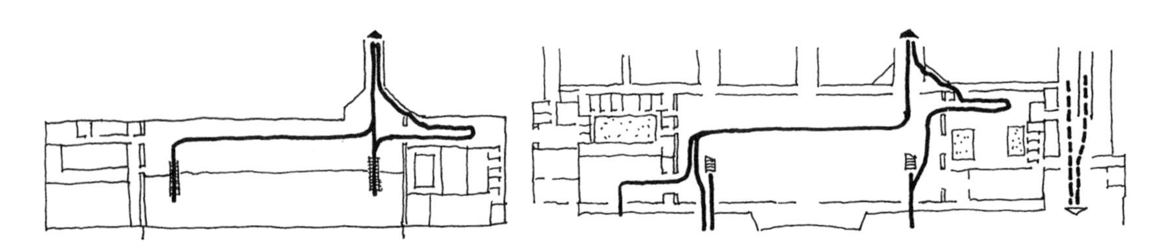

图 3-36 重庆沙坪坝站平面流线分析

但是，当城市交通以地铁或高架轻轨铁路为骨干、以公交为补充、以高速铁路和航空为外部延伸的多维城市客运交通系统时，铁路旅客站为了实现“零换乘”、“公交化”，需要“通过式”进站空间。为此，旅客进站流线应成为“绿色通道”。即旅客不再需要到车站长时间候车，而是适时赶到，并直接通过站房进站场上车。旅客出站流线在出站大厅即可换乘其他市内交通工具快速、方便地离去(图 3-37、图 3-38)。

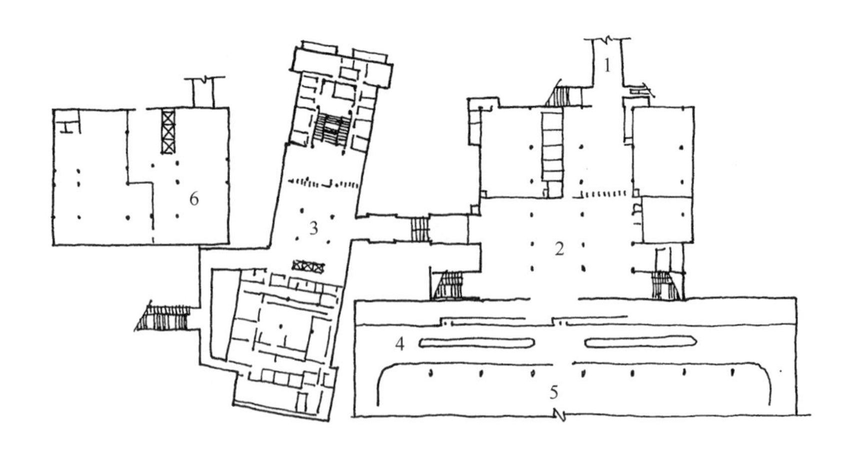

图 3-37 新南京站地下一层平面

1—出站地道；2—出站换乘大厅；3—地铁站；4—出租车；5—停车场；6—行包库

4. 基于室内特定要求的平面构思

平面蕴含着室内诸多设计要素，其共同的设计目标是满足人的生理和精神需要。但是，人的生活是多元的、复杂的，不但要求舒适性，还要求高品位，这就给平面设计带来

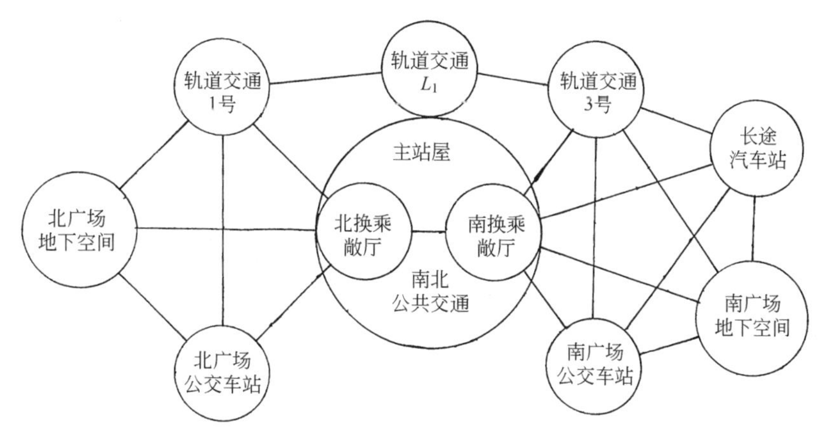

图 3-38　上海南站换乘系统

难题。为了解决这些设计难题，需要我们针对特定功能要求进行平面构思，从而创造具有更加完美的室内空间设计精品。

例如，观演建筑的观众厅，在功能上既要满足听得好，又要满足看得好。因此，观众厅的音质与视线设计尤为重要。此外，创造观众厅内的观演气氛也相当重要。这些都是观演建筑突出的设计矛盾，也是进行平面构思的源泉之一。

柏林爱乐音乐厅的演奏厅平面近乎六边形(图 3-39)。这是从声学考虑能有多个声反射墙面所形成的。同时，为了使声能均匀地分布到 2000 多个座位上，并使观众与演奏者尽可能接近、交融，并增加亲切感，设计者打破常规将演奏场地布置在中心，而将座位环绕演出中心，并分布在不同大小和形状的梯台上，使所有视距都不超过 30m。同时，在演奏场地周边、各组座位之间出现多个长短不一，布局似乎毫无规则的栏板、矮墙，而它正是所需要的声学反射面或共振体。这种奇特的平面不受传统观演类建筑固有模式的约束，利用独特的平面构思完善地解决了观众厅的视听难题。

绝大多数的公共建筑室内平面形态都是被预先确定且不可变的。但是，皮亚诺和罗杰斯设计的巴黎国立蓬皮杜艺术与文化中心的平面(图 3-40)却与众不同。它是一个简单的 168m×48m 的矩形，巨大的室内空间没有一个支柱。之所以如此，正如罗杰斯所说："房屋要适应人的不断变化的需要，促进丰富多彩的活动，并超越业主提出的特定任务的界限。"在这个平面构思之下，才创造出这个巨大的"框子"，以便灵活地适应使用功能的变

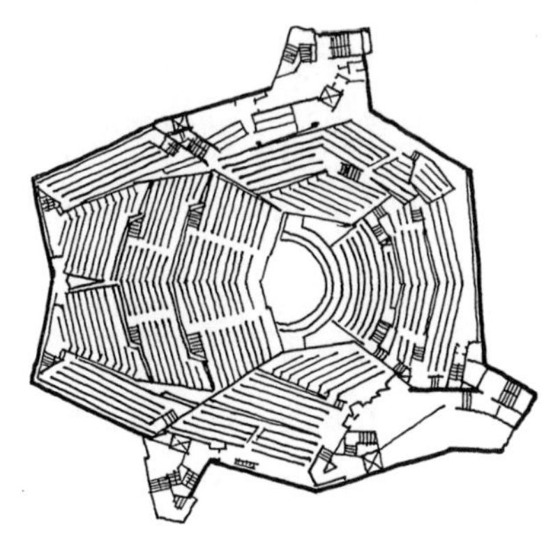

图 3-39　柏林爱乐音乐厅平面

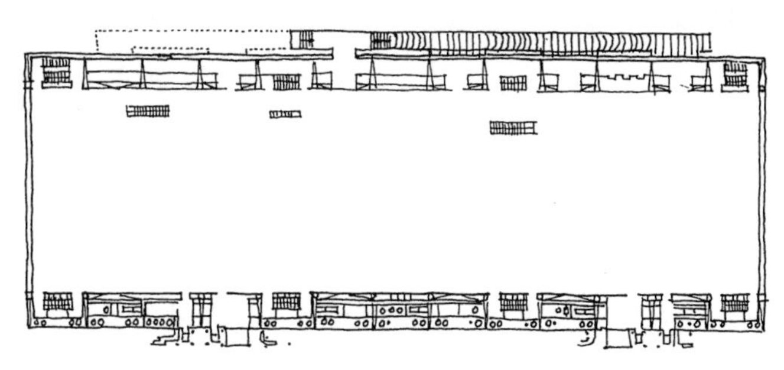

图 3-40　巴黎国立蓬皮杜艺术与文化中心标准层平面

化。而所有作为分隔空间手段的部件和构件都能够迅速安装或拆卸。至于建筑的其他辅助设施，诸如水平和垂直交通、各种机械、空调设备、管道等都布置在巨大空间外挑的 6m 区域内。由于它们都被暴露在外立面上，并以各种鲜艳色彩区分且强调出来，形成轰动一时的建筑外貌，甚至开幕头几年日接待量就打破了埃菲尔铁塔多年保持的最高纪录。

诸如上述各类建筑室内的特殊要求，我们都会遇到难题。正是这些苛刻设计条件，才能激起设计者平面构思的灵感。只要我们超越功能设计的一般思路，就能突破原有平面模式，创造出富有特色个性的建筑作品来。

5. 基于运用几何母题的平面构思

在几何学中，最基本的几何形是方、圆、三角形，它们都是构图的基础。当它们被运用于建筑设计作为平面单元时，通过对它们进行一定秩序的组织，将多个同一或大小不等的几何平面单元组合变化、拼接生长，从而形成具有整体感和韵律感的建筑是平面新颖构思的产物。这种运用几何母题法进行平面构思有的是因功能而产生；有的是因环境而产生；有的是因分期建设的要求而产生；有的是在扩建中为保持新老建筑形成整体而产生等等。但不管哪一种思路，都应使平面几何形的组合要做到严谨而不呆板，丰富又不杂乱。为了进一步增强运用几何形母题进行平面设计的表现力，还可由此引伸到剖面、造型，甚至室内外环境的细部设计中重复使用同一几何形母题，以增强建筑整体的统一性，又不失变化有趣。

(1) 正方形母题构思

方形是几何基本形之一。因其相邻两边均等而不强调方向感，因而方形平面构图具有严谨、墩厚、稳重、平衡的特征。而且在边长同等条件下，它所围合的面积仅次于圆形。因此，其作为建筑平面的形式较为经济，且结构中心对称，受力合理。

路易斯·康(Louis Kahn)是一位擅长重复运用单一几何形来解决现代建筑功能问题的美国建筑师，几何图形在康的手中总能产生非凡的效果。在他设计的费城宾州大学医学研究试验中心(图 3-41)中，其各试验室以方形平面作为母题，拼接成一幢幢均高 8 层的塔楼群。特别是各方形实验楼都附有高耸入云的方形通风砖塔或楼梯间，它们与各塔楼高低起伏、虚实相间，在天空背景衬托下戏剧性勾画出富有韵律的轮廓。这座建筑的成就不仅以不同方形塔楼合理组织功能分区，从而突破教条的“国际式”功能主义——将一切内容统统塞进一个简单的大玻璃盒子里的僵硬手法。其理论与实践也促进了 20 世纪后期美国建筑风格的转变。

印度建筑师柯里亚(Charles Correa)设计的甘地纪念馆(图 3-42)以若干方形母题平面像村落一样围绕一个水院布局，而各方形平面的四坡锥尖顶间的兼作排水凹槽的横梁，成为方形母题发展的生长点。该建筑格网式方形单元的有机生长、灵活的平面布局、室内外空间的穿插渗透，以及对气候的关注使其成为 20 世纪中叶的一项杰作。

由香港巴马丹拿建筑工程事务所设计的南京金陵饭店(图 3-43)是我国第一个在顶层带有旋转餐厅的宾馆。其平面是以边长 31.5m 且扭转 45°的方形母题组成的。这种简洁的平面形式对于高层建筑的结构受力与抗震，以及经济性都十分有利。其造型也区别于其他当时常见的板式旅馆，并与新街口广场发生有机互应关系。

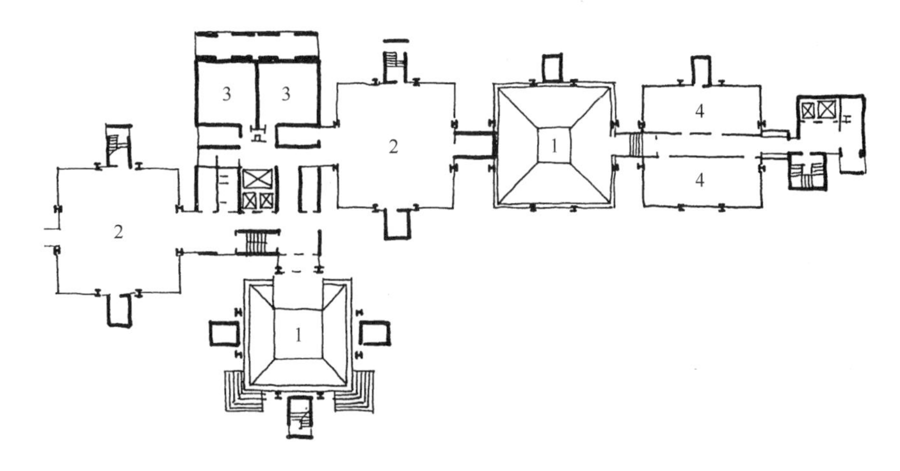

图 3-41　费城宾州大学医学研究试验中心

1—入口；2—实验室；3—贮藏；4—办公

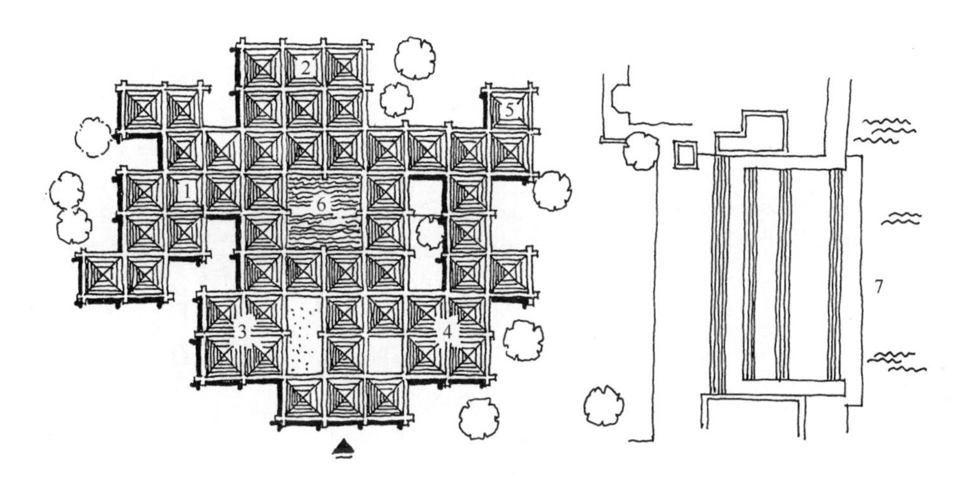

图 3-42　印度甘地纪念馆

1、2、3—展馆；4—办公；5—会议；6—水池；7—河流

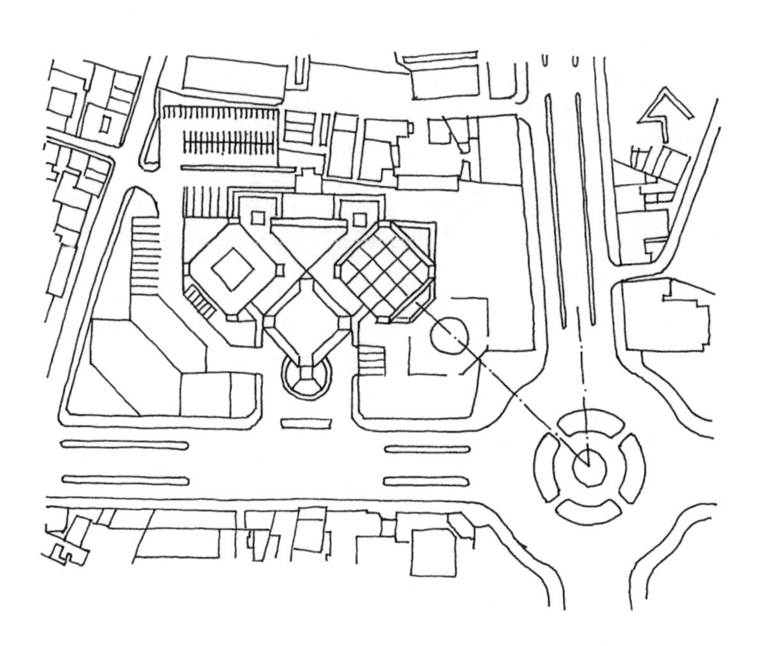

图 3-43　南京金陵饭店总平面

诸如此类的“方形”母题作为平面构思的杰作枚不胜举：如奈尔维(Pier Luigi Nervi)设计的意大利都灵劳动宫(图 3-44)，因工期紧迫而采用 16 个巨大方形悬臂伞形结构单元，使现场安装流水作业进度大大加快，15 个月便建成。雅马萨奇(Minoru Yamasaki)设计的 110 层的纽约世贸中心姊妹楼是由两个每边宽 63.5m 的方形母题构成的(图 3-45)。其高 411m，曾一度成为纽约标志性建筑(于 2001 年 9 月 11 日遭恐怖主义分子袭击倒塌)。埃冈·埃尔曼(Egon Eiermann)设计的布鲁塞尔国际博览会德国馆是由 8 个独立的、大小不等的方形建筑通过钢桥和聚乙烯挑廊连接成整体(图 3-46)。

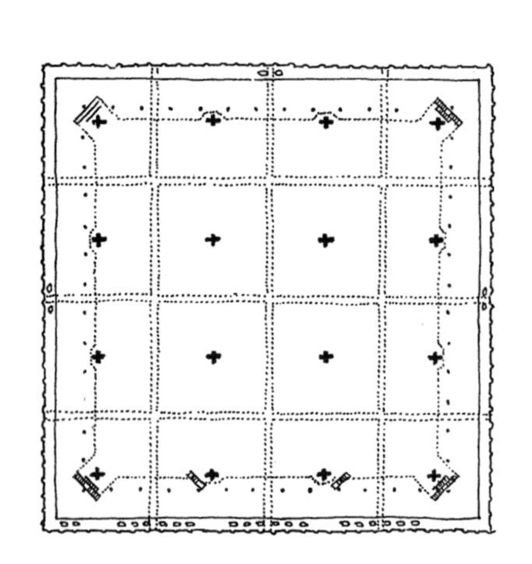

图 3-44 意大利都灵劳动宫平面

图 3-45 纽约世界贸易中心

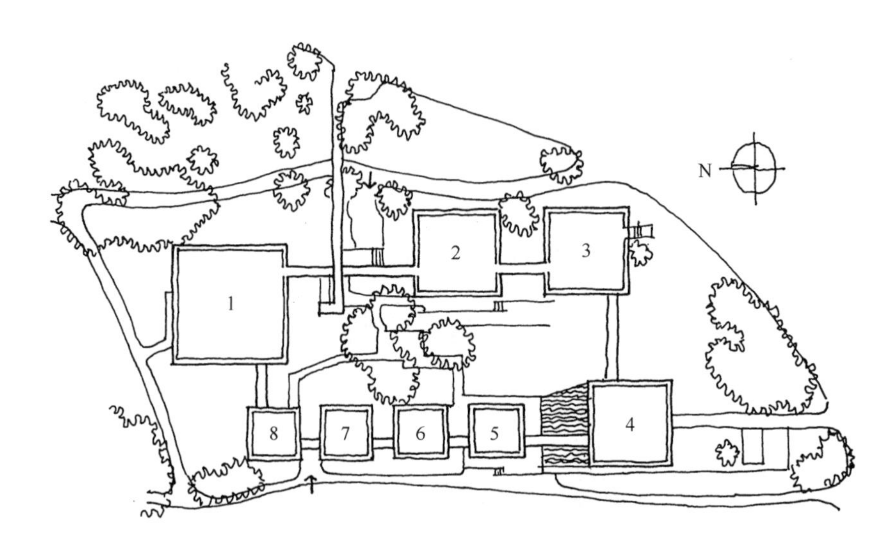

图 3-46 布鲁塞尔国际博览会德国馆

1—(首层)指导、情报(二层)会议；2—(首层)餐馆(二层)农展厅(三层)手工业厅；3—工业厅；4—居住与城市规划厅；5—(首层)酒吧(二层)服务；6、7—(首层)娱乐(二层)社会福利厅；8—保健福利厅

但是，选择方形母题构思也会受到一定的局限性。如对一些功能比较复杂的建筑和特殊用地方形平面不一定能适应，而且造型上处理不好也有呆板、生硬、千篇一律之感。为了使方形母题构思既能发挥结构、功能上的有利因素，又要避免视觉上可能产生的缺陷，设计者还需要进一步发挥创造力。如在竖向上变化方形建筑的空间体形，使之获得视觉上的丰富效果。由SOM事务所设计的芝加哥西尔斯大厦是由9个边长皆为22.86m的方形平面组成一个九宫格大的方形整体。但在110层，总高443m的竖向上，因分三段由低到高分别减去2、4、7个方形平面，从而将一个过于庞大而单调的集中式方形整体平面，在竖向上逐渐收缩体型，不但可减少风压，而且塑造了丰富而挺拔的建筑形象(图3-47)。

在水平方向上通过对方形母题的错位排列手法，也可以创造出建筑整体的丰富多变。由美国SOM事务所设计的威尔斯学院路易斯·杰·朗图书馆，基本单元是12.8m见方的方块。中心部分有4个方块，错位布置，东北部的一翼由两个方块组成，其余三翼各是一个方块。这9个变化排列的方块各自由中心柱或组合柱支撑着多面体屋顶，与室内倾斜的非承重墙共同形成了富有吸引力的建筑特征(图3-48)。

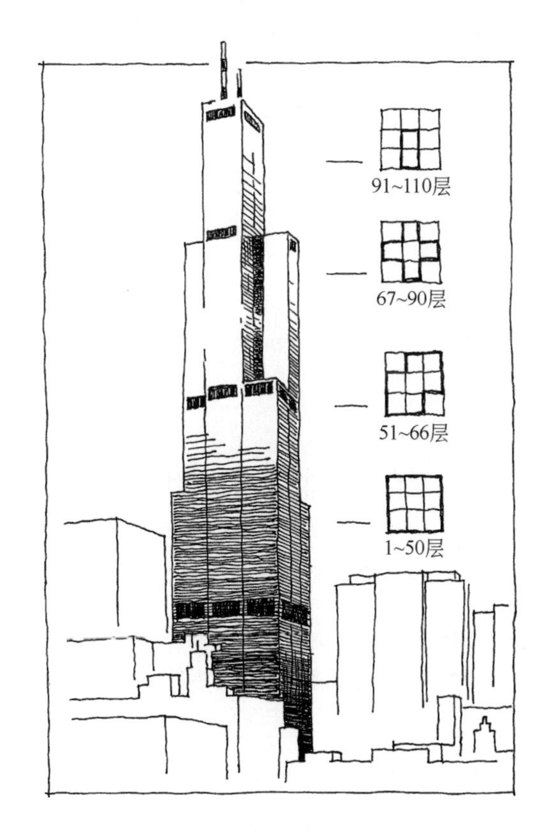

图3-47 芝加哥西尔斯大厦

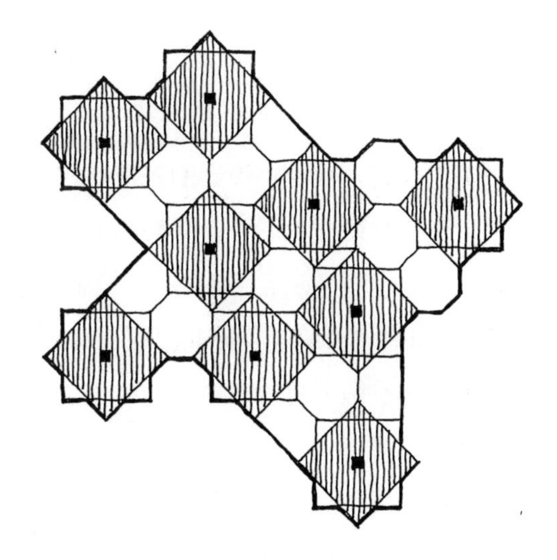

图3-48 美国威尔斯学院路易斯·杰·朗图书馆

(2) 圆形母题构思

圆形也是几何基本形之一，它是大自然的产物。大自宇宙中的天体，小至微观世界的原子无处不存在圆形。它因无任何棱角、直边而具有动感活力。与面积同等的其他任何几何形相比，它有最短的外界面，因而作为建筑平面的形式可以节省围护结构的材料，乃至造价，对于节能也有明显的优势。

法国建筑师雷诺迪(J. Renaudie)和勒布莱特(P. Riboulet)设计的巴黎克拉玛儿童图书馆(图 3-49)，是一座两层高的建筑物。它以圆形为母题，通过直径不等的若干大小圆形平面，包括圆形的借书室、圆形的阅览室、圆形的故事室、圆形的门厅，甚至圆形的厕所和楼梯，以及外围的圆形围墙，再加上这些圆形所形成的体量高矮不一，错落有致，形成了一座足以引起小读者兴趣的儿童图书馆。这与儿童好动活泼的天性十分吻合。因此，该儿童图书馆采用圆形母题，且大小不一，自由组合的平面形式是再恰当不过了。

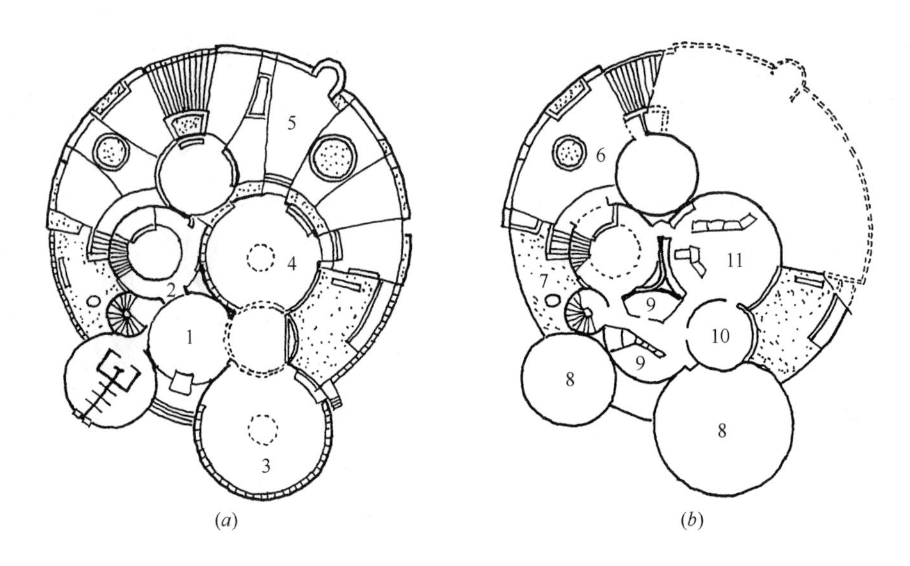

图 3-49 巴黎克拉玛儿童图书馆

(*a*)首层平面；(*b*)半地下层平面

1—门厅兼存衣；2—故事室回廊；3—借书室；4—阅览室；5—庭院；6—平台；7—小院；8—采编室；9—书库；10—馆长室；11—活动室

美国建筑师约翰逊设计的丹巴顿橡树园前哥伦布时期美术馆(图 3-50)设在一个拜占庭式中世纪文化研究中心，是一幢新乔治亚式大楼的扩建部分。设计者为了谦让老建筑而将美术馆掩映在树丛里，平面以 9 个圆形有规则地排列成近似方形。其中周边 8 个直径为 7.6m 的圆形作为展室，彼此串联起来，正中一个圆是院子，中心有喷泉，形成 8 个展室的焦点。每个圆形展室上覆盖着扁扁的穹顶，样子很像拜占庭建筑，使美术馆在建筑风格上与老建筑融合。

印度建筑师多西(Balkrishna Vithaldas Doshi)设计的侯赛因·多西画廊(图 3-51)使世人惊愕。画廊由彼此相交的多个圆形平面单元构成，使人联想到佛教的窣堵坡、支提窟和毗诃罗等。为了营造画廊洞穴般的效果，并隔绝恶劣干热气候热辐射，多西保留了场地微微起伏的轮廓线，并将画廊半埋入地下。而每个圆形鼓起的壳顶及其碎瓦片屋面装饰，类似印度城乡流行的湿婆(Shiva)神龛的穹顶，特别是从壳顶上的窗眼射入的光线赋予室内以神秘感。

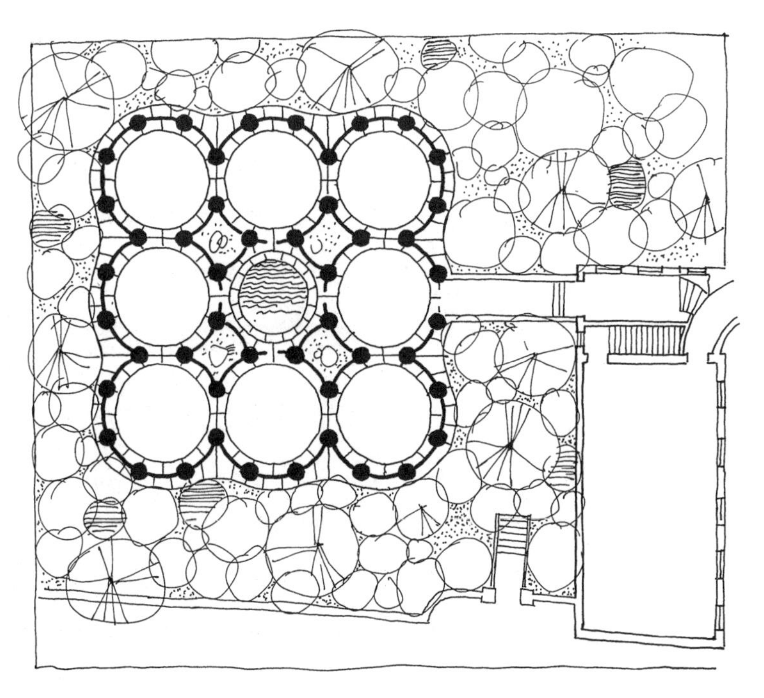

图 3-50　华盛顿丹巴顿橡树园前哥伦布时期美术馆

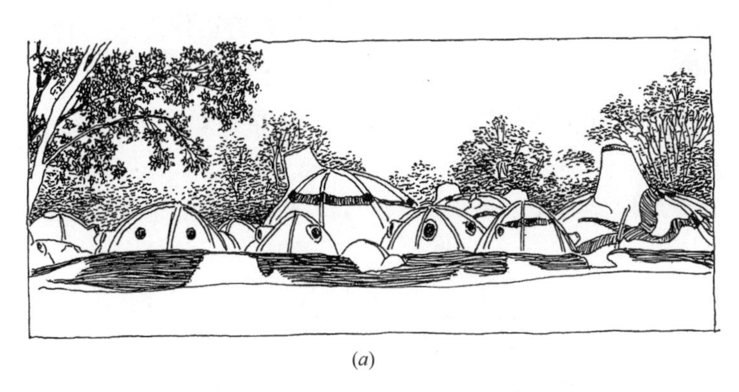

(*a*)

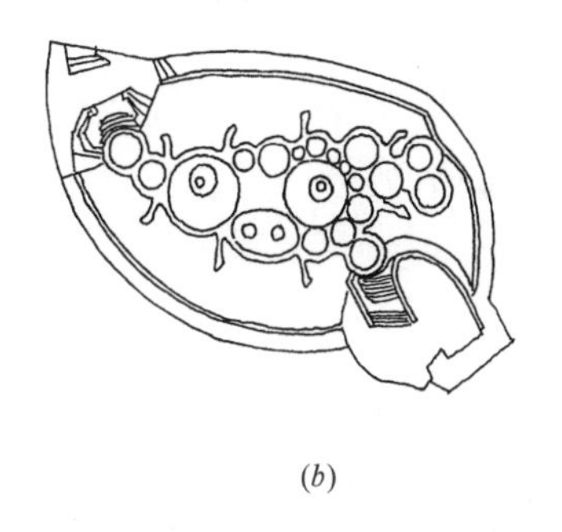

(*b*)

图 3-51　印度侯赛因・多西画廊

(*a*)外观；(*b*)总图

但是，运用圆形母题构思在组织平面整体图形时并不是那么轻而易举的，特别是若干独立圆形之间作为衔接部分的异形平面在功能与空间形态方面如何处理得顺其自然，需要设计者精心推敲。

法国建筑师保罗・安德鲁设计的上海东方艺术中心(图 3-52)以 5 个大小不等的接近正圆的椭圆形将三个音乐厅(2000 座的交响乐大厅、1100 座剧场、300 座小演奏厅)连成一体。其间形成巨大而流动的，且美妙无比的空间，它们被用于入口大厅、休息厅、周边走道和展览区。而整体平面及其塑形所展现的优美曲线如同跳跃的音符。

为了使圆形母题平面在统一中产生变化，可以通过圆的直径变化或利用圆弧的一部分，结合设计内外条件进行有机组合，这需要设计者有高度的图形构成能力。德国建筑师伊拉兹马斯・埃勒(Erasmus Eller)设计的德国杜塞尔多夫市北莱茵——威斯特伐利亚政府议会大楼(图 3-53)充分体现了这一点。他出于将民主政治的概念通过圆形来表达更为贴切

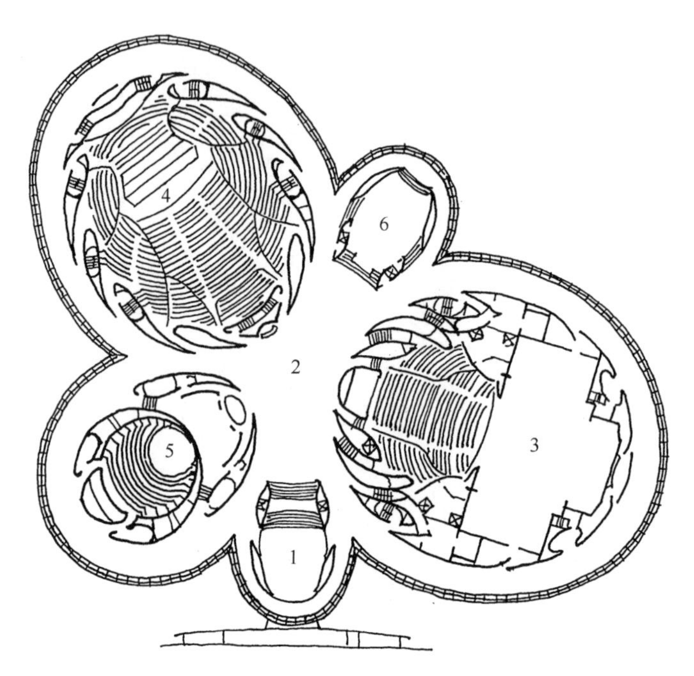

图 3-52 上海东方艺术中心

1—主入口；2—公共空间；3—剧场；4—交响乐厅；5—小演奏厅；6—展览空间

的意念，便将整个建筑用圆形控制，包括完整圆形的议会大厅及其周边像卫星一样的政治家和各党派办公室。在向城市开放的圆形入口广场两侧有圆弧形的下院议员办公区。整个圆形母题组合就像是一个“圆的游戏”，与毗邻的弧形城市道路和莱茵河岸自然而和谐。

图 3-53 德国杜塞尔多夫市北莱茵—威斯特伐利亚政府议会大楼平面

(3) 三角形母题构思

三角形存在于自然界中，晶体、雪花、蜂房等都是由三角形构成的六角形。在建筑平面设计中，我们也屡见不鲜。运用三角形母题进行平面设计可以使平面、空间发生剧烈的变化，给予视觉以强烈的刺激。在一些不规则地段或特殊环境条件的制约下，反而有更灵活的适应性，并反作用于城市，形成新的醒目形象。

日本建筑师丹下健三设计的沙特阿拉伯利雅得费萨尔基金会总部办公楼(图 3-54)为对顶而立的两个等腰直角三角形。其八字形外墙强烈地吸引着人流进入大厅，而入口透视所呈现的造型挺拔有力。

德国建筑师莱昂(Hilde Leon)和沃尔哈格(Konrad Wohlhage)夫妇设计的汉堡办公建筑(图 3-55)，为适应紧贴两条交通干道的三角形基地的特殊位置，以四个三角形母题单元平面成“簇形”发展，连成一条线的直角边面对城市主干道，而四个单元组成的锯齿一面朝向内院，使动静有别。

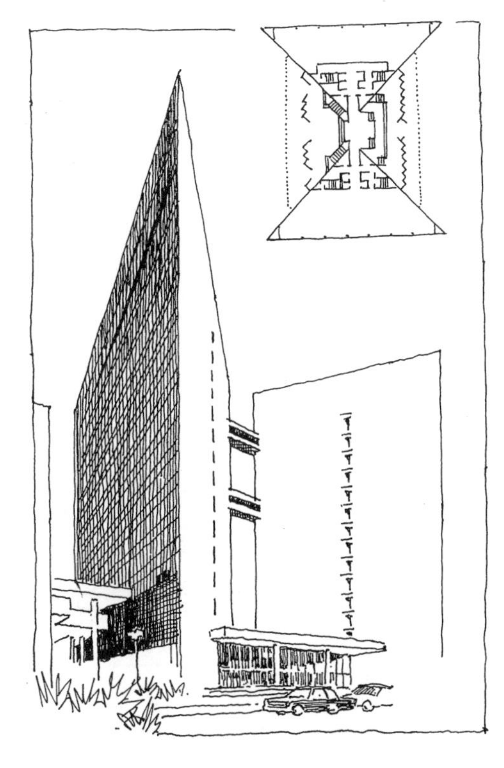

图 3-54　沙特阿拉伯利雅得费萨尔基金会总部

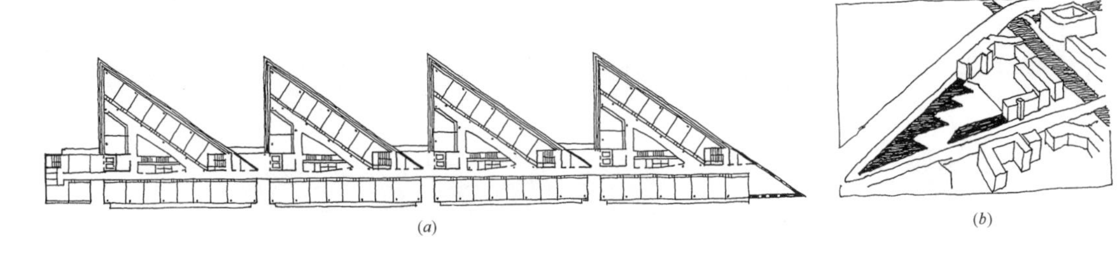

(a)　　(b)

图 3-55　德国汉堡办公楼

(a)标准层平面；(b)基地状况分析

建筑师贝聿铭设计的华盛顿国立美术馆东馆(图 3-56)是根据梯形基地条件和与西馆成为一体以及自身功能分区要求而采用了一个等腰三角形和一个锐角三角形的组合体，并且内部空间与外部造型的构成均以三角形为母题进行变幻，手法十分娴熟。

但是，三角形构图会给建筑设计带来许多问题，诸如锐角的利用与处理、与家具配置的协调、造型的变化等，这是需要设计师谨慎对待和解决的。

中国建筑设计研究院设计的唐山新华酒店(图 3-57)因基地狭小，且有一条宽 50m、高 55m 的城市微波走廊呈 60°斜向穿过。为此，该酒店便顺势采用正三角形为母题，将三角形塔楼与两个三角形群房有机结合在一起。其中塔楼三个锐角作为垂直交通，而客房按常规仍可为矩形平面，由此解决了难题。

除上述运用方、圆、三角三个单一几何形，在设计的内外因诱发下进行平面构思外，我们还可以通过对这三个基本几何形进行有机组合，以便产生新形态。为此要求设计者在

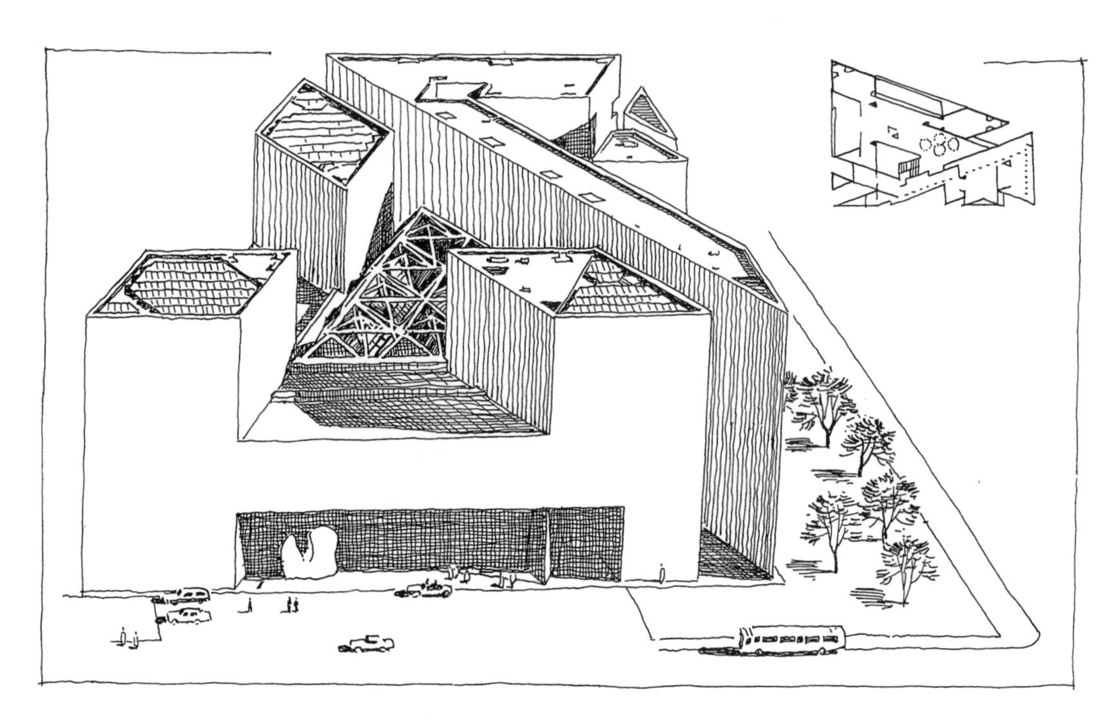

图 3-56　华盛顿国立美术馆东馆

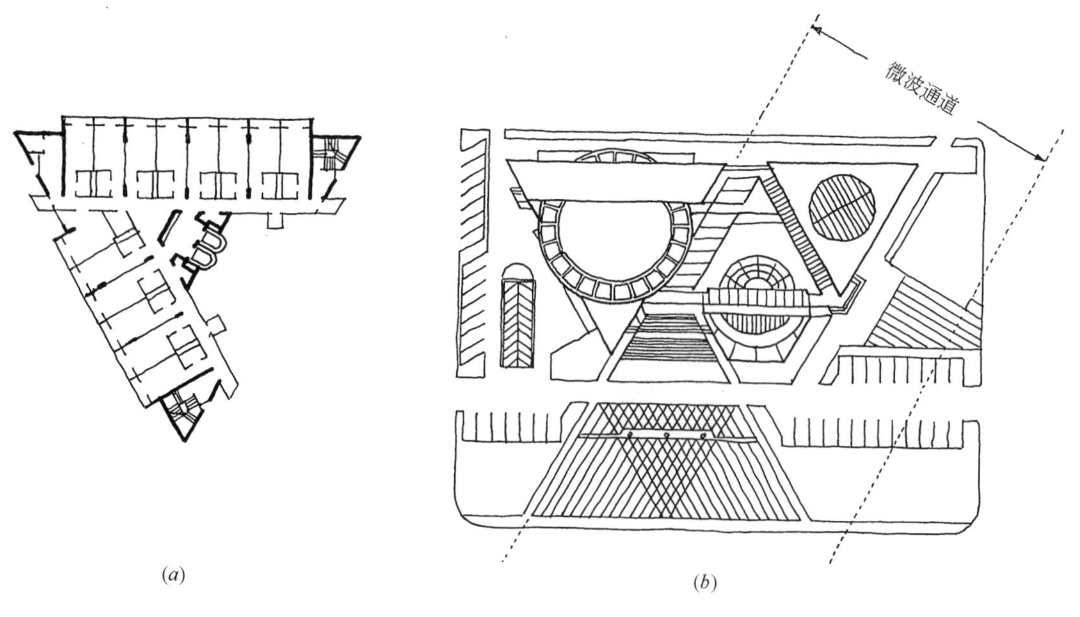

图 3-57　唐山新华酒店
(a)塔楼标准层平面；(b)总图

做几何母题的平面构思时，一定要在三维空间上有个形象的意念，只有两者结合起来，才能使综合运用基本几何形的平面构思具有创意。

瑞士建筑师马里奥·博塔(Mario Botta)设计的意大利圣彼得小教堂平面(图 3-58)，源于两个规则的基本几何形相互重叠。即外部的方形及其塑造的实体与内部的圆形及其所创造的空间效果，加上对光线导入的独特途径和对材料的精心安排，使小教堂达到最佳的空间和视觉效果以及建筑功能性和精神性的统一。

(a)

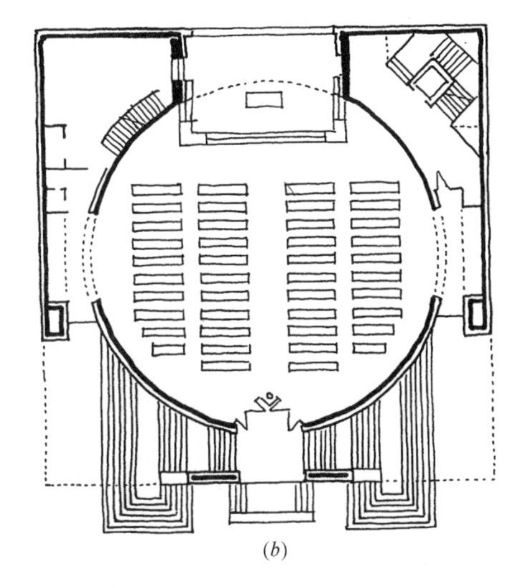

(b)

图 3-58　意大利圣彼得小教堂

(a)东侧外观；(b)底层平面

而博塔的另外一个实例——贝林佐纳瑞士电信大楼(图 3-59)的基本构思是在一个边长 100m 的方形建筑内部挖出一个巨大的圆形内院。这种实的方与虚的圆相辅相成，表明了严谨的几何构成原则与空间塑造是紧紧地联系在一起的。

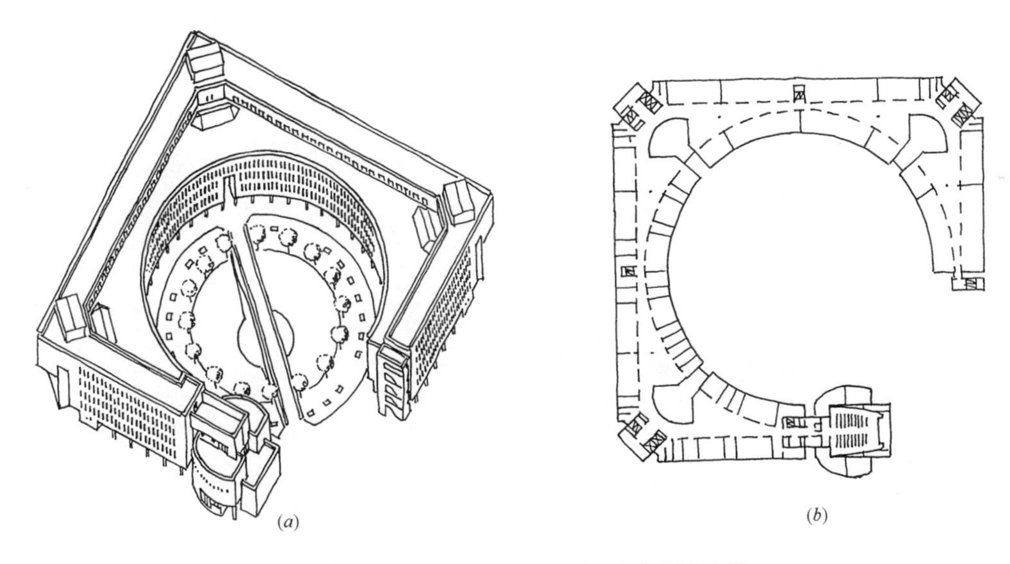

(a)　　(b)

图 3-59　瑞士提奇诺贝林佐纳瑞士电信行政大楼

(a)轴测图；(b)二层平面

中国建筑西北设计研究院张锦秋院士设计的西安博物馆(图 3-60)基于与小雁塔及规划公园三位一体的构思，将博物馆采用正方形平面(60m 见方)，并坐落在 80m 见方的基座上，建筑正中为 33m 见方的中庭，再内接直径为 24m 的圆形中央大厅。这种方—方—方—圆套叠的构图有利展线的组织和地方建筑特色的塑造。

五洲工程设计研究院设计的贝宁科托努会议大厦(图 3-61)基于西非地域自然特点和贝宁传统民居建筑特征，采用三个圆台形母题分别座落在三角形两层建筑的三端。而入口圆形广场是通过挖去三角形斜边上半个圆而形成。其次，在直角边上附加了若干圆形功能空间，形成底层架空柱廊。这种建筑形式很适合当地湿热的气候条件。

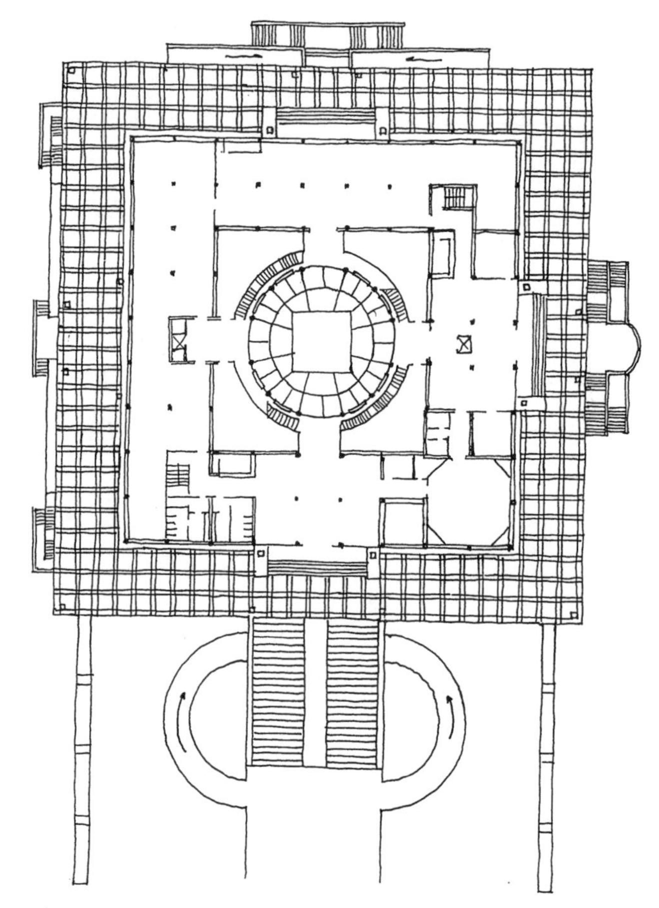

图 3-60　西安博物馆首层平面

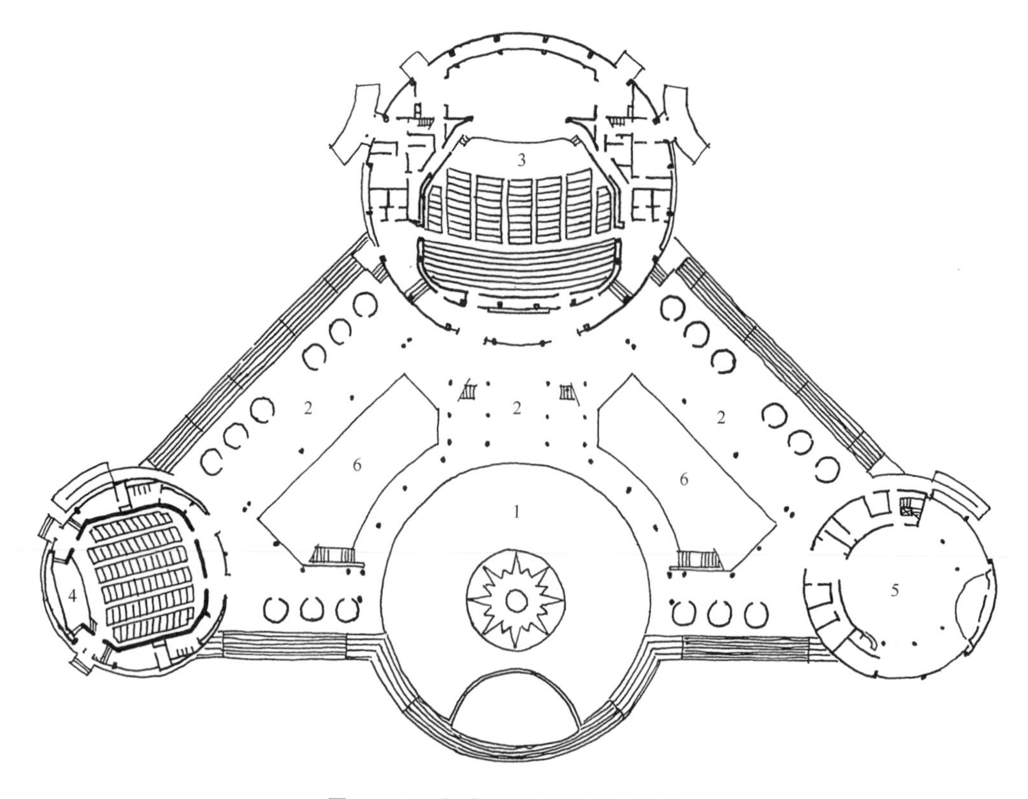

图 3-61　贝宁科托努会议大厦一层平面

1—广场；2—敞廊休息厅；3—大会议厅；4—小会议厅；5—多功能厅；6—庭院

贝聿铭设计的肯尼迪图书馆(图 3-62)是方、圆、三角基本几何体的杰出集合。参观者沿着伸向海边的矮墙进入 31m 高的方形玻璃大厅。其中悬挂一面高达四层楼的美国国旗，作为一个“默思”大厅，成为参观路线中的高潮之一。左侧是九层的三角形研究中心。右侧是圆形剧场和展览厅。这座建筑由于大胆综合运用方、圆、三角基本几何体而产生形式与色彩的强烈对比，使人难以忘怀。

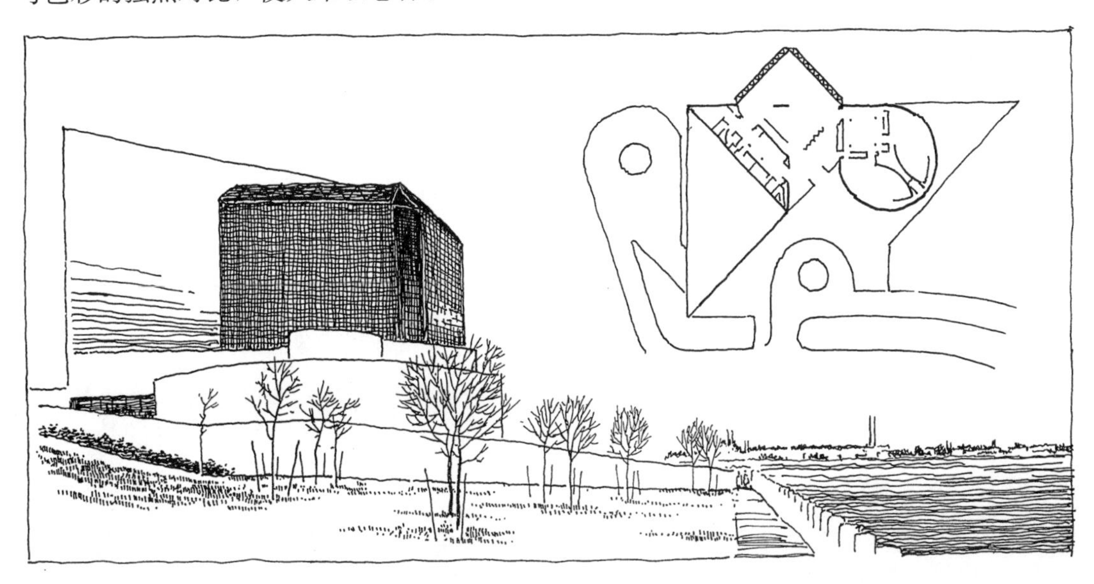

图 3-62 波士顿肯尼迪图书馆

(三) 造型构思

建筑设计的成果最终总是以建筑造型呈现在世人面前的，它与艺术作品不同之处在于，建筑物的造型要受到环境、功能、技术、材料、经济等综合因素的制约。同时，建筑造型本身又要符合建筑艺术的规律与美学原则。既然如此，设计者要想在建筑造型上标新立异、别出心裁，就不能停留在形式处理的手法上，更不能不顾上述各种设计条件的制约而陷入形式主义之中。作为形式处理的手法，它只是运用设计技法来处理建筑的形体组合、变化，或者运用符号、表皮、建构等各种手段，以达到设计者主观意愿的造型设计目标。当然，这种建筑造型的表达只能是仁者见仁、智者见智了。

然而，设计者要想使造型设计具有内涵，必须赋予建筑造型以构思，即你所创作的建筑造型要表达什么？设计者对于建筑造型上的创作主题意念在动手操作前一定要心中明白。当然，这种建筑造型的创作主题意念最终还是要落实到具体的造型处理手法上。只不过它与毫无造型设计目标而一味玩弄设计手法所不同的是，后者把手法当作目的，而前者把手法当作为实现造型构思的手段。

那么，建筑造型怎样有新意呢？“新”就新在造型不是停留在形式的变化上，而在于造型的新颖意念，这是造型构思的灵魂。我们可以从以下几个方面打开造型构思的渠道：

1. 源于文脉的造型构思

任何一座单体建筑都不是孤立存在的，它作为局部总要与整体(从自然环境到建筑群体及城市)发生关系。不仅如此，建筑作为石头的史书，记载着历史、文化的足迹。因此，它又能体现其沿承的连续性，并在传承的过程中，对传统进行扬弃而不断推陈出新。这就是我们所说的，建筑创作要注重地方性。体现在建筑造型设计上就是要顺应当地的自然条件，反映地域文化的特征，尊重人们的生活方式，由此产生的建筑形式才能扎根于特定的地域之中，城市的面貌才不会因建筑形式的单调而千篇一律。

印度建筑师C·柯里亚在孟买设计的干城章嘉公寓(图 3-63)造型设计是结合当地自然条件与人们的生活方式而进行构思的。公寓高 85m，平面 21m×21m。内含 32 户，5 种户型(为 3～6 室)。每户占两层或局部两层，并有一个两层挑空的转角平台花园。每户朝西(当地最好的方向)，平面东西贯通，可形成穿堂风。为免受午后烈日和季风雨的侵袭，窗户较小，但转角大阳台使住户充分享受到附近孟买港的海景和海风。这种平面布置方式很适合居民们长期以来所形成的生活习惯，并适应当地湿热气候条件。因此，在建筑造型上十分简洁。但一个个错开的转角阳台却创造了该公寓独有的形式，在当时既新潮，又有印度风格。

中国建筑西南设计研究院设计的西藏博物馆(图 3-64)造型充分融入了地域文化。博物馆地处拉萨布达拉宫山脚下，罗布林卡东门外。无论从地域文化，还是作为文化建筑都应与特殊环境相融合，都要延续历史文脉，并有所创新，这就成为它的造型构思出发点。因此，设计者在大体量的前提下，适当在主入口增加曲尺形变化，似佛教喇嘛塔的亚字形须弥座。观众沿室外直跑大楼梯拾级而上，抵达设有外挑“台地”的二层主入口，犹如登高西藏依山就势的宗教建筑一般。此外，桔黄无釉琉璃顶、深出檐以及装饰的上繁下简、枣红色女儿墙饰带、毛面花岗石墙体等都充分表达了这是一座地道的“藏式建筑”，且透着一种新时代的气息。

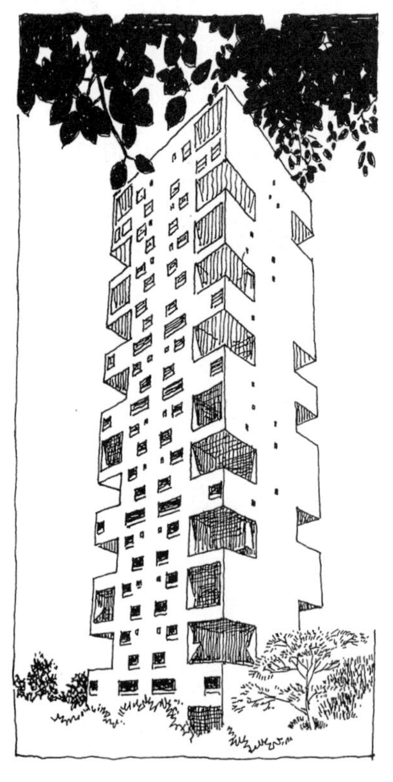

图 3-63 孟买干城章嘉公寓

图 3-64 西藏博物馆

前苏联建筑师A·舒舍夫(A·Shchusev)设计的列宁墓(图3-65)是充分考虑与红场建筑群整体文脉关系而进行造型构思的。红场是一个面积为360m×130m，形态风格完整、历史气息浓郁的纪念性主题广场。周边都是高耸、巨大、豪华、繁复的古典教堂和商场。而后加入的列宁墓无疑应该是这一建筑群中最重要、最显赫、最具驾驭整个红场空间的核心建筑。建筑师凭着对红场空间和历史文脉的领悟，对列宁功勋和人格的理解，尤其是凭着多年积累的文化底蕴，选择了矮小、低平、朴素、简洁的陵墓造型。以阶梯式截锥体状墓座形式与周边建筑产生对比，以此突出她的与众不同。但是，又通过加以黑色色带的深红磨光花岗石饰面与宫墙协调，使这座传世经典之作既有古典的韵味，更显现代的气质与活力。

图3-65　莫斯科列宁墓

2. 源于隐喻的造型构思

建筑具有形象的特征，但它又不能像艺术品那样以直白写实的方式告诉人们什么。限于建筑的复杂性，它的造型若想表达某种形象上的意图可以用一种暗示的方法，以此启迪人们的联想，达到与设计者设计意图的心理共鸣。这就是隐喻的造型构思方法。被公认为成功的例子如纽约TWA航空港候机楼(图1-5)和悉尼歌剧院(图2-3)等最具有代表性。

此外，伊朗建筑师萨帕(Fariburz·Sahba)设计的印度新德里大同教礼拜堂(图3-66)也是世界建筑之林中的一个不朽之作。它是一种较为具象的隐喻，一般人都容易理解。该礼拜堂本身是一个社区中心，是宗教精神、社区精神与实际活动空间的结合，强调亲密与团结。为此，建筑师以纯洁的莲花作为造型的象征，寓意巴赫伊教徒们神圣美好的心灵、团结和睦的精神。在造型手法上，建筑师将含苞欲放的莲花由三层共27瓣莲花瓣组成了墙与顶。上面两层花瓣曲弧向内，其间巧妙地利用了天窗采光，使直径70m，可容纳1200座位的圆形礼拜堂光线充足、敞亮。下面一层花瓣向外，构成礼拜堂九边九门形式的入口雨罩。礼拜堂莲花造型在外圈九个舒展水池的映衬下，显得如此完美无瑕。

与上述具象隐喻的实例相反，朗香教堂(图 3-67)是抽象隐喻的杰出代表作。隐喻什么呢？用勒·柯布西埃的话就是他要把朗香教堂搞成一个“视觉领域的听觉器件”。它应该像(人的)听觉器官一样的柔软、微妙、精确和不容改变。这就是说，教堂建筑要成为信徒与上帝声息相通的渠道。为此，勒氏在那弯弯曲曲且倾斜的厚墙上开着大大小小毫无规则的喇叭状窗洞，引入幽灵般的光线。而顶着的蟹壳般东高西低的悬浮屋顶气势轩昂，高耸的三个采光竖塔，让天光从侧高窗沿井洞壁折射下去照亮底下的小祷告室，光线虚幻而柔和。所有这些彼此呼应的造型手法都在制造一种神秘的宗教气氛，隐喻上帝在倾听信徒的祈祷。

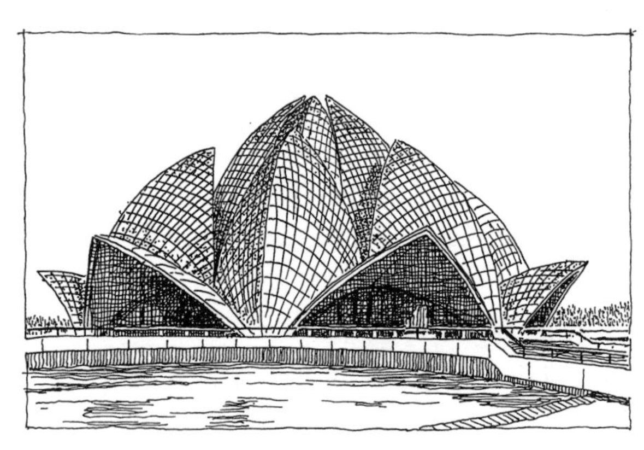

图 3-66　印度新德里大同教礼拜堂

图 3-67　朗香教堂

天津大学彭一刚院士设计的威海市甲午海战馆(图 3-68)，则结合了显喻与暗喻，并以建筑造型的方式把悲壮的中日海战这一历史事件充分表达出来。该馆选址在当年中日海战

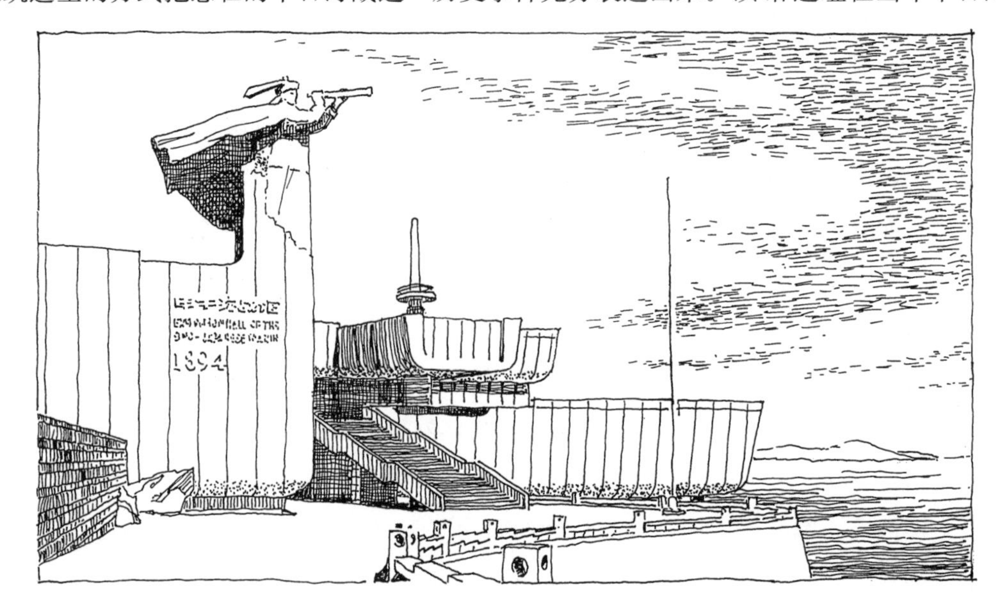

图 3-68　山东威海甲午海战馆

区域的刘公岛南端，依山傍海。该馆因是再现当年海战场面的演示馆，而不允许开窗。为了突出这一海战的独特性，在构思上采用船体的造型，点出创作主题。为了把隐喻手法的寓意作用推向极致，利用入口悬挑的巨大雨篷有意象征一艘斜插到室内的船体，把支承它的粗大圆柱延伸上去，并处理成折断的桅杆形式。特别是入口附近一尊 15m 高上实下虚的巨型雕塑，借助水师人物的形象、动态、表情、服饰及手持望远镜的姿势等，更是以“显”喻的方式，明确无误地把这场战争的时代背景界定得一清二楚。而海战馆造型本身由此显示出大尺度雕塑感，光影效果强烈，环境气势磅礴，给人以强烈的艺术感染力。

3. 源于仿生的造型构思

自然界的一切生物在千万年进化的过程中，为了适应自然界的规律需要不断完善自身的性能与组织，才能得以生存与繁衍。只有这样，自然界才能成为一个和谐友好的整体。人类作为大自然的一员，其建造活动无不留下模仿自然的痕迹。但是，这并不是简单地抄袭、移植，而是从自然界中动植物的生长肌理以及一切自然生态规律中吸取灵感，应用类比、模仿的方法进行建筑创作。其中，建筑形式的仿生不仅能充分发挥材料的性能和结构受力作用，而且能创造出非凡的造型效果。

自然界中高大乔木的外形是与支撑自重、抵抗水平风力和生长所需的功能有着密切的关系。一般情况下，粗大而展开的树根赋予树干最大的稳定性。而树干自下由抛物线形向上收缩转为圆锥体，且木质细胞逐渐增加弹性。这样，在风力作用下，可降低树干发生断裂的危险。

图 3-69　莫斯科奥斯坦丁电视塔

基于树木的生长规律，前苏联结构工程师 H·尼基金(H·Nikitin)和建筑师 D·布尔金(D·Bwidin)等设计的高度有 533m 的莫斯科奥斯坦丁电视塔(图 3-69)，在标高 63m 以下圆锥体底部支撑在 10 根倾斜的柱子之上。柱子刚性地嵌入埋深为 4m 的环形基础之中，不但扩大了与地面的接触范围，而且有效地增强了电视塔的稳定性。其次，结合功能和造型的需要，在塔身上设置了若干瞭望台、旋转餐厅，恰似植物的茎杆节结。而且塔身越向上，横截面越小，犹如树的生长形态一样。由此产生的造型高耸、挺拔，且指向天际，成了莫斯科城市景色中明显的地标。

自然界中许多生物的形式是由自然法则决定的。这个法则就是以最小的材料和能量消耗，达到性能和经济的最高效率。生物界中的蛋壳、贝壳、脑壳、果壳等一类的薄壳就是最典型的形式。薄壳的两个基本特征是表面“弯曲”和材料薄而“刚固”。这一生物现象被建筑仿生而充分发挥了材料的潜力和受力性能，不但可覆盖更大的空间，而且造型新颖。

墨西哥工程师坎迪拉(Felix Candela)设计的墨西哥城霍奇米尔科花园水上餐厅(图 3-70)由四个双曲抛物面薄壳交叉组成，四条有力的拱肋直接落地。壳厚仅 4cm，覆盖着 30m 见方的平面，可容 1000 坐。整个建筑构思独到，造型别致，犹如一朵莲花静静躺在水中，不但丰富了游览环境，而且成为该地区的标志。

图 3-70 墨西哥城霍奇米尔科花园水上餐厅

动物的骨架有支撑重量、塑造外形、保护内脏、适应动作的作用。西班牙建筑师、结构工程师、雕塑家卡拉特拉瓦(Santiago Calatrava)在他的许多建筑作品中经常通过对人体姿态或动物骨骼的模仿来增强对结构合理性的认知，并与追求建筑空间的合理利用和美学价值的充分体现完美地结合起来，其作品令人赏心悦目。

卡拉特拉瓦设计的西班牙巴伦西亚科学城(图 3-71)是其中的代表作。科学城的天文馆

图 3-71 西班牙巴伦西亚科学城

被覆盖在一个透明的拱罩下，罩长 110m，宽 55.5m，形似人的眼睛。这个混凝土结构的造型及其运作过程十分诱人：在罩的一侧，一个巨大的门上下开启与闭合，露出里面的眼球形天文馆，就像是一张一合的眼帘。当这种运动反射在前面的浅水池中时，眼睛的联想就更为强烈。而长 241m、宽 104m 的科学博物馆，其巨大的空间被形似动物骨骼的按照模数重复发展的混凝土构件支撑着，所产生的造型别具一格。

在自然界的树枝结构中，树冠上的荷载通过上部茂密的细枝逐渐向下一节一节地传递到树干，直至树根。仿生这种自然现象所产生的树枝状支撑空间结构可覆盖很大的有效面积，且耗材少，经济性高。

卡拉特拉瓦设计的葡萄牙里斯本东方车站(图 3-72)就是模仿棕榈树而进行造型构思的。这种复杂的设计覆盖着 8 条铁道，使人们身在其中产生很多联想：像绿洲，又像森林，也像地中海式的露天市场，由此给旅客带来新的体验。

无机物质的晶体结构有着严密而规律的原子排列秩序。结构专家通过研究原子与分子稳定的晶体构成，并将这种稳定的构成形式运用于空间结构中，则可大大降低空间结构的耗材量，稳定性还可增加。

美国结构工程师富勒(Buckminster Fuller)从自然界中的结晶体与蜂窝的棱形结构中得到启示，在 1967 年蒙特利尔世界博览会美国馆(图 3-73)中，设计了一个高达 60m 的“最短程线式网架”穹顶。其表面积为 13113m^2，外层为三角形单元构件，内层为六角形单元构件，两者相互连接形成穹顶结构，外部用透明塑料膜覆盖。该馆庞大的球体造型成为整个博览会的主体，十分醒目。

图 3-72 葡萄牙里斯本东方车站

图 3-73 1967 年蒙特利尔博览会美国馆

4. 源于生态的造型构思

生态建筑是根据当地的自然生态环境，运用生态学、建筑技术科学的基本原理、现代科学技术手段等，合理地安排并组织建筑与其他相关因素之间的关系，使其与环境友好，同时，又要有良好的室内环境物理条件和较强的生物气候调节能力。为达此目的，就要注意建筑形式、表皮、内部空间等一系列建筑要素对自然环境的反应，由此必然引起建筑造型不同一般。

SOM事务所设计的沙特阿拉伯国家商业银行大厦(图3-74)坐落在海滨一块不规则的用地上，大厦高27层，平面呈三角形。它的外形没有传统的密密麻麻的窗口，除去顶层重要办公室开有似花边的小窗外，全是实墙，这就避免了阳光直晒及沙漠地区的热风直接吹袭。所不同的是在东南墙和北墙上开了三个巨大的洞口，让光线进入中央空中花园，不但可散热，而且使所有开向空中花园的各层办公室都可俯视城市或瞭望红海。

英国建筑师诺曼·福斯特(Norman Forster)设计的德国法兰克福商业银行总部大厦(图3-75)可称为世界上第一座"生态型"超高层建筑。高300m，53层，平面呈三角形。设有9个各相当于4层高的空中花园，沿49层高的中央通风竖井盘旋而上。花园根据方位种植各种植物和花草，为每一办公空间带来愉悦的绿色景观，并获得自然通风条件，还可使阳光最大限度进入建筑内部，由此在造型上与众不同。

图3-74 沙特阿拉伯国家商业银行

图3-75 德国法兰克福商业银行总部大厦

马来西亚建筑师杨经文(Ken Yeang)在马来西亚吉隆坡设计的梅拉纳商厦(图3-

76），为了适应热带气候环境，并成为低能耗建筑，杨经文在建筑物的内部和外部采取了双气候的处理手法。外部，从一侧护坡开始，然后沿螺旋式上升的内凹平台上通过栽培植物创造了一个遮阳且富含氧的环境。内部，将办公空间置于楼的正中而不是在外围，这样可保证良好的自然采光，同时都带有阳台，并设有落地玻璃推拉门以调节自然通风量。这种设计完全颠覆了传统高层建筑封闭的外观，同时显示出外部造型的开放性。

图 3-76 马来西亚吉隆坡梅拉纳商厦

福斯特在伦敦设计的市政厅(图 3-77)，其几何球体造型是基于节约能源的考虑。因为它可达最大的容积，而表面积最少。议会厅玻璃幕的一面朝北，以减少直射日光和多余的热量。建筑自身向南逐层探出，形成上层对下层的遮阳。另外，建筑装配的集中环境调控系统使机械能耗较之一般使用空调系统的办公建筑减少了 3/4。

斯蒂文·霍尔(Steven Holl)设计的麻省理工学院学生公寓(图 3-78)基于对宿舍功能的理解，以及出于生态的设计理念，将这栋 10 层高、140m 长的建筑设计成为一个多孔的“海绵体”。几个上下贯穿多个楼层、带有大窗户的奇特光井，可以起到烟囱式的拔风作用，有效改善了建筑内的微气候环境，并可引入天然光线。更为引人注目的是，外墙表皮布满了 60cm×60cm 小窗，每间九扇，学生可根据自己的需要选择窗的开闭，获得个性化的通风。而“烟囱”式光井通过开闭顶部窗户可使建筑内部冬暖夏凉。这种建筑“表皮”和内部“腔体”的协同调节机制，也给造型带来新意。

图 3-77　伦敦政府市政厅大楼

图 3-78　麻省理工学院学生宿舍

5. 源于高科技的造型构思

自 20 世纪下半叶起，我们正逐步进入一个经济、科技发展突飞猛进的信息时代，特别是以计算机为首的一系列信息技术及自动化技术，促使社会的各个层面发生着巨变。包括给建筑创作领域带来新观念、新方法、新成果，并为多样自由的建筑形式的实现提供了充足的技术支持。因此，源于高科技的造型构思是信息时代下新的建筑创作途径。

意大利建筑师伦佐·皮亚诺设计的日本关西国际机场(图 3-79)，是一个将建筑、技术、空气动力学和自然结合在一起，创造了 20 世纪最大工程而引起举世瞩目的超大尺度建筑，总建筑面积近 30 万 m^2。如此庞大的体量已不是建筑的尺度，而是地理尺度，若不是在空中，很难看到建筑的整体形象。对于这样一座难以把握形式的建筑，皮亚诺的构思是：空间的无形因素——光、空气、声等，要比其物质的或形式的元素更为重要。因此他把从空气动力学出发所决定的，跨度有 80m 的屋顶曲线与屋顶形式有机地统一起来，呈现出波浪状有韵律的多次起伏，并与延伸到两翼的 1.5km 长的登机楼的屋顶曲线自然地连成一体。由这种具有动势的屋顶形式所产生的造型使旅客产生一种凌空欲飞的感觉。

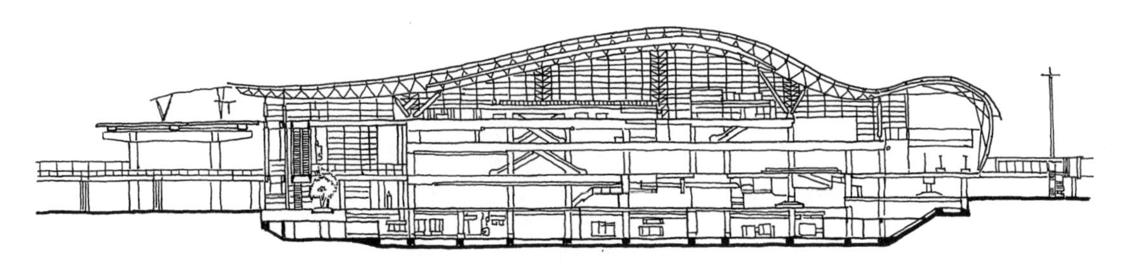

图 3-79　日本关西国际机场候机楼剖面

建筑智能化是现代高科技建筑的一种趋势。它将人工智能技术、神经网络技术与建筑功能有机结合起来，使建筑能根据气象形势，如温度、湿度及风力等外部环境因素的变化自动具有反应能力，并进行自我调节，从而创造出高效、舒适、节能和安全的空间环境。这同样给建筑的造型带来令人瞩目的特征。

日本佐藤综合计画和三菱重工业共同企业协作设计的日本仙台市运动馆(图 3-80)是一个开闭穹顶、覆盖 2 万余平方米、顶高有 50m 的智能型生态建筑。穹顶开闭的时间与角度完全由装在室内外的感光装置和电脑设备自动控制，朝南最大的开启角度达 145°，能够给运动场提供充足的自然采光和新鲜空气，从而减少了能耗，被称为“有呼吸功能的穹顶”。

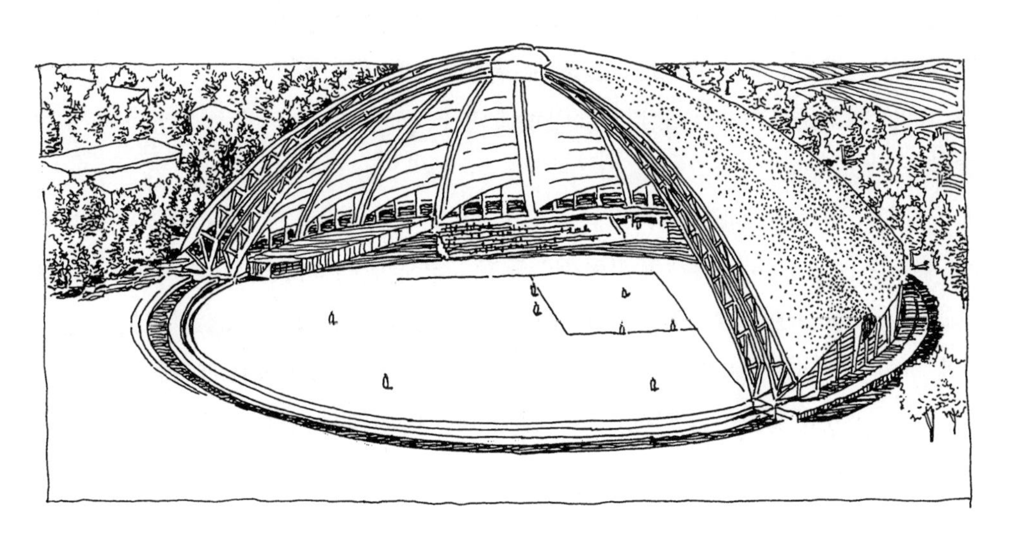

图 3-80　日本仙台市运动馆

信息革命带来的新工具克服了传统建筑设计技术上的不足，特别是计算机的图形媒介能够使任意的、复杂的建筑造型具有精确的空间信息，从而将空间形体生成引领到传统工具无法企及的领域，开拓了形体创造上更多的可能性及更大的想像力，并使建筑构件的预制生产和建造施工都成为可能。

弗兰克·盖里(Frank Gehry)设计的西班牙毕尔巴鄂古根海姆博物馆(图 3-81)得助于航空设计使用的计算机软件，使盖里的构思如虎添翼。其独特的造型充满了任意流动的扭曲、强烈感官的刺激、难以言说的怪诞，完全有别于国际式建筑的基本形态，造型上的液态化倾向彻底摒弃了传统的创作原则，被称为数字时代建筑创作的先驱。

图 3-81 西班牙毕尔巴鄂古根海姆博物馆

6. 源于城市设计的造型构思

任何一座建筑总是立于城市之中，特别是一座处在城市特定地段的重要公共建筑。它要从城市历史、现在、未来的发展出发，思考如何融入城市公共生活之中，并从里到外都要与城市的发展共生。由华南理工大学何镜堂院士等设计的 2010 年上海世博会中国馆即面临这样一个命题。

为了直面城市用地紧张这一突出问题给出应答，造型构思以架空升起，创造出由前广场、9m 架空平台及 13m 标高“九州清晏”屋顶花园组成的连续城市广场空间，给参观者与市民提供了一个自由开放、多元的城市公共活动场所。而其造型因 4 组巨柱托起 21m 净高巨构空间而有中国传统礼器“鼎”的挺立之气势。再结合造型要体现万国博览会之中国馆特色，其构成方式吸取中国传统城市营建法则、构成肌理以及中国传统建筑的屋架体系、斗栱造型特点，以纵横穿插的现代立体构成手法生成一个逻辑清晰、结构严密、层叠出挑的立体空间造型体系，并配以“中国红”色彩主调，使中国馆成为黄浦江畔又一独特而醒目的地标建筑(图 3-82)。

以上几种造型构思的渠道仅仅是建筑形式创作方法的冰山一角，设计者还可受到其他灵感或从已积累的丰富生活经验中得到启迪。使造型设计不再仅停留在推敲形式的变化上，而应在结合相关设计要素的过程中，使突出造型设计要素更具新颖性、独特性。

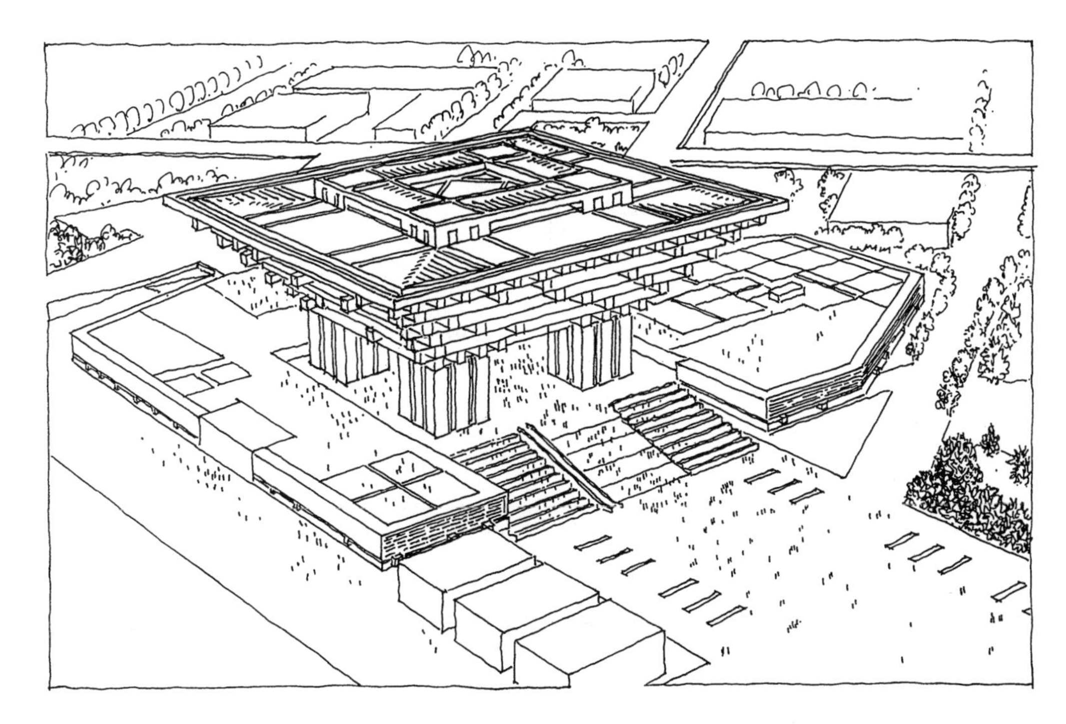

图 3-82　2010 年上海世博会中国馆

（四）结构构思

结构是采用一定的建筑材料、按照一定的力学原理与构成形式所建立起来的建筑支撑体系，是构建空间的“骨架”，是建筑物赖以存在的物质基础。

在建筑设计中，设计者要充分发挥他的创作主导作用。但是一个好的建筑设计，还必须要有包括结构工程师在内的各专业团队的密切协作、默契配合。如果设计者对各种结构形式的基本力学特点及其适用范围有所了解，甚至能熟练掌握的话，那么，设计者不仅与结构工程师有了共同语言，而且在建筑创作中就会有更多的创作自由。

设计者在上述工作方法的基础上，进一步把结构作为构思的渠道将会开辟建筑创作的新天地。所谓结构构思就是对建筑支撑体系——“骨架”的思考过程，使其与建筑功能、建筑经济、建筑艺术等诸方面的要求紧密结合起来。特别是现代结构形式为建筑创作开拓了更广阔的领域，它不仅能保证技术上的安全可靠，而且更重要的是它能构成新的围护界面、空间形式、建筑轮廓，其结构本身也富有美学表现力。因此，结构构思在现代建筑设计中，尤其是在需要覆盖较大空间如体育类、观演类、展览类等的建筑类型中或高层建筑中已成为重要的创作源泉之一。

我们可以从以下几个方面探索结构构思的基本思路。

1. 基于结构的覆盖空间与建筑物的使用空间趋近一致的结构构思

结构的覆盖空间包含建筑物的使用空间、非使用空间以及结构部分自身所占去的空间。从图 3-83 中我们可看出：非使用空间越小，则空间的使用率越高。这不但可以减少花在建筑实体上的投资以及节约常年维护费用，而且可以大大减少建筑照明、采暖、空调等能耗。因此，结构构思就是要思考怎样找到一个合理的结构形式。这个结构形式又能与建筑的围护界面构成一体化，使其所覆盖的空间能与建筑物的使用空间趋近一致，并在造型上有所特色。

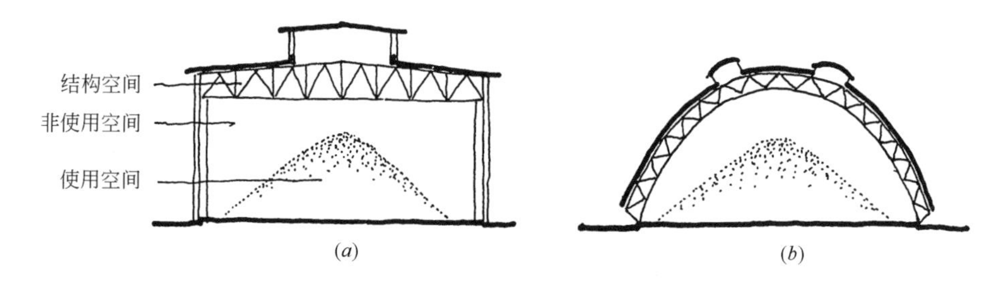

图 3-83 结构的覆盖空间与建筑物的使用空间比较
(*a*)空间利用率较低；(*b*)空间利用率较高

由瑞士建筑师赫尔佐格(Thomas Herzog)、德梅隆(De Meuron)建筑师事务所和中国建筑设计研究院设计的国家体育场看台形似碗状，但坐席较多的东、西看台顶部较高，坐席少的南、北看台则较低。而整个看台以形似鸟巢的巨大钢桁架编织外罩所覆盖，且顺着碗形看台东西方向高起来，南北方向低下去，形成一个三维起伏的马鞍形。这样，结构所覆盖的空间与观看比赛的使用空间达到了完美结合(图 3-84)。其外部造型令人耳目一新，气势非凡。

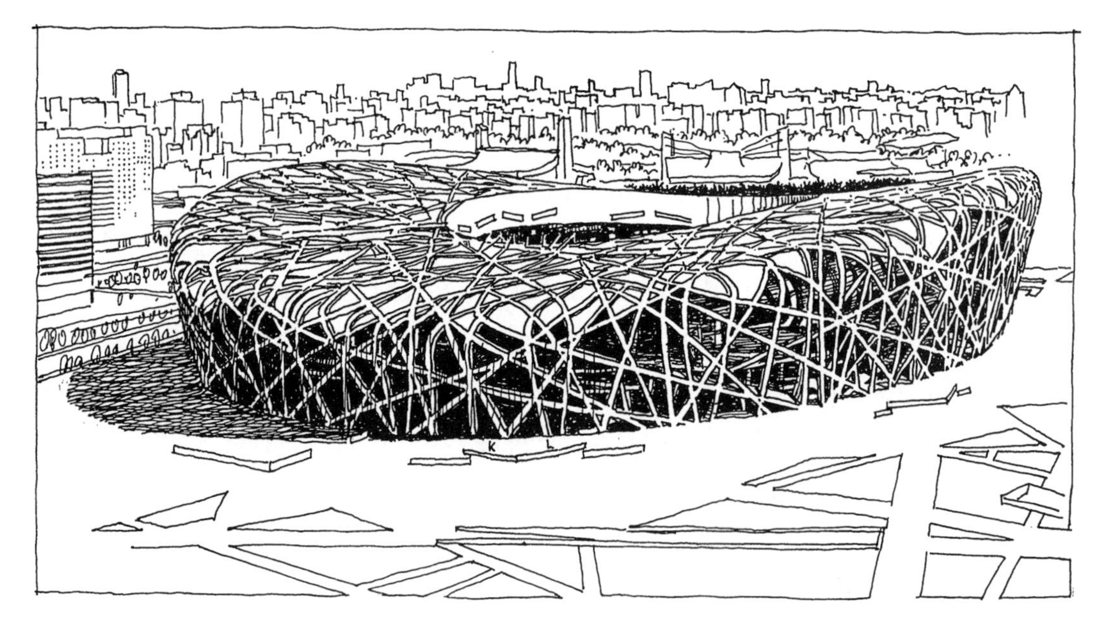

图 3-84 北京国家体育场

法国建筑师勒维尔(Viljo Revell)设计的加拿大多伦多市政厅议会大厅(图 3-85)在两个对峙的圆弧建筑拥抱下呈蘑菇状造型。建筑师将倒圆锥体曲面作为楼盖，正好与议会厅所需要的地面升起相吻合，顶部则以球面壳覆盖。这样，恰好构成了与议会厅功能相适应的空间形态，而且体积十分紧凑。倾斜的议会厅底界面也为人们提供了可以自由活动的外部场所。

上述是使结构的覆盖空间与建筑物的单一使用空间趋近一致的实例。而柏林自由建筑

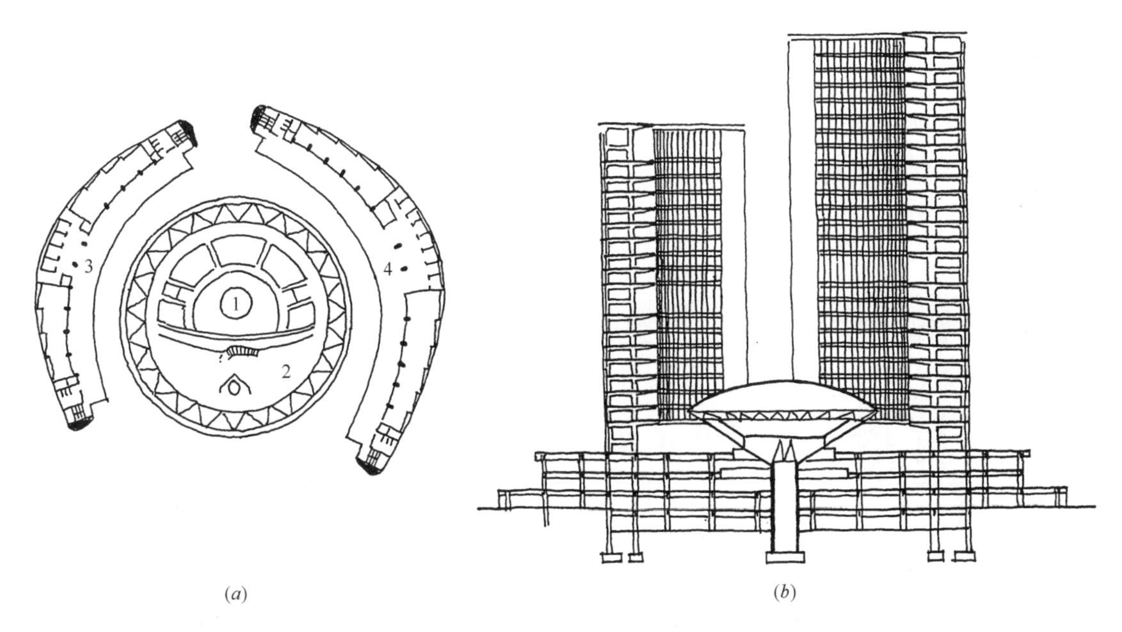

图 3-85　加拿大多伦多市政厅

(a)平面；(b)剖面

1—议会大厅；2—议员休息厅；3—西办公楼；4—东办公楼

大学语言学图书馆(图 3-86)则是使结构的覆盖空间与建筑物的复合使用空间趋近一致的案例。由福斯特设计的该图书馆是一座有 5 层阅览空间的球状建筑。各层书架和垂直交通体系居中，而阅览区域分布在靠近建筑外皮的自由曲线形平台边缘，以获得尽可能多的采光。为了使各层阅览区上下流通，而又不出现无效空间，因此，一个形似“大脑”的球状钢结构空间网架恰如其分地罩住了整个图书馆所有使用空间。其结合生态概念设计所形成的外形及开窗方式，使图书馆造型别具一格。

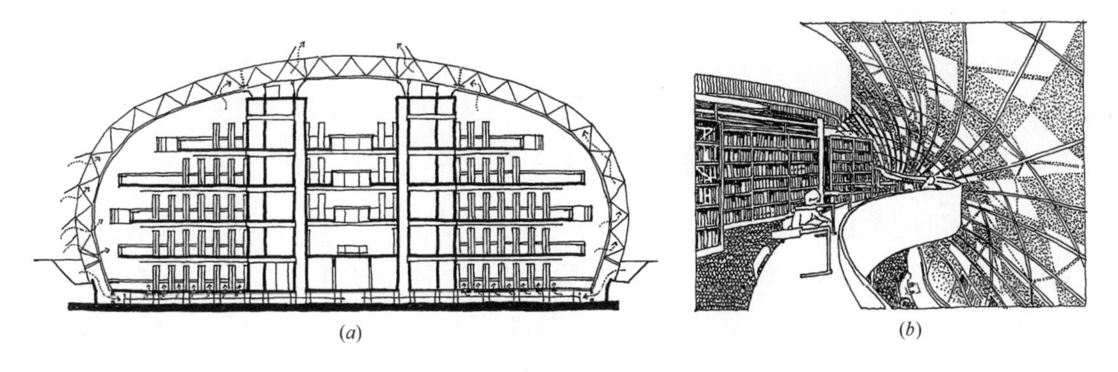

图 3-86　柏林自由建筑大学语言学图书馆

(a)剖面；(b)内景

在一座建筑内会有大小差别很大的若干房间，如何把它们有效地、有机地组织在一起，并充分利用空间，设计者必须在剖面上推敲结构的形式，使结构所划分的空间与建筑的使用空间趋近一致。

路易·康设计的威尼斯议会中心方案(图 3-87)，在运用新结构组织空间方面颇具匠心。由于威尼斯水城地基工程相当困难、昂贵，因此，他把整个建筑物悬挂在两个沉箱基础的四个墩子上。其钢索悬挂方式使下垂弧状的结构底界面构成了议事厅室内地面——由中心向两侧升起的座位。而吊顶形式一是为了节约空间，即提高空间使用效率；二是为了使声反射和声场均匀分布，采取了中间是下垂弧形，两侧是倾斜面。其吊顶轮廓正好构成其上的三个小会议室的地面变化。这样，就使结构所划分的空间与建筑物的使用空间巧妙地合成在一起。

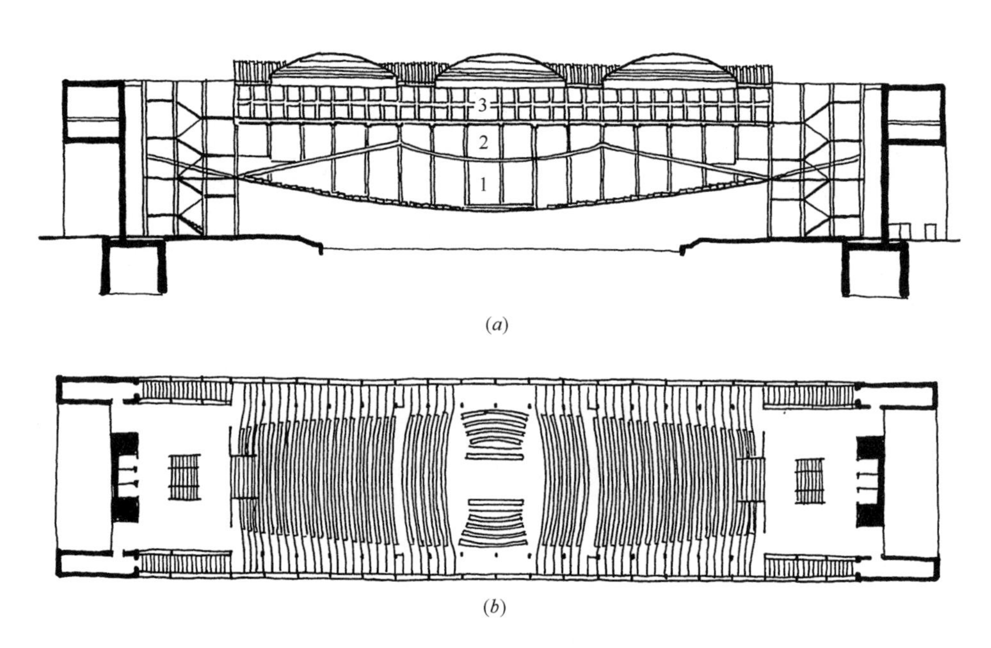

图 3-87 威尼斯议会中心方案

(a)剖面；(b)平面

1—议事厅；2—小会议室；3—舞厅

总之，在考虑结构覆盖或划分空间与建筑物使用空间趋近一致的结构构思时，设计者要着重研究平面形式与剖面形式的结合与处理，使其不但应尽量吻合，且要十分巧妙。这样，在建筑方案设计初始，一旦结构构思及早介入，不但增强了实现方案的可操作性，而且也奠定了设计目标最终的特色。

2. 基于合理的结构形式与建筑物的使用要求结合起来的结构构思

随着社会的发展，建筑的功能日益复杂起来，人们对物质生活与精神生活也日益提出更高的要求。这就需要建筑设计人员和结构设计人员共同发挥创造性。特别是在构思阶段，只有从整体上构思结构总体方案，才能去创造性地满足该建筑物的空间形式及其使用功能、构造功能和形象功能三个相互关联的功能要求，才能更好地满足业主所追求的理想使用场所。

由诺曼·福斯特设计的香港汇丰银行(图 3-88)，作为业主提出的其中一条要求是：即“内部具有最大的灵活性”。按高层或超高层建筑通常的设计思路是中间为核心筒，周边为使用空间。这对于汇丰银行的使用功能要求和要把土地还给市民，并利用穿堂将前后城市空间贯通起来的要求是行不通的。设计者在整体构思中，运用桥梁结构技术和航天用高技术，以平面两端八组“通天柱”牢扣五层三角形垂悬桁架，再各自悬吊各层楼板，并将起结构抗测力作用的电梯群筒体布置在通天柱的外侧。这样，中间就形成无柱大空间，使宽阔的楼面为各层提供了完整的面积，可根据需要随时变动平面布置，而无需做任何结构性更改，因此，具有高度的灵活性。其近 10m 高的架空底层就成了市民过往和客户进出的广场。

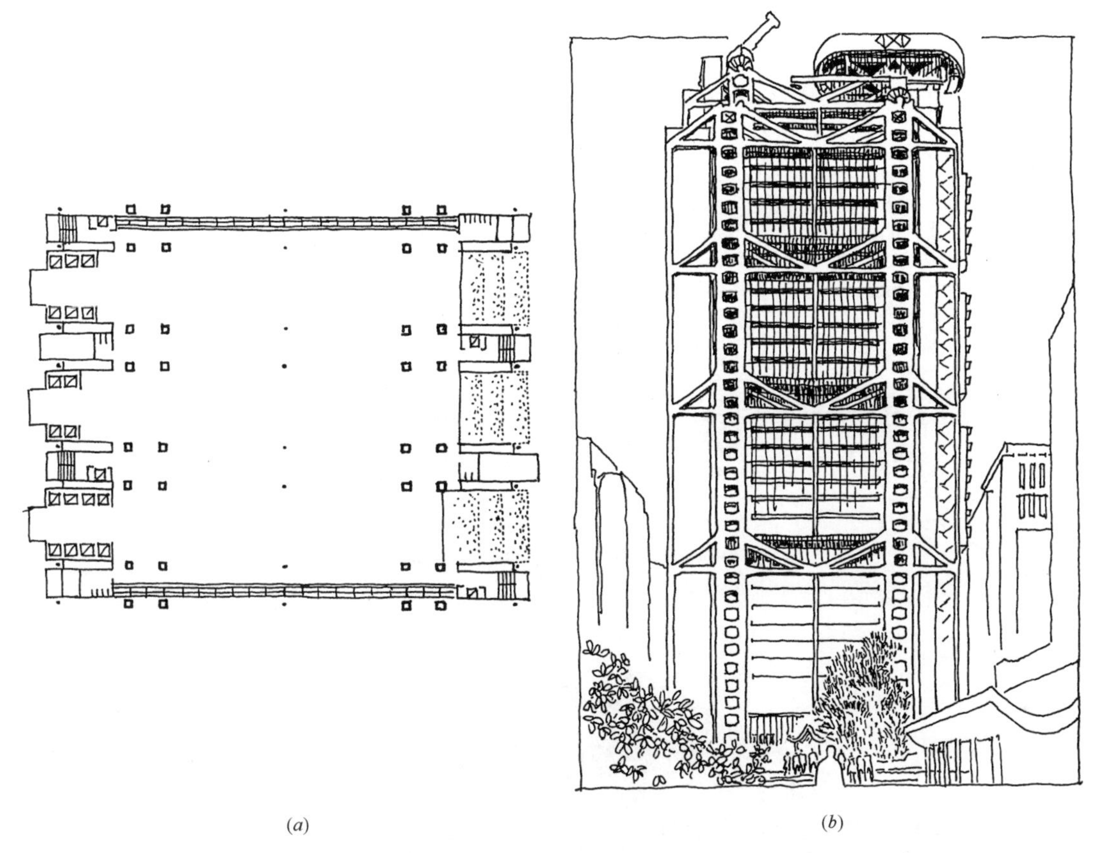

(*a*)　(*b*)

图 3-88　香港汇丰银行

(*a*)楼层平面；(*b*)外观

建筑物的使用要求不仅指硬质环境的空间大小、形状及其组合关系，而且还包含了软质环境的采光、通风、音质、照明等。作为结构构思，设计者必须将合理的结构形式与建筑物的这些使用要求完美结合起来。

由意大利结构大师奈尔维进行结构设计的巴黎联合国教科文组织总部会议厅(图 3-89)是一座梯形建筑物。其屋顶结构是一双跨倾斜的多波复式钢筋混凝土折板，沿着结构的长向布置，并与同样是折板结构的前后山墙相交。由这样独特的平面结构形式所产生的空间形态及声反射面，不但满足了大中小各会议厅的功能使用要求，而且大大有助于声扩散效果。

德国建筑师托马斯·赫尔佐格设计的汉诺威德国博览会公司 26 号馆(图 3-90)是一座面积在 2.5 万～3 万 m^2 的庞大单层建筑。为了解决展厅的自然通风要求，在三跨似波浪形的钢悬索屋面结构衔接处的 4.7m 高度，设计了一个有大面积进气口的顶棚，将引入的新鲜空气向下流动，均匀分散到地面上，并弥漫在展馆的各个角落。根据热气流上升的原理，室内所有人与物产生的热量缓慢向上从具有拔风作用的屋顶最高处——屋脊排出展览馆。这种结构形式所产生的自然通风效果不但将机械通风的开支减少了约 50%，而且意味着不必在巨大的屋顶和展览馆空间中安装机械设备。

图 3-89 巴黎联合国教科文组织总部会议厅

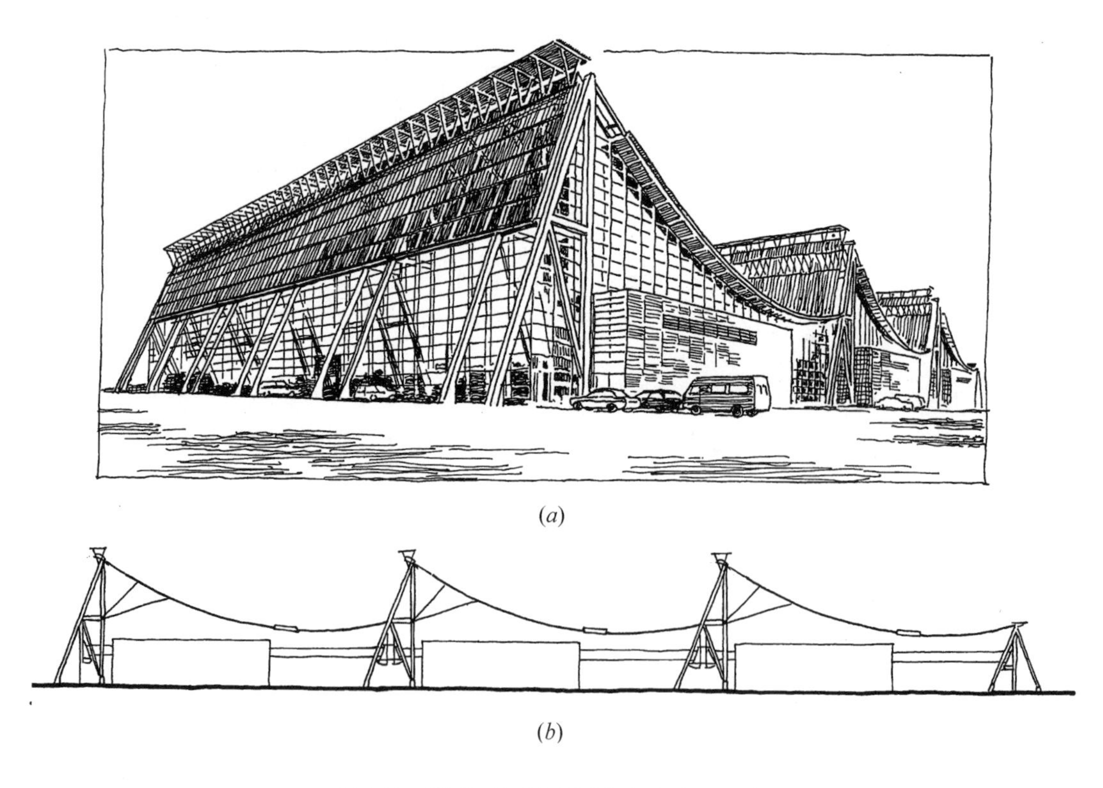

(*a*)

(*b*)

图 3-90 德国汉诺威德国博览会公司 26 号馆

(*a*)外观；(*b*)剖面

由挪威两家建筑设计事务所(Biong & BiongA/S 和 Niel Torp)设计的挪威哈默尔冬奥会滑冰馆(图 3-91)总建筑面积达 22000m²。妥善解决如此大面积的采光通风成为设计的主要矛盾之一。设计者为解决此问题，并使这座庞大的建筑物获得轻快的感觉，采用轻型木结构网架体系，以左右三层跌落的屋面和中央屋脊将通常整体的屋盖化解为形似倒扣的挪威古代海船底部外壳状，不但丰富了建筑的造型，而且在几片屋面相叠处所形成的一条条弧形采光带，有效地解决了大空间内部的采光通风问题，使这座庞大的建筑有一种“在空中飘浮”的效果。

图 3-91 挪威哈默尔冬奥会滑冰馆

由上可知，像声学、通风、采光、排水等技术问题，并不是在建筑设计方案确立之后再考虑的，也并不是仅仅依靠建筑设计本身来解决的，往往在构思之初就要思考解决这些技术问题的路子。有时，特定的结构形式在解决这些技术问题时同样可以起到十分重要的作用，甚至比通过建筑设计来解决这些技术问题更为优越，不但可获得事半功倍的效果，而且往往可创造出与众不同的特色。

3. 基于建筑物的空间形态与结构的静力平衡系统有机统一起来的结构构思

结构的静力平衡系统是在荷载作用下自身能保持平衡稳定、无移动或转动情况发生的结构传力系统。简洁而合理的传力系统可以避免增加不必要的传递构件和附属建筑空间。同时，也因独特的静力平衡系统而产生新颖的造型艺术效果。

由奈尔维设计的罗马小体育宫(图 3-92)，其拱顶由钢筋混凝土菱形板、三角形板以及弧形曲梁拼合而成。为了平衡拱顶推力，在拱顶四周布置了 36 根倾斜的 Y 形柱，呈轴向受压状态。这样，来自拱顶的推力就沿着最直接的路线传到地环基础上。由此构成的屋盖结构静力平衡系统，不仅增强了建筑物的刚度和稳定性，而且也相应减小了土壤所承受的压应力。在造型上，倾斜支撑结构系统起到特殊的视觉效果作用。奈尔维在这个作品中，不仅表现了娴熟的结构技巧、创造性构思能力以及精通的施工技术，同时也表现出建筑上的创新意识。

悬挑结构是现代建筑获得开放空间的极为有效的手段之一。如何以合理的结构传力方式或传力系统来保证悬挑结构的平衡与稳定，不但是建筑技术问题，更是通过结构构思而产生新颖建筑形象的一个重要思路。

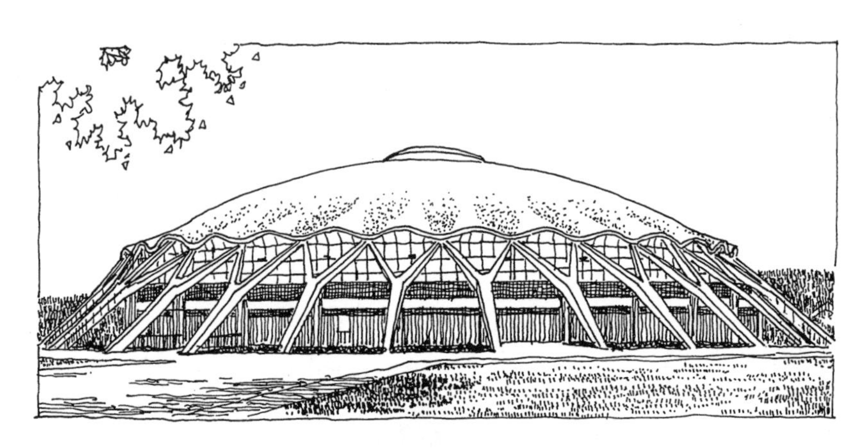

图 3-92　罗马小体育宫

奈尔维设计的意大利佛罗伦萨体育场大看台(图 3-93)，把悬挑 17m 的雨篷挑梁外形与其弯矩图统一起来，并对挑梁的外轮廓经过了艺术加工，又在挑梁支座附近挖了一个三角形孔，既减轻了结构自重，受力又合理。同时，建筑造型简洁优美，对于当时看惯了梁板柱结构的人来说，真是别具一格。

图 3-93　佛罗伦萨体育场

在复合式大空间中，我们可以利用附属空间的结构来构成覆盖大空间屋盖的静力平衡系统，反之亦然。我们也可以紧密结合大跨度屋盖结构传力系统的合理组织，来恰当安排大空间与其附属空间的组合关系。

布鲁塞尔国际博览会原苏联展览馆(图 3-94)，在相距 48m 的两排格构式钢柱顶端利用悬索将柱身两侧各挑出 12m 的金属桁架拉住。当中间 24m 跨金属屋盖加载后，为防止两排钢柱向内倾覆，便在大厅两外侧以拉杆使整体结构形成静力平衡的悬索体系。此时屋面所有荷载以及外侧悬挂式玻璃外墙的荷载，都同时传递到垂直的格构式钢柱上，传力途径简洁合理。而大厅两侧的附属空间因布置了悬挑夹层，不仅增加了展览面积，而且也衬托出中轴线上作为主体的大厅空间，外部造型也显得气势恢宏。

对于自由式大空间所构成的不规则屋盖结构如何取得静力平衡呢？现代索膜结构的发展已为这一问题的解决开辟了广阔的前景。

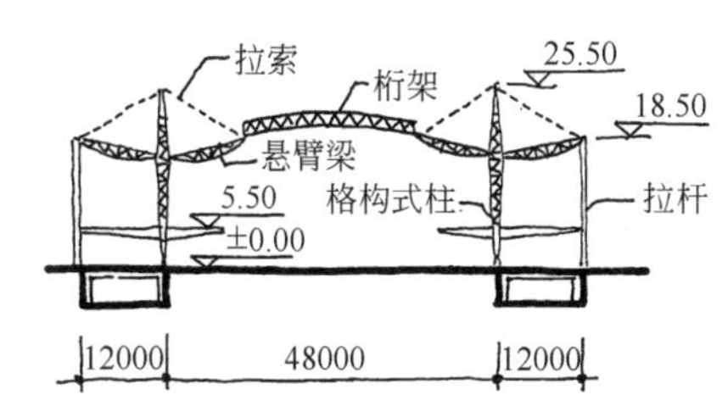

图 3-94　布鲁塞尔博览会原苏联展览馆

由 G·本尼奇(G·Behnisch)设计的慕尼黑奥林匹克体育中心(图 3-95)为结合园林化，与山势、水景交相辉映的需要，使巨大规模的体育建筑取得近人的尺度。因此，结构构思采用 74000m² 的索网屋顶不仅覆盖大半个体育场和整个体育馆、游泳馆，还不断向四边延伸。这种索网结构以巨大桅杆、索拱、锚组成整个屋盖的静力平衡系统，创造了丰富多样的空间形态，也进一步与环境融为一体，并使整体性与多样性得到了完美统一。

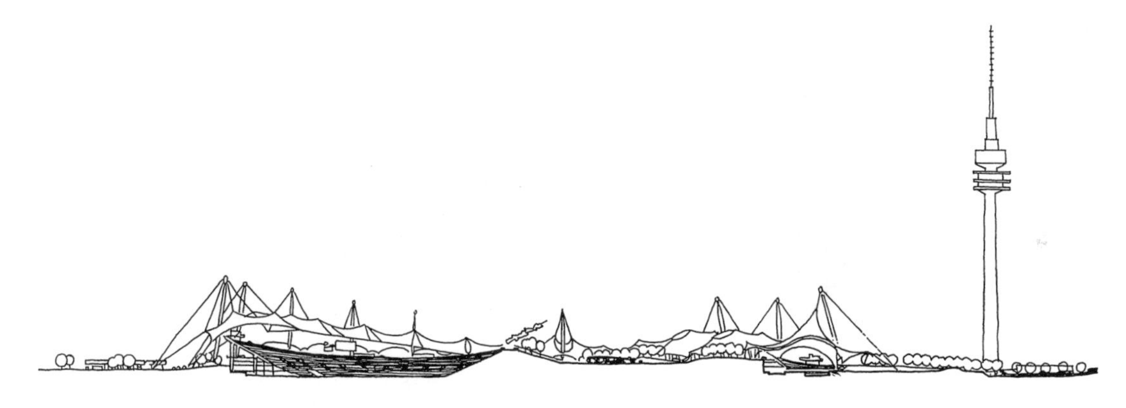

图 3-95　慕尼黑奥林匹克体育中心剖面

现代科学技术的发展给建筑师的创作带来更多的自由。但这不等于说建筑设计可以随心所欲，更不能认为只要不惜工本、代价，什么奇形怪状的方案都可以实现。建筑设计还是要讲究尊重科学，其中之一就是要使建筑设计方案符合结构逻辑，力的传递途径要合理。在此基础上，再有所创新发展，才能使建筑设计方案少点浮躁，少点哗众取宠。

4. 基于建筑物竖向合理的体形与有利结构整体抗侧力的结构构思

在高层或超高层建筑中，结构构思主要应注意如何抵抗水平荷载——风力和地震力的问题。这是因为，在水平荷载作用下产生的建筑物基底弯矩是随建筑物高度的二次方、荷载的三次方而急剧递增的，而竖向荷载却随建筑物的高度增高只呈线性增加。此外，水平荷载还会使高层建筑产生摆动。因此，高层建筑的建筑设计要特别重视结构的整体抗侧力，即力求使建筑平面的刚度中心接近其质量中心。一般来说，简洁而对称的平面设计和体形设计对于合理布置抗侧力结构是比较有利的。因此，圆形、方形、三角形、矩形这四种几何平面形式的高层建筑都有利于结构构思解决抗侧力的目的(图 3-96)。

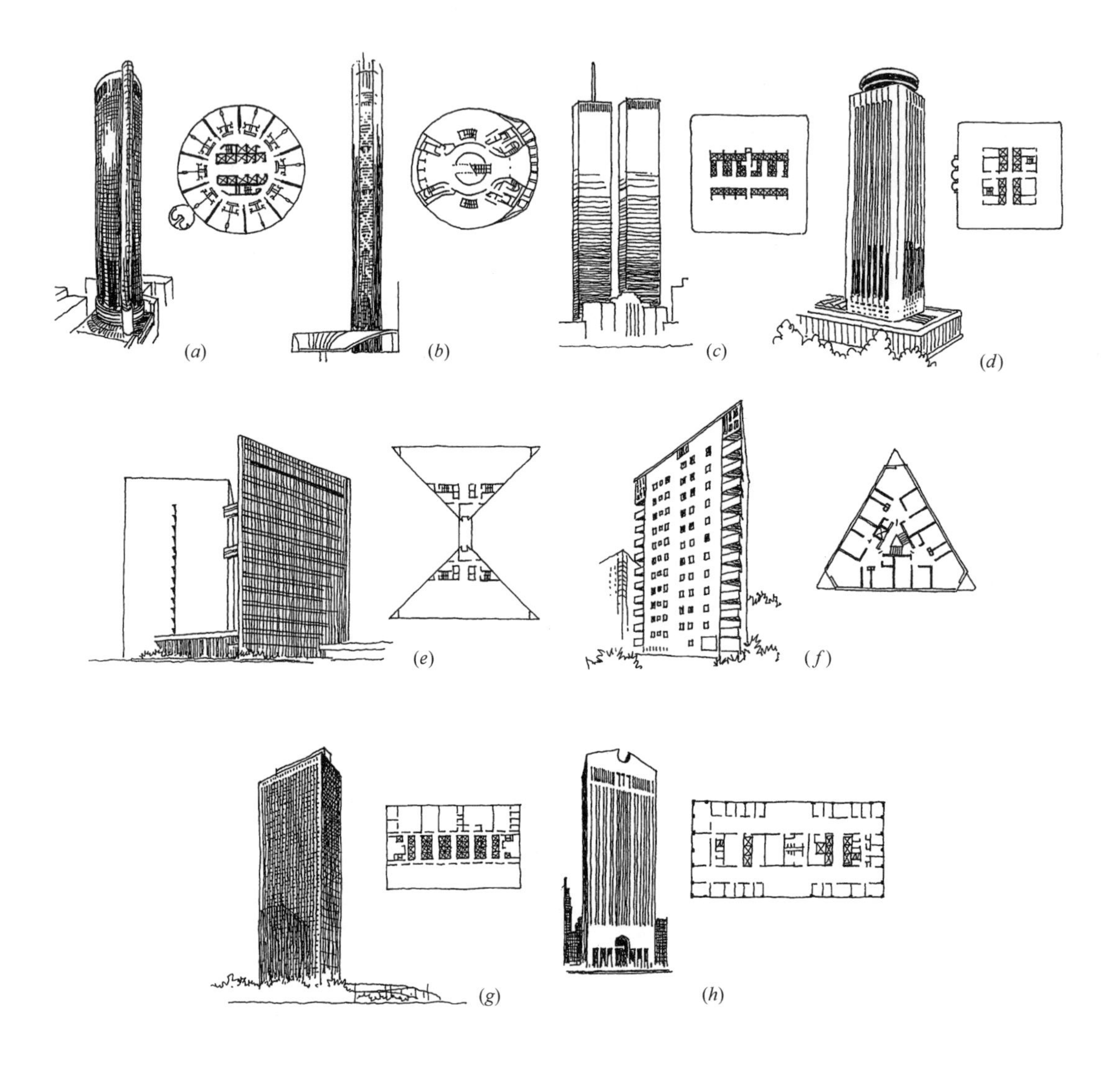

图 3-96 高层建筑的基本平面形式

(*a*)亚特兰大桃树中心广场旅馆；(*b*)巴黎无止境大厦；(*c*)纽约世界贸易中心；(*d*)深圳国际贸易中心；
(*e*)利雅得费萨尔基金会总部；(*f*)瑞典哥德堡高特塔拉高层住宅；(*g*)东京阳光大厦；(*h*)纽约美国电报电话公司总部大楼

但是，这些简单几何平面的高层建筑造型似乎还缺少些变化，人们越来越不屑于现代建筑的单调感。为此，可以根据结构受力合理和建筑使用要求等，在平面基本形式的基础上发展演变为更富于变化的修正、衍生几何形平面和体形(图 3-97)。

应当注意，这些平面形式发展演变所带来的造型丰富感，并非单一从建筑艺术考虑，仍然要基于设法减轻高层建筑承受风压这个主要荷载的重要问题。例如匹兹堡钢铁大厦三角形平面，为了防止由于风压引起震动可能导致结构的疲劳破坏而切去三个角，不仅丰富了造型效果，也使受风时产生湍流而增加阻尼，减少振动。芝加哥玛丽娜双塔公寓采用花瓣形阳台，对增加风振阻尼、减小风振也是有好处的。

为了使高层建筑具有极佳力学效能，且不易屈服于侧向力的优良体形，还可以基本几何体为基础，在竖向上逐渐收进，形成上小下大的变截面体形，以减轻承受的风力，降低楼体的重心，加强结构的稳定性。

图 3-97　由基本平面衍生的高层建筑平面形式

(*a*)芝加哥玛丽娜城双塔；(*b*)慕尼黑 BMW 大楼；(*c*)香港海湾万国宝通银行中心；(*d*)南京金陵饭店；(*e*)匹茨堡美国钢铁公司大厦；(*f*)东京新大谷饭店；(*g*)米兰皮雷利大厦；(*h*)明尼阿波利斯 IDS 中心

由佩雷拉(William Pereira)设计的旧金山泛美公司总部大厦和福斯特设计的日本千年大厦都是上小下大的锥形体。只是前者是方锥形后者是圆锥形(图 3-98)。它们的轮廓线最接近高层建筑的水平荷载作用下的应力图形，因此体形最为合理。

由 KPF 建筑设计事务所和上海华东建筑设计研究院等设计的上海环球金融中心(图 3-99)总高 460m，地上 95 层。主体建筑底部为正方形，并按其中一组对角自下而上逐渐收分，至顶部呈线状，形成楔形体，有利于抗风、抗震，并呈现稳固坚韧的特征。顶部又开了一个很大的洞口，更减轻了对大厦的风荷载。

贝聿铭设计的香港中国银行大厦(图 3-100)的结构构思采用退台办法，将方形平面用两对角线分为四个三角形，随不同高度分别截去一个三角形，最后剩一个三角形直通楼顶。整个大厦在反光玻璃幕墙的映衬下，形似变化多端的巨大水晶体。

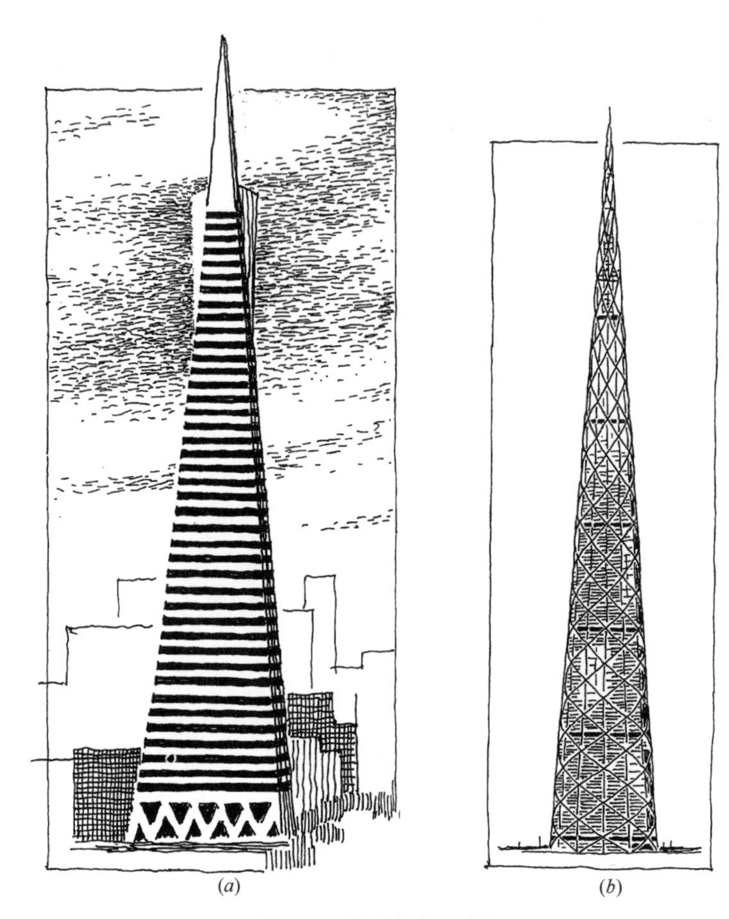

图 3-98　锥形体高层建筑

(*a*)旧金山泛美公司总部大厦；(*b*)日本千年大厦

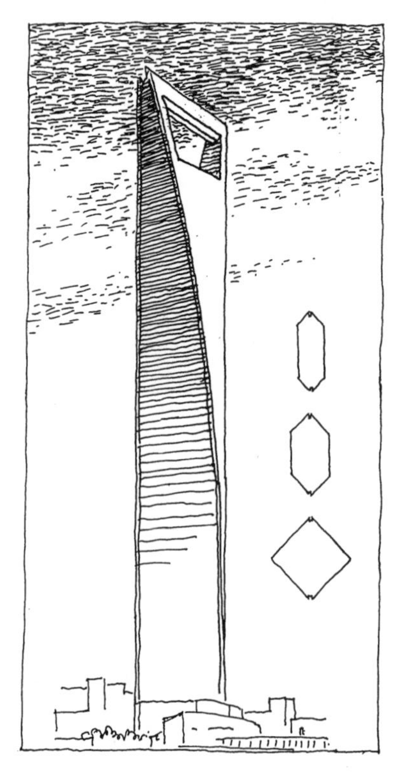

图 3-99　上海环球金融中心

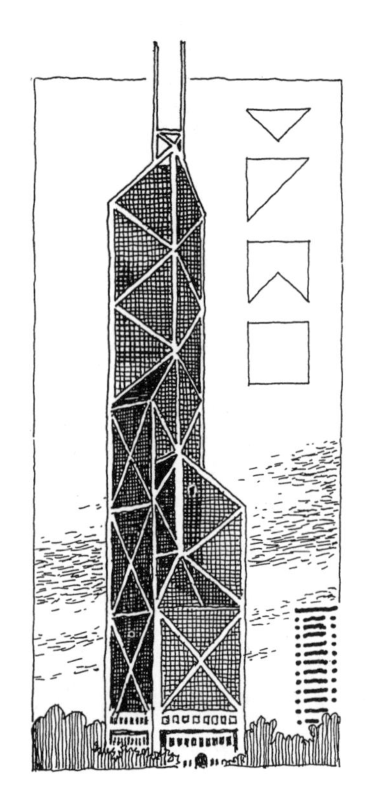

图 3-100　香港中国银行大厦

当然，在结构构思时，除了考虑增加高层建筑整体抗侧力而选择有利的几何平面形式与体形外，还需要有赖于结构从技术上得到万无一失的保证。

由李祖源建筑师事务所设计的台湾 101 大楼(图 3-101)，为了抗震和抗风，结构采用了巨型框架—核心筒结构体系，周边布置了 8 根大箱形钢柱(62 层以下内灌一万磅高性能混凝土)，内筒由 16 根箱形柱与斜撑形成桁架筒，共同构成 101 大楼整体结构体系。另外采用了先进的制震设备(800t 抗风制震、风阻尼器、自动计算摇晃幅度、自行调整移动方向)，使 101 大楼实际可承受 2500 年一遇之 10 级以上大地震，可承受相当于 17 级以上强烈台风。在结构构思的基础上，建筑设计以向上开展花蕊式的造型，象征中华文化“节节升高”的意象，成为台北市动人的城市地标。

由西萨·佩里(Cesar Pelli)设计的马来西亚吉隆坡石油大厦双塔(图 3-102)，为多功能圆形建筑。地上 88 层，总高 452m，底部直径 46.2m，在第 60、72、82、85 层处有收进。马来西亚没有地震，但要进行抗风设计。而该双塔之所以选择圆柱形正是考虑到它垂直于风向的表面积最小，因而风荷载要比其他任何形状的高楼所承受的风压要小得多。况且在

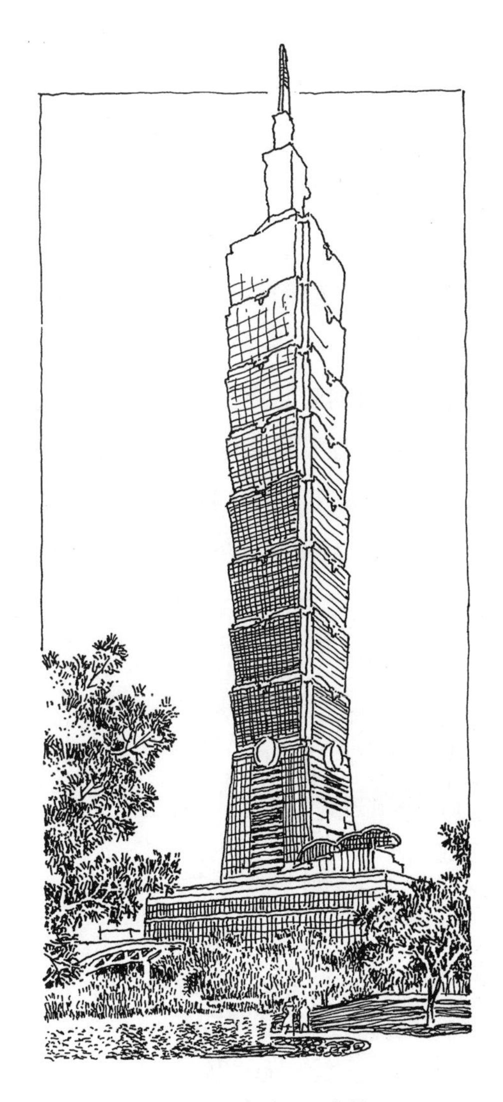

图 3-101　台湾 101 大楼

图 3-102　马来西亚吉隆坡石油双塔

每个圆形塔楼旁边还分别靠着一个小圆形附属塔楼，更增大了主体结构一个方向的抗侧能力。为了进一步增大抗测力，在第 38～40 层设置了一道钢筋混凝土空腹桁架将塔楼外框架与 23m 见方的核心筒拉接。由于核心筒惯性矩很大，在基底处承受的倾覆力矩超过了 50%。可见，现代高层建筑的创作，必须善于把结构构思同特定的简单几何体形有意识地、科学地结合起来，才能使高层建筑的创作得到技术的保证。

从上述高层建筑在结构构思中的独到之处我们可以看出，高层建筑的设计不能像中、低层建筑那样在平面与形体上有较大的自由度，更不能在造型上伸胳膊伸腿，搞得花样繁杂。否则，不但无结构构思可言，而且在处理结构基本问题时，将会遭遇本该可避免的麻烦，并由此带来诸如造价昂贵、结构逻辑紊乱、功能使用欠佳等等的弊端。因此，一个好的结构构思可以做到事半功倍的效果。

5. 基于展露结构具有美学价值因素的结构构思

结构是构成建筑艺术形象的重要因素之一。结构除了要达到安全与坚固的目的，结构本身也富有美学的表现力。因为各种结构体系都是由构件按一定的规律组成的，这种规律性的东西本身就具有装饰效果。设计者只要注意发挥这种表现力和利用这种装饰作用自然地显示、袒露结构美学价值的因素，并在此基础上，根据美学原理进行艺术加工，来达到表现建筑美的目的，而不是靠堆砌、附加装饰材料，以虚假、庸俗的拼贴掩盖结构真实的内在美。那么，就可以使建筑物最终达到实用、经济和美观的目的。

结构外在美是通过建筑物特定的整体结构形式在受力状态下，自然表露的结构形态美。这种结构形态与受力特性达到高度统一，具有合理的理性逻辑。

日本建筑师丹下健三设计的东京代代木国立室内综合体育馆(图 3-103)是由游泳比赛馆、室内球技馆及其他设施组成的大型综合体育设施。主馆由两根钢筋混凝土桅杆支撑，其间有两根主吊索。它们又从桅杆向下斜拉到“触角”尖端，两坡式的悬索屋顶构成了平缓而优美的曲面。整个屋顶造型蕴含着日本传统建筑的风格，但又非常具有现代气息。附馆的屋顶更特别，全部屋面由中间一根桅杆柱支承，悬索扭曲呈海螺状，显得轻巧流畅，具有动态美。

图 3-103 东京代代木国立室内综合体育馆

由澳大利亚建筑师菲利普·萨顿·考克斯(Philip Sutton Cox)等设计的澳大利亚悉尼足球场圆环顶盖随看台座位区高低而起伏，形成的马鞍形流畅曲线是那样动人。而那些起结构传力作用的紧绷钢缆和桅杆呈现出竞技搏斗的力度，这一柔一刚鲜明地把体育建筑的个性表现的淋漓尽致(图 3-104)。

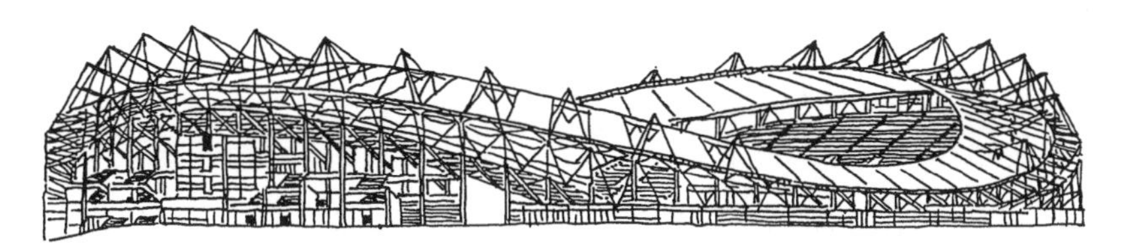

图 3-104　悉尼足球场

结构内在美是通过设计者对构件的艺术加工而呈现出来的。它不需要再用其他装饰手段进行多余的掩盖，直接将构件组合的规律真实地表现出来。

奈尔维设计的都灵劳动宫，整个大厅屋面由 16 根高 20m 的钢筋混凝土巨柱分别独立支承。每个柱顶呈辐射状伸出一根根悬臂钢梁，组成一把把巨大的“伞”，16 把巨伞就构成了劳动宫顶棚特殊的艺术效果(图 3-105)。

奈尔维的另一件名作罗马小体育宫，整个圆顶由 1620 个菱形槽板拼装起来，在板缝中布筋现浇成肋。而一条条精致的肋组成了迷人的图案，轻盈秀巧，如同昆虫的薄翅一般(图 3-106)。

图 3-105　都灵劳动宫

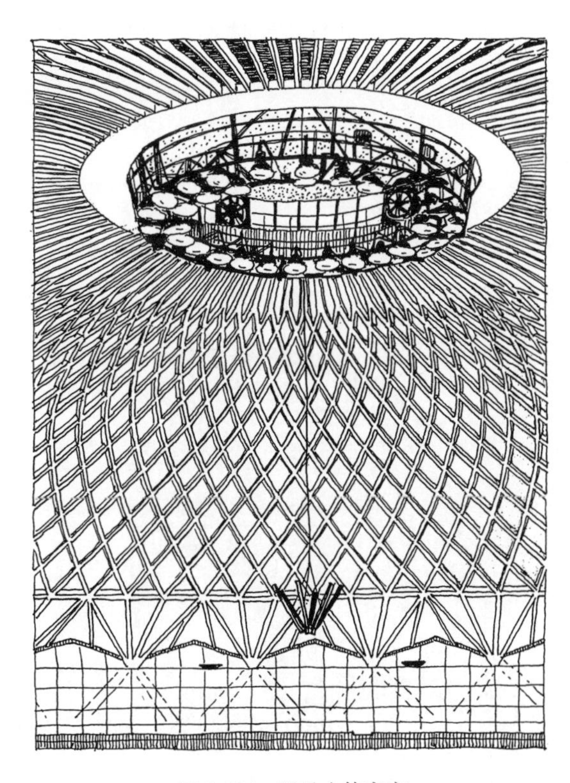

图 3-106　罗马小体育宫

从上述可知，结构不仅起着支撑空间的作用，也会在一定程度上表达出结构逻辑的现代感、力度感、科技感和安全感，人们可以从中领悟到结构构思及营造技艺所形成的造型美。特别是对于覆盖大空间而言，需要有一个合理的结构形式，诸如拱券结构、钢架结构、网架结构、悬索结构、薄壁结构、充气结构、张拉膜结构等等。暴露这些结构形式的顶界面，并进行艺术加工，有时比繁琐和虚假的装饰更有震撼人心的魅力。因此，设计者在把结构因素作为建筑创作的限定条件的同时，也应思考是否可以通过一定的艺术加工方法把结构因素又作为创造建筑室内外独特形象的有力手段，这就是展露结构具有美学价值因素的结构构思所要达到目的。

（五）表皮构思

表皮即建筑物的外围护结构。它最初是由材料构成，如夯土墙、竹篱棚等，这些自然的材料以物质的形态呈现出自然的秩序。只有当建筑的逻辑从材料的选择、材料的制作、技术的运用、细部的构成，到最终赋予它情感的整个过程，使材料转化为材质，使其具有了质感、肌理、色调等特性。建筑的这张表皮如同人的肌肤一样才逐渐成为设计的重要元素。

但是，在生活多元化的今天，表皮有时完全掩盖了建筑内部的结构，成为建筑包装的手段，如同服装裹着人体一样。特别是当建造和计算的新方法有助于将形式从以前的材料约束中解放出来，而且在快速运转的、数字化和全球化的媒体与以市场为导向所带给人们感官不断刺激和信息轰炸中，表皮越来越走向时尚化。然而，建筑物毕竟是物质性的，建筑本体最终要还原为材料、结构和构造这三个建造要素。

因此，设计者在建筑表皮上用材是基本的，但要用的有新意，这就需要进行表皮构思。所谓表皮构思，就是对材料与建造的思考。即一方面要关注材质的表现性，另一方面应关注材质与结构体之间一体化的逻辑关系。表皮不再仅仅是一张皮，它应是建筑的有机组成部分。

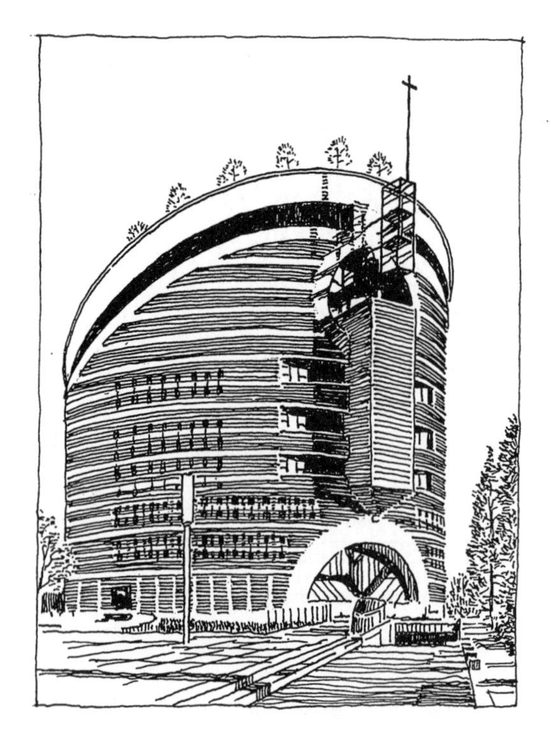

图 3-107　法国艾弗利天主教堂

砖是最古老的一种建材，大多数砖砌建筑的表皮是用另一种材料将其掩盖。而博塔设计的许多建筑从外到里一色的清水砖砌，与众不同的是博塔将砖砌筑当成一种精雕细刻。我们从他设计的法国艾弗利天主教堂(图 3-107)可真切地欣赏到砖砌的艺术魅力。教堂内外两张皮是清一色的红棕色砖，令人赞叹的是砖的砌法是经过精心设计的。在墙身的内外皮上，以两排立砖无竖缝砌筑水平窄腰带，每隔窗高一条，其间以连续卧砖和间隔丁砖隔行交替砌筑形成密集方格纹理的宽腰带。由于砌筑方法不同，远看宽窄腰带的肌理有粗糙与平滑之分，色彩有深浅之别；近看建筑形体是简单的，而表皮因不同砖砌图案的效果，特别是在阳光照射下，砖砌筑的光影关系与材料肌理变化显得十分丰富精美。

一座大型立体车库往往会给城市环境景观造成不良的影响，而德国不莱梅希尔曼汽车库的设计者建筑师冯·格尔坎—马尔格(Von Gerkan-Marg)独具匠心，想方设法赋予这座汽车库一种特殊的外观，使该建筑在市内避免了对环境景观的破坏。设计者以既耐用又耐脏且与附近主要车站表皮一致的砖作为整个沿街立面的表皮。该表皮以三种砖砌筑而成。大墙面用的是两种色彩浓淡相似而又有变化的砖头，过梁、牛腿和柱脚是由烧成深色砖砌成。墙上窗洞部分用砖砌成方格，呈开敞式，有利通风，并遮挡外来视线。在对角斜穿主立面的室外楼梯大片实墙上，通过砖缝的不同砌法，隐约勾勒出一种图案的效果，丰富了立面内容(图 3-108)。

图 3-108 德国不来梅希尔曼汽车库

但是，现在砖已很少履行传统的承重功能。一方面，为了保护耕地，已明令禁止使用黏土砖；另一方面，即使是黏土砖，当代的制砖工艺和砌筑技术也很难确保呈现“清水砖墙”往昔的风采。只好以采用比“黏土砖”更像砖的“面砖”来模拟砖表皮的表现力。这种用法完全改变了人们对砖的传统承重观念，而变为纯粹作为装饰化的手段。

混凝土是一种混合材料，具有理想的可塑性和丰富的表现力，历史上许多建筑大师都是借此来发展自己丰富的想像力和独特的思想。柯布西埃以法国马赛公寓(图 3-109)等一批“粗野混凝土”建筑，形成个人的建筑风格而闻名于世。另外，像尼迈耶(niemeyer)设计的巴西利亚巴西议会大厦(图 3-110)、丹下健三设计的日本日南市文化中心(图 3-111)、安藤忠雄(Tadao Ando)设计的光的教会(图 3-112)等等都是利用清水混凝土质感作为表皮，艺术性地表现材料的塑性。

图 3-109 法国马赛公寓

图 3-110 巴西利亚巴西议会大厦

图 3-111 日本日南市文化中心

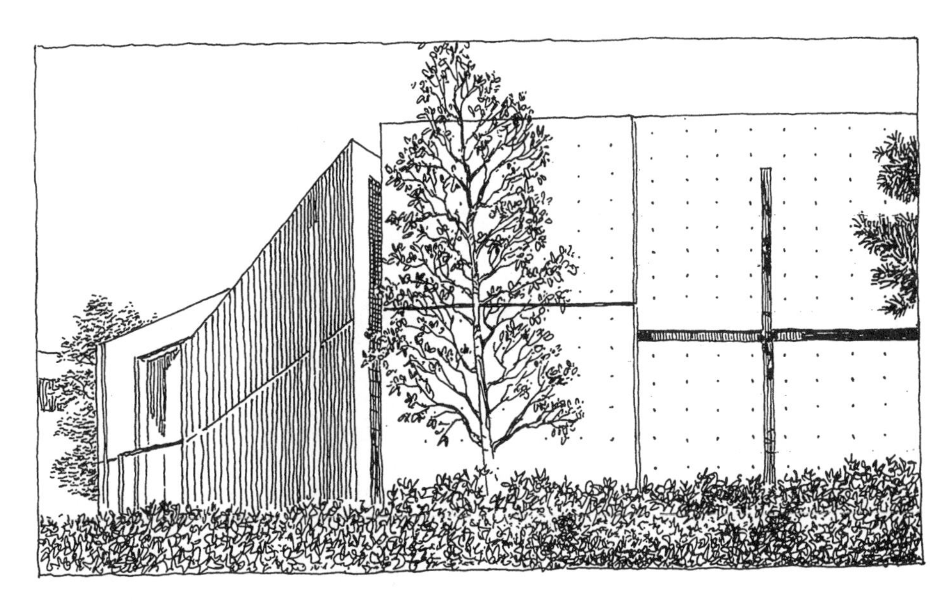

图 3-112　日本茨水市光的教会

随着工具和技术的发展，建筑师们又渐渐把眼光从混凝土的塑形及构成材料的具体利用，转移到材料自身所拥有的材料质感表现对感官及精神的影响和刺激上来。使混凝土表皮如同人的肌肤一样富有感觉，成为建筑师手中表达其哲学思想和建筑理念的物质工具。

此外，混凝土材料通过模板材料的选择，或者通过混凝土中骨料的大小、数量、类型以及掺加颜料和金属氧化物等手段，可以使混凝土表皮肌理的丰富性达到几乎无限程度。

采用传统建材作为表皮的构思还有石头、木材。由赫尔佐格与德默隆在加利福尼亚纳巴溪谷设计的多米努什葡萄酒厂(图 3-113)，根据各层室内采光、通风要求，采用规格大小不等的当地石头分装在上、中、下三层金属框里作为表皮，不但对建筑可起围护、通风作用，而且对传热周期起到了有效的延迟效果(白天吸热，晚上放热)。这正好与沙漠干热气候的温度波幅变化相反，两者叠加，降低了地域气候昼夜温差大而可能增加的建筑能耗。在外观上，设计者以一种更加简朴的方式重新阐释了金属与石头两种材料的新型组合方式表现出材料的光辉。

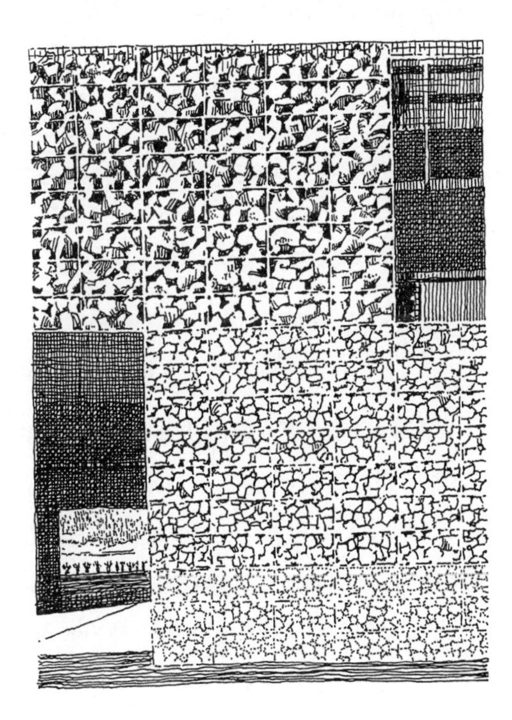

图 3-113　美国加利福尼亚纳巴溪谷多米努什葡萄酒厂

毕竟，在框架结构作为主导结构的当代，自重较大的传统石材显然不如新型高强度材料对结构有利。但是，通过材料加工技术的发展，加工工艺的革新，使得石材比以往具有更多的丰富表现潜力。如把大理石加工得更薄、更透光，使大理石的肌理在光的透射下，建筑表皮呈现出柔和温暖的效果。

采用木材建造的汉诺威2000年世博会瑞士馆（图3-114）是彼得·卒姆托（Peter Zumthor）设计的。出于对展馆这种“临时性建筑”的最基本思考，他把技术、功能和内容有机结合，以竖向叠置的松木料构成墙体，墙体的组合构成空间和通道。在这里，人们行走其间除了在视觉和皮肤的触觉与建筑发生关系外，还浸泡在松木的清香中。特别是在光线与音乐的背景中，使人的感官体验更有一种整体艺术的效果。这表明卒姆托通过包括表皮在内的建筑整体表现力，完美地诠释了木材的感性品质，将形、色、质、肌理四大材质关系有机统一起来。

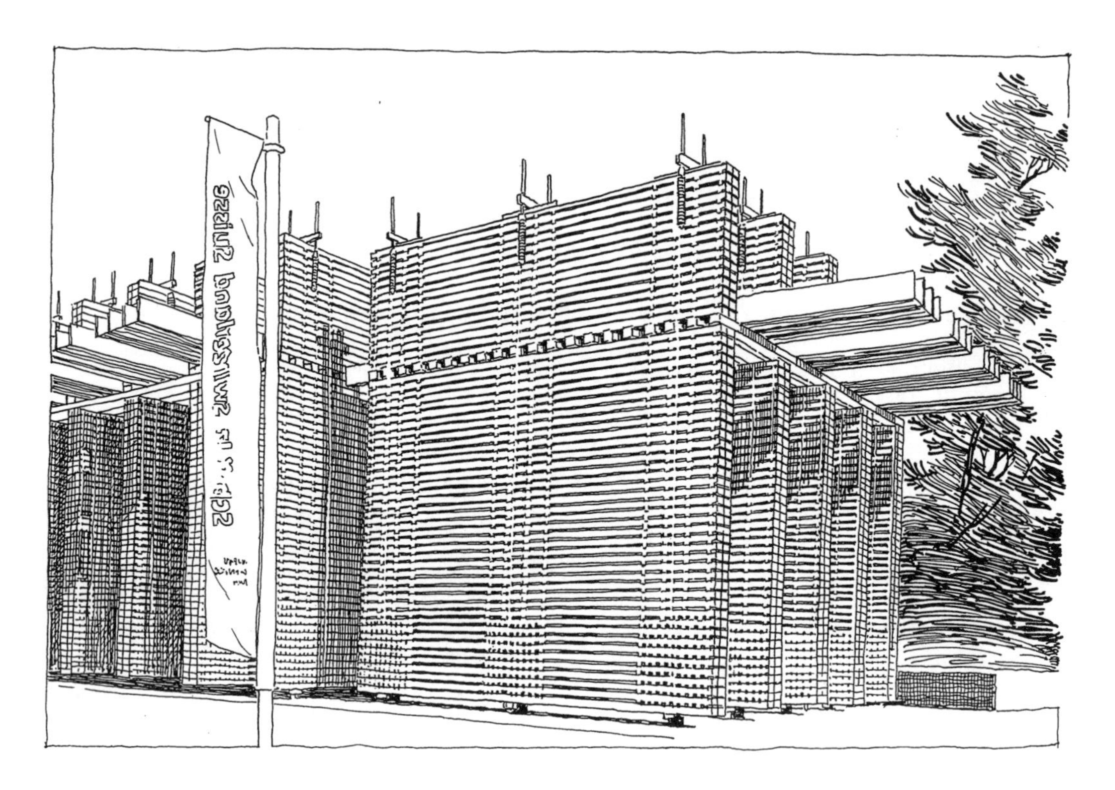

图3-114 汉诺威2000年世博会瑞士馆

随着木材加工技术的进步带来丰富的人工木制材料，如层板胶合木（集成材）、结构复合木材、木基复合材等。它们在保留木材天然纹理的同时，还有着比天然木材更好的性能。特别是大规模工厂化的加工方式以及现代构造技术的发展，不但使木材呈现出更丰富的表现力，而且给木质建筑的结构设计和木表皮的建筑设计带来极大的自由度。

玻璃与金属用于表皮作为建筑形象的表达在当今已司空见惯。这两种现代材料及其在现代技术条件下多样的丰富表现力，已经把我们这个世界装扮得五光十色。其流传于世的玻璃幕墙建筑、金属建筑充斥着城市。但是作为表皮构思，还是得从改变材料本身性能、完善材料支撑体系、改进安装工艺等手段进行突破，才能使以这两种材料作为表皮的建筑呈现出新意。

利用玻璃对光的反射与折射特性，可以使玻璃幕墙表皮产生水晶般晶莹剔透的效果。如果将玻璃表面做成凹凸不平状，或者用镜面玻璃、有色玻璃及其组合运用都可以因光线的变化或人观看角度的变化而形成一幅不断变化的景象。

追求玻璃的透明度，可以从完善玻璃的支撑体系而获得。诸如从框式玻璃幕墙、玻璃肋幕墙、隐框玻璃幕墙、点支式玻璃幕墙到无孔点支玻璃幕墙等等，其透明性和整体性依次增强。直至把玻璃经过硬化处理做成全玻璃结构，整个建筑只用玻璃和黏胶，使表皮几近虚无。

技术的发展使得玻璃的透明度可以按照设计的意愿或外界的变化而改变。如电色玻璃、液态水晶玻璃、光致变色玻璃、全息图像玻璃等都成为透明度可控的玻璃，在建筑表皮上呈现出丰富多彩的效果。

金属具有不同于其他材料的细腻、光洁、均匀的表面质感。表面也可以有亮光与亚光之分。同时，金属的精确加工性能和任意塑形的特性也为建筑的表现力创造了得天独厚的条件。弗兰克·盖里设计的毕尔巴鄂古根海姆博物馆是娴熟利用金属(钛合金)做表皮的典型案例。

当代的技术还可以制造出各种颜色的金属板材、金属复合板材。特别是金属编制材料的出现使金属材料具有了新的性质。由保罗·安德鲁概念设计和华东建筑设计研究院设计的苏州科技文化艺术中心(图 3-115)，以金属网面作为整个外墙的表皮，其纹理富有苏州传统文化特色的花格窗、冰花瓷器纹样，形成了细腻而富有韵律变化的肌理。而隐藏其背后的 LED 灯，在夜晚变幻出不同颜色、不同图形的照明效果，使这张表皮呈现出白天与夜晚两种不同的景象。

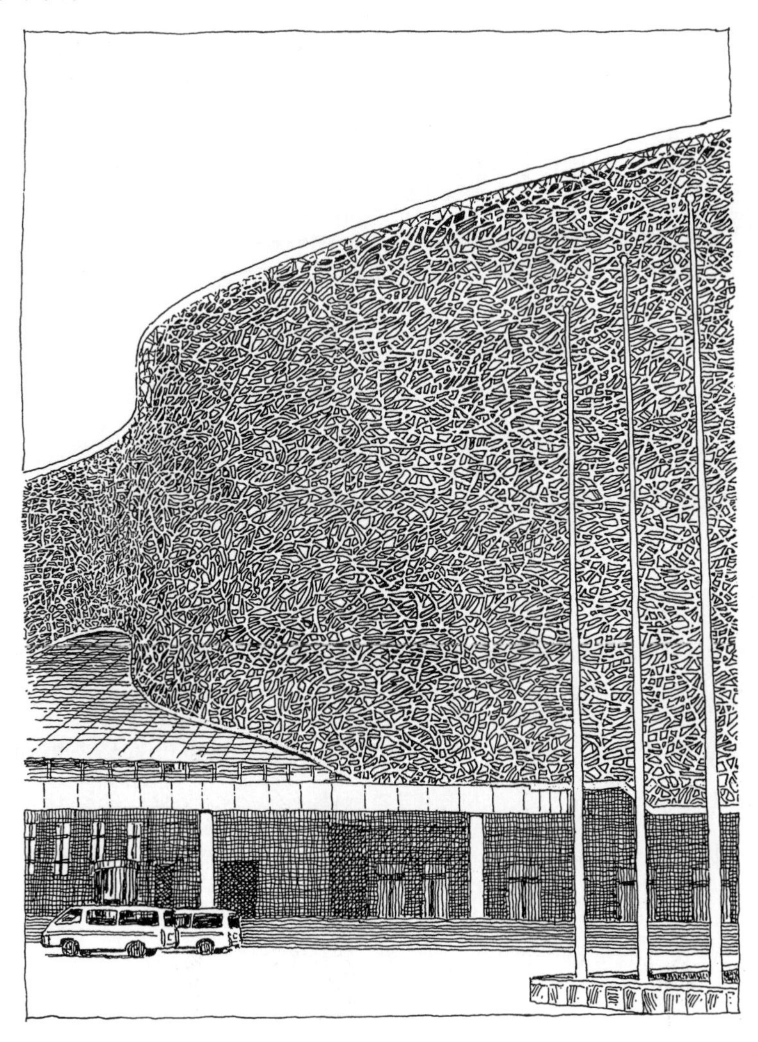

图 3-115　苏州科技文化艺术中心

上述高档金属作为建筑的表皮体现了金属材质本身的特性。而由 Vitruvius & Sons 建筑师事务所设计的圣彼得堡条形码大厦(图 3-116)却是采用普通型钢板作为建筑表皮的材料，这是由于预算有限所致。不同是的，表皮的构思不在于表现材料本身，而是把表皮材料作为手段，通过形式语言让人们解读建筑物的内涵。因为这座购物中心的名字“Shtrikh Kod”就是俄语条形码的意思。于是设计者通过在建筑上做出垂直狭缝和数字为形状的立面窗口，使建筑本身呈现出印有条形码的商品“包装”，甚至以红漆掩盖钢板的材质。其用意一是为原先空旷而不甚友好的巨大广场增添一些色彩和欢迎的姿态；二是让过往行人能用眼睛“扫描”建筑功能，而无需更多广告。

图 3-116 圣彼得堡条形码大厦

除了木材、砖石、混凝土、玻璃、金属这几种基本材料外，一些新的材料被开发出来，各种合成材料层出不穷。聚四氟乙烯薄膜(ETFE)是其中最有代表性，已成为相当流行的材料。由澳大利亚 PTW 建筑师事务所等和中建国际(深圳)设计顾问有限公司设计的国家游泳中心——水立方(图 3-117)的表皮就是采用了聚四氟乙烯的超稳定有机物薄膜。中间充气形成气枕，边界固定在铝合金边框上，再固定在多边形结构构件上，形成“水泡”的表皮外观。白天，馆内可获得明亮而柔和的光线；夜晚，通过内、外灯光的照射，使建筑形成通体晶莹朦胧的效果。

在当代，计算机技术正在引发建筑材料革命，人类对物质世界的计算和操纵能力已经深入到前人无法想像的微观世界，不断发明和制造出各种新材料。纳米技术的运用将会改变建筑的未来，而智能合成材料的研制将意味着材料设计的巨大变革。同时，一些非常规建筑材料甚至电子屏幕、图像印刷等也在建筑中得以尝试运用。随着电子通讯和声像媒体进一步发展，建筑表皮的日益平面化、图像化也是这个“非物质的”信息数码时代在建筑上的反映。

由赫尔佐格与德默隆设计的德国慕尼黑安联球场(图 3-118)正是利用表皮作为信息传达

的媒介，将面积约 $4200m^2$ 的巨大曲面形体用1056块菱形半透明的ETFE充气嵌板包裹，总数达2160组的板内嵌发光装置可以发出白色、蓝色、红色或浅蓝色光。同时，发光状态(强度、闪烁频率、持续时间)都可以通过仪器控制。这样，表皮就像一片巨大的LED屏，从不同色彩组合中及时向两队球迷反映是否自己的主队在比赛，并宣泄着场内比赛气氛，即使远离比赛地点的区域也可以受到比赛热烈气氛的感染。由此看来，设计者不再把表皮仅仅作为功能空间的围护和限定，更多地是以一种时尚的外皮赋予建筑更多的社会意义。

图3-117　北京国家游泳中心

图3-118　慕尼黑安联球场

总之，传统建筑材料作为表皮的表现力正在不断推陈出新，而眼花缭乱的新材料，甚至非常规建筑材料对建筑表皮的介入都为设计者开拓建筑形象的设计打开了思路。但是，作为表皮构思，旨在对传统材料不拘泥于固有思维方式地运用材料，而要有所创新。这就必须要多了解材料的性能，了解材料加工工艺，了解施工方法，才能跳出采用单一的方式使用材料的僵化思路，而积极探索运用材料的多种可能性。

尽管在创造建筑表皮方面目前存在着各种诱人的设计和技术可能，而且表皮与功能空间严格的对应关系在信息时代已失去以往的意义，似乎我们在建筑创作中可以不讲风格，不讲条件而随心所欲。但建筑表皮毕竟是物质的，它要受到有限自然资源的制约。如何以生态的、可持续发展的观念用好表皮材料是我们在表皮构思中所要关注的。何况材料技术只是手段，对体验主体的关注才是材料多样表现力的真正源泉。

（六）经济构思

建筑的经济性始终是建筑在设计、建造、使用整个全寿命过程中，设计者、使用者、管理者都十分关注的因素。对于设计者而言，不仅要考虑如何控制投资造价，还要在选址规划、建筑标准、空间利用、结构造型、材料挑选、构造设计、节约能源、适宜技术、施工手段等各方面体现出如何以较少的投入取得最大的效益，包括经济效益、社会效益和环境效益。如此看来，经济因素始终是建筑设计的制约条件，甚至在一定程度上成为实现建筑设计目标的决定性因素。这样说并不意味着经济因素完全束缚了设计者的手脚，恰恰相反，设计者若能从经济构思出发，变苛刻条件为创作动力，则建筑设计同样能取得令人敬佩的成果。

所谓经济构思是在建筑投资有限、设计条件苛刻，而又要保证设计预期目标得以实现的前提下，如何在设计的各个环节做到精打细算的思考过程。这与那种一谈到节约就粗制滥造、敷衍了事、漫不经心的创作心态是格格不入的。因此，经济构思的目标就是要通过各个环节的精心设计达到少投入、多收益的目的。由同济大学戴复东院士设计的山东荣城市“北斗山庄”海草石屋(图 3-119)是分散式接待用房。设计者利用胶东半岛沿海生长的海草作为屋面材料，几乎不花钱只出劳力收集晒干就可使用，大大节省了材料投资费用。而且这种海草除了可就地取材外，还具有冬暖夏凉、经久耐用、防火阻燃等优良性能。这对于节能、环保、全寿命可持续使用的长效经济有着更为令人称赞的优越性。仅此设计者主动从经济观点的用材独到构思不但使不起眼的小屋体现了地方特色，而且带来巨大的经济效益、社会效益和环境效益。

而建筑师沈瑾设计的河北省丰润县潘家峪惨案纪念馆(图 3-120)最大的困难是资金不足。尽管其面积只有 1240m^2，但资金也仅有 80 万元，可以说是被迫受投资所限，只能从经济构思上寻求设计的出路。设计者从尽可能降低建筑造价考虑，采取了如下措施：一是采用最为经济的砖混结构；二是平面尽可能简单，尽可能提高空间使用率；三是尽可能选用当地盛产的花岗石、青石板、卵石等地方材料。其他细节如警钟由铸铜改为铸铁，院中雕塑采用便宜的仿真玻璃钢；取消地方施工队难以保证建造质量的设想等。经过一系列精打细算，既保证了设计意图能实现，且最终单方造价低到接近城市普通住宅。可谓精打细算至极，而建筑的艺术性也得到充分体现。

图 3-119　山东荣城市北斗山庄海草石屋

图 3-120　河北丰润县潘家峪惨案纪念馆

赖特在设计芝加哥橡树公园统一教堂(图 3-121)时，更是从经济因素出发，进行更为精心的创作。因为教堂的投资只有 45000 美元，还要容纳 400 人做礼拜。因此，赖特首先说服业主：他们需要一个房间，一个可以聚会的房间，而不是一个具有细指般尖顶并指向天空的一般教堂。于是，赖特把教堂设计成正方体，即以较少的界面围合成最大的空间容量，这也意味着减少了围护界面的投资。而且空间利用紧凑有效，平面形式也打破了传统教堂长十字平面的设计模式。室内 4 根支撑屋盖的大柱子是中空的，内部是排气道，这样既经济而且能均匀地排除内部热量。在建筑材料上，赖特选用了廉价的混凝土。同时，从施工方法上以一种模板在建筑物四个面上多次重复使用，也减少了模板费用。拆膜后不加任何饰面，不但节约开支，而且混凝土表面所呈现的模板木纹，形成一种特殊的装饰效果。

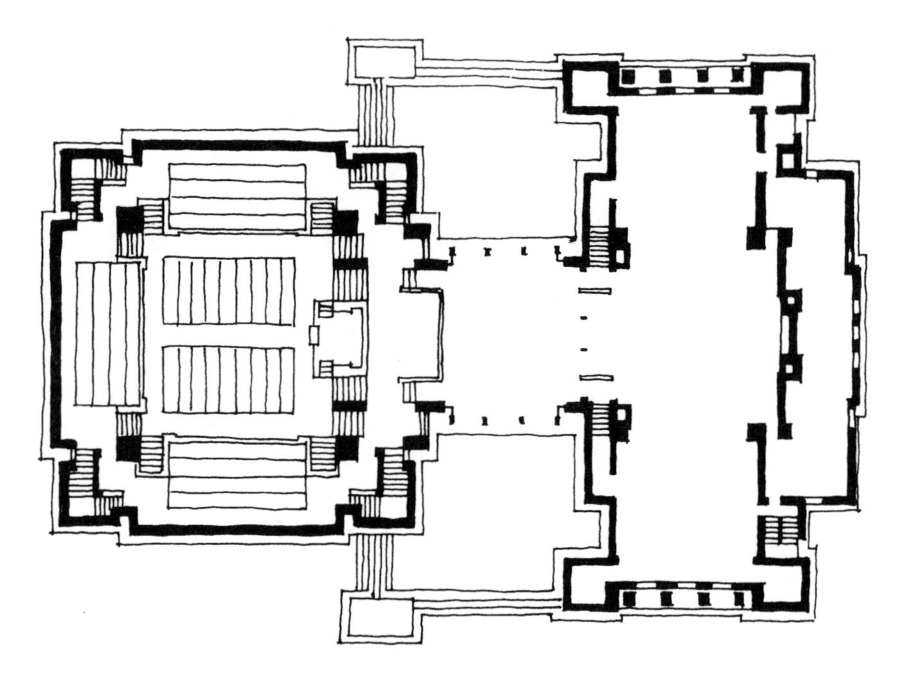

图 3-121 芝加哥橡树公园统一教堂

我们强调建筑的经济性并非意味着可以降低甚至牺牲其他设计因素的要求为代价，而是要以经济因素为设计矛盾的主要方面，综合处理好“适用、坚固和美观”的辩证关系。尽管这是一件很困难的事，但这正是检验一位设计者设计水平高低的尺码。因为“昂贵”的建筑并非一定是优秀的建筑，而“廉价”建筑通过精心设计也能成为好的作品。

丹麦建筑师伍重于 20 世纪 50 年代末在哥本哈根北部的港口城市赫尔辛格西郊设计了一组影响深远的联排式院落住宅(图 3-122)，是当时丹麦最便宜的居住项目之一，但环境、功能、形式都不亚于那些城里的高档住宅。该住宅的经济性是通过一系列设计环节的精心处理而实现的：整个居住区结合地形沿等高线围绕地段中心的水池布局从而减少了土方工程量投资；每套住宅基地面积 15m×15m，L 形住宅面朝自己亲切而私密的院落，并可观赏院外的自然风景，使各栋都有良好的日照和景观。所有建筑的材料朴实简单，不但与基地林木、地形环境融为一体，而且拥有内部舒适的居住条件。由此可见，在建筑创作中同样做到可以“少花钱”建“优质房”。

经济构思除了思考建筑设计本身各个环节的节约增效措施外，还要关注为建筑物的施工成本、工期计划、日常运行等综合效益创造良好条件，要以建筑物的整体经济理念妥善把握好设计、施工、使用的互动关系，要远近期结合，正确处理好经济投入与效益回收的辩证关系。

图 3-122 哥本哈根赫尔辛格联排式院落住宅

总之，经济构思不是权宜之计，它是当今坚持可持续发展理念在建筑创作中的重要体现。

（七）哲理构思

哲学本身是研究关于自然、社会和思维的一般法则的科学，在建筑创作领域可谓建筑哲学。实际上，每一位设计者都是以某种哲学观(宇宙观、世界观、人生观)的理念，如辩证观念、唯心观念、审美观念等来指导自己的建筑创作，只是我们常以习惯的思维方式在进行设计，却没有意识到哲学观点的影响作用而已。倘若我们以哲理为构思出发点，则必须有意识地在设计一开始就要确定一种理念，并上升为理论层次的哲学观为立意，使一座看似很平常的建筑物能蕴含深层的哲理。

黑川纪章在他的建筑创作生涯中一直坚持这两点哲理：一是力图从生物体的生命和生命系统的角度来表现建筑的时代精神，即新陈代谢与共生哲学；二是坚持佛教哲学，即无常思想，认为建筑和城市总是一直变化着，这是日本文化的根。中银舱体楼就是黑川纪章这一哲理的代表作。

中银舱体楼是一座由 140 个正六面舱体组成的集合住宅，分 10～12 层悬挂在两个内设电梯和管道的钢筋混凝土井筒上。所有舱体都是一样的结构，所有的家具和设备都单元化，由工厂预制，现场组装。充分体现了黑川纪章认为建筑可以改变并重新生成以适应未来和建筑形式能够按照使用空间的方式来改造的思想(图 3-123)。

我们还可以从经常见到的标题方案设计竞赛中，突出地看到哲理构思对设计方案突破性成果所起的作用。

由建筑师李傥参加的“现代的方舟”——功宅命题设计竞赛方案(图 3-124)即是从哲理构思出发，将“气功”这一古老而又获新生的中国文化遗产与现代居住空间相结合，从而创造出具有民族精神的现代住宅。

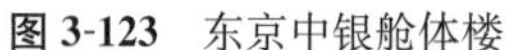

图 3-123 东京中银舱体楼

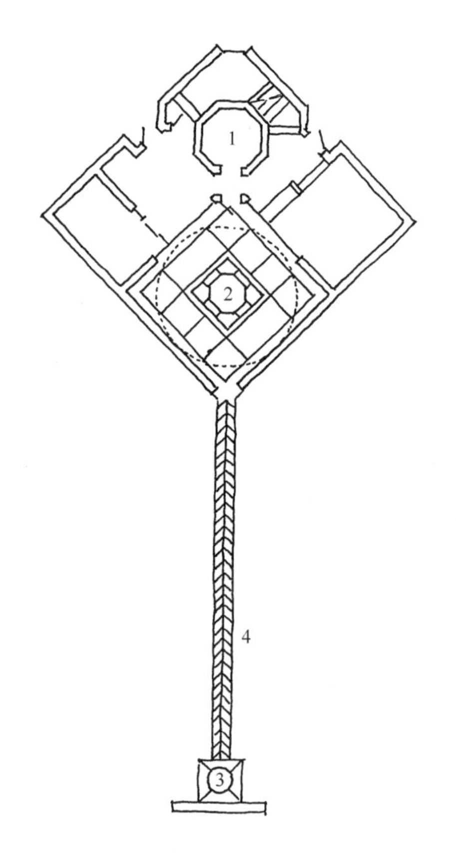

图 3-124 现代的方舟—功宅

1—功室；2—功院；3—小树；4—地尺

设计者解释道："方案以正方形为母题，主入口上置正方形放射状图案，内含数、随、止、观、还、静六字，为隋代智恺和尚所传的气功入静六妙法，故起名为'六妙法门'。二层为卧室。一层除起居、书房、餐室、卫生间外，还设有带天光的功室，与功院相通，用于切磋功艺。功院内铺刻'子午流注图'，标出身体各部位的最佳练功时间。上空复有圆环，暗喻天圆地方的古代宇宙观，强调空间的抽象与超脱。功室与功院各设一缝与外部相通。练功者位于院内或屋内均可透过缝隙，眯眼注视远处的孤树，直至似视非视，熟视无睹。而后通过'地尺'（一条砖砌台道)将其导入眼底，随之入静，空间化为虚无。此在气功中谓之意守外景法入静"。

设计者这一段详述把一个普通的住宅设计上升为一种哲学的化身，成为功宅，这就跳出普通住宅的物质功能而进入精神功能的境界。它不再是一般的住宅了。正如评委的评语所言："方案体现了中国精神生活中的东方哲学，并汇同中国的古代宇宙观和现代建筑设计手法构成一种戏剧性空间"。我们体味这种哲理构思之妙，确实感到该方案内涵的深奥。

在现实的建筑创作中，同样不乏运用哲理进行构思，设计出优秀的作品。

由柯里亚设计的印度斋普尔博物馆(图 3-125)其平面设计源于曼陀罗(印度教密宗与佛教密宗所用的象征性图形，基本上是宇宙的表象，也是庙宇建设的依据)为基础的斋普尔市旧城布局。这是一座以古代吠陀梵语的神话意象——九大星体的曼陀罗为图形的城市规划格局，即九个正方形。但其中一个正方形由于山的存在而移到东边。柯里亚认为，建筑属于思想领域，它与印度的历史文化紧紧联系在一起，应表现一种过去、现在和未来共生共存的延续性。因此斋普尔博物馆平面亦有九个正方形组成，每一个方形代表一个星体，分别以火、月、水、土、木、金、太阳、凯图和拉胡命名(后两个是想像出来的名称)，每一个方形的设计试图表达各星体的特质。为此，博物馆的功能尽可能与它们所代表的星体的神秘特质相联系。如：

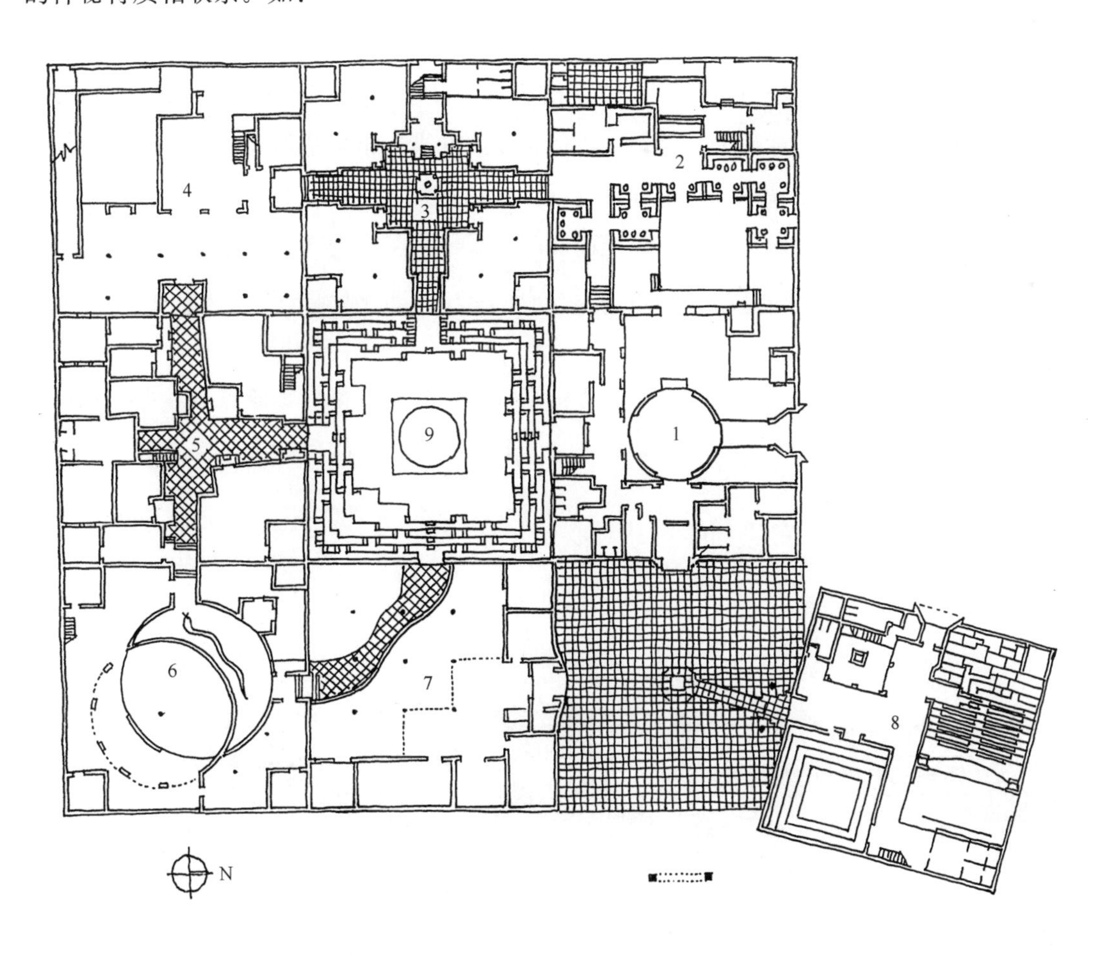

图 3-125 印度斋普尔博物馆

1—火星厅；2—月亮厅；3—水星厅；4—凯图星厅；5—土星厅；6—拉胡星厅；7—木星厅；8—金星厅；9—太阳厅

火星代表权利，为正方形，火红色，对应的功能是行政管理部门。

月亮代表心灵品质，以月牙为标记，奶白色，是来访艺术家进餐和下榻休息的场所。

水星象征教育，以箭为符号，呈金黄色。这里容纳 5 个展厅。

土星代表知识，象征符号是弓，呈或深或浅的赤土色。是优秀工匠演示传统技艺的场所。

木星象征知识与沉思，象征符号是圆，为柠檬黄。是图书馆和档案中心。

金色代表艺术，象征符号是星星，呈白色，功能为影院和实验剧场。

太阳象征有创造力的能源，为红色，位居曼陀罗中心，是一个空空如也却吞吐万象的空间，是作为欣赏拉贾斯坦的音乐、舞蹈和歌剧表演的露天场地。

凯图星的象征符号是蛇，为褐色和黑色，是展示传统服装和织物的地方。

拉胡星代表日食，象征符号为一个正吞噬太阳的月亮图像。为珍珠灰色，是展示传统兵器的地方。

其中，东南角的正方形有意与主体脱开，形成博物馆的主入口。同时，也是对这个城市规划结构的一种隐喻。

无独有偶，以清华大学吴良镛院士为首的创作集体所设计的山东曲阜孔子研究院(图 3-126)是真正融入了中国人“意匠”的设计哲学。设计者不但是在设计一群建筑，更是在创造一种意境，追求一种高品位。这就是从城市设计出发，借鉴风水说的一些哲理，将孔子研究院五个不同功能部分结合地景创造，按“九宫”格式进行总体布局，体现了中国上古宇宙图案或空间定位的图式。而建筑创作的构思则从古代礼制建筑中寻找隐喻与启发，如考证“明堂辟雍”属“礼制”建筑而确定孔子研究院为纪念性建筑特征。以孔子时代建筑“高台明堂”为原型将孔子研究院立于高台之上，可隐喻筑高台以招贤纳士之意。而中心广场采用“辟雍”形式，可体现儒学“礼”、“正”、“序”思想的最佳体现场所。甚至室内外环境设计的装饰——雕塑、壁画等都围绕表征孔子的深层形象符号，如“凤凰”、“玉”、“论语”典故等，各种借鉴、隐喻的设计手法创造出充满祥和文化气息的“欢乐的圣地感”。

图 3-126 山东曲阜孔子研究院

建筑师里勃斯金德(Daniel Libeskind)设计的柏林犹太人博物馆(图 3-127)并不是在设计一座普通意义的建筑，而是一种哲学的表达。这就是设计者以两条象征不同思想、信仰，包含不同内容与组织关系的轴线，即一条为蜿蜒曲折而连续的“之”字形折线，它变形于扭曲的“大卫之星”；另一条是被分割为许多片断的直线，构成了非连续的“虚空”。前者成为建筑的轮廓；后者隐喻着柏林历史中那些物质形态虽已消失但却十分丰富的犹太遗产以及寂静与死亡。而建筑的立面，以超过 1000 个斜向线形窗户把柏林犹太人历史上的一些作家、作曲家、画家和诗人联系在一个非理性的阵列中，使外墙变成了柏林犹太人历史的缩影。因此，里勃斯金德以一种哲学理念，试图通过过去、现在和未来的精神与意义，而不是有形的建筑来唤醒和融合犹太人与柏林的历史。

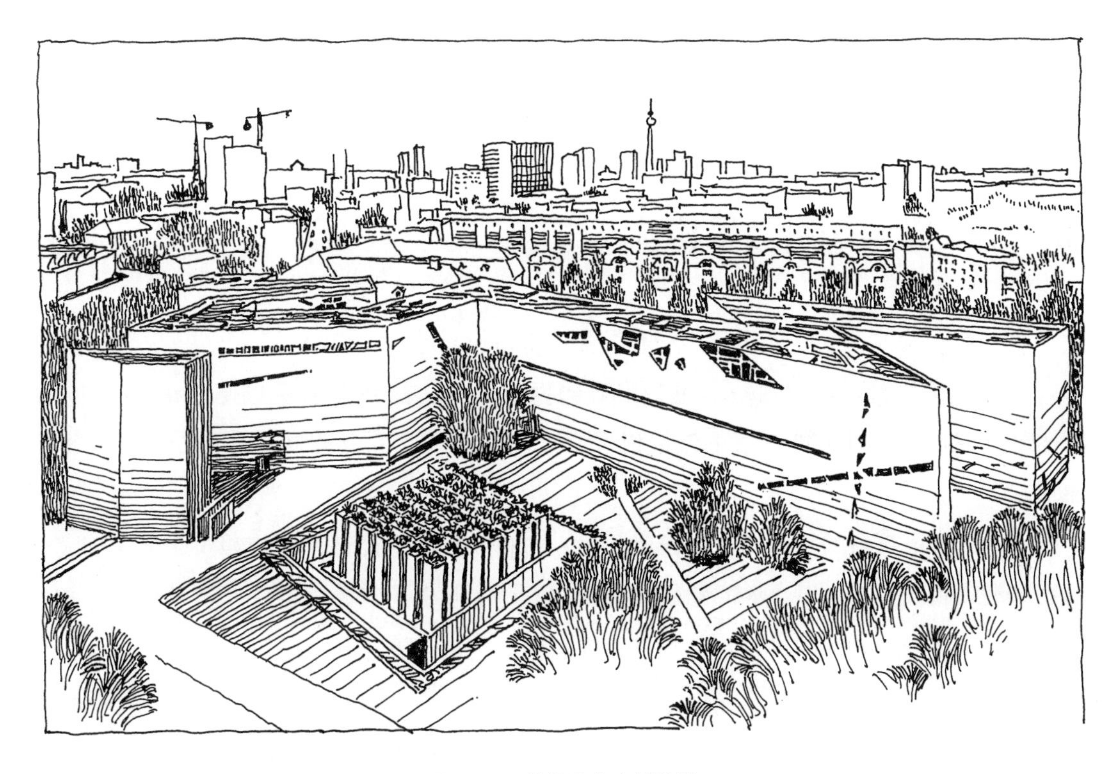

图 3-127　柏林犹太人博物馆

总之，哲理构思与前述各类构思不同之处在于：后者是以直观的、明确的设计理念达到在某一设计目标上获得突破性成果；而前者是以隐喻的、暗示的设计意图，通过建筑作品来表达某种哲学理念和思想境界。而且哲理构思具有较深的文化内涵，多用于文化建筑、纪念性建筑，而切忌生搬硬套、张冠李戴。如将“九宫格”、“天圆地方”等诸如此类的宇宙观把它简单作为符号用于住宅规划、商业建筑等设计就有点牵强附会、文不对题了。

综上所述，构思是建筑设计过程中非常重要的一个环节，是使方案出类拔萃、竞赛胜出的决定性一步。这一步的迈出，取决于设计者全面的设计素质、知识与经验积累以及设计能力的展现。因此，设计者要想在构思能力上高人一等，只能靠自身的努力、长期的修炼。正如所有想获得成功的人都需要有刻苦磨练、自强不息精神，非如此，是难以奏效的。

同时，在纠正了一提起构思就想到形式构成的狭窄思路后，我们还要看到，上述各类构思渠道不是相互孤立的，它们彼此会有这样或那样的联系，仅靠一种构思渠道也是难以达到完美设计目标的。设计者一定要根据实际设计条件，在以某一独特构思为突出特征的思路下，综合运用其他因素作为辅助构思手段，共同促成设计目标的实现。

当然，在构思阶段确立的设计意念也不是一成不变的。随着设计的进展，会有新的设计因素不断补充进来，要随时调整完善构思自身的质量。但有一点必须牢记：一个好的构思必须贯彻始终，而不要中途轻易夭折，否则只能说明最初的构思是没有经过认真的酝酿，有违“三思而后行”的构思规律。

只有当我们经过艰苦的构思过程之后，一旦确立了设计的目标，抓住了设计的特色，明白了走向设计目标的途径，我们才可以真正开始展开方案设计的具体运作。

第三节　方案探索与建构

通过前一阶段立意与构思的逻辑思维活动，设计者对设计目标有了一个朦胧的意念，但想要实现它，将面临一个更为艰苦的探索过程。这就是着手以图示语言的手段，将一开始对设计内外条件分析的结果以及立意与构思的意念逐步转化成建筑设计方案的雏形。

那么，方案探索的思路应该怎样展开呢？它有什么样的设计操作规律？怎样保证设计路线进展顺利？等等。对这些问题的认识和在设计实践中的正确把握是至关重要的，现在我们就来详细论述设计的过程，特别是思维过程。它包含下述几个阶段：

一、场地设计

方案设计从何处下手呢？应该说，既不是排平面进行功能设计，也不是搞形式着手造型研究。从系统论的观点来看，方案设计应从整体出发，即以场地设计作为起点。因为，我们将要设计的建筑物一定是放在任务书给定的场地条件之中，它不可以不受之制约。因此，此时解决建筑与环境的矛盾就成为方案设计起步阶段的主要矛盾，而场地条件又是矛盾的主要方面，它有不可改变性，我们的设计对象应该很好地去适应它。只有这一步走对了，才能保证方案设计进程不出现方向性的偏差。这是把握方案全局性至关重要的问题，设计者务必迈好方案设计的第一步。

在场地设计阶段，设计者主要解决两个问题：

（一）主次出入口选择

建筑设计是为人服务的。因此，建筑物如何接纳服务对象是设计者首先要考虑的问题。然而，人从城市道路不是首先进入建筑物，而是进入场地。而且这种进入不是随意的，是要受到条件制约的。这就决定了设计者先要根据设计条件正确选择人从场地周边哪个方向、哪一段区域进入场地，只是这种选择还只能是一种意向。因为，设计者在方案设计起步阶段，受认识规律的支配，对一些设计问题的认识还比较模糊，选择不可能也不必立即找到出入口的具体坐标。尽管如此，这种出入口的意向选择，关键是一定要把握大方向正确。因为它的选择正确与否，直接关系到场地与城市道路的衔接部位是否合理，直接关系到后续设计中室外场地各种流线的组织是否有序，建筑物主入口、门厅以及由此而牵扯到的整体功能布局等一系列相关设计步骤能否按正确方向推进。否则，如同下围棋，走错一步将一错百错。那么，怎样保证出入口的选择不出方向性的错误呢？这就需根据具体的条件具体分析。

1. 根据外部人流的分析来确定出入口的位置范围

一般来说，场地主要出入口位置应迎合主要人流方向，而人是在道路上活动的，又是从道路上进入场地的，这就要搞清场地周边道路情况。一是道路数量有几条？二是这几条道路的宽窄如何？这就暗示着人流的多寡。因此，分析人流也就是在分析道路。如果我们设计的对象是为公众服务的公共建筑，势必主要出入口应面对主要人流方向，即面对较宽的城市道路，相应场地的主要出入口也要为此创造条件。如一座处在某小城市两条道路交叉路口的某小型剧场设计，场地东面主要道路红线宽 18m，北面次要道路红线宽 12m。显然东面道路上来的人流要多于北面道路。作为为大众服务的小剧场前的集散广场理应向着东面道路，这就很快确定了场地主要出入口在东向。次要出入口作为供演员、道具出入用应与观众人流分开，自然就选择在面向北面道路上了。如果设计者对剧场的设计原理十分清楚，即舞台是在剧场的后部，那么，次入口可以进一步确定在次要道路的靠西段范围（图 3-128）。

2. 根据道路的人气来确定主要出入口的位置范围

上述根据道路宽窄来确定场地的主要出入口方位，在一般情况下，此思维方法是可取的。但也不尽然，有时街道的人气因素比道路宽窄条件更能成为选择场地主要出入口的依据。图 3-129 是一座处在路口的商业建筑。设计条件是：东面道路虽然很宽，却是城市快速交通道路；而南面道路窄，却聚集了多家不同商店，犹如购物街，人气旺盛。作为商业建筑当然要把场地入口迎向主要人流。因此，把场地主要出入口选择在南面窄路上就成了必然。

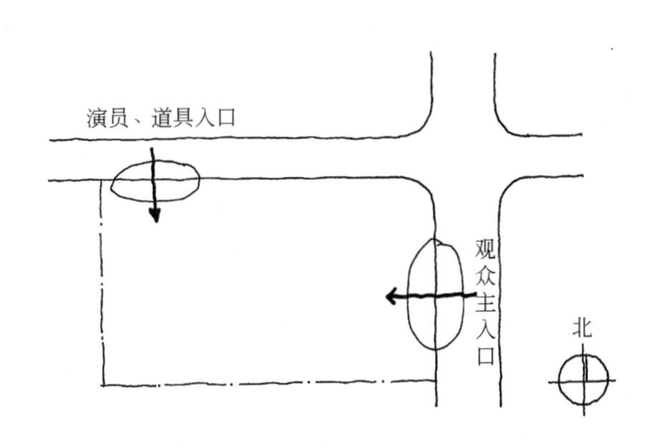

图 3-128　小剧场场地主次出入口分析

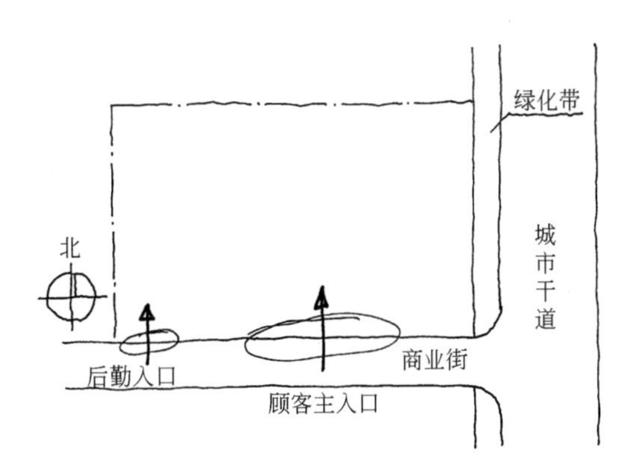

图 3-129　商业综合楼场地主次出入口分析

从上述两种分析思路可看出：对于不同类型的建筑，其场地的主要出入口位置就道路条件而言，有时依据于道路的宽窄，有时取决于道路上人流的状况，因此不能一概而论。

3. 根据总平面设计意图确定主要出入口的位置范围

在一个群体建筑的规划中，每一个建筑物的场地主入口必须要顾及左邻右舍的对话关系，才能使其成为有机整体。图 3-130 是一所中学校园中心区局部规划，主教学楼居校园中轴线之上，主入口向南。图书馆居校园中轴线西侧，主入口面东。那么，在校园中轴线之东一块四周均有道路的场地上要建一座科艺楼，如何确定场地主要出入口呢？从规划意图来说，教学楼是这一群体的主角，而图书馆与科艺楼则是配角，三者主入口应该向心聚焦在广场中轴线上才能成为有机整体。况且，广场上人流应该比道路上的人流更多。这就决定了科艺楼的场地主要出入口只能向西，而且可以进一步确定在与图书馆入口的对位线上。

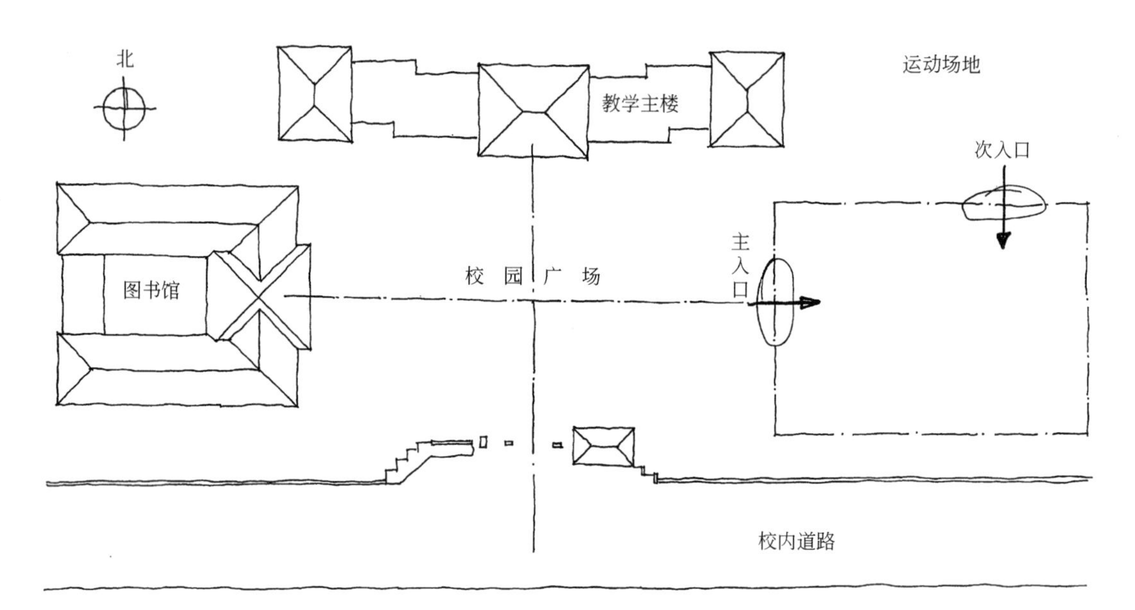

图 3-130 中学科艺楼场地主次出入口分析

4. 根据建筑项目内部功能的要求确定主要出入口的位置范围

场地出入口选择不但要从外部条件进行分析，有时也应顾及内部功能的合理要求，只有内外条件同时得到满足，场地出入口的确定才能被认可。

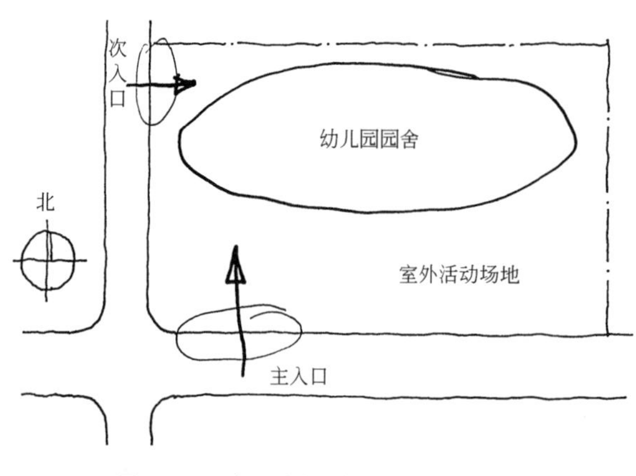

图 3-131 小区幼儿园场地主次出入口分析

图 3-131 是某小区内一座 6 班规模的幼儿园。通过人流分析，场地出入口设在南边界为宜。为了进一步确定一个合理的范围，就要预想到内部功能的要求。若把出入口选择在中间，则对设计后期的幼儿活动场地设计将带来不利。因为，从主入口到建筑物之间会形成一

条动线，由此将与幼儿活动场地形成功能交叉，从而破坏了幼儿活动场地的完整性。为避免出现这种矛盾，只能将主要入口选择在场地南边界的端部为宜。

在前述中，我们谈到根据道路的宽窄，将场地主要出入口放在较宽的道路上，以迎合主要人流。但在某些建筑类型中正好与此相反。由于内部功能的特殊要求，应该优先考虑将主要出入口设在次要道路上。例如小学校，由于瞬时人流量大，易与城市交通发生矛盾，甚至存在安全隐患。为避免交通事故的发生和保障小学生人身安全，应尽可能将小学校的场地主要出入口选择在次要道路上。

由此可见，根据道路宽窄和人流多寡来确定主入口的位置又不能教条主义，还要结合建筑项目的性质、功能要求，抓住内外设计条件的主要因素来确定。

5. 从城市设计的角度确定主要出入口的位置范围

任何一个城市建筑都要与城市环境发生某种互应关系，以构成和谐的城市有机整体。以场地出入口的位置协调这种关系是重要的思考方法之一。

在图 3-132 中，某大学在校园南大门外的学生宿舍区内，临城市街道经拆迁留出的场地内要建一座供学生使用的活动中心。根据周边环境条件和道路关系分析，尽管南面有若干幢学生宿舍，但更多的学生会从校园内和其他学生宿舍区汇集到北面主要道路上。因此，

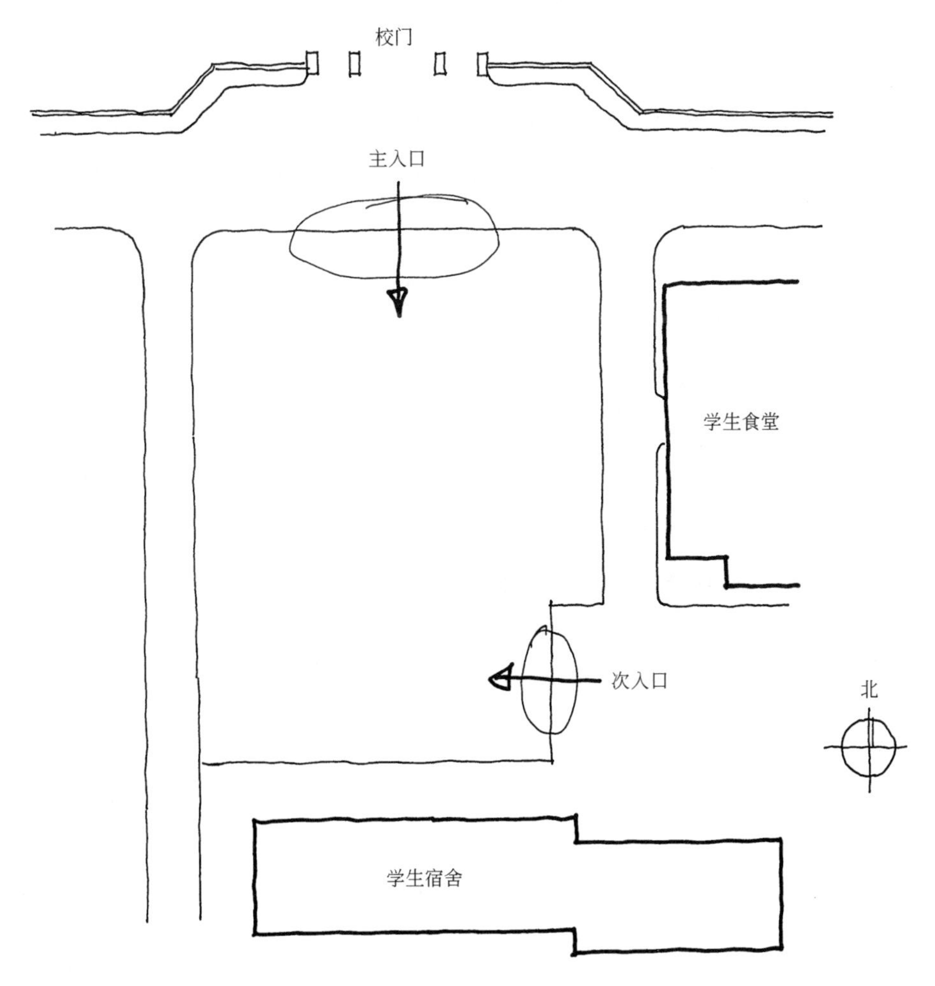

图 3-132　学生活动中心场地主次出入口分析

场地主要出入口显然应选择在北面主要道路上。如果要进一步确定它的范围，不妨从学生活动中心与校区的关系上进行考虑。虽然它跑到了校园之外的学生生活区，但毕竟是学校的一部分。因此，场地主要出入口选择在校园中轴线的延长线上，进一步明确了学生活动中心与校园的紧密关系。

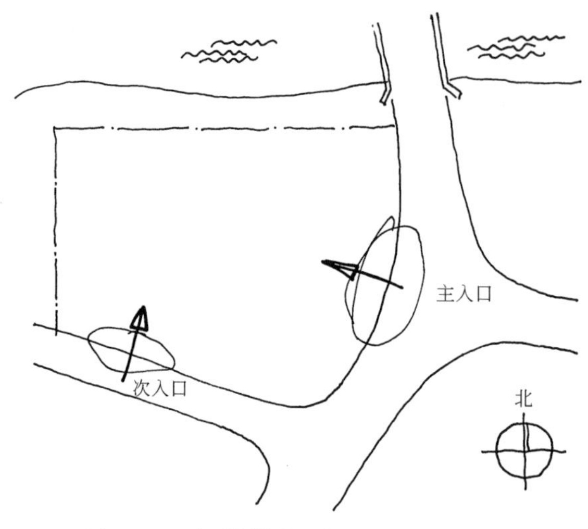

图 3-133 书画创作中心场地主次出入口分析

一个小城市的书画创作中心，地处如图 3-133 所示的场地，周边道路较为不规矩，但有一点很明确，东面有一条去市区的道路。这就暗示了该建筑要与城市发生某种关系。为此，场地主要出入口选择在东面，且为中段正对丁字路口较为合适，以便与城市方向形成对话，或者成为从市区来的对景。

6. 根据设计规范的要求确定主要出入口的位置范围

以上我们讨论的主入口是供大量人流出入的，可以不和道路衔接，即主入口处的人行道路牙不需断开。当有些建筑类型的场地出入口含有大量机动车出入时，场地又处在大中城市主要干道的交叉路口，将会由于车辆的频繁出入而对城市交通产生较大影响。为避免产生交通事故的隐患，并保证城市道路的畅通，场地主要出入口应与道路红线交叉点的净距在 70m 以上。诸如此类的设计规范都对场地出入口的位置做出了明确的限定，设计者务必遵守。即使场地不在大中城市或交叉路不是城市主干道，其含有机动车出入的场地主入口也要尽量远离交叉路口为宜。

7. 按某种设计理念确定出入口的位置范围

在某种特殊的理念支配下，有些场地主要出入口选择的出发点并不是按上述各种条件，特别是从迎合人流来考虑的，而是按传统的思想支配。如“衙门”一定要朝南开，因而场地的主要出入口只能选择在南向。若大量人流来自北面，则可在北面择次要出入口供人流进出。南向主要出入口可作为礼仪出入口供少数重要人物进出。

凡此种种，影响场地主要出入口选择的因素是多种多样的，设计者一定要根据具体设计条件综合来思考，而不能孤立考虑其中一个条件。因为许多设计条件是相互影响的，也许还会自相产生矛盾，这就要看设计者的综合分析能力了。原则是一定要抓住环境条件的主要矛盾，解决优先权的问题。其次，这种从外部条件来思考场地主要出入口的选择，还要联想到对下几步设计环节的工作会带来什么样的影响，有利？还是不利？这是系统思维所决定的思考方式。要像下棋走一步看三步那样，前后联系起来分析设计问题，就会提高设计效率和把握住对设计问题的解决。

作为内部人员或后勤使用的次要出入口，要根据场地周边道路、环境条件以及已初步确定的主要出入口位置等因素来确定。其基本思考方法是尽量不与主入口在同一条道路上进出，若两者只能在场地面临的惟一条道路上，又必须各自进出，也要尽量拉开距离为宜。

（二）确定场地图底关系

我们知道，任何一个要拟建的建筑物都不可能占满任务书给定的场地范围。由于下列原因，场地必须留有足够的室外空间即“底”：

● 按使用功能要求，需留有足够的室外活动场地。如学校类建筑必须考虑设置运动场、游戏场；交通类建筑必须留有站前广场、停车场；观演建筑必须留有足够的集散广场等。

● 城市规划要点所规定的室外空间指标必须符合要求，如建筑密度、绿地率、地面停车位等所需要的室外场地。

● 消防要求所规定的建筑物消防间距以及消防通道所需的室外场地必须得到保证。

● 日照、通风、采光、视距等技术条件所决定的必要室外空间一定要充分考虑。

● 为了创造环境气氛而需要的室外场地尽可能满足要求。

● 为扩建和发展而预留的室外场地要事先规划好。

等等。

既然场地包含了建筑物与室外场地两大部分，那么，确定场地图底关系就是要考虑建筑物(图)与室外场地(底)两者占有场地的份额及其相互布局的关系。这是推进设计程序走向单体设计阶段的重要前提。

这一思考方法的特点是依据系统思维的规律。此时我们只考虑方案全局性的问题，而暂时回避子系统所要研究的诸如功能、形式等问题。这就抓住了当前的设计主要矛盾。其次，“图”与“底”只有两个设计要素，这就使复杂的设计矛盾在此阶段得到简化，设计者容易从整体上把握，也易于解决之。

确定场地图底关系有两项任务需要设计者把握：

1. “图”的位置

作为整体的建筑——“图”在场地中放的位置，要受到多种内外设计条件制约。我们可以从以下几个方面来分析：

（1）从外部环境对“图”的限定考虑　　外部环境对场地图底关系影响较大的因素是周围建筑物现状对“图”的规定性，诸如日照间距、防火间距等，这些硬杠杠必须保证。这就规定了“图”在场地中的位置范围。

其次场地周边道路的状况也影响着图底的位置关系。例如，某些要求安静的公共建筑，诸如图书馆、教学楼、电视台等为了躲避城市交通所产生的噪声、震动影响，“图”的位置需要后退道路红线，让出“底”的位置，以产生中间隔离带。

（2）从建筑的功能要求考虑　　许多建筑类型把室外场地作为重要使用功能的组成部分必须得到满足，而且“图”与“底”两者的位置存在严格的对应关系，此时就要按照该建筑类型的设计原理正确把握“图”的位置。如中小学校的教学区(图)位置不宜面对运动场区(底)，以免受到干扰，而应尽可能使两者侧面为邻，若两者相对也要保证其间距大于

25m。交通建筑的"底"之所以称站前广场就是规定了"图"的前方应有大片场地(底)供旅客活动和车辆运行。而体育场馆的"图"最好距场地中央，让四周的场地(底)包围着，有利于大量的人流从四面八方集散。

(3) 从城市规划要求的制约考虑　任何一块场地的周边总有形形色色的建筑现状，规划部门会从城市规划与设计的角度，根据各种因素提出场地周边的建筑控制线，即划定建筑物后退道路红线的范围。这部分"底"虽然被建设方代征，但只能作为"底"使用(如停车、绿化等)而不能作为"图"建房。

(4) 根据地质条件考虑　有些场地的地质条件是不尽人意的，诸如有暗塘、暗河或者地下设施将大大地限制了"图"的位置范围。"图"尽可能躲开这些不利因素，以免给建筑物基础带来麻烦或投资的增加。我们只能在总平面设计中将这部分"底"最好作为室外活动场地或绿化等之用。

2. "图"的形状

与前述确定"图"的位置思考方式稍有不同的是，当考虑"图"的形状时，除了一些外部条件将仍然起到限定作用外，还将涉及到设计者对设计目标的初步构思是什么？我们可以从以下几个方面来分析：

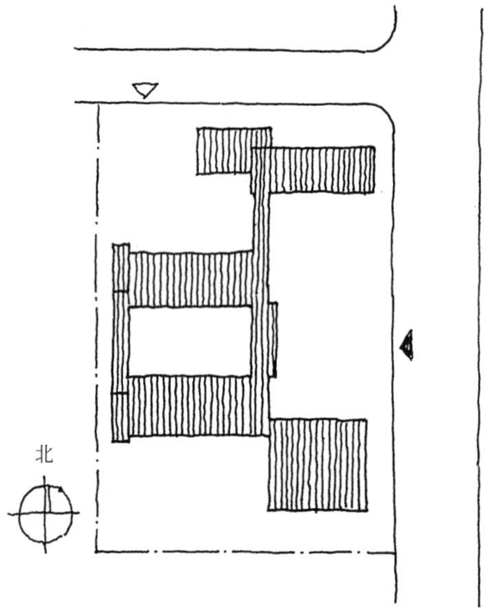

图 3-134　场地呈南北狭长或主入口在东西向时的"图"形分析

(1) 从自然条件得到满足考虑　在要求能获得自然通风、采光、日照的建筑类型中，确定"图"是什么样的形状就十分重要了。一般来说，尽可能使"图"形呈板式，使南北方向面宽较大。如果场地狭窄或因建筑物主要面要向东、西道路而造成"图"形呈东西向面过大的板式时，"图"就要将其化解为ㄈ形、E或口字形等。其目的是使"图"的南北向总面宽尽可能长些(图 3-134)。

(2) 从满足使用功能要求考虑　在一个四周有道路的场地上建一个小商品市场，其"图"形要最大限度地满足门面房数量的要求。因此图底关系是将"底"居"图"的中央，成为一个内广场，不但满足了建筑的自然通风采光要求，而且沿道路周边和内广场一圈都成了门面房，图形自然形成口字形。这种从功能出发确定的"图"形为下一步各小商店的安排创造了有利条件(图 3-135)。

(3) 从场地形状考虑　在一些不规则的场地中，"图"形顺应场地各边界的走向，使其自然和谐。而不能按常规以规矩图形硬放上去，如此反而会发生一些"图"形与边界的冲突现象(图 3-136)。

(4) 从技术条件的保障与否考虑　由于建筑技术条件保障的程度不同，也会直接影响到"图"形的确定。如果建筑项目不具备提供集中的中央空调条件，则建筑的"图"形

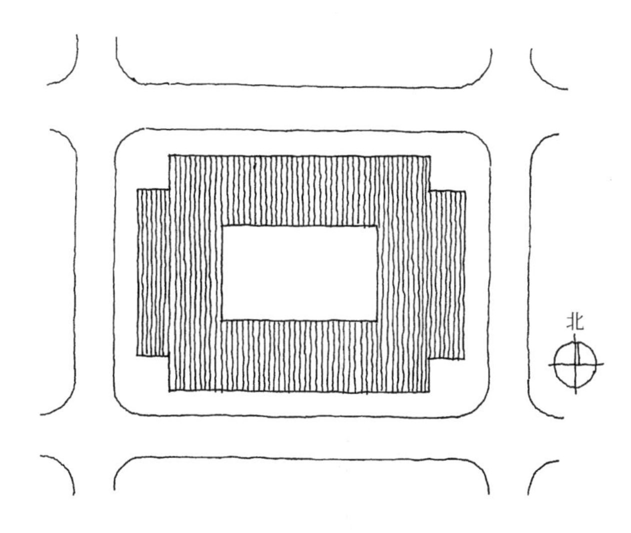

图 3-135　结合使用功能要求的“图”形分析

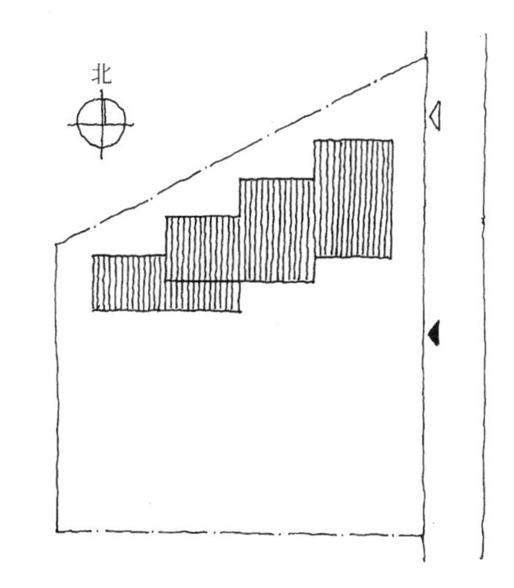

图 3-136　顺应场地边界走向的“图”形分析

不宜采用集中“图”形(应尽可能以分散式“图”形为宜)。如果建筑标准高，要求中央空调，则为了减少能耗，“图”形宜为集中式。

(5) 从设计者主观意念考虑　　设计者在设计构思中，为了创作与众不同的设计目标，往往会在“图”形上煞费心思，甚至以象征性的“图”形表达一种设计意念。作为设计探索完全可以尝试，只是这种主观的图底意念不要陷入形式主义之中。如让“图”像条“龙”，以体现所谓中华文化；或者“图”呈五瓣梅花形，寓意文化建筑千姿百态等等。即使这种主观色彩较浓的“图”形意念也要充分结合设计的内外条件，才能获得真正上乘的设计杰作。正如安德鲁设计的北京国家大剧院为什么“图”形呈椭圆形？其原因之一就是要以最单纯的几何图形尽量避免由于“图”形过于复杂，引人注目，产生张扬的个性而在特定环境中喧宾夺主。

总之，决定“图”形的因素很多，而且有时并不能由一种设计条件就可以定夺的。要综合分析条件，抓住能形成方案特色的主要矛盾，结合设计者的意念，初步把“图”形确定下来。之所以讲“初步”，是因为随着设计向纵深发展，可能会有其他设计因素对这种选择的“图”形产生反作用，但只能是一种修正完善，而不是否定。这正是建筑方案设计过程的特点，企图每一设计步骤一锤定音是不可能的，也是不符合建筑设计规律的。

以上我们阐述了设计起步阶段要做的两件事。至于先做哪一件，后做哪一件要视具体设计任务而定。不过多数情况是先确定主次出入口，然后研究“图”时，根据已大体确定的主次出入口条件再考虑自身在场地中的位置与“图”形。在某些设计条件下情况正好相反。如某设计任务书要求在一块城市街头公共绿地中(需保留一棵古树)建一座为本区域市民服务的小邮局。由于场地不是邮局的，而邮局只能占有局部一小块地。在这种情况下，就要先选址，即先确定“图”的位置往哪儿放？是选古树北侧还是南侧？这是首先要确定的，一旦得到确定，主次出入口自然“跟着跑”了(图 3-137)。

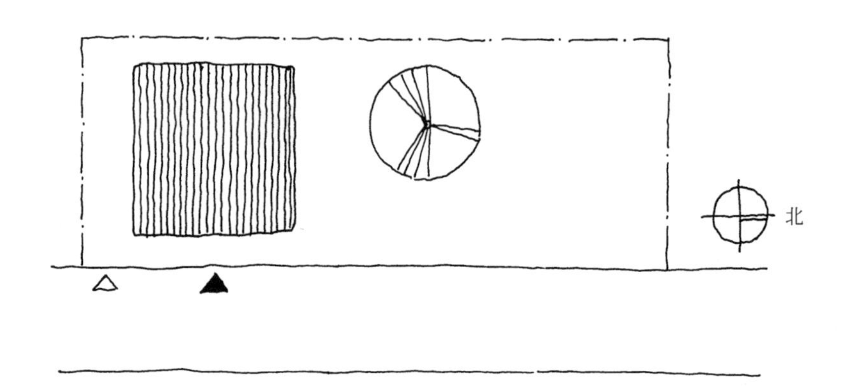

图 3-137 小邮局场地设计

又如，某项设计任务，需要为二期发展留有 1/4 用地。此时，我们可以把一期用地作为“图”（尽管一期中也有室外场地），二期作为“底”。现在我们只要考虑场地怎样分配一二期的位置。只有这个问题确定下来，一期的主次出入口才能跟着一期用地“跑”。然后再按前述思维方法考虑一期用地自身的图底关系。

二、功能分区

经过场地设计阶段，我们得到了场地的主次出入口范围和图底关系的阶段性成果，下一步就进入对“图”的思考。这表明方案设计开始进入实质性探索阶段。

我们之所以把这一阶段的设计工作称之为功能分区，并不意味着我们只强调方案的功能性问题。因为对于大多数建筑设计来说都是为解决人的使用问题，通过平面作为方案探索的切入点，有利于把握这一阶段设计的主要矛盾。况且在以下的论述中，你会发现，这种探索并不是孤立考虑功能问题。由于始终运用系统思维、综合思维来探索方案的生成，通常是同步考虑了造型的问题，技术的问题等。只是平面图形本身已经内含着多种设计表征，因此，我们从平面功能设计入手进行探索对展开方案设计较为有效。

为了保证方案设计走向的正确性，设计者的思维仍然要坚持从整体到局部推进的方法。

首先要把设计任务书中罗列的若干房间，少则几个，多则几十上百个，按功能性质同类项合并成若干功能区。为什么要做这件事呢？因为，我们不可能一上来就面对那么多单个房间，它们大大小小，高高矮矮，我们无法一下子理顺它们之间的功能秩序，更不能想到它们组合成什么样的体形。但是凭着设计者对设计原理的掌握和对这一建筑类型生活经历的体验，完全可以经过简化矛盾，归纳成使用房间、管理房间、后勤房间三大类。例如，我们可以把图书馆建筑中的众多房间归纳为借阅部分、藏书部分和管理部分；把中小学学校中若干房间归纳为教学用房、办公用房、生活用房；把公路客运站建筑中的若干房间归纳为旅客候车区、营业区、行政管理区；把博览建筑的若干房间归纳为展厅区、库房区、办公区等等。此时，设计者解决三大类用房的矛盾总比面对功能关系像乱麻一样的几十成百个房间，容易在整体上把握方案总的框架吧。这就避免了设计者一上来就因排房间而陷入功能的迷魂阵中，而且更考虑不到造型设计目标对功能布局的制约性。

按照理性的分析，使用、管理、后勤三大部分无论怎样摆、怎样转，相互之间都可以发生有机关系(图 3-138)。但是，我们不是纯理性分析功能关系，而是要把这三者放到“图”中去。注意！此时，前一阶段所获得的设计成果对于这一阶段解决“图”的问题时，就转换为设计条件，三大功能关系放到“图”中就不得不受此制约。那么，这一阶段怎样开展探索呢？一是三大功能区不得有任何一个“跑”到“底”中去，而否定前一阶段设计的成果；二是三大功能分区的各自位置应该靠近各自的出入口；三是三大功能图示符号要充满“图”形；四是三大功能图示符号的相对大小基本符合任务书面积要求(图 3-139)。

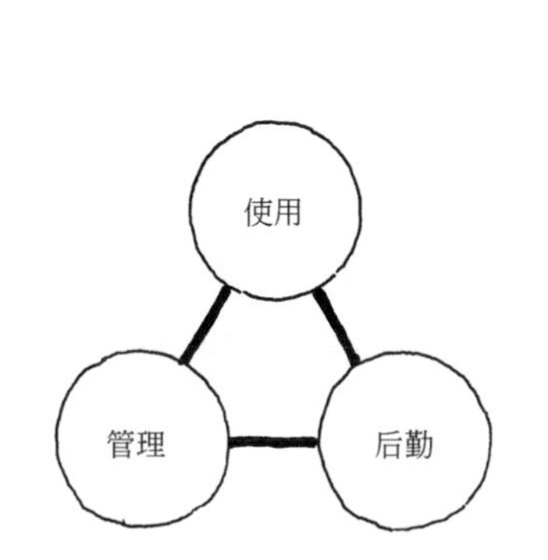

图 3-138 三大功能分区的理性关系

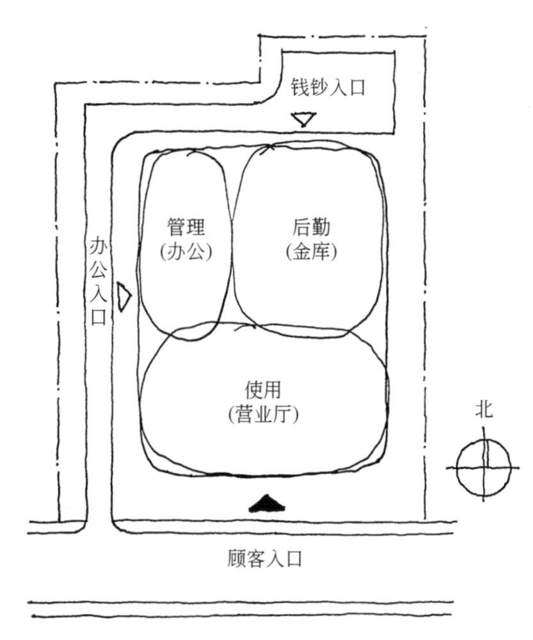

图 3-139 银行三大功能分区分析

由于此阶段设计要素只有三个，所以设计者如果设计概念清楚，很容易把握成果，且费时不多。

但是，在有些情况下，三大功能分区并不在同一水平层进行。特别是对于综合楼而言，或者场地受限时，那么竖向进行功能分区就有优先权。即设计者根据任务书提示的各种不同功能类型用房，先要确定哪些在一层？哪些要上楼？通过逻辑思维，让不同的功能区在各层就位。然后各层分别再按前述思考方法进行水平层功能分区。

至此，“图”的单个“细胞”又裂变为不同功能分区的三个(或若干个)“细胞”。从中我们可以看出，此阶段的设计成果是在前一阶段场地设计的基础上发展而来，又为下一阶段的房间布局探索奠定了基础。可以说，这一阶段的设计探索工作是从环境设计进入单体设计的转折点。

三、房间布局

在上一设计阶段，我们紧紧把握了功能分区中使用、管理、后勤三大区域的配置关系，为方案发展的走向奠定了可操作的基础。紧接着就要把所有房间纳入到各自的区域内。其思路原则是，房间布局不能串区，仍然要运用系统思维的方法，逐步各自再分析下去，直至使每一个房间定位。还需提及的是，这些房间全部就位前，设计者一定要对造型，至少是体量关系有一个预想，以此作为对房间布局的限定条件。当然此时对形式的设想也不是凭空而生，也是要受到前一阶段设计成果甚至是立意与构思的制约。这种平面与空间的同步思维与操作以及对功能与形式互动思考的方式，正是展开方案设计思考问题的特征之一。

例如，我们在管理区布局幼儿园各办公用房时，不能逐一排房间，而是先要将这些办公用房再分为对外办公和对内办公两部分。那么，对外办公部分，如传达、晨检、接待、行政办公等应布局在靠近入口、门厅附近这一头；而对内办公部分，如教师办公室、园长室、会议室、资料室、教具制作室等应布局在靠近幼儿生活用房区那一头。如果需要竖向功能布局的话，显然，前者应布局在一层，后者布局在二层。然后在两部分办公区再将各房间逐一分析就位。这种由幼儿园功能大系统向分系统再向子系统逐步分析问题的思维方式可以保证房间布局不会发生紊乱现象。

当然，幼儿使用功能区和后勤功能区各房间布局的思考程序也是如此。

只是，从幼儿园建筑整体这个更大的系统考虑，还要对造型事先有个设想。比如希望表现幼儿园建筑的个性尺度要小些，那么希望体量能高低错落、化整为零，同时又可获得更多的屋顶活动场地，这不是一举两得吗？这只是一种用造型构思来制约房间布局的方式。此时并不需急于对形式考虑过细，因为这是以后设计阶段的任务。这说明，房间布局不是单一取决于自身功能的合理性，更不是无条件的，还要同时受到前一设计阶段成果和后一设计阶段设想的共同制约。只有这样，我们用联系起来看问题的方法，才能提高设计效率和质量。

要使房间布局工作一步到位，设计者除了上述从理性上对设计原理即各类建筑功能关系十分明白外，还需要在感性上具备丰富的生活体验。因为房间布局涉及到人的生活秩序。我们的设计工作根本的目的又是为了满足这种生活秩序和行为方式而创造条件的。因此，善于观察生活、体验生活实在是提高我们进行功能设计能力的重要渠道，也是获取设计知识的源泉。

例如，我们设计一座图书馆，对于阅览区如何进行房间布局也许书本知识并不能给出具体答案。但是，如果我们很熟悉图书馆的生活方式，解决这个问题也是轻而易举的。我们可以先把读者分为不同的阅读对象。如对于社会图书馆，可以把年龄小的、老的、阅读时间短的阅览区(如儿童阅览室、老年阅览室、报刊阅览室等)安排在底层，把成人阅览区布局在二层及以上各层。对于学校图书馆，可以把人数多的学生阅览区放在楼层下面，把人数相对少的教师阅览区放在楼层上面。如果有人数更少的研究区、文献阅读区，可以安排在楼层更上面一点等等。

很显然，上述思维过程是由全局向细节逐步深入思考的，一环扣一环，功能分析泡泡图由此裂变为更多更细小的部分。这种图示思维方法可以避免因房间众多，如果一上来就陷入对个别房间的思考而使房间布局出现失控或紊乱现象。同时，我们现阶段关心的不是各个房间的平面形状、尺寸大小，而是它们的配置关系，只要分析清晰，表达到位就足够了。

这一步走对了，就已经孕育出设计方案的胚胎，尽管目前它还很模糊，但是它随着下几步的方案探索工作将会逐渐清晰起来，直至一朝分娩，方案显现。

四、流线分析

经过上阶段方案探索，使所有房间的位置基本按功能秩序组织好，但要想成为有机整体，还需用流线串起来的方法进一步理顺水平与竖向的功能秩序。此时设计者本人就要把自己摆进去，从主入口开始进去“走”一遍，看流线顺不顺，有没有迂回交叉现象，看在什么地方上下楼方便安全等等。如果有问题就要对前一阶段方案探索成果做局部修正，直至把交通体系落实下来，这就是流线分析阶段的主要方案探索任务。

这一阶段设计者要做什么呢?

(一) 水平流线分析

进行水平流线的分析实质上是确定各层水平交通的设置方式。设计者要做的工作是：

1. 选择走廊的形式

各类型建筑的功能要求不同，走廊的形式也各不相同。如办公楼建筑可以选择中廊；中小学学校类建筑宜选择单廊；而医院手术楼为了洁污分流，一定是双廊甚至三廊。如果“图”形是“口”字形，走廊就要采用回廊等。

2. 确定走廊的位置

在走廊的形式中，中廊因顾名思义，其位置是已经确定了的。而类似医院手术楼，因严格的功能要求，其双廊、三廊的位置是改变不了的。只是单廊的位置较为自由。遇此情况设计者可根据功能要求，甚至造型要求、地区气候条件等综合考虑，是选择为南外廊还是北暖廊，是西外廊遮阳还是东外廊观景等。

3. 确定水平交通的节点位置

走廊在平面重要部位或转折处要不要做一些节点空间作为功能汇聚、交通转换或者作为室内空间形态过渡手段，都是设计者在做流线分析时需要考虑的。此时，只需要关心节点位置，而不必考虑它们的形状大小。

设计者对于上述水平交通分析所要做的事，有时(如复杂功能的建筑)可能一下子“走”的不顺。这就需要做多方案比较，在各个流线方案中进一步分析利弊关系，抓住关键矛盾，以解决探索方案尚存在的问题。这个问题有可能是房间布局阶段隐藏的矛盾被暴露出来，也有可能是水平流线选择错误。

例如，在一个体育俱乐部的方案设计中(图 3-140*a*)，当介入流线分析时发现，人流必须穿过前部管理服务区到达后部活动区的交通枢纽。显然这种房间布局，甚至主入口的选择早就埋下不合理的因素，此时便暴露出来。因此，根据合理的组织水平流线应按

图 3-140(*b*)所示进行主入口与房间布局的调整。这说明，水平流线宜界于两个不同的功能区之间才能使功能分区明确，而不能从一个功能区内部穿过再到达下一个功能区。

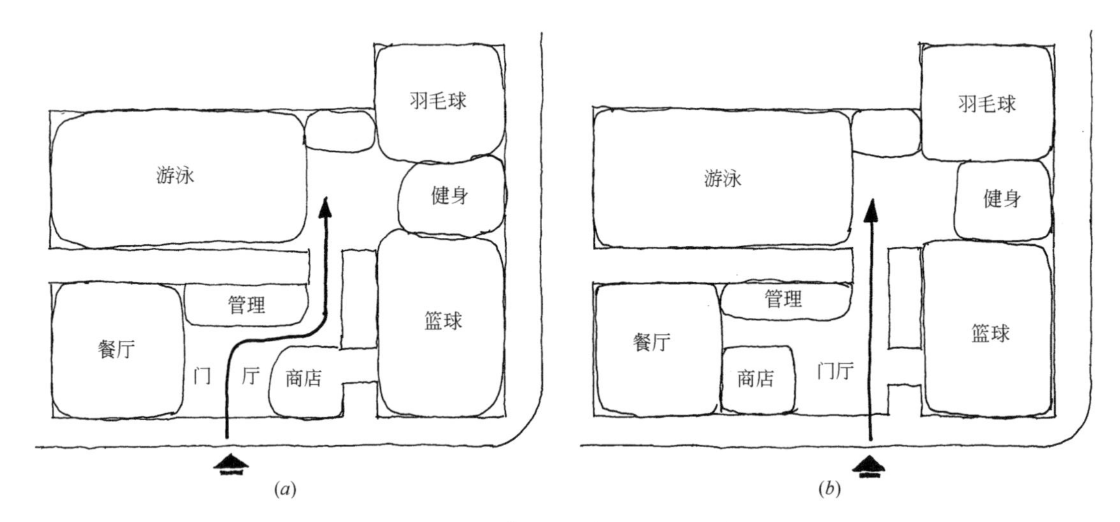

图 3-140 某体育俱乐部水平流线分析

又如，一个招待所的方案设计(图 3-141*a*)，结合环境条件所形成的功能分区与房间布局都较为合理。当做流线分析时，原设想是让旅客从北廊进入各客房，以使各客房获得南向和好的景观。但问题是这条流线较长、较隐蔽，且穿管理区而过。而客人居住的特点是昼出夜归，并不十分在意客房的朝阳和景观。因此调整走廊到客房南面，使之与门厅和餐厅关系更紧密，又避免了与管理区流线相遇。况且南廊是公共空间，在此行进中观景更恰当些，同时说不定对今后造型设计和保证客房安静更有好处(图 3-141*b*)。

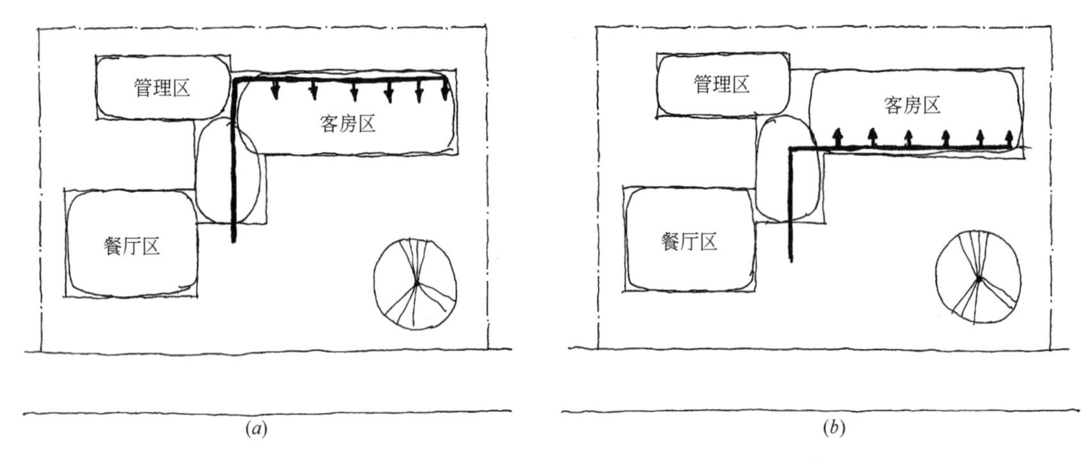

图 3-141 某招待所水平流线分析

(二) 垂直流线分析

垂直流线分析实质是对垂直交通手段(楼梯、电梯、自动扶梯)布局的考虑。楼梯是最常见也是最必须的一种垂直交通方式。设计者分析楼梯的布局问题要掌握两条规律：一是在水平流线或节点上找合适的位置；二是对于公共建筑而言，只要上楼，绝大多数情况需设两部及以上数量的楼梯，这就有主次之分。在做垂直流线分析时，主楼梯位置要在一层找，次楼梯作为疏散之用，应从顶层找合适的位置。

1. 主要楼梯位置的确定

主要楼梯的任务是让大量人流进入门厅(或大厅)后尽快上下层分流。因此，其位置要尽量贴近门厅，不但要醒目，又要顺应人流拾级而上，同时有利于在门厅内能展示楼梯造型美。尽管我们现在不设计它，但要为下一步设计主楼梯选择一个很恰当的位置。如图 3-142(*a*)中主楼体位置选择在入口对面正对门厅。想像一下，它的空间形态是封闭的，又不能完整展现两跑的造型姿态，且人流要穿越门厅才能上楼，流线较长又易与去一层其他地方人流相混，因此，不可取。而图 3-142(*b*)的主楼体位置虽然紧靠入口，但已落在人流进入门厅流线的背后，很不引人注目，也是不好的选择。只有图 3-142(*c*)将主楼梯置于门厅侧面，既靠近入口，又能以楼梯侧立面的造型展示在人们面前，这是比较好的选择。

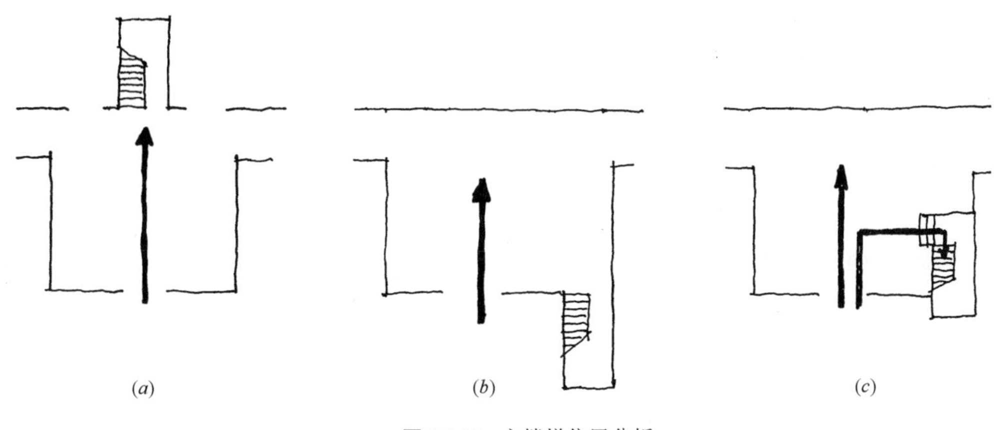

图 3-142　主楼梯位置分析

从上述分析过程我们可看出，对于主楼梯单一设计要素的考虑也需要与其他设计要求综合起来分析。只有这样，任何一项设计的确定才能有充分的依据，才能避免因考虑不周而使问题迟早会在后续设计阶段暴露出来，到那时再去解决它，可能会非常被动。

有些建筑类型的主要垂直交通手段并不是楼梯，而是电梯或自动扶梯。那么，此时又如何考虑呢?

电梯群作为高层建筑的重要垂直交通手段，考虑它的位置就要上下层兼顾，既要使其在门厅或大堂中位置醒目，将电梯口或电梯厅迎向主要人流方向，又要考虑它在标准层的位置要适中。

至于自动扶梯作为主要垂直交通手段，通常是用于人流量大的公共建筑大厅内，如交通建筑、博览建筑、大型商业建筑等。其位置宜安置在水平交通流线起始的节点处。

2. 次要楼梯位置的确定

次要楼梯作为楼层疏散用，位置要从顶层开始寻找。其方法是连同主楼梯上来，两者的水平距离应尽量拉开，但不要过长，以免消防疏散可能违规。这样可以保证主次楼梯之间所有房间都能获得双向疏散条件。

其次，要注意因楼层主次楼梯位置而产生的袋形走廊无论在哪一层都不能太长。因为，此时我们还不可能关心具体的袋形走廊长度尺寸，但明眼一看应心中有数才行。如果真那么长，又不能缩短，在哪一层有问题只有在哪一层再增加一部楼梯，才能使问题得到解决。

另外，要让次楼梯下至一层最好靠外墙，再检查一下它距外部出口是否超过规范限定。如果太远，就兼顾上下层协调处理好这个矛盾。万一协调不了，或者动作太大，看从次楼梯底下能不能直接出去。总之，对这些问题的考虑，在流线分析阶段最好都能初步思考一下，这对于保证后面的设计程序顺利进行，或者提高设计效率都会有好处。

五、厕所位置分析

介入这一设计环节似乎小题大做，其实不然。由于厕所不属于某一个功能区，很多时候，设计任务书根本不提示设置厕所的要求，这就造成了设计者往往将厕所的安排一开始就遗忘。直到设计方案费了九牛二虎之力终于搭出架子才猛然发现少了厕所，怎么办？少了这项内容不行，硬塞进方案中，要么厕所自身设计不合理，要么破坏其他房间的功能或形状，甚至会出现打乱原来的部分功能秩序，重新作较大的方案调整。这是一件很伤脑筋的事，因此对待厕所的问题不能因小而不为。

那么，此时要做什么工作呢？

（一）厕所数量的确定

同层平面内要放几套厕所，这是首先要分析的问题。至于具体需要设置几套厕所，要根据具体设计任务而定。

1. 根据使用对象

不同使用对象应各自设厕所。如餐饮建筑内，顾客使用厕所与厨师使用厕所分设；观演建筑内，观众使用厕所与演员使用厕所分设；病房内医生使用厕所与家属使用厕所以及病人使用厕所宜分设等。如果需要做无障碍设计，则需另设残障人使用厕所。

2. 根据使用特点

不同建筑类型的厕所其使用特点各有不同。中小学校建筑，因学生是瞬时集中使用，因而宜分散几处布置厕所；办公建筑，只要规模不大，因公务员是零星错时使用，因而可以只设一处厕所等。

3. 根据服务档次

即使是同一功能性质、同样的使用对象，在厕所设置的数量上也会因人而异。如航空港候机厅要为一般旅客设置厕所，而贵宾旅客也要单独另设一套卫生间；餐饮建筑内，为大量散客应设洗手间，而豪华包间内也要为贵宾单独内套一间洗手间。

如此等等，还有一些其他特殊情况需要设计者充分合理地分析厕所设置的数量，这就要看设计者对各建筑类型设计原理的把握，生活经验的积累，对题意的理解等等。总之，要看设计者设计综合素质与能力的根底深浅，只有在理性上把握了设置厕所的数量，然后才能进一步考虑将它们配置在何处。

（二）厕所位置的确定

一般来说，厕所位置可有以下几种选择：

1. 位于水平交通尽端或转折处

其优点是厕所因在主要功能区域的边缘而较隐蔽，对人来人往的区域不会有视线的干扰和气味的影响。

2. 位于门厅附近

由于门厅人流进出频繁，属公众场合应在较隐蔽的位置设置厕所。

3. 位于主次楼梯之旁

这是一个既便于寻找又较为隐蔽的位置，可以与楼梯共同组成辅助功能区。

4. 位于使用人数多的区域

在各房间人数不均衡的情况下，厕所位置应尽量靠近人员密集的房间附近，以便大量人员就近使用而不影响其他用房。

5. 上下层厕所尽量避免错位

上层的厕所在竖向上要与下层的厕所重叠，尽量避免发生错位现象，以便为给排水技术设计创造条件。

至此，通过一系列图示思维，设计者基本上将设计任务书所要求的所有房间有秩序地都纳入到一个方案的雏形中。但这毕竟是一个概念性的功能分析泡泡图，我们只是按照合理的功能秩序对它们进行了初步的配置，同时也适当考虑到这种功能组合将要表达的形体意念。要想在此基础上推进方案探索，再向前走一步，就需要将这种意向的功能分析泡泡图向具有一定平面图形和尺寸的框图转换。这就是下一步设计程序的任务。

六、建立结构体系

怎样将上述的功能分析泡泡图支撑起来，形成有模有样的方案毛坯，就要借助结构体系的建立。其目的是按前几步方案探索环节所获得的各房间的配置关系，进一步让它们在结构的框架中稳定下来，并趁此落实各房间的平面形状、尺寸大小。因此，此阶段设计者要做的工作是：

(一) 选定结构网格形式

从结构的受力合理性上讲，越是简洁规整的结构网格，越有利于结构布置和结构计算。而且这种结构网格形式与室内家具的形式与布置容易取得和谐一致，对于施工也方便易行。因此对于最普通、最常用的框架结构来说，方形、矩形网格在大量中小型公共建筑中得到广泛采用。当然，砖混结构也存在一定的结构网格，只是网格形式并不像框架结构那样严谨而已。而大跨结构的网格应适于所覆盖的大空间形态和合理的结构受力性能。

在框架结构体系中，网格形式除了前述方形与矩形外，还会因某种设计因素如不规则的场地形状，或者设计者刻意要通过几何造型表达建筑的雕塑感，以突出鲜明的个性而采用三角形网格、六边形网格等。

需要说明的是，规矩的网格并不意味今后的造型单一，而是可以通过网格的移位、加减使体量的变化符合造型要求。何况建立结构网格应顺应已确立的功能分析泡泡图的图形。

(二) 选定网格尺寸模数

就框架结构而言，结构网格尺寸究竟多大合适？这要考虑如下多种因素来确定：

1. 网格开间尺寸的确定因素

(1) 使用要求　对于大型会展中心、商业场所、博览空间等要求内部空间开敞、分割灵活及多功能使用时，开间网格尺寸可大些，如 9m、12m、18m 等。如果建筑物房间多、规模小，则开间网格尺寸可小些。

(2) 模数互应　有些建筑的开间网格尺寸往往需要协调与其他相关设计要素(如家具尺寸、车位尺寸、设备尺寸、小办公室尺寸等)之间的尺寸模数关系，以便使网格开间尺寸更为经济合理。如传统闭架图书馆建筑常以书架的排距(1.25m)和阅览桌中—中距离(2.5m)为倍数(5m、6.3m、7.5m 等)定网格开间尺寸；地下车库是以小轿车的车位尺寸倍数为网格开间尺寸，故常采用 8m 或 8.4m，以便在一个开间网格内可停放三辆车；在宾馆或办公建筑中，常以一开间网格可以安排两间客房或小办公室为模数确定为 7.8m 或 8m 等。

(3) 建筑尺度　小建筑(如茶室、幼儿园等)宜表达小尺度的体量以与建筑的个性或使用对象相吻合，而不宜采用大建筑的网格开间尺寸，造成尺度失真。尽管可能会因此而多立些柱子，但由于开间小，结构构件(柱、梁)的尺寸也相应小，这对于表达小建筑的造型特征是十分有利的。

(4) 立面要求　把开间网格立起来就形成了立面的框架，而立面中我们又看重入口门厅的效果。其中之一就是希望主入口从中轴线进出，门厅的开间网格数就希望为奇数(如三开间、五开间等)。如果是偶数，则主入口居中时将会撞到柱子上。如一个 $150m^2$ 的门厅，面宽 15m，进深 10m，如果做两开间，每开间 7.5m，结构是合适的，但不符建筑立面设计意图。从建筑设计角度考虑门厅宜为三等开间，则开间网格尺寸为 5m，或不等三开间，则开间网格尺寸为(4+7+4)m，这就比较合适了。

由上述各因素所确定的网格开间尺寸只是一种基本的开间模数，至于每个房间要占几开间，就要根据各房间面积大小以及跨度尺寸综合考虑。因此，接下来还要分析网格跨度尺寸的选择。

2. 网格跨度尺寸的确定因素

(1) 先确定结构网格形式　如果框架结构是方格网，网格跨度尺寸就等同于开间尺寸。如果只能选择矩形网格，此时，网格跨度尺寸一方面要在结构受力允许的范围之内。另一方面则要通过下面几种因素的分析来确定。

(2) 考虑面积限定　当一个标准房间或由两个标准房间组成的网格开间尺寸确定后，那么网格跨度尺寸用面积一除就确定了。问题是那么多大大小小房间，这样逐个计算网格跨度尺寸规格就太多了，何况有些房间需要占用两开间、三开间、甚至半开间面宽。怎么办？这就需要参照下面一个因素进一步来分析。

(3) 以功能分析泡泡图为依据　建立结构网格是为了整理前述方案探索所得的分析成果。因此，结构网格不能脱离这个条件。我们可以寻找在跨度方向上若干功能区的分界线，这里就是跨度的网格线。再看每两根线之间的距离估计有多少，如果符合框架结构的受力特点，在允许的跨度范围之内则此跨度网格线可以确定下来。如果两根线之间的距离过大，还得在其间添加跨度网格线，变为多跨形式。这样一来，网格跨度尺寸就会有大有小，这是可以的。不像对开间网格尺寸希望尽可能整齐划一，规格尽可能少，以有利于今后立面设计，并给施工带来简便。

(4) 根据使用要求　有些房间由于面积大，而又不希望内部空间有柱子(如报告厅、多功能厅、宴会厅等)，满足这一使用要求便成为主要矛盾，只能将内部的柱子全部抽去，而保留房间界面上的结构柱，再通过结构方案(如井字梁、网架等)解决房间顶界面的覆盖问题。此时，这样的房间只能一跨到底。当然，在此情况下希望其上不要再有若干房间，否则结构是不合理的。

上述我们以大量遇到的框架结构形式为例，论述了如何确定网格开间与跨度尺寸的思维过程。当然，采用其他结构体系也有一个形式与尺寸确定的问题，以及如何与功能分析结果相吻合，其思维过程基本如此。

下一步我们只要将功能分析泡泡图按原来的配置关系纳入此阶段已经准备好了的结构网格图中，则方案的毛坯就此生成。之所以称其为方案毛坯是因为还有一些善后工作要在结构网格中调整。方案从毛坯生成一个与设计目标接近的方案框架，设计者还要做如下工作：

七、方案生成

在方案探索过程的前几个阶段，设计者都是从方案整体出发，抓住全局性的问题，在分析、比较与综合的基础上获得了各个阶段的成果，可谓经过了一番艰苦的创作过程。在方案即将水到渠成的最后阶段，我们还要做些局部调整工作。这就是：

(一) 在网格中落实各个房间的位置、面积、形状

1. 位置

将功能分析泡泡图，按配置秩序放入网格中。当然，可能不会十分吻合，可以适当微调个别房间位置的关系，但不能把此区的房间调到彼区去。

2. 面积

初步计算一下各个房间各需占用几个网格。当然也做不到每一个房间的面积完全符合设计任务书的规定，可以允许面积在规定的误差幅度内上下增减，这是正常的。

3. 形状

有时房间面积符合要求，可是房间形状不尽人意，如呈现拐角形，或者过分狭长等，都要在这一步及时得到纠正。

由这一步工作我们基本上可以获得一个所需要的生成方案。但它还有些问题，要做及时调整。

（二）将生成方案放在场地条件中，协调与环境的和谐关系

1. 协调生成方案与场地边界的关系

当生成方案的外轮廓与不规则的场地边界线有冲突时，可以通过网格的移动、错位而获得和谐关系。如图 3-143(*a*)，一座 6 班幼儿园设计方案，教学楼平面与场地北面斜路结合较生硬，且北向三角形场地无法使用。此时，可以将网格按班级活动单元呈锯齿状顺应斜路走向逐渐退后。其网格斜向走势是与斜路一致的，不但使建筑与边界条件更加有机，而且也化小了平面与体量的尺度感(图 3-143(*b*))。

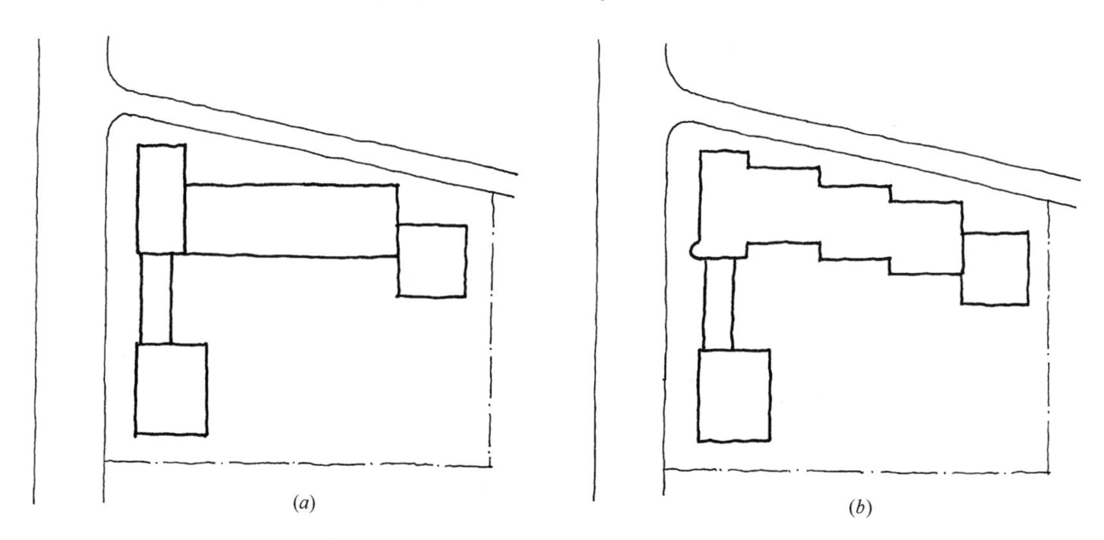

图 3-143 某六班幼儿园生成方案为适应北面斜向道路所做的方案调整

2. 协调生成方案与周边建筑的有机关系

从城市设计而言，生成方案应与周边建筑成为有机整体。虽然他们在建筑性质、体量等方面有所不同，但毕竟共处同一环境之中。因此，要设法找到能使它们形成某种有机关系的中介，如运用对位线即是一个好办法。

例如一个居住区的小超市设计方案，周边有若干幢形状不同的住宅。由于原方案平面外轮廓各边定位随意性较大，使这一地段环境缺乏整体性(图 3-144*a*)。因此，通过对位线的关系重新整理小超市外界面的位置，使其与左邻右舍产生互应关系，从而改善了新老建筑所围合的外部空间形态。而小超市自身因融入该环境之中使生成方案得到确认(图 3-144*b*)。

3. 协调生成方案实体与室外虚空间的关系

实体与空间是矛盾统一体的两个方面，如果我们只关注建筑本体的方案探索，而忽略室外虚空间的形态，也会给生成方案的完善带来遗憾。

例如图 3-145(*a*)是一座城市区级少年宫的设计方案。其院落空间过于狭长，只能起到院落南北两侧各用房的采光通风作用，作为娱乐建筑并不能同时发挥其室外活动和创造景观环境的作用。因此调整方案时可将院落进深加大，并将后楼网格做局部转折处理，使狭长的院落空间比例得到改善，并呈现出曲折变化。这样，就形成了两个不同空间形态组合的院落，空间有了变化、流通，又可进行不同景观和使用功能的设计，从而使生成方案的设计质量得到提高(图 3-145*b*)。

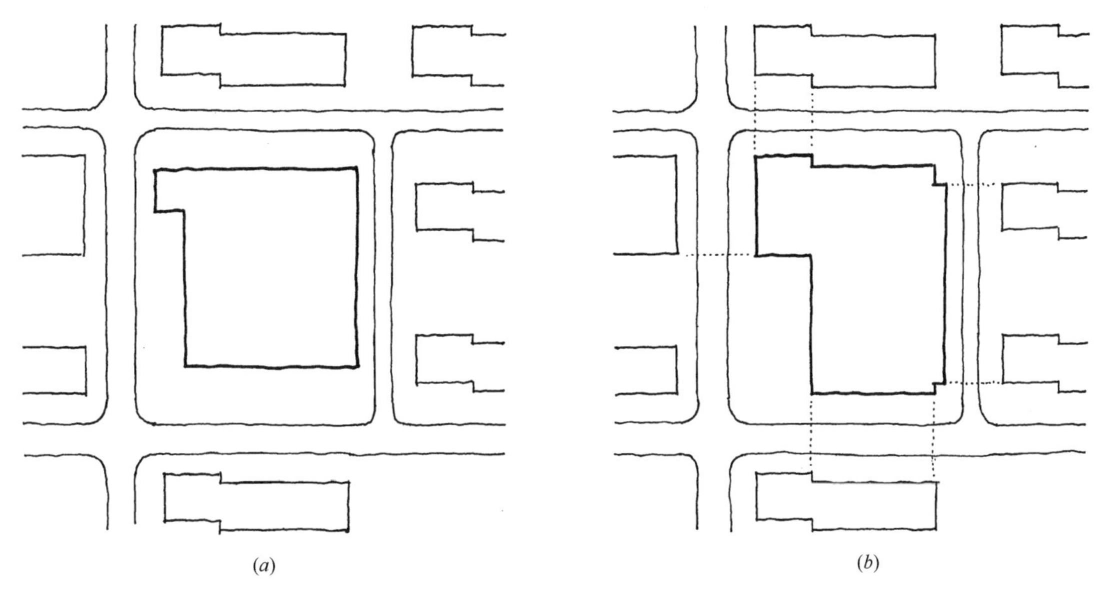

图 3-144　某小超市生成方案运用与周边建筑对位关系所做的方案调整

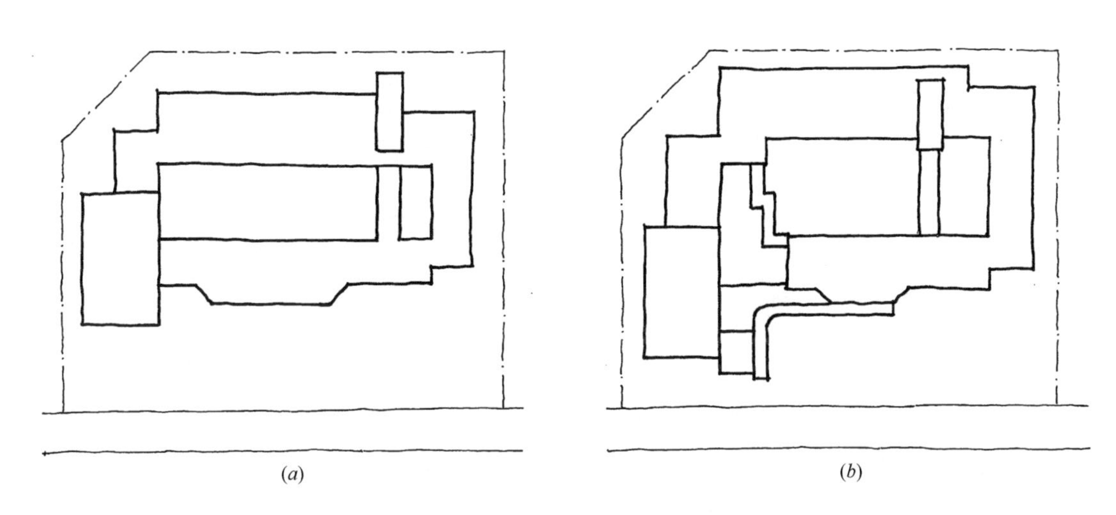

图 3-145　区少年宫生成方案调整

而入口广场的空间形态，从原生成方案的南外轮廓线看，显然存在建筑实体与外部空间缺少互应关系。为使入口广场完整，需要局部调整网格构成。如将西边多功能厅向南拉出几开间网格，并向东增加一个作为单独对外出入口的网格，以对入口广场有一种围合感。并以连廊将门厅入口与多功能厅单独对外入口联系起来，从而加强入口广场的围合。

4. 协调生成方案造型与平面的对应关系

造型与平面，即形式与内容是建筑方案设计的基本矛盾之一。两者互为依存，且在方案探索过程中，何为矛盾主要方面是可以互相转换的。一般而言，从平面设计入手探索方案生成较为有利，因此它是矛盾的主要方面。从本节所论述的方案探索各个阶段的过程很能说明这个问题。但同时我们也没有丢弃对形式的关注。实际上，平面探索从一开始就受到形式的制约，只是后者还处在次要矛盾的地位。然而，当方案探索已寻找到生成方案时，形式问题开始转换为矛盾的主要方面。即生成方案能不能得到确认，还要看能不能满足形式的要求。这就是说在方案生成中，为了使今后完善方案设计时，不致因平面设计成熟，而体形不理想造成方案设计进程受挫，或者设计最终目标大失水准，因此还必须及时协调造型与平面的对应关系。

例如某办公楼设计方案(图 3-146*a*)，平面图形、结构网格都很规整，但体量有高低之分。这样的平面“站”起来体量关系并不理想，不能反映不同体量的相互有机关系。协调的办法是将高矮两部分网格错位呈咬合状态(图 3-146*b*)，马上使体量关系得到改善。为此，反作用于平面关系应作相应调整，这样，就为下一步完善立面设计奠定了良好的基础。

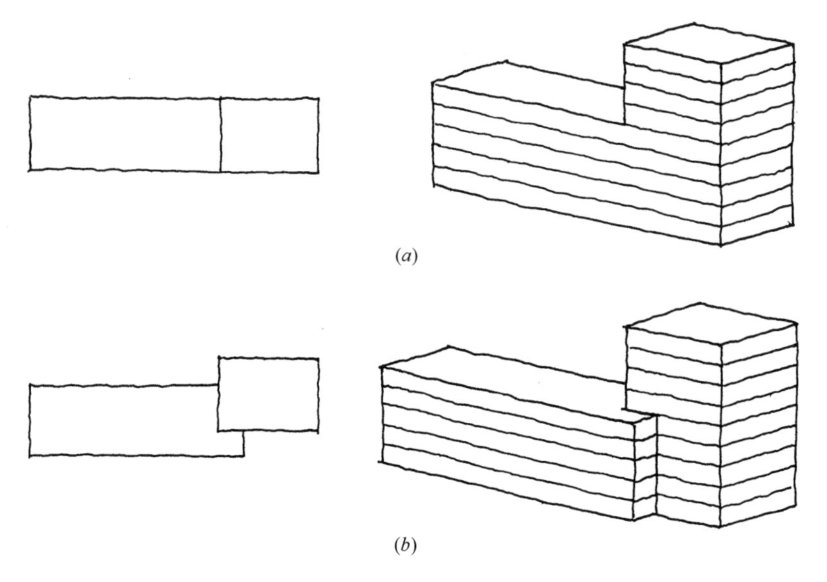

(*a*)

(*b*)

图 3-146 生成方案的体量调整

当建筑的造型构思希望做坡顶时(如别墅)，生成方案的平面布局就会受到更大的限制。特别是复杂的平面将造成若干个坡顶在不同方向上交叉、碰撞，甚至产生无法搭接的矛盾。在这种情况下，就要及时搞清多个坡顶的复杂关系，用屋顶平面图来检查生成方案的图形，并加以及时调整，使之坡屋顶的搭接成为可能。在另一种情况下，也可以根据对坡屋顶美学的推敲，把一个单调的规矩平面图形变得平面轮廓丰富起来。

至此，方案的探索工作走到这一步算是大体完成，我们从零起步经过艰苦的创作之路总算有了一个较满意的方案毛坯。当然实现最终的设计目标，还需做更多、更细致的完善工作。这个任务将交给下一步去完成。

综前所述，如果我们给这一节论述简短做个小结的话，下面归纳的几点非常重要：

(1) 设计者要充分认识到设计方案是“思考”出来的，而不是“画”出来的。这就要求设计者千方百计开动脑筋进行思维活动。即使电脑这种先进的辅助设计工具，在方案起步阶段也不能完全依赖它，毕竟它不能取代人的思维。特别是作为初学设计的学生，更不能一开始就迷恋上电脑，因为依赖电脑惯了，久而久之脑袋会越来越懒的。再则，从初学一开始，就养成一种不良的设计习惯，发展下去思维惰性就会越来越严重，今后还谈什么从事建筑创作呢？何况我们这一节论述的方法，电脑是无法代替的。冰冻三尺，非一日之寒，设计者只有久经磨练设计的思维基本功，才有希望成为一名有作为的建筑师。

(2) 方案探索方法一定是图示思维方式。思考方案设计问题不但要动脑，也要动手，并且手脑要并用，才能更好地促进思维发展。这种图示思维的形式和表达方法，是与方案设计起步阶段工作的特征，即以粗线条、符号来表达设计者的意念相吻合的，是一种正确的设计思考方法，也是设计者应具备的设计基本功。

(3) 遵照设计程序展开设计是达到理想设计目标的正确之路。任何一件事物的发展总有自身的规律，方案设计也不例外。本节所阐述的方案探索与建构 7 个环节，是对方案设计程序的科学归纳，掌握了它，就是掌握了方案设计的脉络。

(4) 解决方案设计问题一定要用系统论、辩证法作为指导思想，避免唯心主义一点论。设计者都有亲身感受：建筑设计自始至终总是充满了矛盾，特别是方案探索阶段，矛盾更是错综复杂。既然如此，我们没有别的办法，只能运用科学的思想武器，一个一个去解决方案探索路上出现的各种设计矛盾。

(5) 掌握设计原理和积累生活经验是提高方案设计能力的前提。从事建筑设计不但是技术活、体力活，更是一种智力的创造。这就与设计者自身的素质与修养紧密相关。要想成为一名好的设计者、优秀的建筑师，必须在理性与感性上丰富自己的专业素养，这对于具体做方案设计是大有裨益的。

第四节　方案深化与完善

这一阶段的设计任务是对前一阶段所获得的方案毛坯进行深加工，即在平面、剖面、立面、总平面几个设计领域展开进一步的深化与完善工作。与前述各设计阶段的工作相比，两者是整体与局部的关系，对于设计最终目标的实现都是缺一不可的重要设计环节。所谓设计方案要有深度，即是说，我们对设计问题的考虑要从全局、整体部分向局部、细节的处理问题深化下去。如果设计方案只有良好的整体把握却无局部的完善处理，也只能是一个粗糙的成果。正如绘画一样，人体比例尺度轮廓都掌握很好，可是细部刻画不够深入：两眼无神、肌肉缺乏力量感、素描光影关系不准确等等，仿佛是一件没有完成的作品，或者称不上是一件成功的作品。因此，对方案毛坯进行深加工，使之达到完善程度，对于提高设计质量来说是不可或缺的。

但是，将方案毛坯深化下去从设计现象上看仅仅是更细致地填充设计内容的过程，而从设计本质上看，仍然是对更具体的设计问题进行思维的过程。前者将涉及到设计者对设计手法运用的程度，这方面，对于不同设计者由于经历、学识、喜好、能力等各种原因会大相径庭。而后者还是离不开对正确设计思维与方法的掌握，而且后者的能力决定了前者的成果。因为深化与完善方案也不是“画”出来的，而是更深入地“想”出来的。

因此，本节在平面、剖面、立面、总平面各部分的完善设计工作中，尽管将涉及到一些设计手法的运用，但还是重点阐述深化方案设计的方法。因为“方法”与“手法”是不同的两个概念，前者是对某一设计问题提出深化的思路、策略，而后者是对深化内容寻找解决的手段。显然，“提出问题”比“解决问题”更重要。

一、完善平面设计

前一阶段我们所获得的方案毛坯仅仅是一个“空壳子”，要使平面充实完善起来，还有大量的细节工作需要设计者仔细推敲，这就涉及到室内设计领域的诸方面，包括：

（一）单个房间的平面完善设计

单个房间是构成建筑的基本空间，而一幢建筑又是由若干不同性质、内容、形态的单个房间组成。因此，对单个房间研究的意义在于，通过完善实用功能要求、创造完善空间形态、精心推敲细部处理、满足技术经济条件等。一方面使单个房间自身得到设计完善；另一方面反作用于方案全局作局部修改，最终使整体设计质量得到提高。

1. 平面大小与比例的研究

单个房间的大小在方案生成过程中是已确定了的。但能否满足使用要求、能否容纳下要求的人数、与家具设备的配置是否合理，甚至房间的具体尺寸、比例是否合适等都还需要设计者进一步思考，并加以完善。特别是对于以标准房间为模块进行平面组合时，更应重视对单个房间的研究。这样易于把握方案整体的框架，如中小学学校建筑中的普通教室、大专院校建筑中的学生宿舍、旅馆建筑中的标准客房、医院建筑中的病房等。这些单个房间平面设计的完善与否，将直接关系到整体设计的质量。

例如，小学学校建筑的教室主要家具是课桌椅。它的数量与排列方式决定了教室平面的尺寸及使用效果。教室平面过宽，则造成前排两侧 30°偏角以外难以利用的面积过大；教室平面过窄而长，势必加大教室最后排到黑板的视距(图 3-147)。而且桌位排列要在满足使用条件下，尽可能紧凑而不浪费面积(图 3-148)。因此，教室的长宽尺寸要通过多方案比较，推敲出一个合理而经济的平面尺寸，这有可能反过来对已经确定的教室柱网进行局部尺寸修改。

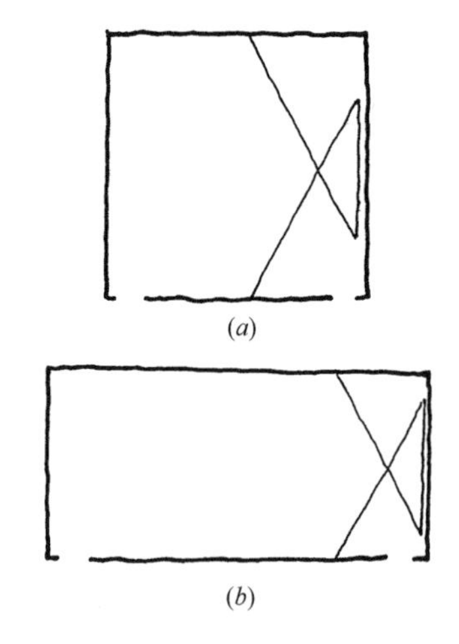

(a)

(b)

图 3-147 普通教室平面比例分析

(a)教室平面过宽造成难以利用的面积过大；

(b)教室平面狭长，视距过远

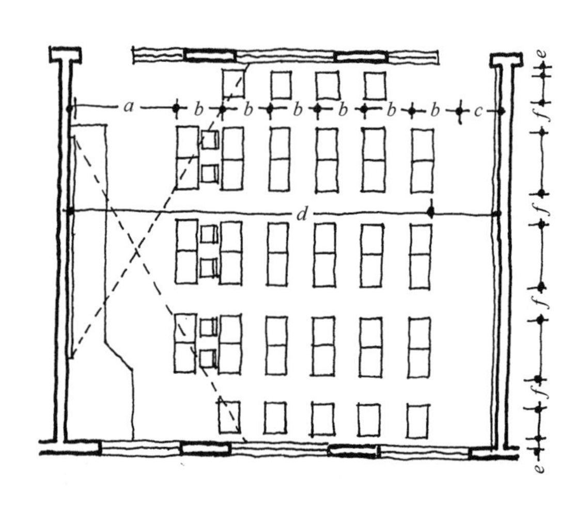

图 3-148 普通教室课桌椅配置对平面设计的影响

a—2000mm；*b*—900mm；*c*—600mm；

d—8000mm；*e*—120mm；*f*—550mm

在一个某幼儿园活动室与卧室合一的班级活动单元设计中，为了尽可能在面积定额（$90m^2$）范围内扩大活动室面积，势必要压缩卧室面积，压缩卧室面积的关键在于床位的布置要紧凑合理，使卧室的走道面积最小。但原方案三等开间的结构布置造成两根中间柱正好堵在走道口上，妨碍了部分幼儿进出卧室（图 3-149*a*）。为此，合理的家具布置反过来要求结构开间尺寸作调整，呈图 3-149(*b*)所示。

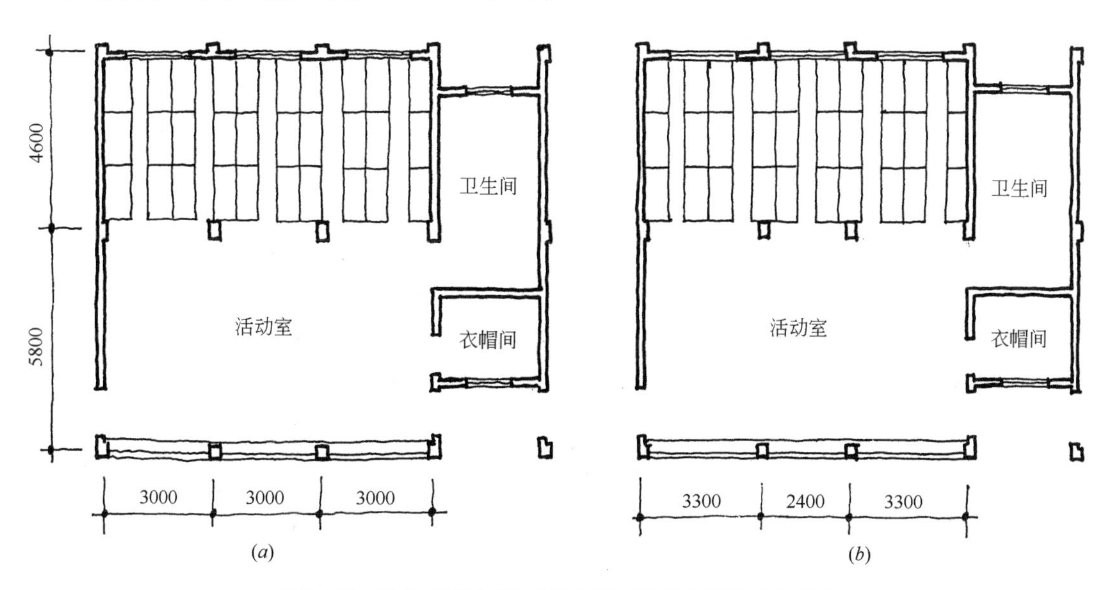

图 3-149　幼儿园活动单元家具配置对结构柱网尺寸的影响

同样，图 3-150*a* 为小型图书馆阅览室的家具布置。由于开间为 4m，与阅览桌合理的间距模数(2.5m)产生矛盾，致使柱与阅览桌的布置缺少模数对应关系，甚至个别柱阻挡了读者进入阅览桌之间的通道，给使用带来不便。因此，需要将开间调整为 5m 才可与阅览桌间距模数取得协调关系(图 3-150*b*)。

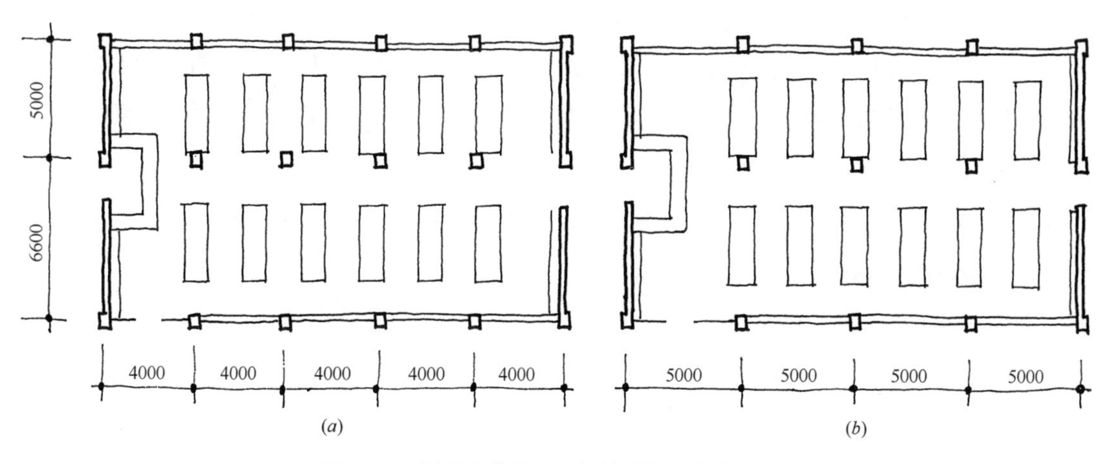

图 3-150　阅览室家具配置与结构柱网关系的分析

又如，旅馆建筑中的客房也是一个数量较多的标准房间。它是由卧室、卫生间、小过道和壁柜四个部分的空间组成，每一部分平面尺寸及其组合关系的合理与否都直接影响到整体设计的质量。因此，也需在完善平面设计过程中仔细推敲。

首先是对卧室家具的选择与布置进行深入研究，以验证生成方案的结构开间与进深是

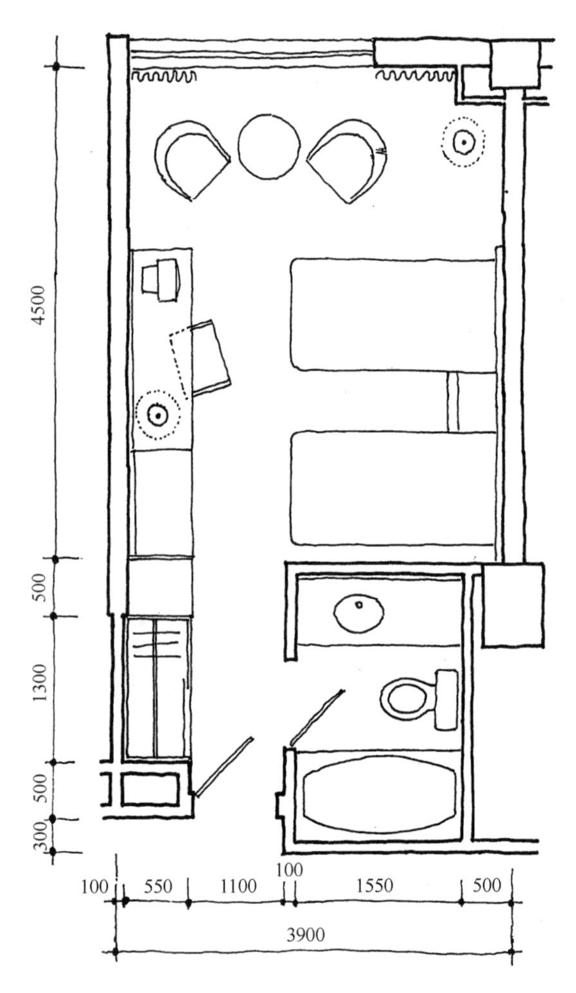

图 3-151　旅馆标准间家具设备配置与平面尺寸分析

否需要作细微调整。然后，对卫生间洁具的选择与布置结合管道井的设置进行方案比较，以此得出符合厕浴要求的紧凑平面尺寸，并保证床长不要超过卫生间开间尺寸。否则，不仅影响使用，也影响卧室空间的美观。

最后，对小过道和壁柜的平面尺寸研究也不可忽视。一方面要保证最小尺寸要符合使用要求，另一方面其总宽度加上卫生间的开间尺寸要与卧室开间相吻合。如果前者总尺寸大于后者尺寸，由于过道最小尺寸已无调整余地，只有对壁柜进行考虑了，可采用一个壁柜一分为二的手法加以解决。

通过上述对标准客房的研究、调整，最后确定了平面的尺寸与比例，这就为旅馆建筑主体部分的标准层和总体格局奠定了基础(图 3-151)。

对于家具设备布置无严格或特殊要求的单个房间，平面完善工作与下属因素有关：

(1) 与整体设计中统一的结构尺寸有关

为了不使方案的开间尺寸因单个房间大小不一而过于繁杂，以免造成立面设计无章可循和造成结构、施工的麻烦，一般而言，开间尺寸规格不宜过多。因此，对于单个房间的平面尺寸不必强行符合任务书规定的面积大小。此时，要抓主要矛盾，即单个房间的尺寸要服从于整体结构尺寸的逻辑性。这样，单个房间的面积可以在面积定额中小幅上下浮动。

(2) 与房间比例有关

良好比例的房间平面尺寸是设计美学的一般原则，要尽量避免房间长宽尺寸超过 2：1 的比例。因为，狭长的房间形状犹如走道空间形态一般，既不利于使用，也会造成空间感的失常。因此，需要修改这种比例的平面尺寸。

(3) 与结构或立面的制约有关

单个房间的面积可能比一个格网大一点或小一点，此时，按面积确定的单个房间会出现两种失误，一是忽略了结构的制约，造成分隔墙放在楼板上，与结构系统没有逻辑关系。完善的办法是把隔墙要么放在格网上，面积小就让它小点；要么放在格网中间(下面会有次梁)，面积大就让它大一点。相比较而言，面积多少是次要矛盾，而房间划分要符合结构逻辑是主要矛盾。也许隔墙是轻质隔断，不一定要放在格网中间一半的次梁上。但是，如果立面是带形窗，甚至玻璃幕墙，单个房间的形状就要受到立面的制约了。原则是不能为了凑面积而将轻质墙撞在玻璃上。总之，解决这个问题仍然需要运用系统思维的方法，协调好单个房间尺寸与结构尺寸和立面设计的和谐关系。

（4）与房间的完整性有关

在一个原本完整的单个房间内又勉强夹塞另一个无法安排的房间，这就破坏了原有房间的完整性，使原有房间成为L型平面，这说明后塞进的房间平面与原有房间平面不是有机结合，这是初学设计者常出现的弊病。完善单个房间时应消除这种手法(图 3-152)。

（5）与房间划分手段有关

在一个完整的大空间内若要划分若干单个房间时，每一单个房间的平面一方面要满足使用要求，另一方面也需力求空间完整。

例如，一个六边形平面的俱乐部公共活动区，若要划分为两个房间使用，不同的划分手段将会产生不同的房间形态(图 3-153)。其中方案(*a*)比方案(*b*)更为合理。因为前者每个房间形态相对较为完整，其三个外墙面长度一致，而且隔墙位置与结构梁吻合，顶界面完整；而后者每个房间围合空间的界面长短不一，隔墙位置要和窗户打架，又与结构梁布置相矛盾，显然其空间形态较(*a*)方案要逊色一些。

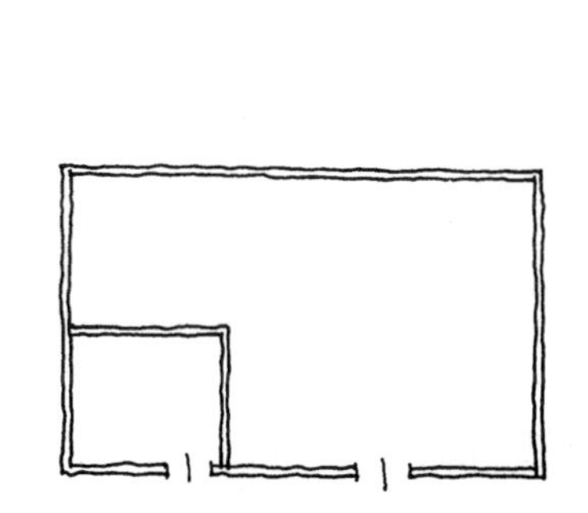

图 3-152 破坏原完整平面的设计手法

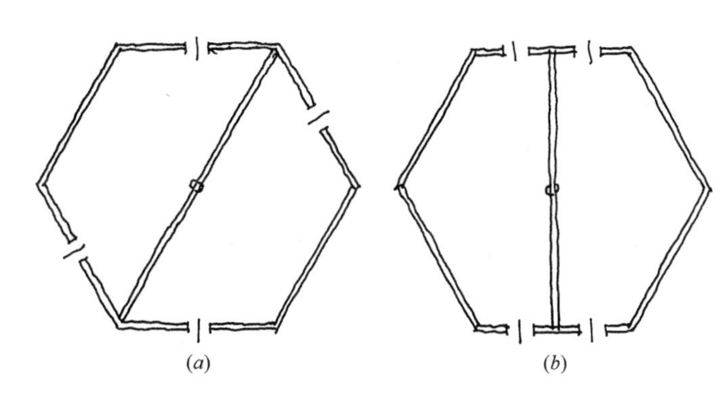

(*a*) (*b*)

图 3-153 六边形平面划分房间方法比较

若一个大房间先天就不完整，完善的办法是根据房间不同使用内容，或根据人的不同行为方式将计就计划分为各自相对独立完整的使用空间形态，但又不隔死。例如某L形平面作为冷饮店，可划分为各自完整的一大一小两个区域。大空间供顾客使用，小空间作为服务用，两者各得其所(图 3-154*a*)。也可按另一种思路去划分，形成大空间(散座)与小空间(雅座)相结合，更富于空间变化(图 3-154*b*)。

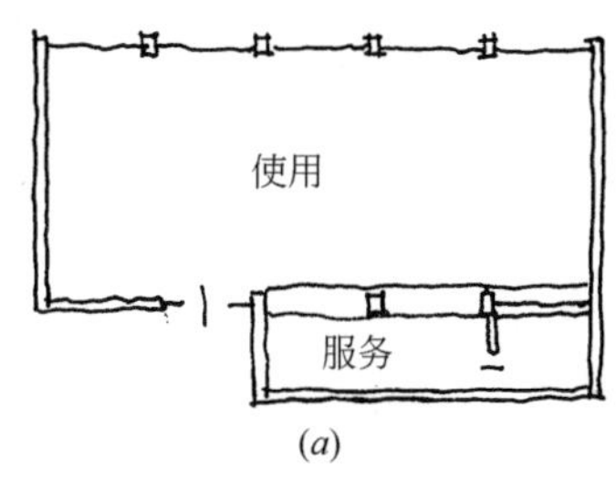

(*a*)

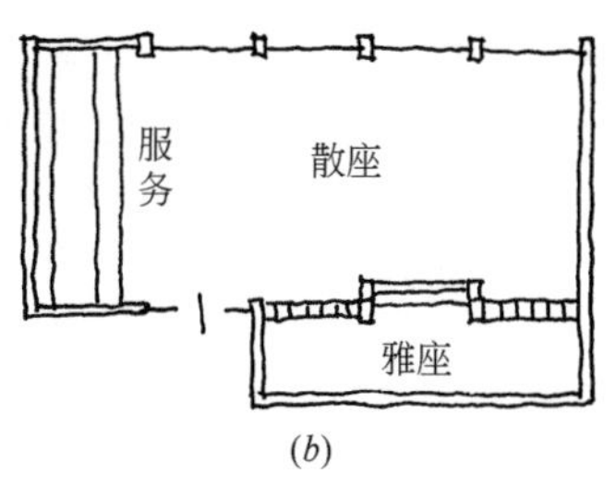

(*b*)

图 3-154 不规则平面二次空间划分方法

2. 平面形状的研究

在大量的建筑中，单个房间特别是中小房间通常采用方形、矩形平面。这种平面形式有利于家具、设备的布置，能充分利用使用面积，并具有较大的灵活性。同时，结构简单、施工方便，也便于统一建筑开间和进深，有利于平面组合。但是，矩形平面并不是惟一的最佳平面形式，在某些特殊使用要求的情况下，对平面形状可能要做更多、更仔细的推敲工作，使之更符合特殊使用功能的要求。这些特殊平面形式的产生常受下列因素影响：

(1) 受最佳视线设计的影响

一个较大的阶梯教室，由于容纳人数多，势必平面长宽尺寸要比普通教室大得多。如果仍采用矩形平面，则教室最后排视距较远，或者前区不可设座位区的面积浪费太大。为了改进这一缺陷，可按最佳视线设计进行平面完善，即变矩形平面为六边形平面。这样，面积使用率明显提高，造型上也会因此而打破方盒子形态(图 3-155)。

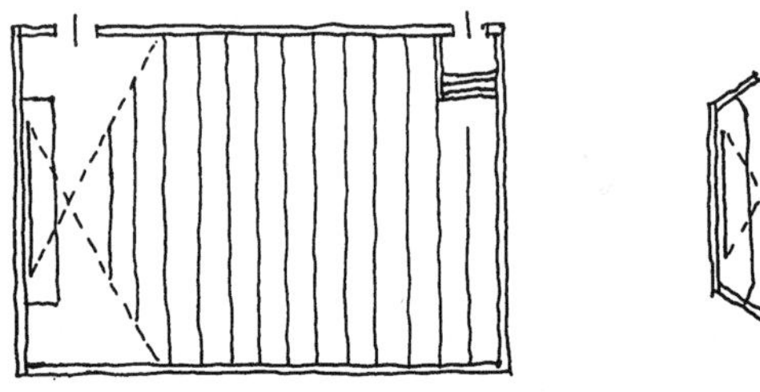
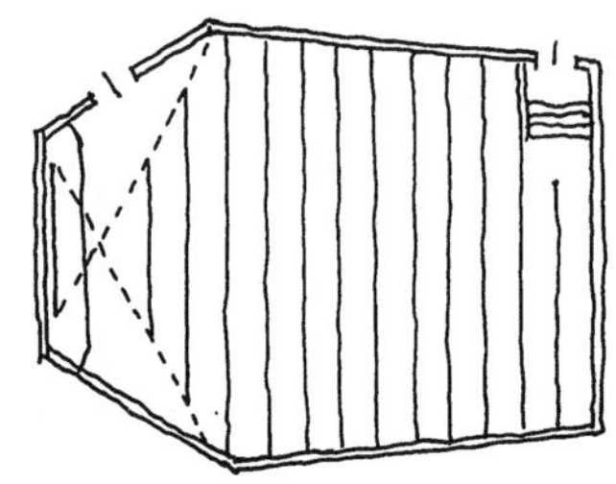

图 3-155 阶梯教室最佳视线设计比较

(2) 受最佳声学设计的影响

对于观演建筑的观众厅，声学质量是突出的功能问题。因此，平面形状一定要从符合声学设计的要求进行最优选择。如钟形、扇形、长六边形等观众厅平面形式都有利于声反射，使声场分布均匀。即使是矩形平面，在完善平面形状时也应从最佳声学设计考虑，将侧墙作适当转折处理，目的是使声反射尽可能多的直接覆盖到观众席上(图 3-156)。

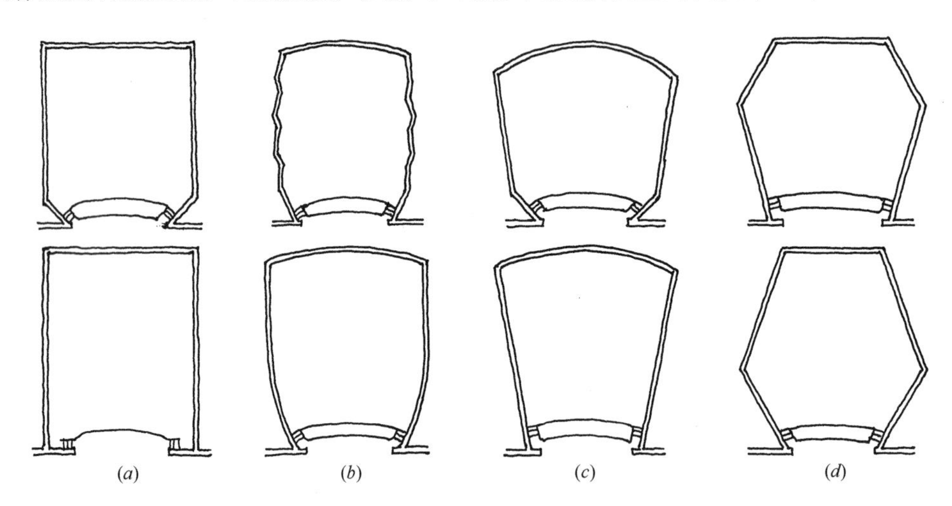

图 3-156 符合最佳声学设计的观众厅平面形式

(*a*)矩形平面：声能分布较均匀，池座前部接收侧墙一次反射声能的空白区小。由于声能交叉反射，对丰富度有利；(*b*)钟形平面：音质、视线均有较好的效果；(*c*)扇形平面：侧墙面同中轴线的水平夹角小于 10°时，音质良好；(*d*)六角形平面：声能分布均匀

（3）受防西晒设计的影响

东西向房间在许多地区是十分忌讳而有时又不可避免的。在完善房间平面时，防止东西晒成了设计的主要矛盾。可以将东西墙面作45°转折处理，改变房间朝向为东南向或西南向，使东西晒问题得到一定程度的缓解，由此房间平面形状出现异形。如果家具配置得当的话反显室内空间较活泼，避免了矩形平面室内空间的单调感。况且由多个这样的单个房间连续排列，可产生造型上虚实相间的韵律感。

（4）受景向设计的影响

有景向要求的单个房间，其平面形状的完善要有利于扩大景向的视野。对于矩形平面而言，当然应以长边面对景向，从而获得犹如宽映幕的景向面。若长边改为弧形面，则观景视野更佳。这样，平面就形成扇形、半圆形等形状。

（5）受适应特殊地段环境设计的影响

在不规则的用地条件下，建筑整体平面乃至单个房间的平面形状往往受到一定程度的制约。此时，单个房间平面的设计要寻找一个合适的形状去适应这个特定的环境条件。如一个书画创作中心设计，地处一块不规则的异形用地上，特别是东南两面道路十分不规则。生成的方案要求在路口布局一个展览房间，这个房间的平面形状是什么好呢？考虑到特定地形条件，完善平面时，以采用圆形平面为佳。因为它可以使建筑临街的两个互不垂直的界面自然过渡，而且带弧形转角的建筑界面有利于路口的城市交通对视线无遮挡的要求(图3-157)。

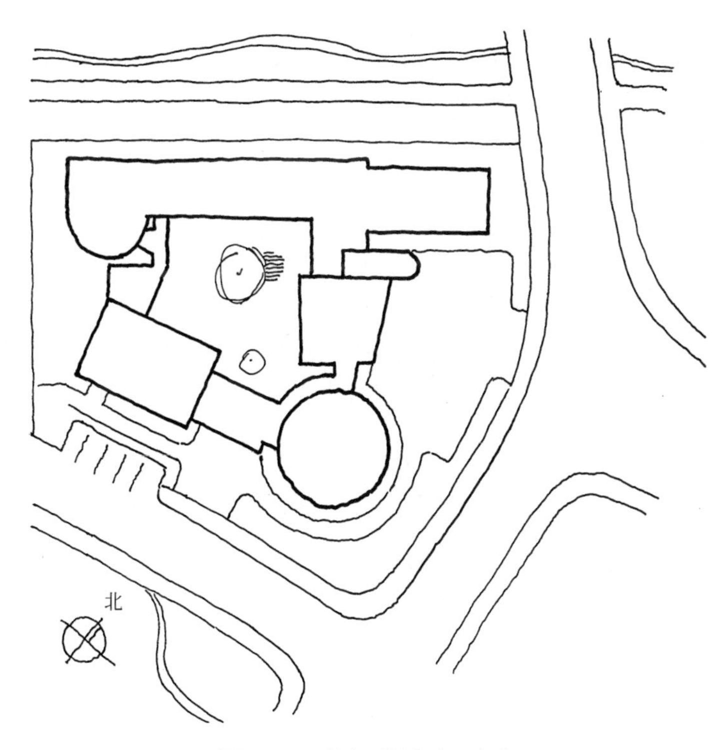

图3-157 某书画创作中心方案

（6）受造型设计的影响

一个主从关系十分明确的建筑体形，为了避免主体建筑过于单调，可以将从属体量的平面形状做形式上的变化，以此达到丰富造型的作用。如某幼儿园建筑方案设计，由于场地狭小，为了保证足够的室外活动场地面积，建筑只能一字形布局，但造型十分单调。完善平面时，可将作为从属体量的音体活动室设计成圆形平面，一方面可以顺应用地边界，并成为道路对景；另一方面对表达建筑的个性也会产生积极的作用(图 3-158)。

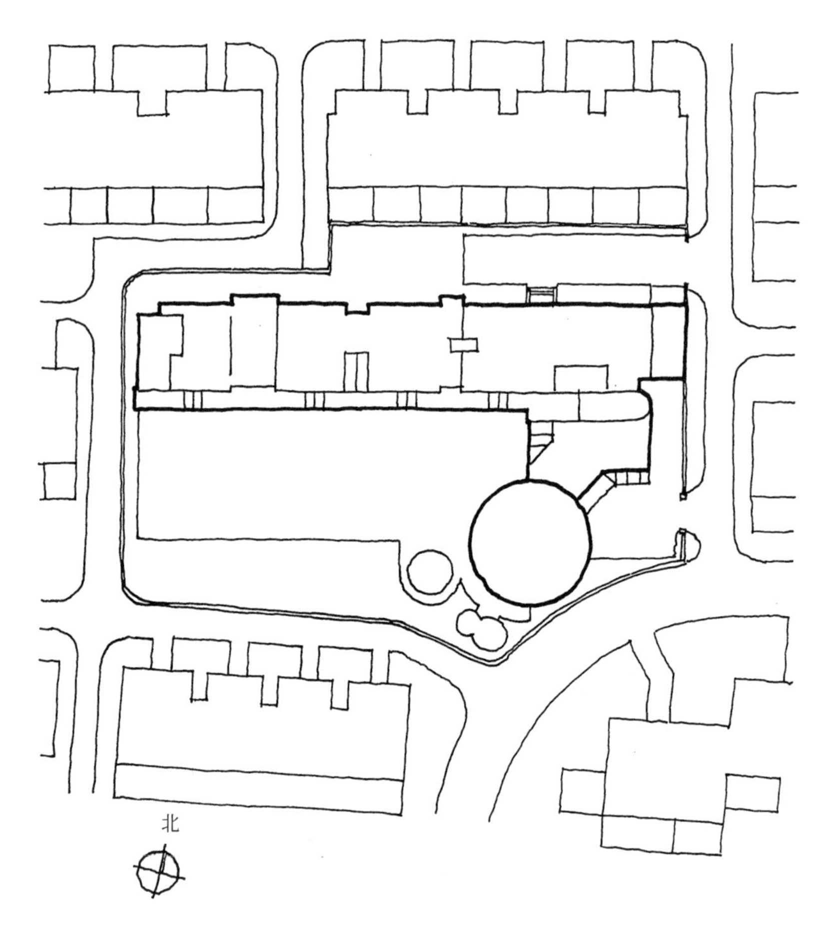

图 3-158 南京尤江小区六一幼儿园

(7) 受形式构成设计手法的影响

就设计手法而言，有些设计者偏爱采用非矩形的形式构成法，如采用三角形、五边形、六边形、八边形，甚至圆形作为单个房间平面形状的母题。这并不是从内外设计条件要求出发而确定的平面形状，仅仅是一种设计手法而已。这种从方案生成一开始所确定的平面形状在单个房间平面完善时，不仅为了追求形式感的新颖，也要特别注意它是否能满足其他设计要素诸如功能、环境、技术等的要求。

(8) 受非传统设计理念的影响

传统的设计理念与手法在信息时代的今天，越来越受到挑战和冲击。就单个房间的平面形状而言，已经出现了如同变形虫般的怪异平面、扭曲平面。虽然给人们带来精神的刺激，但同时又带来诸如实用性、经济性、技术性等若干值得质疑的问题。至少在当今这种随心所欲的任意形平面不会是设计的主流。在完善单个房间平面形状时，除非个案，它不应成为设计者的选择。对于初学设计者的学生来说，特别要加强扎实的设计基本功训练，而不是在平面图形上沉溺于玩弄形式怪异。

3. 门窗设计的研究

门窗的大小、位置、形式是单个房间平面设计的重要考虑要素。在完善平面设计中，不可忽视对门窗设计的仔细推敲。

（1）门的设计推敲

门在房间里主要起通行作用，也兼顾组织室内气流以利通风。完善平面设计对门的推敲主要涉及以下几个问题：

① 如何保证满足使用功能要求　　门作为通行手段，单个房间门的数量要视房间容纳人数多少来决定。如小办公室、宿舍、客房等一樘门就够了，而普通教室需要设两樘门才能满足学生进出需要。如果是观众厅，则门的数量应该更多一点，甚至需要按照疏散计算公式来确定。

② 如何保证安全疏散要求　　保证人员从房间安全疏散是对门设计的强制性要求，特别是对面积较大、人数较多的单个房间，如阶梯教室、报告厅、观众厅、展厅等。其门的数量、门洞宽度、位置都必须符合防火规范要求，特别是门的开启一定朝着疏散方向。

③ 如何提高房间使用效率　　对于单个房间在面积确定的情况下，如何提高房间使用效率与门的位置有着极大的关系。因为，门的位置直接影响到室内交通流线的组织和家具配置的方式。

例如，图 3-159(*a*)是住宅方案中餐厅的设计。其面积不大，周边却尽是门洞，造成餐厅实际上完全成为交通面积，连一张餐桌也放不下，面积使用效率极低。因此，必须减少开向餐厅的门洞数量，以便寻找一个死角空间能放下一张餐桌。其手法是将卫生间中洗衣机分离出来，让前者封闭，后者敞开，厨房门可利用洗衣机空间进出。这样，餐厅的流线就比较通顺，从而提高了餐厅的使用效率(图 3-159*b*)。

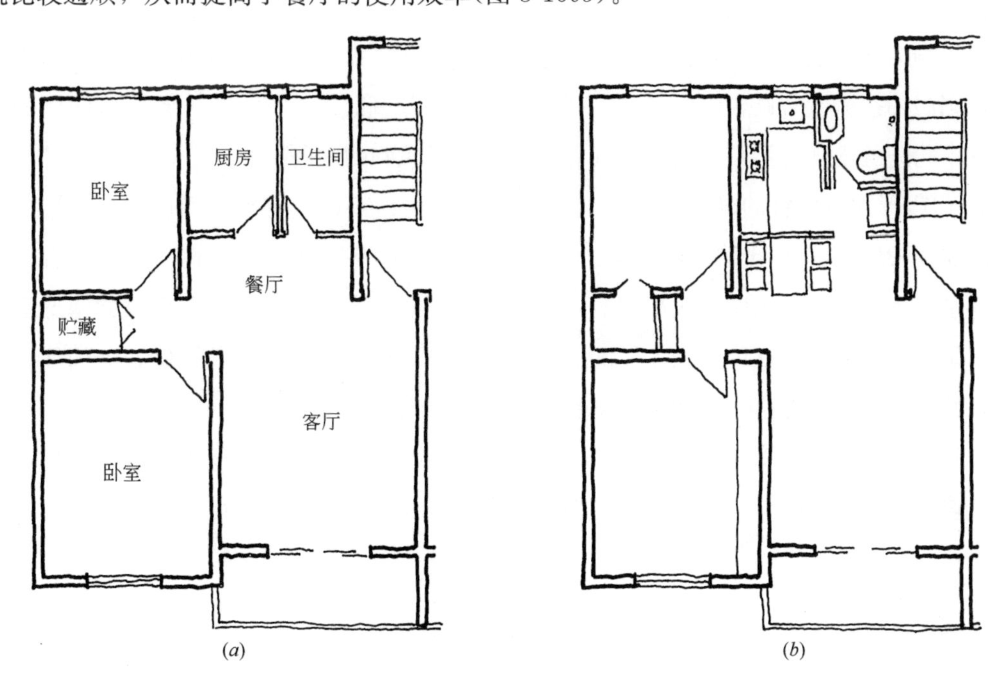

图 3-159　门位置对提高房间使用效率的影响

④ 如何有利于家具布置　　单个房间门的位置一般位于墙角，且留有半砖墙垛。但考虑有利于家具布置，门的位置需要做相应调整。图 3-160(*a*)中主卧室的两个门都开在墙角处，造成西墙面很难布置一组大衣柜、电视柜等，而且也影响到卫生间洁具更加紧凑有效的布置。我们只要将两个门的位置各自向东移位 70cm。则一组通长的多功能组合柜就能安置下，主卧室衣物储藏和电视机就位的问题立即得到解决，而卫生间三件洁具的布置也为此更加合理(图 3-160*b*)。

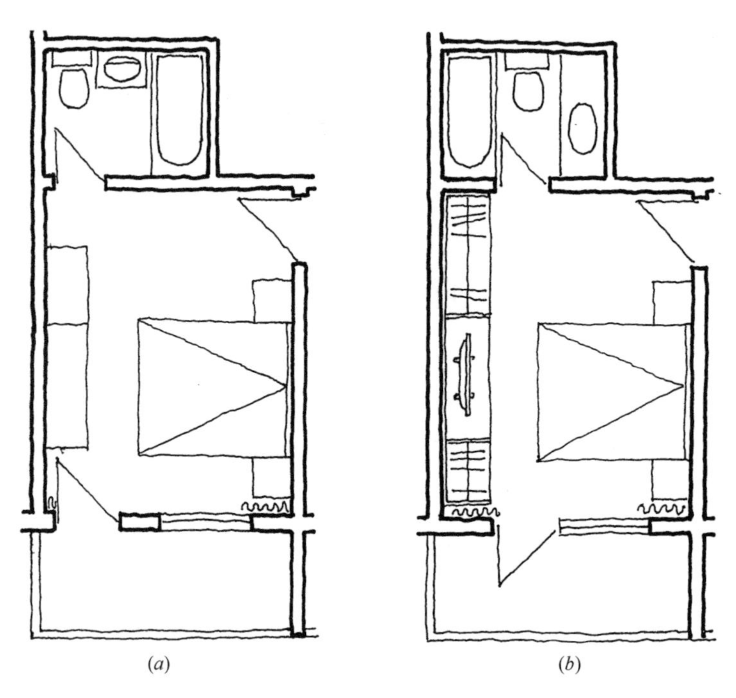

图 3-160　家具布置对门位置的影响

⑤ 推敲门洞造型的完整性　　门洞周边有无墙垛虽然对使用、构造、施工并无影响，但从门自身造型考虑，特别是标准较高的单个房间通常要设门套或做发券。此时，若没有墙垛，则门的造型就有缺憾。这说明一个小小的细节就能反映一位设计者思考问题的深度。这些问题的出现并不是画没画的问题，而是想没想到的问题。

⑥ 门扇形式与材料的确定　　门扇的形式有单扇、双扇，有平开门、移门、转门等之分，需要根据不同使用要求来确定。如病房门扇一般为一大一小双扇门，与众有点不同。这是因为当需要推病床出入房间时，两扇门都打开可满足通行要求。但通常情况下小扇门可关闭，仅大扇门就可满足人员的进出了。在人员集中进出的公共空间，如门厅、大堂等，其外门多为感应移门，如果有防寒需要，还得附加转门等。

门扇的材料也是根据房间使用对象、功能要求的不同而确定采用何种材质的门扇，如木门、玻璃门、金属门等。其门扇的造型也是多种多样的，完全由设计者从审美角度进行考虑。

(2) 窗的设计推敲

窗作为房间的采光、通风要求在完善房间平面设计时主要考虑窗洞口的大小与位置。由于大多数窗都位于外墙上，因此，除了满足房间的功能需要，还要考虑立面设计的要求，甚至结合室内所要创造的气氛，综合进行思考。

（二）房间组合的平面完善设计

在方案生成过程中，尽管我们已对建筑平面大的布局做了周到合理的功能分析，把握了方案建构的框架，但是，各房间组合的关系怎样？是否有章法？要不要做进一步的微调和确认？这些更深入更细致的方案完善工作还有待设计者继续努力。

上一个设计环节我们对单个房间做了非常深入的完善工作，但并不等于把它们组合起来成为建筑整体就没有问题。我们需要从以下几个方面继续做好房间组合的平面完善设计。

1. 房间组合应满足流线设计要求

房间组合的方式不完全是考虑空间之间关系，更应是流线所反映的生活秩序或工艺流程所决定的关系。因此，房间的组合设计实质上是进行流线组织。

例如，某幼儿园的幼儿厨房设计，我们在方案生成过程中，通过一系列思维过程已经确定了厨房的平面布局位置，但厨房内各房间还未就位，当完善厨房各房间组合设计时，一定要遵循进货(或库房)——初加工——洗涤——切配——烹调(或蒸煮)——备餐——送餐等由生到熟、由脏到净的正向流程原则和收拾——洗碗——消毒——餐具库等由脏到净的逆向流程顺序，且两条流程不可相混。这就决定了库房要靠近厨房入口便于进货；切配间要紧邻烹饪间，便于食物加工流程连续。而烹饪间的另一端连着配餐间，这样，可以保证熟食卫生和安全。同时，餐后收回的餐具不能走原路回到厨房，而应从洗碗消毒间窗口递进，经过洗刷、消毒后送回配餐间或烹饪间。以上的流线组织就决定了厨房各房间组合的平面，如图 3-161 所示。

医院产科的各房间组合应严格按产妇住院的流线进行安排，决不可前后秩序颠倒。产妇按正常的住院流线为办理入院手续及卫生处理后，先住产休室休养。临产时送待产室再转分娩室，生产完后又回到产休室休息。因此，分娩室应接近待产室、产休室，以便产妇能直接住分娩部。另外，新生婴儿经过卫生处理、过磅等若干程序后，由护士抱送婴儿室。因此，婴儿室也应接近分娩室。同时，由于婴儿需要及时喂奶，所以，婴儿室又需接近产休室。总之，三者关系呈 T 形组合较为合理(图 3-162)。

但是，有些建筑的内部流线并不像上述那样严格，而是存在若干流线，且彼此不能交叉相混，这就给流线设计和房间组合带来困难。如交通建筑旅客的进站流线与出站流线；医院手术楼的洁污流线；博物馆的观众流线与办公流线和文物流线；银行的顾客流线与钱币流线；审判楼的听众流线与法官流线和羁押人员流线，甚至综合楼的各类流线等等都应该严格分离，相应各房间更不能相混。如此复杂的流线关系在房间组合的完善平面设计中如何理顺关系呢？这就要求设计者对各类建筑的设计原理十分清晰；其次在方法上，设计者不妨“身临其境”按各类流线要求“走”一遍，沿途房间位置是否有问题就会一清二楚。出现问题就立即进行调整。当然，这种动作不可太大，太大说明生成方案分析不周，埋下隐患，此时暴露出来只能付出代价了。作为教训，设计者在方案建构过程中一定要注

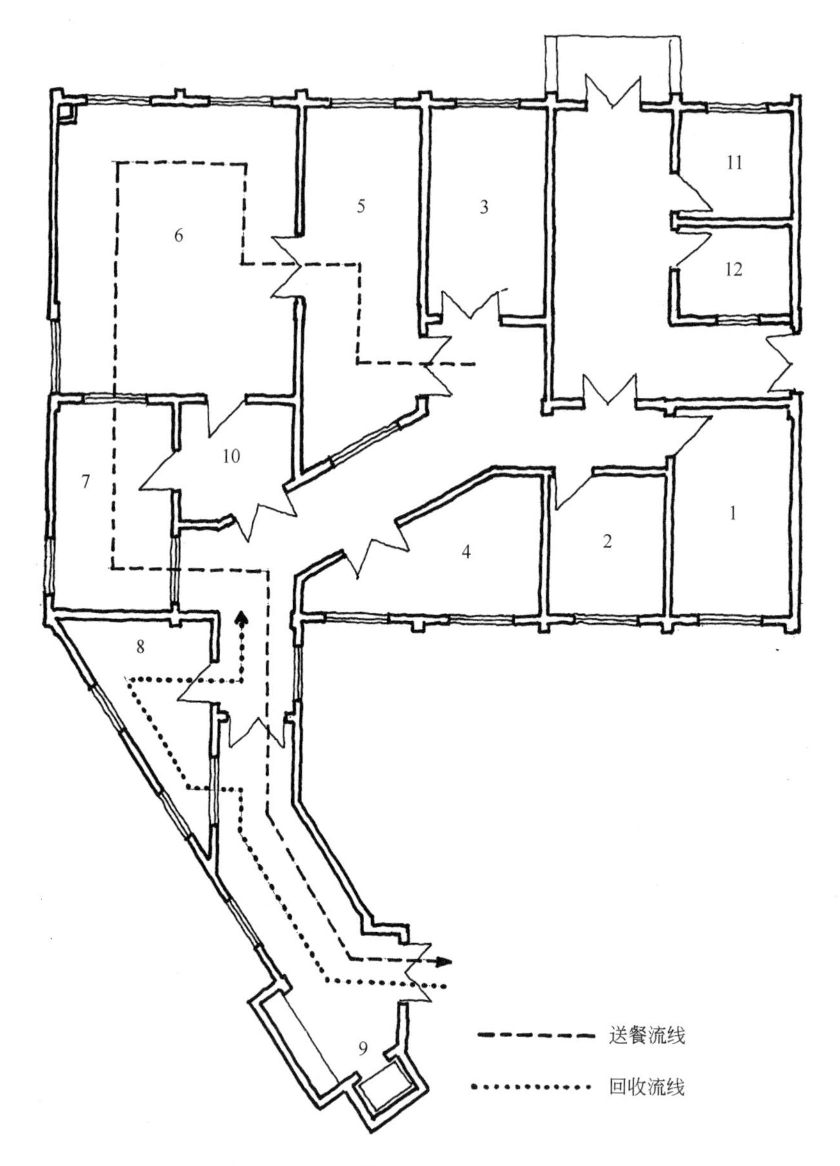

图 3-161 南京鼓楼科技园幼儿园厨房设计
1—副食库；2—主食库；3—蒸煮间；4—点心间；5—切配间；6—烹饪间
7—配餐间；8—洗消间；9—食梯；10—二次更衣；11—女更衣；12—男更衣

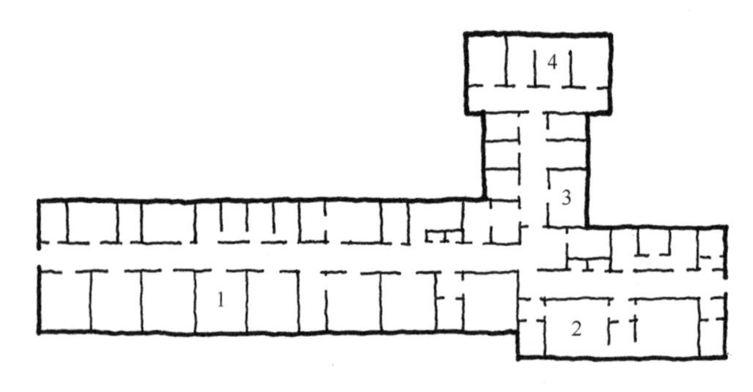

图 3-162 产科护理单元及其与产婴部的关系
1—产休；2—婴儿；3—待产；4—分娩

意按正确的设计思维与方法推进设计进程，宁肯多花点时间、多动些脑筋把生成方案做得扎实些，这样才能为后续的设计环节铺平道路。

2. 房间组合应符合结构逻辑的要求

一幢建筑是由大大小小房间构成，它们的组合关系虽然在方案生成过程中已经得到确定，且已纳入结构体系之中，但是在完善平面时总会有些局部调整，或者房间面积有所增减。所有这些改动对于楼层的房间组合来说，一定要注意到结构的制约。例如房间隔墙不能坐落在楼板上，至少下部要有结构支撑。特别是对于下部是大跨空间的房间如多功能厅、礼堂等其上就不宜再组合若干小房间，否则将有违结构受力的合理性。

在框架结构中调整完善房间组合关系还是比较容易做到的事。对于平面自由布局的砖混结构，在房间组合时设计者往往容易陷入凑面积和摆平面来研究方案，却忘记了符合结构逻辑性的要求。如某别墅设计(图 3-163)，一层客厅与餐厅的平面组合既富于变化，空间又流通，但二层相应位置的主卧室南墙却压在餐厅的顶板上，且客厅西墙与厨房东墙不在一条轴线上，造成结构梁搭接不合理。鉴于上述结构受力不合理的问题，需要对客厅和餐厅的组合关系进行局部调整。让客厅西墙与厨房东墙对位，并在餐厅内添加两根圆柱，以支撑二层主卧室南墙两端点(图 3-164)。这样就解决了二层主卧室南墙的结构支撑问题。

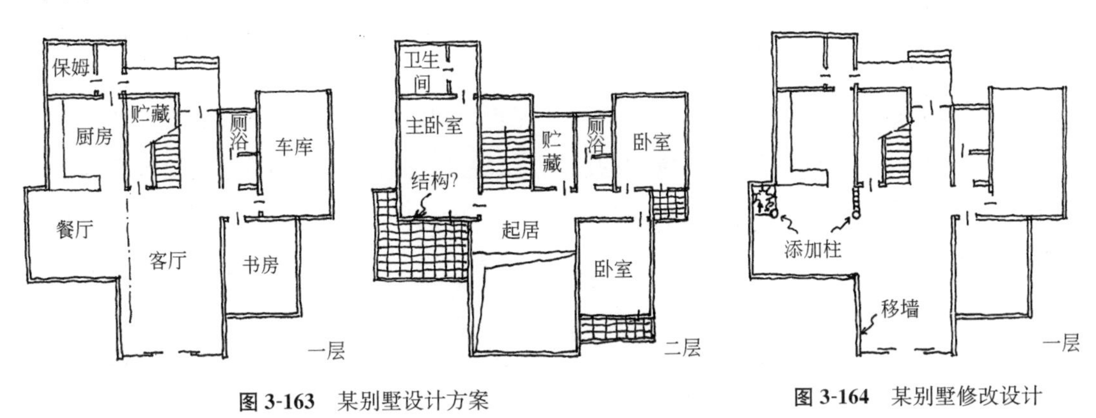

图 3-163　某别墅设计方案

图 3-164　某别墅修改设计

3. 房间组合要有利于空间序列的变化

房间组合在满足功能秩序以及结构逻辑要求的前提下，为了增强空间的艺术感染力，以使人们从连续行进的过程中体验它，还必须进一步完善若干彼此相连房间的各种衔接与过渡处理。

我们知道，当两个毗邻的较大房间紧贴在一起时，它们之间缺少空间的过渡，给人的心理感受是平淡的。如果两者大小悬殊，形状有别，封闭与开敞程度不同，甚至明暗反差较大却又能巧妙地组织在一起，则这种空间强烈对比的关系在人的心理中将产生特殊效果。如在一个高大空间之前组织一个小而低矮的空间，则这种平面组合可使人感到前者更显高大。如果在一个封闭的空间之后组合一个宽敞明亮的空间，则这种明暗强烈对比使人感到豁然开朗。如果在一连串的矩形房间之后，恰当地设置一个非矩形的房间，由于空间形态的突然改变，会使人精神一振等等。这说明房间组合的完善设计，除了推敲功能性、技术性外，还要从艺术性考虑房间组合的空间效果。

例如，某小型展览馆的建筑设计方案(图 3-165*a*)，原设计的各展厅大小一样，空间缺少变化，人们在这一连串空间的行进中会感到枯燥乏味。若按图 3-165(*b*)将房间适当组合，使空间序列呈大小交替变化，从而打破空间单调感。特别是将流线最后的展厅附加半圆形平面，给人以新颖感。在观众行将结束这一层展览有可能产生视觉疲劳时，可重新获得精神振奋。

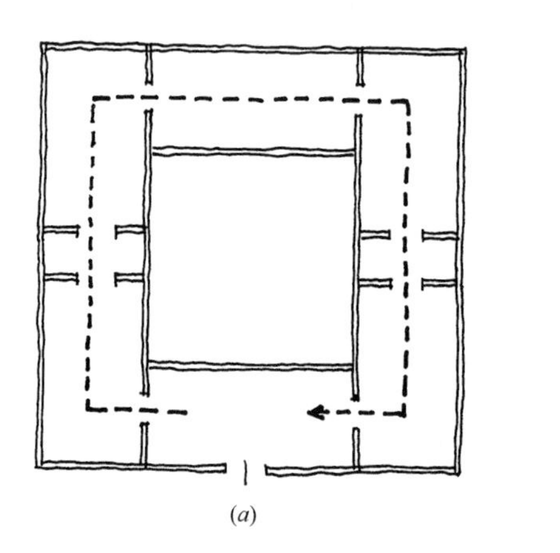
(a)

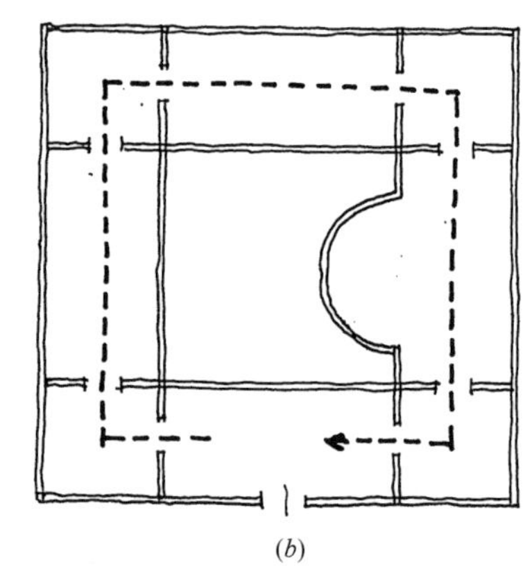
(b)

图 3-165 某小型展览馆设计方案

空间的衔接与过渡是在两个房间之间再组合一个辅助空间。其作用一是作为两个房间的功能过渡。如某俱乐部中的学术报告厅若与门厅直接相撞，门暴露在门厅中，则门厅的噪杂声对报告厅构成严重干扰(图 3-166*a*)。此时，完善房间组合关系时，只要在两者之间插入一个较小的过厅，就可以起到“声锁”的作用。二是起空间过渡作用。以此产生门厅——过厅——报告厅的大——小——大和明——暗——明的节奏变化，使听众在行进中情感产生交替变化(图 3-166*b*)。

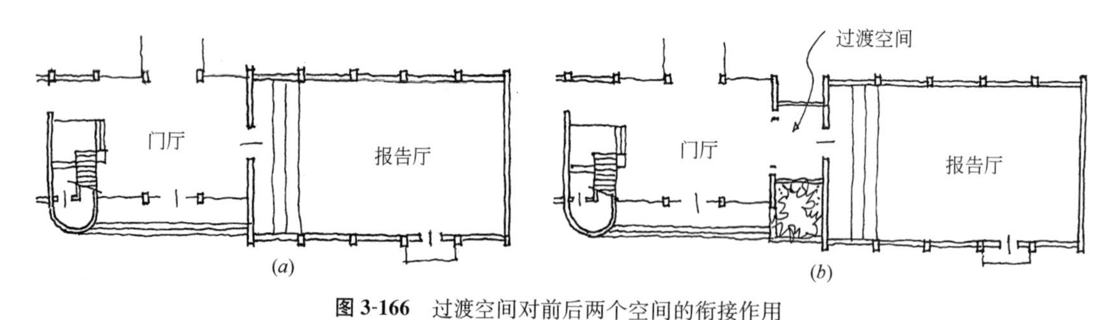

图 3-166 过渡空间对前后两个空间的衔接作用

平面的完善设计还有更多的细节需要设计者深入研究下去。诸如室内设计高差的处理方式；楼梯的平面形式与造型推敲以及与楼地面交界处的空间完善和起步引导设计；厕所的隐蔽设计与洁具布置；公共空间的划分手段等等。设计者对这些细节提出的问题越多，思考的越深入，说明平面的完善设计越有深度。否则，平面内容就会贫乏空洞。

从上述完善平面设计的阐述过程中，我们可看出：解决具体设计矛盾、推敲细部处理尽管表现为设计手法的运用，而且设计者可以各显神通，但重要的是，如何有针对性地提出完善平面设计的问题，以及在解决、处理这些问题时，设计者如何分析、比较、综合平面与空间、功能与形式、建筑与结构、细部与整体等各种相互关联的矛盾，比起为解决完善平面设计问题而运用设计手法显得更为重要。特别是在生成方案基本认可的情况下，为了完善平面设计，只要动一动局部就会牵涉方案整体。为了在完善平面设计过程中不要乱了系统，我们仍然需要正确的设计思维作指导，掌握正确的设计方法，解决好所有完善平面设计所涉及的问题。

二、完善剖面设计

剖面主要反映建筑物竖向上的内部空间关系和外部体量变化，以及结构体系、通风采光、屋面排水、墙体构造、内部装修等一系列技术措施。完善剖面设计就是进一步推敲上述这些问题如何得到合理解决的过程。同时，也为下一步立面设计提供在高度方向上形体变化和洞口尺寸的依据。

（一）通过推敲竖向上空间的关系完善剖面设计

建筑物在竖向上通常用楼板分隔成各自独立的楼层。当需要在平面某部位上下层空间贯通时，就需要在剖面上研究如何进行空间的水平划分，使之不仅要满足上下层功能要求，也要从空间美学上完善细部处理。

1. 夹层空间的剖面研究

当一个高大的公共空间，需要做水平二次空间分隔形成夹层空间时，这个水平分隔体置于何处较为合适？除去要考虑功能、技术等条件外，还有一个空间比例尺度的问题需要推敲。比较一下图 3-167 两个剖面：(*a*)方案夹层楼板偏上，(*b*)方案夹层楼板居下。以人的正常尺度和空间比例来衡量，显然(*a*)方案楼板“吊”得太高，尺度不合适；而(*b*)方案楼板使下部空间矮于上部空间，与人的尺度亲近，观感较好。而且，夹层空间作为公共空间与下层高大公共空间相互流通；而夹层下部低矮空间作为服务空间或过渡空间，其空间形态也恰到好处。其次，就楼板进深而言，前者深度超过大空间进深的一半，因而感到上下贯通空间的开口过小，比例不合适；而后者楼板进深浅，上下贯通空间开口大，空间就舒服得多。显然，完善剖面设计时，宜采用(*b*)方案。为此，对平面的相应尺寸作必要的调整。

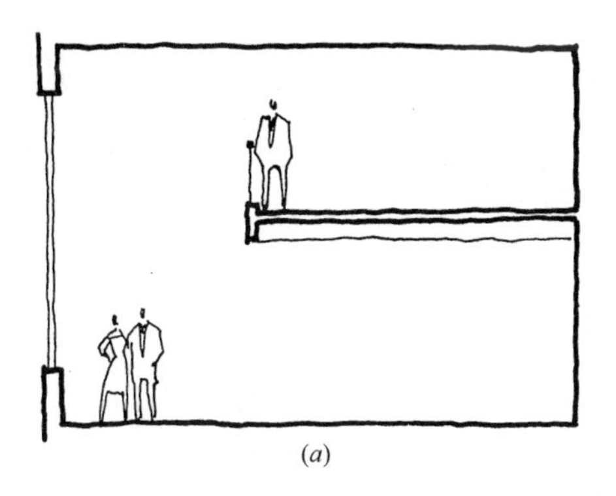
(*a*)

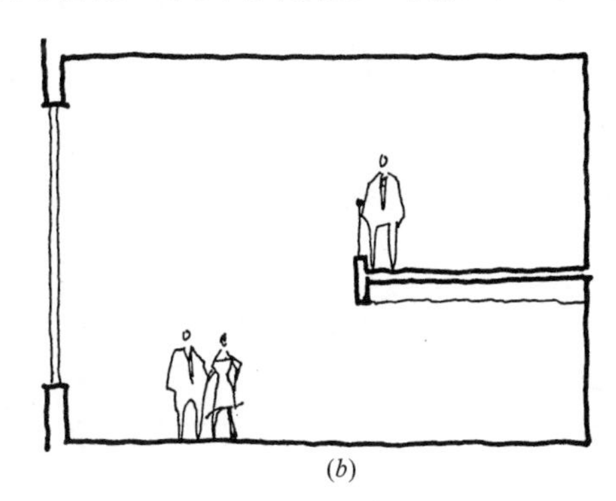
(*b*)

图 3-167　夹层空间的剖面研究
(*a*)夹层楼板偏高，进深过大；(*b*)夹层楼板位置与进深恰当

上述分析的例子我们在图书馆的阅览室、影剧院的门厅、火车站的广厅、宾馆的大堂，甚至别墅的客厅等都可以碰到，欲想使这些公共空间富于变化，且设计很得体，必须在剖面上多做精心研究。

2. 中庭(或边庭)空间的剖面研究

中庭空间的剖面形式是若干层楼面在同一平面位置上下开口，构成一个高大、上下楼层贯通的内部空间形态。它实质上是一个多用途的空间综合体，既是交通枢纽，又是人们交往活动的中心，也是空间序列的高潮。在这个高大空间中，多个空间相互流通，空间体互相穿插，顶界面有绚丽多彩的天窗，底界面有变化多端的小环境，所有这些构成要素的关系只有在剖面设计中加以推敲，才能全面地反映中庭空间设计的特征。

例如，中庭空间的体量、形态、高宽比、顶部采光方式、地面设计要素的起伏、空间彼此间的联系与分隔、空间体的设置等等，这些设计问题的解决与完善往往要通过对剖面的推敲来决定。其方法仍然要运用系统思维、综合思维的方法，充分考虑空间美学、功能要求、建筑结构、建筑节能、防火安全等。同时，还要对照平面设计所确定的条件，互动进行推敲、同步进行深化。此外，还要考虑受体量构思的制约。

（二）通过满足功能性要求完善剖面设计

平面设计只能在水平方向上表述各房间之间的布局关系，但有些功能要求，特别是技术性功能只能在剖面中加以研究才能得到满足。

1. 通过剖面设计研究视听要求

观演建筑的观众厅对视线和音质有着特定的要求，必须保证观众能听的好、看的好。为此，要通过剖面设计研究推敲观众厅的空间形态。主要研究下列问题：

（1）确定合适的观众厅容积

观众厅的音质取决于最佳混响时间和足够的自然声压级。因此，观众厅体积的大小至关重要。如果平面设计已确定了平面形式，那么，在剖面设计中，按照合理的容积要求即可确定观众厅的平均高度。

（2）确定合理的顶棚剖面形式

观众厅顶棚是产生前次反射声的重要反射面。剖面设计的目的就是结合美观、照明的要求研究出一个合理的顶棚形状，使声反射能到达观众厅各个需要的部位。例如，顶棚若设计成多个折面形式有利于按设计意图进行声反射，但每一个折面的倾斜角度都因反射的区域不同而有所差别。这种倾斜角的差别，特别是对于台口上部的顶棚和接近后墙的顶棚，其反射折面的角度只有在剖面设计中加以推敲了(图 3-168)。

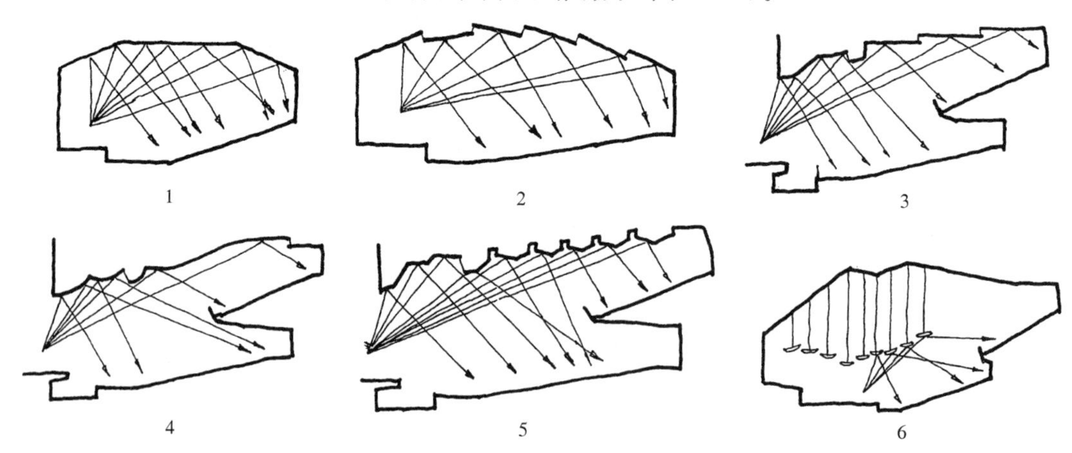

图 3-168 观众厅顶棚形式的剖面研究

1—平面式；2—锯齿式；3—折线式；4—弧面式；5—扩散体式；6—浮云式

(3) 确定合理的楼地面升起值

为了不使前排观众遮挡后排观众的视线，根据视线标准求出相应的升起值 C，以此作为确定楼地面升起的依据。同时，通过剖面检查楼座最后排观众看到大幕处舞台面的最大俯角不应大于 20°，以利观众能看清演员的表情(图 3-169)。

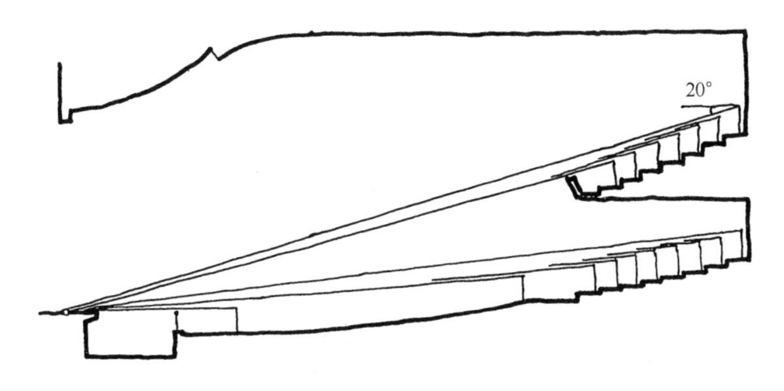

图 3-169　观众厅楼地面升起的剖面研究

(4) 确定合理的楼座剖面形式

对于有楼座的观众厅，必须从剖面设计中研究楼座下挑台口的高度。其与挑台深度比大于应 1∶1.2，以保证池座最后排观众能看到舞台口上沿，并避免产生声影区。为了加强楼座下方池座区的声强，在剖面设计中要把握不使挑台太深；同时，挑台下的顶棚尽可能按声反射面进行处理，如设计成向后倾斜或设计成折面。对于楼座栏板，可从剖面形式中控制其倾斜角度，以作为贵宾座席的声反射面(图 3-170)。

2. 通过剖面设计研究采光方式

室内良好的采光设计除了与平面设计和建筑方位有关外，与剖面设计也有直接关系。特别是像博览建筑的陈列厅，为了避免直射光、眩光以及不利的反射光和虚像产生，必须通过剖面设计进行认真推敲，主要包括：

(1) 确定采光口的合理位置

为了不使眩光直接干扰观众欣赏陈列品，在剖面设计中根据人的最佳欣赏距离，需求出 14°保护角，以控制高侧窗距地的高度。这个高度将决定室内的净高和立面开窗的位置(图 3-171)。

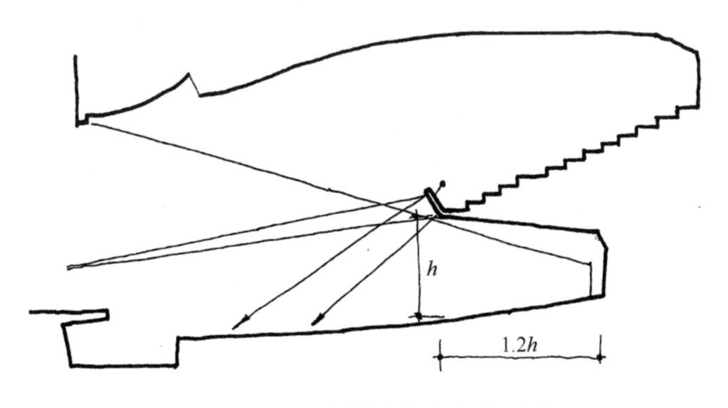

图 3-170　观众厅楼座形式的剖面研究

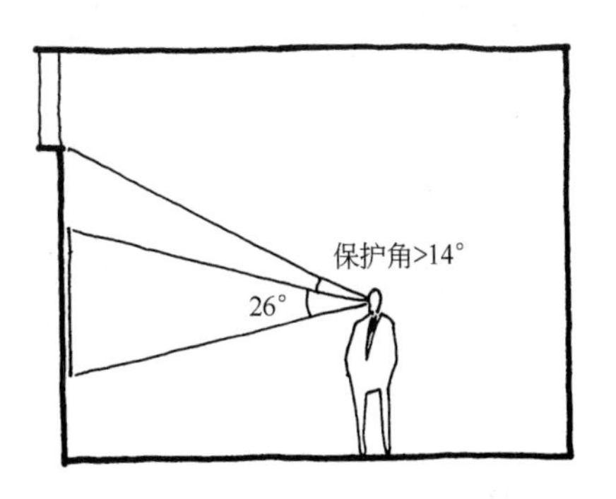

图 3-171　展厅采光口位置的剖面研究

（2）选择合理的采光口形式

不同的陈列品及陈列方式对光线投射的方位有着不同的要求。例如，对油画等表面有光泽的绘画应避免一次反射眩光；对装置在镜框或玻璃柜的画面，应避免一次与二次反射眩光；对于雕塑却要求光线自斜上方投射到雕塑的主要面上。这些对采光的要求需在剖面上研究各自合适的采光口形式。如陈列中小型画幅的展室，由于画幅不大，可采用高侧窗或顶窗；而布置在陈列柜中的水平画幅不宜采用顶窗，应采用高侧窗或低侧窗；对于陈列大型画幅的展室，要求有均匀的柔和光，因此，宜采用顶窗等等。

（3）对采光口的调光装置进行推敲

在一些对光线严格要求柔和、均匀、稳定的陈列室中，仅仅选择相应的采光口形式已经很难满足要求了，必须在剖面上研究合适的调光装置，让直射光改变照射途径，即变为漫射光。如图 3-172 所示的几种调光装置形式可使光线得到有效控制和调整。有时，这种剖面研究所设计的调光装置以其独特的形式展露在立面上，成为建筑造型的个性特征（图 3-173）。

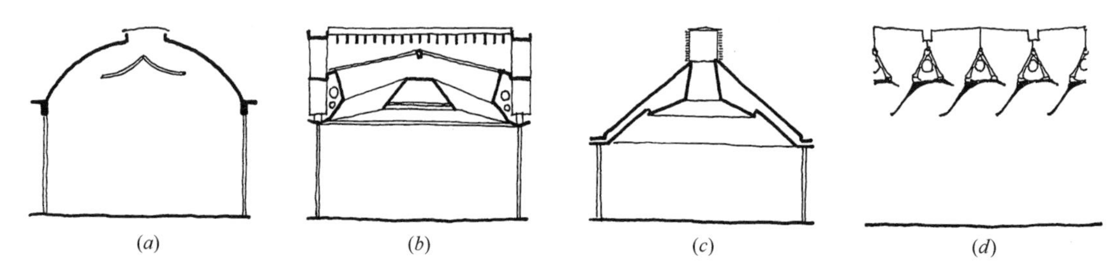

图 3-172 陈列室调光装置的剖面研究

（*a*）金贝尔艺术博物馆；（*b*）伦敦戴德美术馆新馆；（*c*）斯德哥尔摩现代艺术及建筑博物馆；（*d*）休斯顿曼尼尔博物馆

图 3-173 调光装置在造型上的展露

（*a*）柏林包豪斯档案馆；（*b*）斯德哥尔摩现代艺术及建筑博物馆

3. 通过剖面设计开发潜在空间的功能利用

在平面设计中，有些次要空间常被忽略，可是在剖面设计中只要深入思考，这些边角空间就可以得到充分的开发与利用。例如，楼梯间底层休息平台下部空间可以挖掘出来作为储藏间，甚至可作为其他辅助功能使用。为此，在剖面上就要推敲，如何提高储藏间的净高。如调整等跑楼梯为长短跑楼梯即可达此目的。而楼梯间顶层的空间也是可以挖掘出来的(图 3-174)。在住宅设计中，这种设计方法经常会遇到。甚至在坡屋顶住宅中，顶层吊顶内隐藏着巨大的空间潜力，只要在剖面上精心研究，可以开发出数量可观的使用面积(图 3-175)。

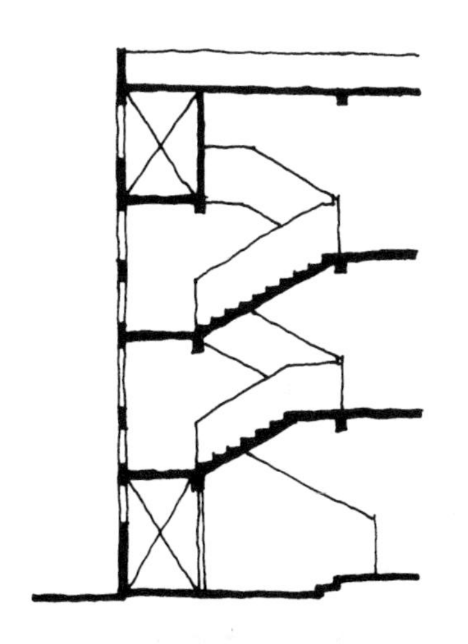
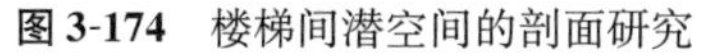

图 3-174　楼梯间潜空间的剖面研究

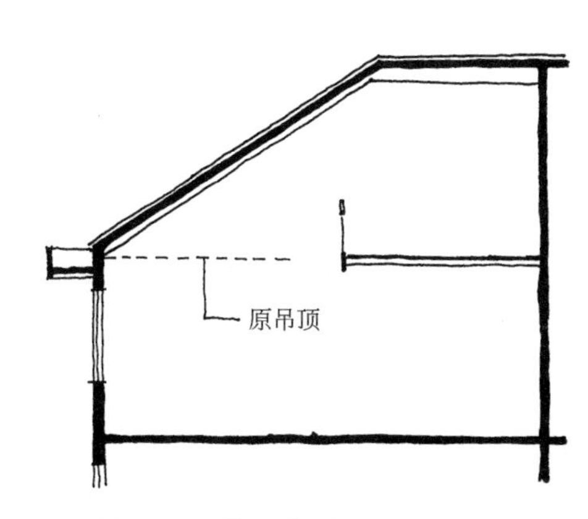

图 3-175　吊顶潜空间的开发与利用

(三) 通过对地形适应性研究完善剖面设计

山地建筑设计还应考虑地形利用的问题。虽然其问题复杂些，但如果巧于利用地形，不但使建筑与地形有机结合，而且对于丰富内部空间形态和创造外部造型都将起到积极作用。这两方面的结合在剖面设计中可以得到妥善解决。

在坡地较平缓的地形上，为了节省土方工程量，可依山就势采用错层方式进行平面布局。但在剖面上要研究错层高差应与地形坡度接近，并以楼梯段把坐落在不同标高上的功能空间联系起来(图 3-176)。

在坡度较大的地形上进行平面布局往往给设计带来种种困难。但对某些建筑而言，却可充分利用地形坡度，自然而和谐地化不利条件为有利因素。如一个剧场的设计，将观众厅置于坡地上，使地面升起曲线正好与地形坡度大体吻合，这就有效地利用了地形，同时也节省了造价(图 3-177)。

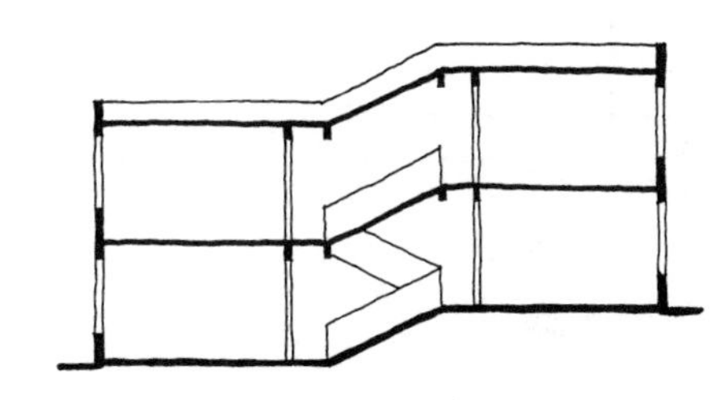

图 3-176　利用地形进行错层的剖面研究

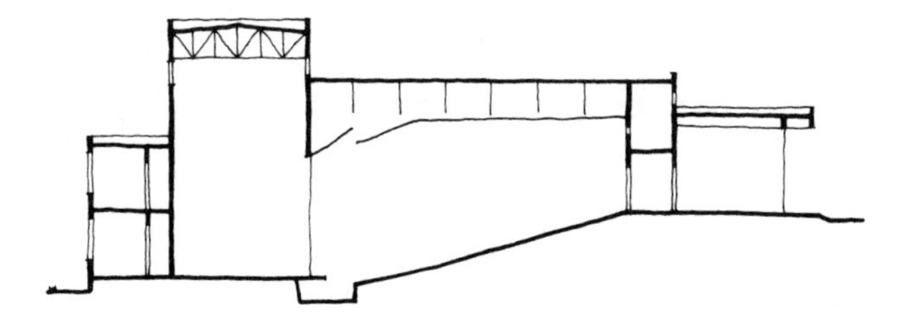

图 3-177　利用地形结合功能的剖面研究

在山区建造房屋常遇到陡坎，高低悬殊甚大，而平整场地又不能大面积填挖。因此，只能因势利导，将建筑骑在陡坎上，使建筑前后两部分分别坐落在高坎和低坎上。这样，坎上坎下都可以有对外出入口(图 3-178)。

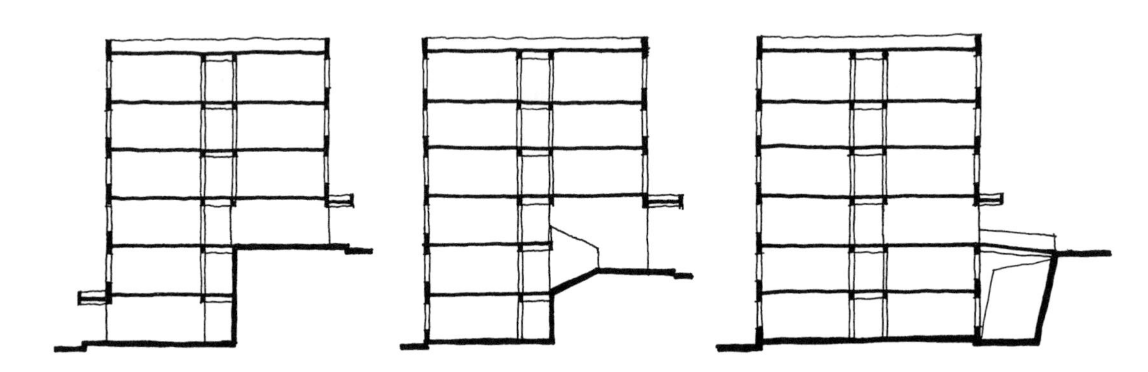

图 3-178　建筑物与陡坡关系的剖面研究

(四) 通过推敲节点构造完善剖面设计

剖面不仅反映了空间在竖向上的构造与变化，而且也表达了墙体与梁板、楼地面及屋顶各个构件相互搭接关系与构造方法。它们是今后施工图设计的基础，也是立面线角起伏变化的依据。尽管在完善剖面设计中尚不能细致深入到对材料、形状、尺寸的最后确定，但至少在概念上要清楚、交代要正确。例如梁板与柱的交接正确的表达应如图 3-179 所示。而图 3-180 的节点是根据立面设计的意图让一层外墙紧贴柱内皮，其窗应顶在框架梁下皮，因此，框架梁也应紧贴柱内皮。而二层外墙却紧贴柱外皮，为了支撑二层窗下墙和窗间墙的荷载，需沿柱外皮设承墙梁。这样在外墙节点 A 处的两梁合二为一，使断面等同柱宽。尤其是对屋面节点构造的推敲更是作为完善剖面设计的依据。此时，设计者首先要确定屋顶形式方案，是平屋顶还是坡屋顶？亦或其他屋顶形式。若为平屋顶，是挑檐？还是女儿墙。若是挑檐做法，就要确定悬挑尺寸和檐沟高度。若是女儿墙做法，就要综合立面要求与构造尺寸确定女儿墙高度。若为坡顶，是两坡还是四坡？还要确定坡度与檐沟形式等等。屋顶这些节点构造的合理性就决定了剖面表达的形式。

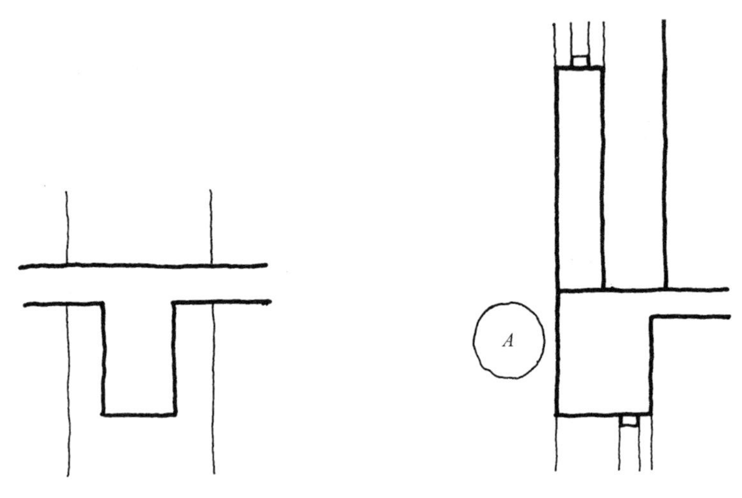

图 3-179　梁板柱节点大样　　　图 3-180　基于立面设计意图的外墙节点大样

(五) 通过检查结构的合理性完善剖面设计

在平面完善设计中，我们仅仅分别对各层的房间布局进行了安排，当将它们叠加起来，在若干剖面图中可能会出现一些结构概念、传力系统不甚合理甚至错误的地方。此时要通过调整平面，或者通过调整结构途径使问题得以解决，以此完善剖面设计。

例如，图 3-181(*a*)是某日托幼儿园活动单元的设计方案，卧室设在活动室之上的夹层中。但是，在剖面中发现夹层是无法悬挑出来的。因为挑梁悬出部分大于后面支撑部分。如果在悬挑梁头设柱支撑，则影响活动室使用。为了保证夹层空间的构思，只能对平面布局进行调整：将卫生间与衣帽间移至夹层下作为结构支撑，使问题得到解决(图 3-181*b*)。

又如，某小型图书馆阅览室的设计，二层阅览室挑出。在剖面中明显看出，悬挑部分的传力产生了弯矩，屋面的荷载传力途径不合理，必须将一层外墙柱升上来支撑屋面才能解决这一问题(图 3-182)。因此，只能在二层阅览室平面中设柱。

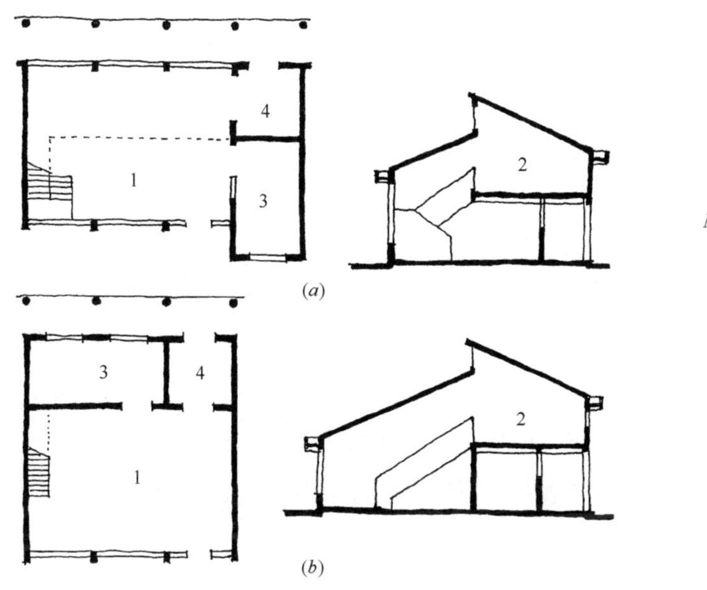

图 3-181　通过完善剖面设计调整平面关系的研究
1—活动室；2—卧室；3—卫生间；4—衣帽间

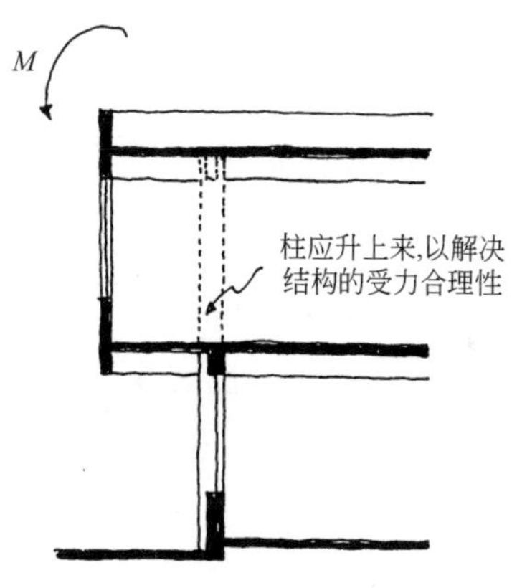

图 3-182　通过完善剖面设计检查结构问题

剖面中分隔墙压在楼面上而下无结构支撑的情形，也是一种不合理的结构现象。如果二层房间不能移位，就需要在隔墙下设承墙梁。

在平面完善设计中，对于楼梯我们仅确定了其位置和大体的平面尺寸，但是否合理还需在楼梯的剖面中加以检查。例如，当需要在楼梯间一层设置直接对外疏散口时，就要在剖面中检查一层休息平台下部净空是否满足人通行的规范要求。如果不满足，就要调整楼梯的结构尺寸，变两梯段等跑为长短跑，以此抬高一层休息平台的高度。但又要保证其上的净空也要满足人通行的规范要求。

在一些大型公共空间内常设置主楼梯或自动扶梯直上二层。此时，其二层相应部位要开多大的口才能保证人员拾级而上时，中途不会因结构构件而碰头。比较一下图 3-183(*a*)与图 3-183(*b*)，显然前者在直跑楼梯休息平台处的二层楼面开口太小，造成人在休息平台处碰头。应将此处的开口扩大，从而解决了这个问题。而剖面设计也因此得到完善。

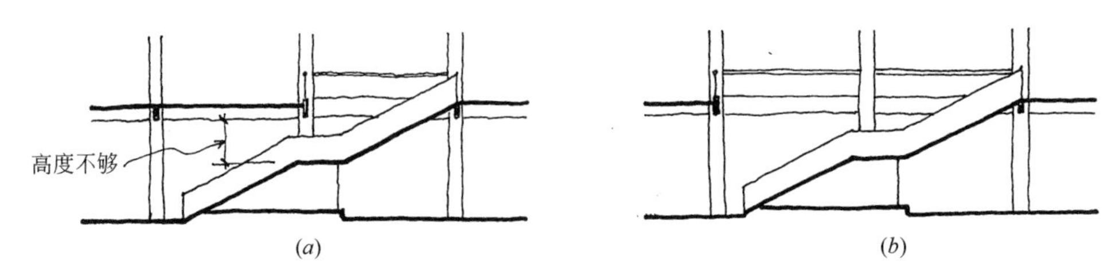

图 3-183 通过剖面设计解决结构与使用的矛盾

从上述剖面完善设计的诸项推敲深化工作中我们可以看出，剖面设计不仅是被动反映平面设计在竖向上的空间关系，而且能动地促进平面设计更完善地得到确认。同时它既受到后一阶段立面设计的指导性意念支配，又以自身的完善设计成为立面设计的依据。作为设计程序，剖面设计虽是在平面设计之后，立面设计之前，但作为设计方法，它们应是互动的，是在同步深化中各自完善的。

三、完善立面设计

在方案建构过程中，我们对环境的因素、平面的布局、体量的关系、结构的形式以及此后的平面和剖面的完善设计都为立面的设计提供了前提。但这并不意味着立面设计总是处于被动的地步，它仍然可以通过自身的完善设计反作用于平面、剖面的设计成果。这种互动的关系再次证明了方案设计的各个环节是互为依存、辩证统一的。

一般来说，生成方案的平面布局与空间组合基本上确定了建筑的形式。完善立面设计就是对附着于形式的表皮进行更深入的研究。这样，完善立面设计的任务就是在环境、平面、体量、剖面的约定下，构思立面个性的表达、研究立面形式的变化、选择立面材料的肌理、把握立面色彩的布局、确定立面上门窗洞口的构成、推敲立面各部分的比例与尺度以及整合立面各设计要素成为一体。上述立面设计内容都涉及到建筑美学问题。而建筑形式美的创作规律经过人类长时期的实践与总结，已形成约定成俗的美的法则，如对比律、同一律、节韵律、均衡律、数比律等。在完善立面设计时，我们都应善于运用这些形式美的构图规律，更加完美地体现出所追求的立面意图和效果。

但是，建筑立面的形式美法则又不是纯艺术的创作。它不像其他艺术形式那样再现生活。它一方面要受到平面功能、结构形式、构造做法、材质肌理、色彩因素、施工技术的制约，因此，建筑立面形式的创作自由是有限度的；另一方面这些外在因素随着时代的发展、科技的进步总是在不断变化的，而受制于这些外在因素的建筑立面形式也就不可能停滞不前，一成不变。何况，作为设计者个人，由于所经历的文化熏陶和设计实践的结果决定了他的设计观、审美观，对建筑立面的形式美就会各持己见。因此，立面的完善设计不像建筑功能的研究、建筑物理环境的研究、建筑技术的研究有着广泛坚实的应用科学研究成果作为支持，本身又有较强的逻辑性定量评价标准，因而设计成果比较易于判定。立面因涉及到形式美与丑的相对性、涉及到强烈的个人喜好、地域差别、时代特征，也涉及到受众者对建筑立面形式美的欣赏水平和认可程度而使评判标准更为复杂，模棱两可。

这样说来，立面的完善设计就捉摸不定了？也不尽然。有几条原则和方法是应该明确的。

首先，在设计方法上，不能将立面的完善设计游离于之前的设计成果，仍然需要坚持用系统思维的方法把完善立面设计放在方案整体之中进行研究。既要抓住这一设计阶段的主要矛盾，竭力追求形式的充分表达，又要避免形而上学的思维方法，撇开环境、功能、造型、技术、经济、施工等因素而陷入形式主义中，玩弄所谓的新、奇、怪。

其次，要懂得建筑立面的形式和美观之间的关系不是等号。立面形式确要注重美观，但美观不是立面形式的全部。它要反映时代精神、反映一定时代的科技发展成就、记录人类历史文化的足迹、体现设计者的建筑观念与艺术修养。因此，我们应防止用极端的美观概念取代建筑立面形式，避免使建筑立面完善设计肤浅化、符号化、随意化。

再则，要认识到传统的美的法则是我们设计的文化底蕴，是进行建筑创作的源泉，更是初学设计者作为设计基本功必须掌握的基础。然而我们又不能被传统的美的法则所束缚。因为，经济与科技的发展常引起审美取向的嬗变，美学范畴也将由一元转向多元。我们只有在设计中辩证地对待传统文化与外来文化的关系，在实现对传统文化的超越中求得立面形式的创新。

以下从五个方面简述完善立面设计的思维方法和设计方法。

（一）以三度空间的概念推敲立面的透视效果

我们评价一座建筑美不美，首先是看它的形式，而形式是由几个立面构成的。但立面的效果在现实中是不存在的，它是无穷远的投影。而我们站在建筑物前某一坐标点，以一种透视或鸟瞰的视角观看建筑时，总是要看到两个或三个(屋顶)毗邻的立面。而且，由于透视关系，这几个立面都发生了形状、尺寸的变化。即使我们站在某一立面正中央前面，也是一点透视的效果。因此，我们不能把立面当作二度空间孤立进行研究它的设计，而应以三度空间的概念从透视角度在下列几个方面进行立面完善工作：

1. 以透视角度研究相邻两个立面的关系

建筑周边的几个立面是延续、首尾相接的。既然如此，我们就要研究它们是通过什么方式衔接更好。比如通过形体咬合？材料过渡？虚实对比？还是色彩构成等等。两个毗邻立面衔接方式的推敲就决定了各自立面两端的结束处理。如果我们孤立研究一个立面，尽管设计令人满意，但按人的正常透视观赏，它与左邻右舍的立面关系可能会出现衔接不当的问题。作为研究方法，我们可以通过徒手勾画两个立面相接的局部小透视来审视立面的效果。以此从整体上把握透视中的立面完善设计。

2. 以透视角度研究立面轮廓

立面的外轮廓，特别是天际线的轮廓往往给人以突出的印象，也是设计者刻意追求立面变化的部位。值得注意的是，我们不但要推敲正立面外轮廓的起伏变化，更要通过勾画小透视推敲立面上形体的变化对立面外轮廓线的影响。在现实中，我们会发现有些建筑立面的天际轮廓线变化十分丰富，可是从透视上看却是薄薄一片装饰构架，显得牵强附会(图 3-184)。因此，一个好的立面外轮廓总是与立面上形体的凹凸变化取得和谐一致的(图 3-185)。而且这种形体变化最好是带功能性的。如住宅建筑的转角阳台、幼儿园建筑屋顶平台上的伞亭、博览建筑的特殊采光装置、宾馆建筑的顶层旋转餐厅、商业建筑的广告设施、交通建筑的钟塔、电讯建筑的天线接收器等，以及许多公共建筑利用楼梯间、电梯间冒出屋顶，从而突破天际轮廓线的手法，都是结合功能要求，以局部的体量变化求得立面整体轮廓的丰富感(图 3-186)。

图 3-184 虚假的立面天际轮廓线

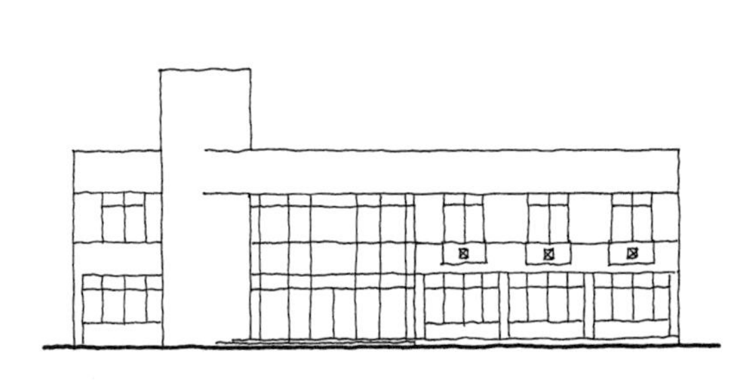
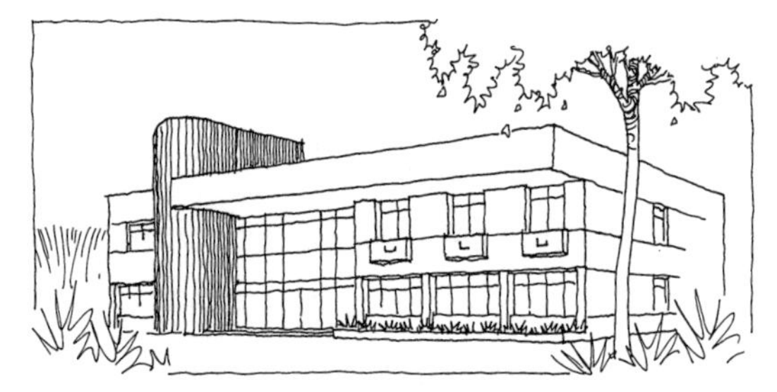

图 3-185 结合体量变化的立面天际轮廓线

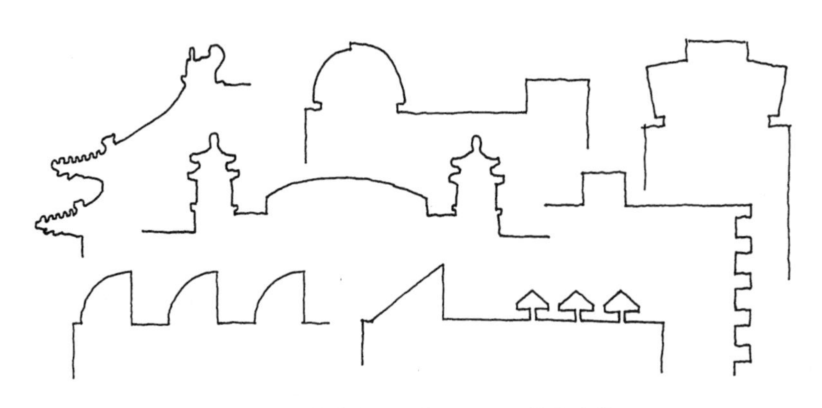

图 3-186 结合功能而产生的立面外轮廓线

如果说上述附加小体量处理是运用加法丰富立面外轮廓的话，那么，利用装饰构架则可以看成是用减法对立面轮廓产生影响。这就是说，装饰构架可以看成是从立面整体形象中挖去一部分而形成，并产生内轮廓变化的另一种韵味。这种立面轮廓不能简单地观察外轮廓的形，而应把透空的内轮廓变化与外轮廓边界看成共同形成建筑物的另一种轮廓类型。有时外轮廓虽然平直，可是内轮廓却富于变化，同样产生优美的立面效果(图 3-187)。

值得注意的是，运用构架丰富立面内轮廓应适度，不能为装饰而装饰成为多余的附加体。如果能与功能、结构、造价结合起来考虑，则可以收到一举两得的效果。

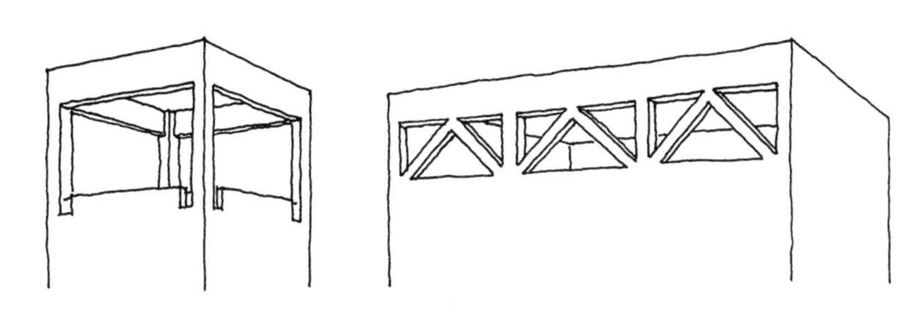

图 3-187　立面的内轮廓线

另外，当立面有前后体量重叠时，我们不能按天际轮廓线作为整个立面的外轮廓线。因为前后体量的各自立面不在一个层面上。当从远距离透视看建筑物全貌时，立面整体轮廓固然重要，但从近距离透视上看，前面体量的立面轮廓线也很重要，而后面体量的立面轮廓却退居次要地位。特别是当从两点透视角度看建筑物时，前后两个体量的立面并不像正立面重叠在一起那样，而是随着视点不同而产生立面轮廓的变化。因此，在立面完善设计时，前后体量的立面轮廓都要精心推敲，不可混为一谈。

又如，一个平面为锯齿状的小建筑，我们不甘心立面的天际轮廓线太平直，总要画蛇添足做些变化，诸如把高度做成不一样，或者在屋顶上附加一点多余之物。其实，我们只要以透视的角度去审视它，这条在立面上单调而平直的天际轮廓线，在实际观看中却富于曲折变化，并形成一种韵律的节奏感(图 3-188)。

图 3-188　透视中的真实立面天际轮廓线

3. 以透视角度研究立面的比例

立面比例反映了立面各构成要素之间以及它们与建筑整体之间的度量关系。需要指出的是，这种立面比例的研究不能停留在二度平面向量中进行推敲，特别是当立面是由若干有前后层面变化的几个面组成时，更要从透视效果上充分考虑几个面由于相互遮挡使立面比例失真变形的后果，以便在立面完善设计时，预先考虑这种因素给予适当的比例矫正。

例如北京民族文化宫立面，由于塔顶是后缩进去的，在透视上就会被塔身体量遮挡一部分，塔顶高度出现变形。为了在透视上立面比例不失真，设计者在立面比例推敲中特意拔高了塔顶尺寸，从而矫正了透视效果中的立面比例关系(图 3-189)。

(二) 以使用功能为基础正确表达立面个性

建筑的首要目的是满足人的各种物质功能需要，为此，应以一定的空间形态容纳生活。立面则是包含建筑内容与空间的外围护界面。因此，一般而言，立面的个性是建立在功能与空间的基础上。这样，立面个性的表达理应真实地反映功能内容和空间特征。

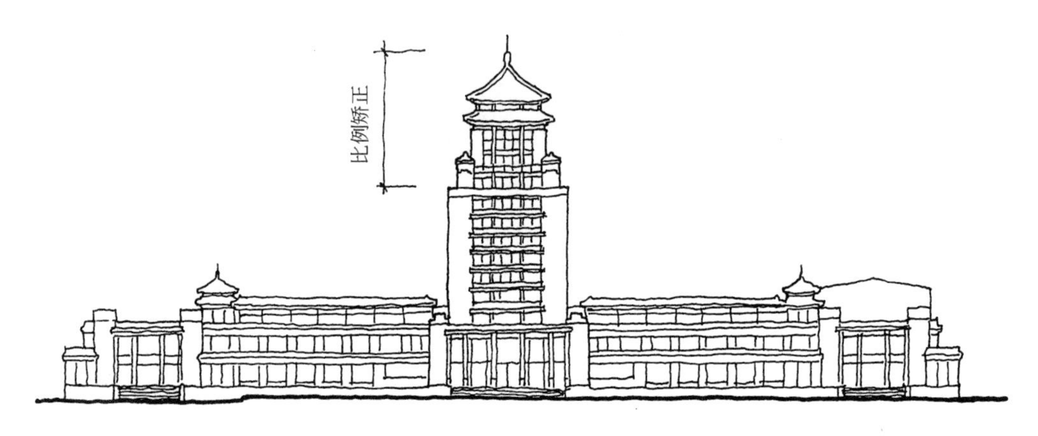

图 3-189　北京民族文化宫南立面

例如，表达一座博物馆建筑的立面个性，为什么不宜采用玻璃幕墙而以具有雕塑感的实墙居多？这是因为博物馆建筑的陈列厅需要尽可能多的完整墙面作为展面。并且，博物馆需要隔绝外界某些不利因素的干扰，如空气污染、阳光直射、噪声影响、温度变化，以及防盗安全等。只有封闭的外形才能满足展出陈列的各种技术和安全要求。这样，在立面上强调实体的比重以及把特殊的采光装置作为博物馆建筑性格的符号表达，才能有力地表达出博物馆建筑立面的强烈个性(图 3-190)。

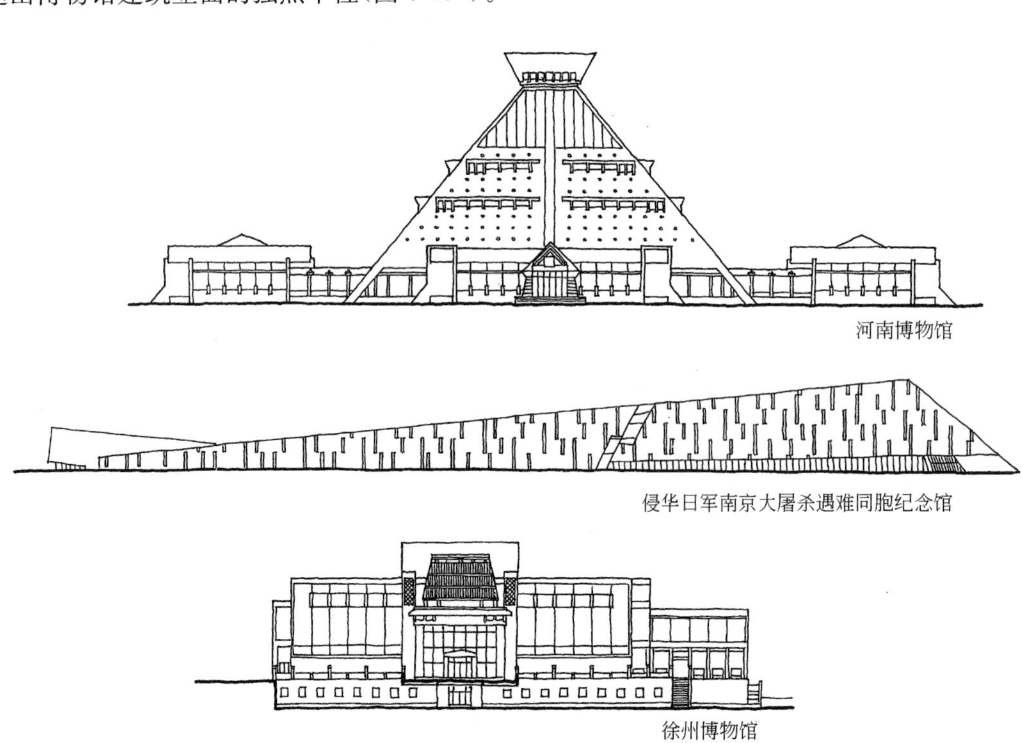

图 3-190　博物馆的立面个性

又如，广播电视建筑的电视塔，其立面个性为什么与众多类型的公共建筑立面个性差别如此之大？正是由于电视塔的发射功能要求有数百米的高度所决定的。结合旅游观光服务，在塔身、塔座可设置若干瞭望厅、餐饮、文化娱乐用房，共同体现了非它莫属的立面个性(图 3-191)。

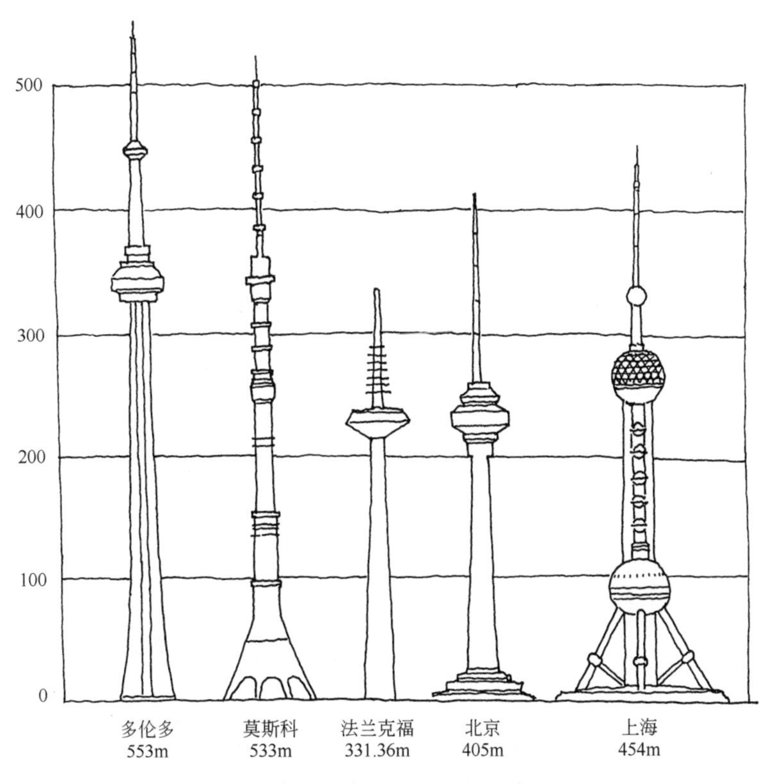

图 3-191 电视塔的立面个性

交通类建筑的立面特征为什么总是向水平方向舒展开来，成为低矮扁平的立面比例？正是因为交通类建筑的流线复杂，需要水平方向分开，以避免相互交叉。而且要求进出站(港)流线短捷、候车(机、船)环境开敞明快、站舍要为旅客提供方便多样的人性化服务设施，等等。所有这些功能要求以及相应空间构成的有机结合产生了与其他公共建筑不同个性的立面表达(图 3-192)。

立面个性的表达还与使用对象有着密切的关系。例如，幼儿园建筑的立面应区别于成人建筑的形象，不但在尺度、色彩、细部处理等方面体现幼儿园建筑的特征。而且，更重要的是在立面上运用幼儿熟知的形象、喜欢的装饰、单纯的色彩来创造独特而活泼的个性(图 3-193)。

可见，诸如上述建筑立面个性的表达是因建筑不同使用功能而定的。我们一些初学设计者往往还不懂得形式与内容有机结合的重要性，常常用某些虚假的时尚外衣包装建筑真实的内容，因而立面个性也很难得到准确表达。正如同舞台上模特儿的前卫时装仅仅是表演而已，虽然是现代生活的一种现象，但并不是真实的生活。

但是，同一类型建筑的立面表达又不是千篇一律的，由于地域、场所、气候、文化、历史等条件不同，其立面个性也会有所差别，设计手法更是千变万化。何况功能也会随着时代发展而发生演变，相应立面个性的表达也就不能墨守成规。

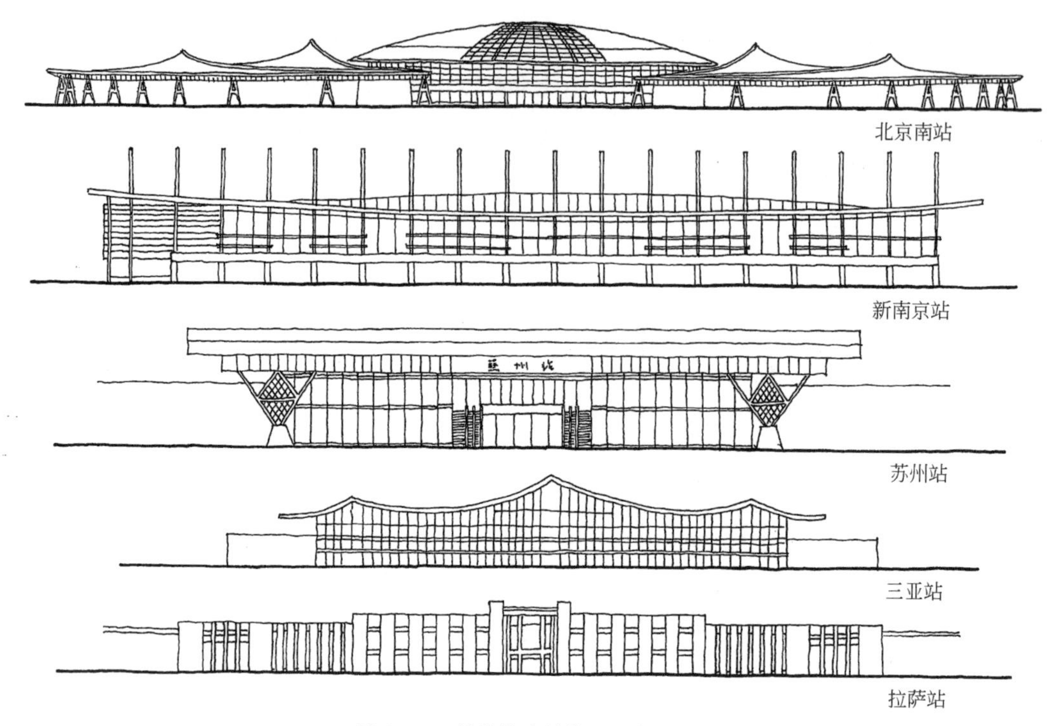

图 3-192 铁路旅客站的立面个性

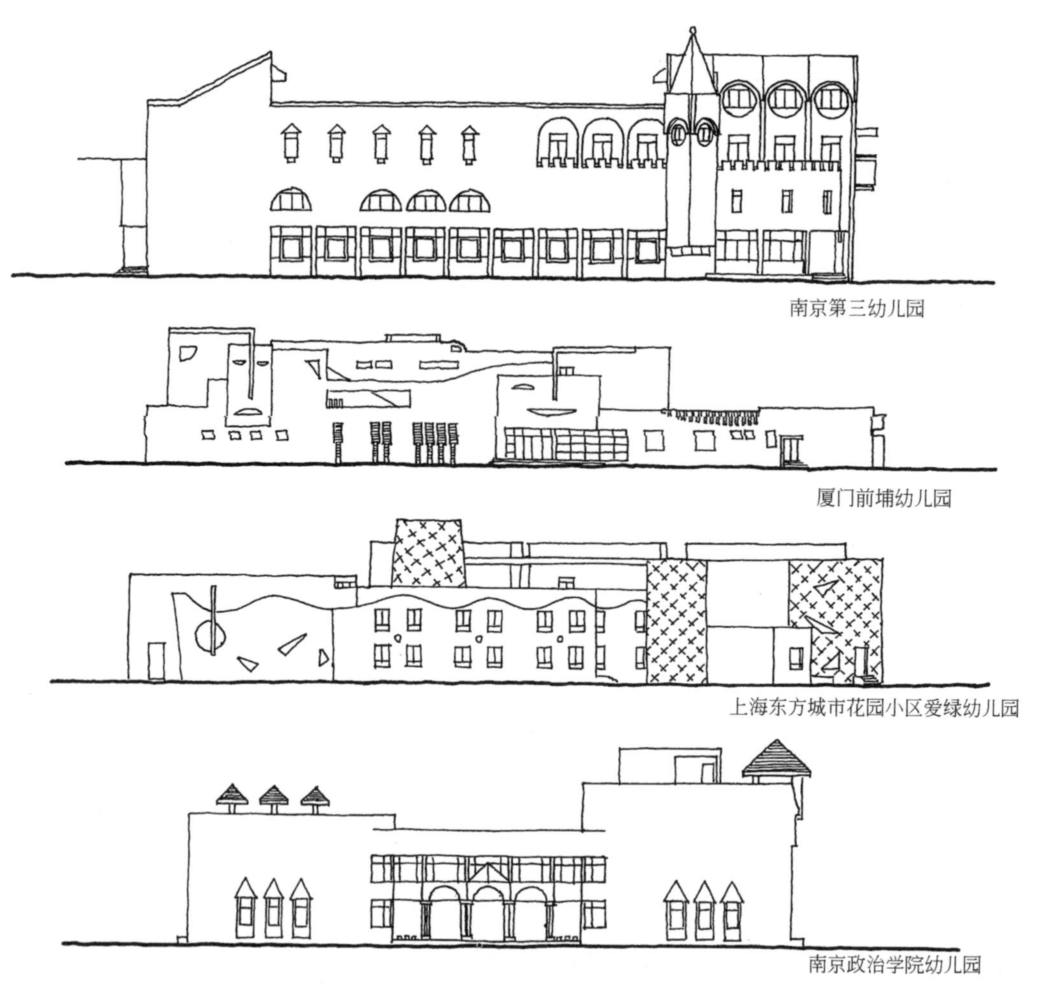

图 3-193 幼儿园建筑的立面个性

(三) 以合理的结构形式为依据反映立面的真实性

结构是构成建筑艺术形象的重要因素之一，结构本身也富有美学的表现力。建筑物为了达到安全与坚固的目的，各种结构体系都是由构件按一定的规律组合而成，这种规律性的构件本身就是具有美学价值的因素。我们在做立面设计时，要充分发挥这种结构的表现力，把结构形式与建筑的空间艺术融合起来，使两者成为一体。

例如，不同的结构形式各有独特的空间形态，相应形成鲜明的立面特征：中国古代木构建筑屋顶的举架勾勒出立面优美的曲线，斗栱、檐椽不但托举飞檐翼角，而且装点着华丽的檐口；柱枋构成木框架严谨的比例。这些暴露的结构构件再经过艺术加工，如对柱身作“收分”处理、对栱端做“卷杀”，以及对各种梁枋端部的再加工等，充分展示了中国古代木构建筑的结构美。西方石构建筑的立面以严密的模数关系构成柱式严谨的形制，表达了人体的美与数的和谐，体现了希腊人精微的审美能力、孜孜不倦地追求和完美的创造毅力。其立面的艺术性美到极致。近现代的结构形式更是层出不穷：折板、筒壳结构以它连续构件单元的组合展现出立面极强的韵律感；圆顶结构以它庞大突兀的体块成为立面控制中心；悬索结构则以索网自然悬挂状态形成柔软流畅的立面特征；钢架结构以它强劲折线的变化勾勒出立面轮廓的力度等等。这些不同立面的形式，成了不同结构形式的自然外露(图 3-194)。

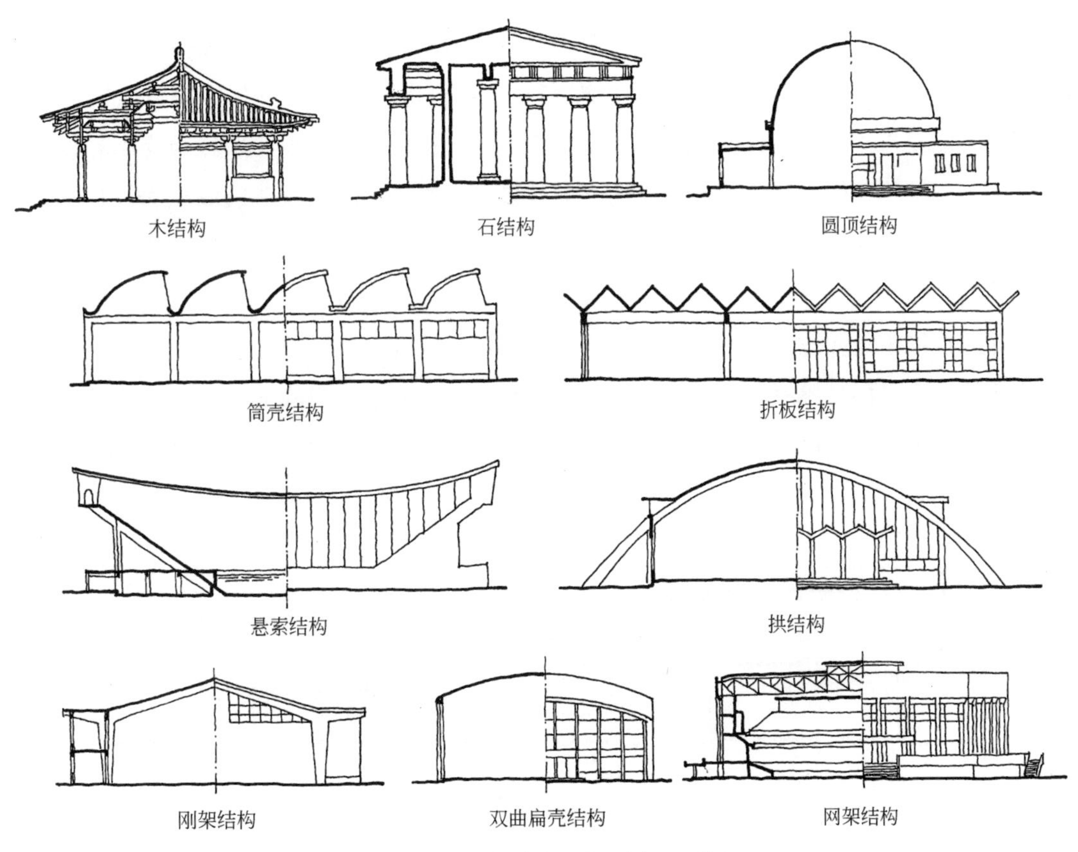

图 3-194　不同结构产生的不同立面形式

高层和超高层建筑的立面更是与结构有着不可分割的关系。它们的立面设计应极为简洁，重在暴露合理的结构逻辑，以此构成建筑的立面形象(图 3-195)。如原纽约世界贸易中心大厦，底层柱距为 3.06m，断面为 80cm×80cm，九层以上一分为三，柱距变为 1.02m，断面为 45cm×45cm，这些结构的线条挺拔有力，给人以轻快向上的感觉。又如美国第一威斯康星中心大厦为了获得最合适的底层空间，去掉了一部分底层支柱，用传力桁架作为过渡结构。这种暴露的结构所构成的立面形象，给人以有力和稳定的安全感。这说明，高层建筑的立面设计要处理好建筑与结构的关系，可以大胆地表达结构体系，发挥结构的美学表现力，表现出建筑的真实风格，从而表明技术的合理性是建筑艺术的组成部分。

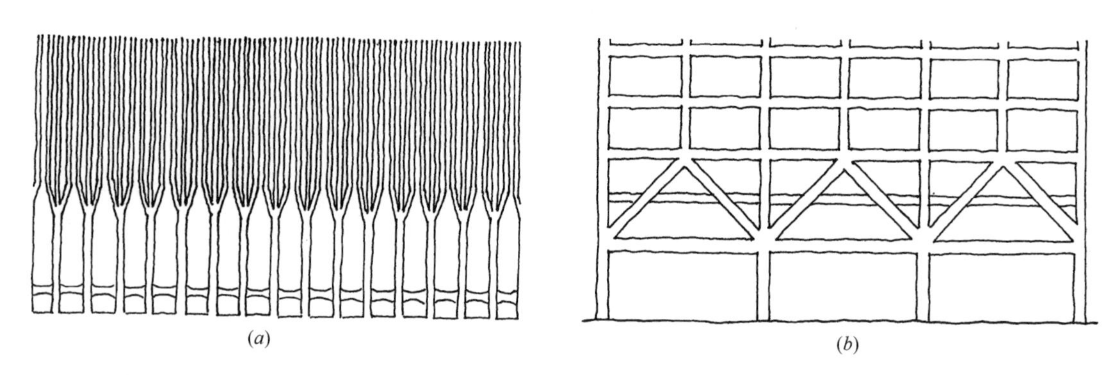

图 3-195 反映合理结构逻辑的高层建筑立面(局部)

(*a*)纽约世界贸易中心；(*b*)美国密尔沃基第一威斯康星中心大厦

因此，设计者要想使立面真实反映合理的结构形式，就必须尊重结构逻辑，顺从受力特点，而不能在立面上依靠附加装饰、堆砌材料，以虚假的立面包装掩盖真实的结构内涵。既不能无端添加结构构件试图使立面“丰富”起来，更不能随心所欲地为了彰显个人喜好而违背结构逻辑去玩弄形式主义的立面效果。特别是对待高层建筑的立面设计不能套用设计低、多层建筑的手法，把高层建筑的立面搞得十分繁杂，这就有违高层建筑结构设计的原则。

即使在推敲立面比例时，也要正确反映结构构造的合理性。例如，一座层高相等的两层小建筑，当二层悬挑时，由于楼面及其挑梁和女儿墙的结构与构造要求，都使立面悬挑部分的二层墙面高度尺寸大于一层墙面的高度尺寸，反映在立面上，上下层两个墙面的比例也不尽相同(图 3-196)。

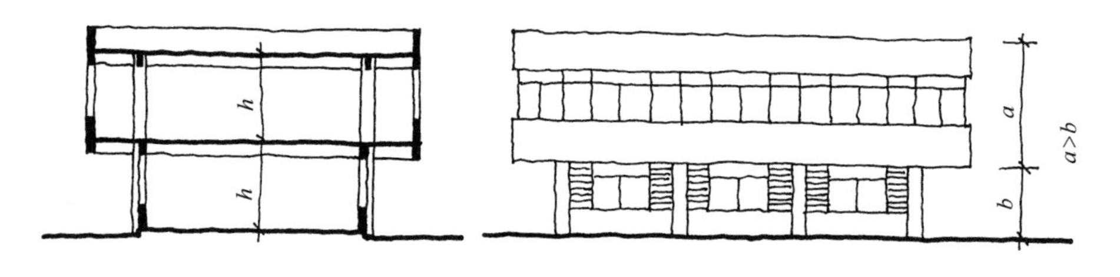

图 3-196 正确反映结构构造合理性的立面比例

(四) 以综合处理矛盾的思维推敲立面的细部

立面上各个构成要素诸如墙、柱、垛、窗、洞、装饰、色彩、材质等，如何有秩序、有变化、有规律地组织成为一个统一和谐、有机的整体，除了需要设计者以美的修养、艺术的眼光、高超的手法进行精雕细琢外，还要运用系统思维综合处理好立面形式美的构图规律及其与其他制约因素，以构成表里如一的和谐关系，包括：

1. 依据美学原则推敲立面虚实关系的统一与变化

立面形式的美与丑、简与繁是相对的，也是辨证的，就看设计者如何把握一个度。我们既要避免那种毫无审美意识，机械地在立面上挖门窗洞，使立面形式美的表达苍白无力，也要力戒画蛇添足地在立面上堆砌符号、滥用手法，使立面形式美的表达包装过度。从立面的设计方法而言，要先从整体出发把握墙面与窗的虚实配置关系。如是以全玻璃幕墙突出虚的通透、轻盈呢？还是以完全的墙面表达实的壮重、厚实呢？但我们遇到的情况多数是虚实皆有，变化无穷，这就要注意虚实配置、比重、构成的问题。

因这部分内容不在本书的侧重论述之列，故不再展开。

另外，要从美学角度对立面上窗洞的形式、组织给予十分关注，因为它们在立面上占据重要地位。它们穿插在实墙面中，构成实中有虚、虚中有实，彼此依存、相互交织。因此，要经过精心组织使立面上这些窗成为统一中有变化的有机整体。一般而言，立面中间大面积部分的窗的形式要统一，组织要有规律，而立面上下、左右端部的窗可以做局部变化，成为立面端部结束的处理。

主入口的门是立面上另一类虚的洞口形式，推敲时要着重形式的突出和尺度的把握。如采用凹入式、挑雨篷式、门廊式、架空层式等，以强调立面的重点部位处理。墙面实的部分对于立面形式美的表达显得影响更大些，表现在：

墙面的线条　线是立面形式美的基本要素之一，不同的线形运用，在立面上可以产生不同的美的效果。

垂直线具有向上的动势，是力量与强度的表现，可产生崇高、庄严的感觉。垂直线间距越小，上述感觉越明显。这种立面上的垂直线多借助于墙面上的柱或垂直构件而获得。

水平线具有舒展和稳定感，在人的心理上可获得亲切平和的气氛。这种立面上的水平线多借助连贯的带形窗与窗下墙构成虚实相间的水平带，或者借助连通的水平遮阳及其所产生的连续水平阴影共同强调水平线的作用。

曲线具有流动、柔软、弹性的性质。它比直线更引人注目，并在人的心理中产生轻松活泼的感觉。这种立面上的曲线通常借助于发券、连续栱等而获得。

墙面的凹凸　巧妙地处理墙面凹凸关系有助于加强建筑立面的体积感。借助于凹凸所产生的光影变化不但可以打破光洁立面的平淡感，而且可以大大丰富立面的造型效果。如利用凸窗、挑阳台、挑外廊都是以墙面的加法使立面获得丰富感的有效手段；利用凹阳台、凹廊、空透洞口等是以墙面的减法打破平整立面的乏味感。需要提醒的是，墙面的凹凸处理多作为立面的重点处理或作为立面韵律的结束处理，而不是随意在立面上到处点缀。总之，设计者在处理立面虚与实这一对矛盾时，既要尊重客观美学法则，又不为其所束缚，要辩证地把两者和谐有机地组织起来，以此奠定立面完善设计的基础。

2. 表里如一地处理立面与内部的有机关系

立面毕竟是一张附着在建筑壳体上的表皮，如同衣服穿在人的身体上一样，它可以换来换去，但一定要合体。即建筑的立面可以有不同的艺术处理，但它一定要受到内部房间划分、结构体系、使用要求、人的心理等的制约。

如绝大多数建筑的内部房间划分，以及由相应结构体系所确定的开间、层高都是有规律的，也是有尺寸限定的，因此立面上窗的大小及其组织必须与此相适应。只能在限定的网格中寻求窗的形式或组合的变化，而不能突破网格的限定，造成立面形式与内部房间划分或结构体系相矛盾。

但立面形式推敲又不是完全被动的，从自身的艺术性表达而言，它可以能动地为进一步完善立面设计而发挥作用。如一个建筑的立面，一层有 4.8m 高，梁下皮标高约 4m，而主入口的大门按人的尺度门扇应有一个正常的高度尺寸，比如 2.4m。这样，顶在梁下皮的窗与门上皮就不在一个水平高度上，造成门窗组合效果不佳。在完善立面时，我们只能将门扇上部做成亮子直顶梁下皮，以取得与窗高和谐一致的对位关系。

立面的设计也要顾及房间的使用要求，使表里能如一。否则，为了立面所谓的美观而牺牲人的生活要求将是本末倒置。如住宅北卧室的窗，若作成低窗台、大面积的凸窗，以显示立面现代气息，那将给住户在冬季带来如入冰窟般的烦恼。一座全玻璃幕墙的高层建筑，立面新颖、现代，可是严重的西晒使西向房间要么无法使用，要么以高能耗作为代价，真可谓是得不偿失。如此立面表里不一的设计正是从设计方法上忽视了设计的整体性和处理矛盾的辩证性所致。

人的精神需求有时也涉及到立面的处理能否使其得到满足。最典型的案例就是朗香教堂：为了营造室内一种宗教气氛，让教徒在心灵中与上帝对话，立面以实墙为主，阻挡大量自然光进入，仅以少量大小不一、排列毫无规则、断面成漏斗状的窗点缀在立面上，且窗上安装彩色玻璃，以过滤自然光，如此造成室内既幽暗又光怪陆离的光效果。可以说为了获得一种精神境界，没有任何一种其他的办法可以取代这种表里如一的立面设计。

3. 恰如其分地处理立面装修的艺术表达

立面装修是综合运用材质、色彩、装饰等因素从整体艺术效果上对其进行完善设计的必要手段。其关键尤以合理选用装修材料最为重要，但并非一定要使用贵重的材料，而是要善于将各种材料合理地、有机地组织在一起，才能达到和谐美的效果。

在具体装修处理上，宜以大面积的材质为基础，再有节制地在重点部位选用较高档次的材料加以突出。有时，为了强调立面上下秩序的变化，底层可用与上部不同质感的材料，以加强基座的稳定感。或者在女儿墙、檐口处以不同色泽的材料作为立面的收边处理。总之，立面用材要有章法，切忌过分堆砌。

立面上的色彩是通过材料本色来显示的，而不是用颜料画上去的，这与设计文本中的效果图完全是两码事。因此，在选用材料时，一定要考虑其显色效果。甚至要考虑材料不同的加工方法，或在不同方位由于阳光的因素所产生的色差效果。一般而言，建筑立面色彩效果总是以某一种色彩为主调，再配以相近的协调色，或点缀适量对比色，使立面色彩效果在统一中产生微妙变化。那种立面色彩过杂、过重、色彩搭配比例失调都有损于立面的形象。

立面装饰细部可以起到点缀作用，或突出重点部位，或强调趣味中心，或丰富立面效果，但不能到处滥用。同时，装饰细部应隶属于立面整体，生根于建筑物之上，而不能游离于整体之外，成为可有可无的附加物。在立面推敲中，还要从视点远近的效果出发，掌握好装饰细部的尺度、刻画精细程度、组合疏密关系等因素。这样才能恰如其分，远近皆有可赏之处。

图案是打破实墙单调感的有效手法。对于大面积的实墙根据不同情况可采用雕刻、壁画、装饰砌块等加以处理，起到变化丰富的效果。

划分线是装饰实墙面最简单的处理，但要注意与窗口的对位关系，这样可以使立面形成一张网，将分散的窗口组成一个系统，从而加强立面的整体感。

（五）以创新意识开拓立面设计的新途径

在信息化的今天，随着经济与科技的发展，人们的审美取向也发生了巨大变化，不再受制于传统美学的束缚，并力图摆脱总体性、线性和传统的思维惯性，使美学思想由客观标准走向主观倾向。美学范畴由一元转向多元，人们的审美意识也由此更富有时代性。而设计者也不再将“形式追随功能”奉为信条，不再沉溺于推敲体量的主从关系、立面的虚实凹凸对比及所产生的光影效果等，而是尽情张扬建筑创作的个性，追求建筑形象混沌深奥的美。由此给立面带来新的形象、新的意义。诸如通过立面的透明性，模糊了建筑内外概念，并在光的表演下，令人激动异常；通过立面的匀质化表露，消解了建筑整体与部分的主从关系，使立面给人以强烈的视觉冲击；通过立面的精致性细部处理，表现了传统技术所没有的高水平工艺，给人以由衷的赞美；通过立面结合展示、动画、印刷等信息传播技术，使其突破了传统立面的概念，成为信息传播的媒介，给人以前所未有的兴奋感；通过立面的生态化注入，而散发出生命的气息，使传统立面不再生硬冷酷等等。当代的立面创新设计真可谓五光十色、形式各异。立面再也不是仅仅侧重它的艺术性和承载一般的功能性，而是担负有更多的“重任”。

但是，立面创新设计并不等于设计者可以天马行空为所欲为，它需要设计者更扎实的设计基本功底、更科学的设计理念和更有效的解决设计实际问题的技术手段。在完善立面创新设计时，设计者从方法上尤其要关注以下几点：

1. 创新的立面设计需要科学的态度

创新的立面设计并不像搞艺术那样可以单凭灵感行事，毕竟建筑至今仍然是一定的营造技术和文化相结合的产物。特别是立面创新设计时，一定少不了采用新材料、新技术，这些都需要设计者尊重科学，通过大量的研究、实验甚至发明，才能展现立面极高的艺术创造性和建造质量的工艺性。正如北京水立方游泳馆立面采用先进的 ETFE 气枕并内装 RGB 型 LED 灯具，成功地融合了计算机、网络通信、图像处理等技术，使立面形成丰富多变的光色组合。这些新材料、新技术的研究成果保证了“水立方”设计理念在立面中的体现。

2. 创新的立面设计离不开系统思维方法

立面这张“表皮”仍然是建筑设计众多要素之一，它离不开整体。尽管当今在强大的技术支持下，立面形式可以从以前的材料约束中解放出来，不再因空间、结构长期占据着现代建筑设计要素的地位而扮演次要角色，立面这张“表皮”被设计者越来越看得重要。为了吸引人的眼球，设计者正不断地创造着一些与众不同的诱人设计。但深究其设计思维，设计者在强调突出立面这张表皮的同时，仍然离不开对环境、功能、空间、材料、光线等建筑基本要素的深入思考和表达，并没有简简单单地把立面看成仅仅是一张不受约束的“皮”。

由建筑师李兴钢等设计的北京复兴路乙 59-1 号改造项目可称为“表皮建筑”(图 3-197)。其覆盖在外部网格上的幕墙玻璃表皮是与内部空间和功能乃至人的行为、景观要求产生密切关联的，而外部立体化网格则完全基于原有结构体系、受力原理和材料规格等逻辑关系，甚至表皮上 4 种不同透明度的白色彩釉玻璃也是从内部功能与空间对光线的不同要求而选用的。

图 3-197 北京复兴路乙 59-1 号改造立面局部

因此，现代立面的创新设计仍然需要设计者以系统思维的方法指导自己面对更为复杂的设计矛盾，更为全新的设计课题。

3. 创新的立面设计要运用现代的科技手段

随着现代科学的发展，技术的手段愈加先进，立面的材料变得愈为多样。但能源的日益短缺、环境污染的加重以及建筑材料毕竟是有限的自然资源这一基本事实，使得为人类创造舒适内部环境并欲实现环境友好的立面担负着越来越复杂和苛刻的功能。这就导致立面设计方法从二维单层表皮的艺术性推敲向三维多层表皮进行整合设计的重点转移。

现代的立面设计在注重多元化美学原则的前提下，更应关注多层表皮的材料构造秩序。它们能否发挥各自最优性能，在节能减排中担当相应的功能作用，以及这些多层次构件系统是如何连接起来的，在技术、经济、美学方面将产生什么样的影响等等。因此，现代的立面创新设计仅有艺术的手段已经远远不够了，而应更多地运用现代技术手段解决人类面临的可持续发展问题。甚至运用智能化手段让表皮从静止的系统变为能够自我调节、自动运行的可变表皮。

综上所述，完善立面设计并非做表面文章，它要综合艺术与技术的手段，不仅与建筑设计的所有要素整合为有机整体，而且要与环境条件密切关联，在一定程度上它要比完善平面设计和完善剖面设计更需要设计者具备相当的修养和功力。传统的立面设计方法和手法与现代的立面设计方法和手法，在多元化的社会里是并存的。针对不同的项目、不同的设计条件，设计者应善加选择。

四、完善总平面设计

在前述完善建筑单体的平、立、剖面设计之后，我们即开始转向对总平面的完善设计。虽然在方案起步时，我们已预先从总体的图底关系分析中初步把握了室外场地的位置、范围，但其设计内容还是一片空白，需要在完善总平面设计时加以充实。其包括将入口广场、活动场地、绿化用地、道路系统、防卫安全、环境小品等各室外构成要素，通过有组织的合理布局构成一个彼此完美结合的有机整体。作为方案设计的最后环节，完善总平面设计对于自始至终体现设计者的立意与构思，以及完善室外场地使用功能要求和创造环境气氛都将起到十分重要的作用。

那么，完善总平面设计要进行那些思考与设计工作呢？

（一）进行总平面的合理功能分区

与建筑设计的程序一样，总平面设计依然要从系统思维出发，首先对场地内各功能要素先进行合理的分区。只是要把方案起步时已确定的场地主次出入口和建筑方案设计所确定的建筑单体各出入口作为条件，按人的活动规律、场地内各功能的具体要求，分别将入口广场置于场地主入口与建筑物主入口之间；将停车区毗邻于场地车道入口与入口广场附近的区域；将活动场地布置在日照、通风最佳的地段；将绿地、景观区域配置在人易于接触或观赏的最佳部位；将后勤内院设在场地次要入口附近等等。场地这些功能内容只要分区合理，就能有效组织各类活动，并与建筑物构成内外和谐的有机整体。

例如图 3-198 是某长途汽车客运站的总平面设计。由于交通建筑类型的人、车流十分复杂，如何有效地组织室外功能分区，是保证站房内部功能合理的前提条件。在总平面设计中，首先将人、车两大功能区明确分开，使之互不干扰。因此，在场地主入口与站房主入口之间作为旅客使用的入口广场，其东南角作为绿地景观区，使之与进站旅客关系密切，可信步、可休憩，并为城市空间增色。而场地西侧全部作为各类机动车(公交车、私家车、出租车)的停车场地。其中，公交车停站点设于路边呈港湾式，以保证城市交通顺畅；出租车停车场地应尽量接近出站口，以便出站旅客能方便乘车离去；而私家车停车场地宜在进出站口之间，便于车主方便送客或接客。这样，各类机动车进出场地都不干扰入口广场的旅客活动，并使出站人流与进站人流在室外场地上也互不交叉。而场地东北角留作站房后勤货运的回旋用地，也较为隐蔽。至于车场用地，因处在站房北侧，车辆频繁的进出更是对站前广场毫无影响。

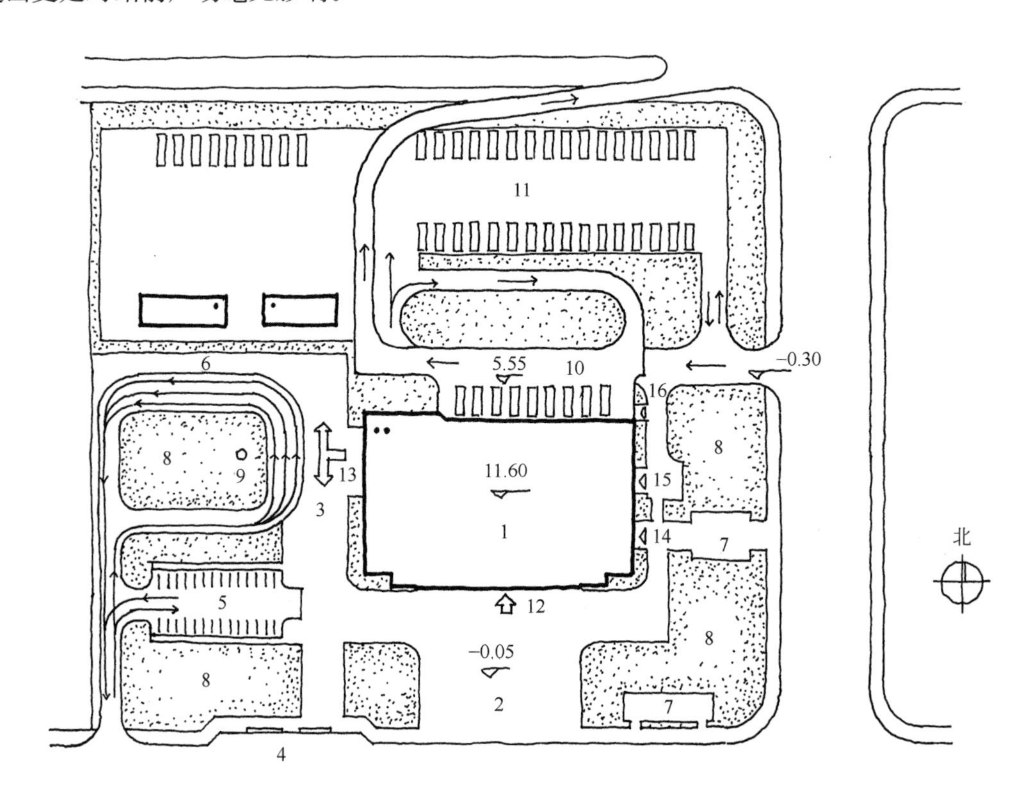

图 3-198 某长途汽车客运站总平面设计

1—站房；2—站前广场；3—出站广场；4—公交车站；5—私家车停车场；
6—出租车接客；7—自行车存放；8—绿地；9—雕塑；10—高架发车位；11—车场；
12—旅客进站口；13—旅客出站口；14—餐厅对外服务口；15—厨房入口；16—办公入口

又如，幼儿园教学要求幼儿在身心健康发展的过程中能经常接受“三浴”（日光浴、空气浴、水浴），因此，幼儿园建筑设计必须保证足够的室外活动场地的面积。同时，在进行幼儿室外活动场地功能分区时，要合理布局班级活动场地和集体活动场地两大分区。前者要毗邻各班级活动单元；后者还要进行更细致的布置，将集体游戏(含 30m 跑道)、器械活动、戏水池、游泳池、沙坑、植物园地、小动物房舍等各项设施各得其所地布局在相应的区域(图 3-199)。做到既能满足幼儿园教学要求，又能保证幼儿在活动中的安全。

中小学学校建筑也是室外场地占有很大比例的一种建筑类型。其中以中学学校的 250m 环形跑道(附 100m 直跑道)田径场、小学学校的 200m 环形跑道(附 60m 直跑道)田径场的长轴南北向对总平面的设计影响最大。因此，应首先将其定位。而其他体育活动场地(球场、器械活动场、投掷场、田赛场等)应与田径场组成一个相对集中的体育运动区。这样，既有利于明确分区，便于管理和使用，又可以减少对教学用房的干扰(图 3-200)。

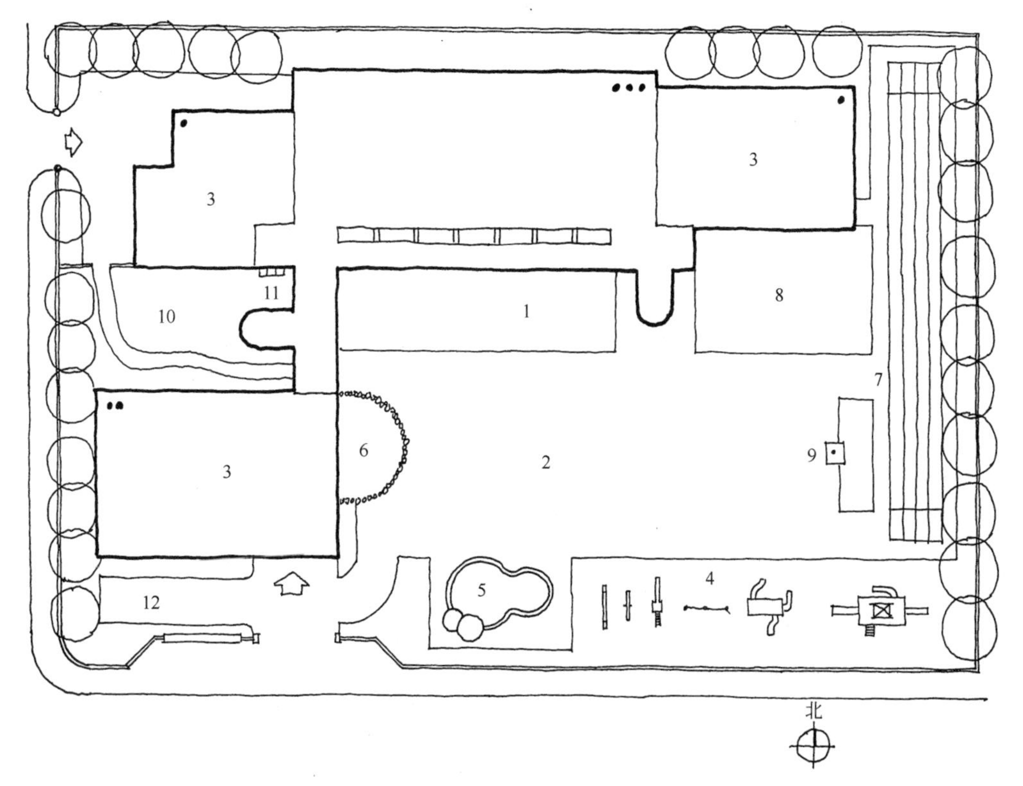

图 3-199　某幼儿园总平面设计

1—班级活动场地；2—集体活动场地；3—屋顶活动场地；4—器械活动场地；5—戏水池；6—砂池；7—30m 跑道；8—草坪；9—旗杆；10—植物园地；11—小动物房舍；12—教师存车

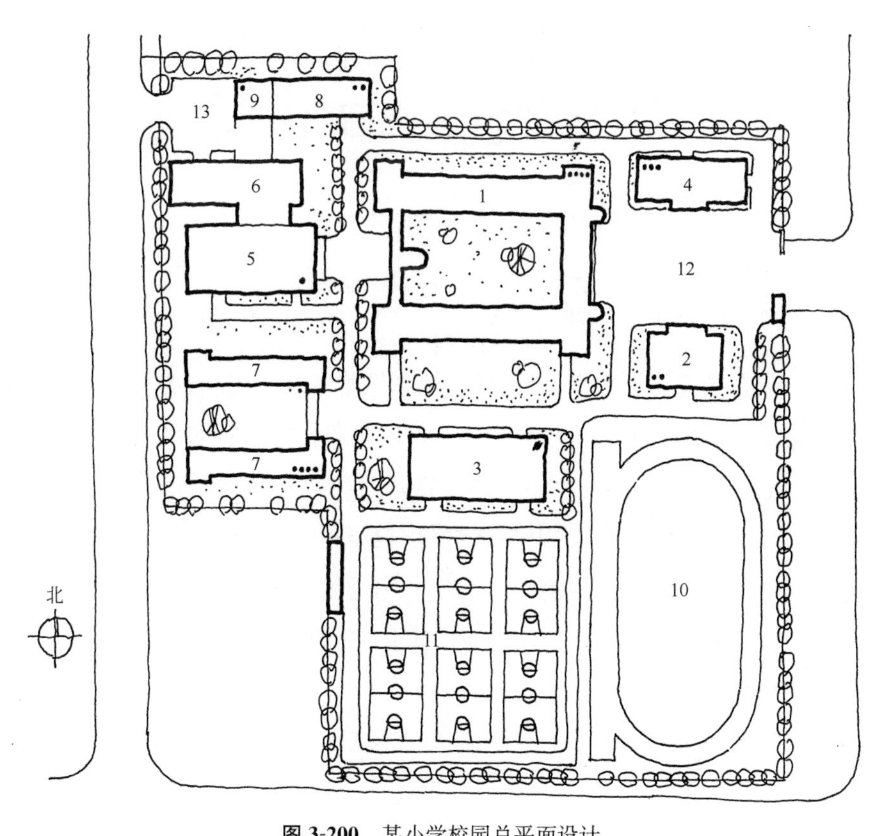

图 3-200　某小学校园总平面设计

1—教学楼；2—科艺楼；3—体育活动室；4—办公楼；5—食堂；6—厨房；7—学生宿舍；8—浴室；9—锅炉房；10—运动场；11—篮球场；12—校园广场；13—后勤内院

（二）推敲室外空间形态

如同内部空间生成需要界面的围合一样，室外场地尽管没有顶界面也存在着空间形态问题，也需要界定范围。因此，在进行总平面完善设计时，要以三度空间的概念仔细推敲各室外功能空间的形态是否理想。

比如，某办公建筑入口广场的设计(图 3-201)，首先要使其空间形态完整——可以通过主体建筑的形体变化与从属建筑的组合初步形成入口广场的围合。但这还很不完善，可通过在主从建筑入口轴线交叉点上设计特定要素(如雕塑、水体、花坛等)，从而显示入口广场的重要地位。如果用弧形连廊或构架将建筑群的几个入口联系起来，不但使用上更为紧密，而且入口广场的空间围合感更强。若进一步在广场中添置绿地、小品等作为空间的内容，则该入口广场更趋完善。

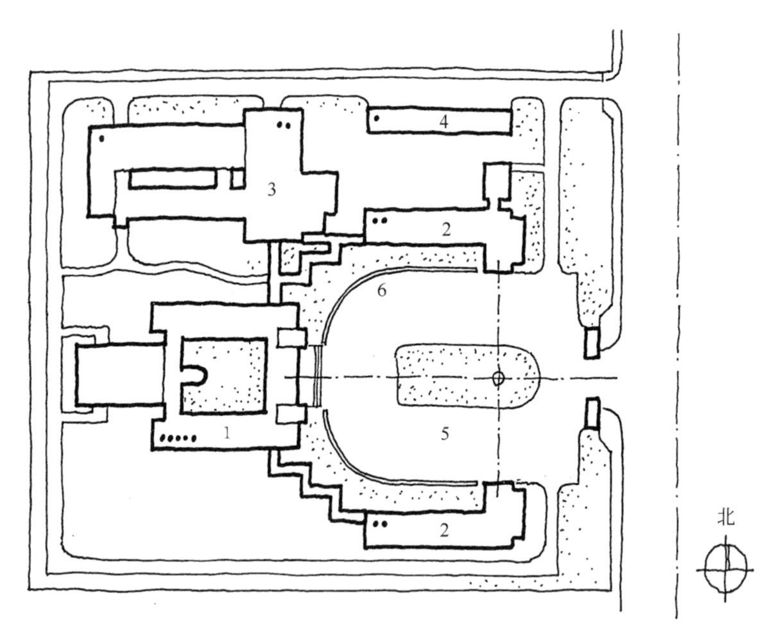

图 3-201 某办公楼总平面设计

1—办公楼；2—辅楼；3—服务楼；4—车库；5—广场；6—环形构架

对于重要的或有景观要求的室外场所(如纪念性建筑的广场)，为了使室外空间有最佳观赏效果，最好运用最佳视角规律进行广场空间的推敲。实验证明，当视角为 27°时(观赏距离为观赏对象如建筑物高度的 2 倍)，是观赏建筑物高度方向上最佳的位置。当视角为 45°时(观赏距离等于建筑物高度)，则是观赏建筑物细部的最佳位置，而此时对建筑物整体的观赏已达到极限角度。如果视角处于 18°时(观赏距离为建筑物高度的 3 倍)，则是观赏建筑物与环境整体效果的理想位置，而对建筑物细部则不易看清。因此，欲取得最理想的观赏效果，广场的进深应为主体建筑物高度的 2～3 倍(图 3-202)。

内庭院多半是靠建筑物要素围合的。有两个问题需要仔细推敲：一是庭院的平面形状；二是庭院的空间形态，两者是相辅相成的。

平面形状涉及到尺寸与比例问题，当然我们不希望庭院比例太狭长。若如此，也需通过建筑平面的变化改变狭长、单调的内庭院形状，并由此进行庭院功能分区。而庭院尺寸

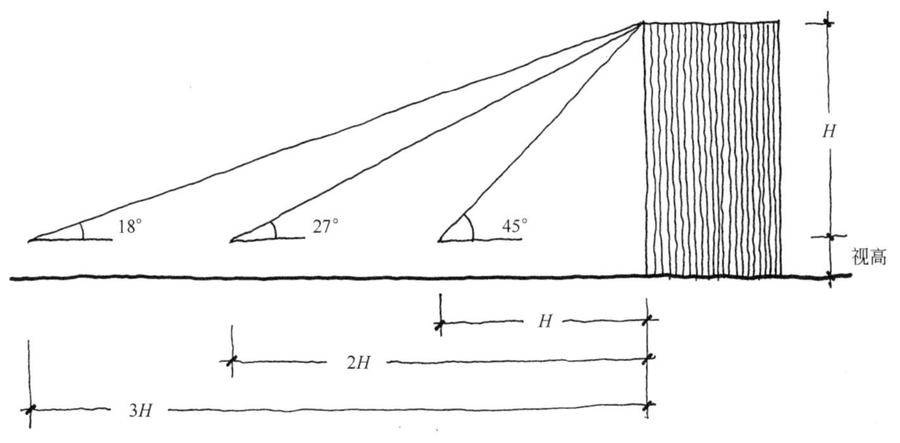

图 3-202　广场最佳视角分析

问题有些建筑设计是需要满足功能与规范要求的，如四合院式的中小学学校教学楼，围合庭院的前后教学楼间距应大于 25m，因此不可能设计的太小。

但仅有平面形状的推敲还不够，还要视庭院周边建筑物的高度来完善其空间形态。若庭院周边建筑物过高，则庭院趋于呈天井空间形态，环境质量肯定不好。否则要放大庭院平面尺寸，以改善其空间形态。或者至少将南边建筑层数减下来，让阳光能进入庭院，从而改善庭院的效果(图 3-203)。

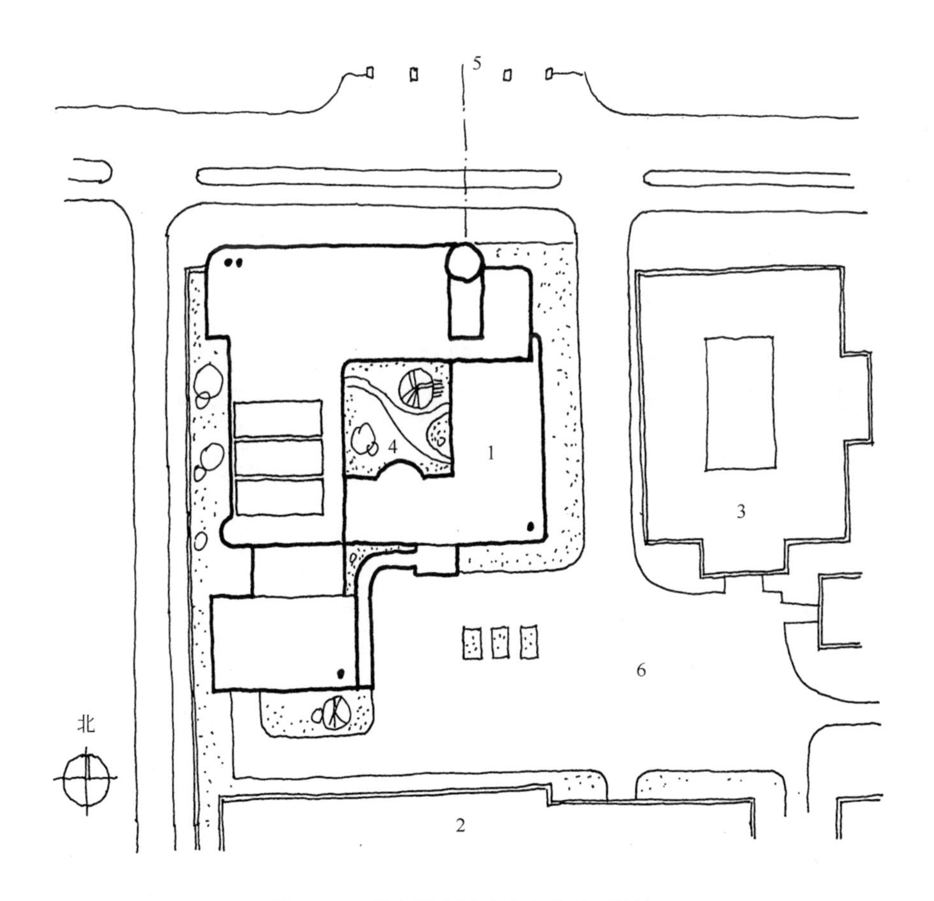

图 3-203　某大学生活动中心总平面设计

1—大学生活动中心；2—宿舍；3—食堂；4—内庭院；
5—校园大门；6—学生生活区广场

（三）完善总平面道路系统

总平面设计的道路系统布局主要考虑以下几个问题：

1. 满足车辆、人行要求

首先确定场地车行通路在什么地方与城市道路相接。一般而言，应远离城市道路交叉口，以免与城市交通相互干扰。若是大中城市的主干道交叉路口，其场地内车流量大，还得满足设计规范的要求，即距主干道红线交叉点70m以上才能设场地车行出入口。

道路的宽度要视使用情况而定。车行道可分单行道，双行道。如果是尽端式车行道，则需设置回车场。人行道可与车行道合二为一。当车流量大时，要单独设人行道。诸如此类的道路要求及其尺寸设计都应符合相关规范。

2. 满足功能联系

从建筑物功能分区和建筑物安全疏散考虑，必然在建筑物地面层有若干个对外出入口。它们需通过场地道路连接成整体。因此，在总平面设计时，道路的布局常以连接各个出入口为目的，形成整个场地的道路骨架系统。

庭院内的小径虽然走向随意，但起始点位置的设计与人的交通行为有着密切联系。这就是说，小径两端的位置不是随意的。它们要与周边功能空间的关键部位如楼梯口、房间入口、重要辅助房间(如厕所)入口等发生密切关系，通过庭院内曲径把这些功能很自然地联系起来。

3. 满足消防要求

场地内道路在满足使用功能要求的基础上，还要进一步符合总平面的消防要求。如道路间距不宜大于160m，长度超过35m的尽端式车行路应设回车场，其消防道路不应小于3.5m。遇到建筑物有出入口时，其消防道路应距外墙3m以外等。

（四）完善总平面设计内容

为了使总平面设计内容进一步充实，应按设计意图将场地各构成要素一一安排就位，包括绿化、水体、雕塑、小品、灯柱、旗杆、宣传栏等。对这些场地构成要素的考虑，一是要满足功能使用要求，二是满足环境艺术要求。

第五节　方案比较与综合

经过一番艰苦的创作努力，我们终于获得了一个完整的建筑设计方案成果。但是，建筑方案设计与其他学科最大的区别之一就是探讨设计问题的思路是多向的，每一种方案探索都可以实现一个设计目标，因而设计答案没有惟一解，我们只能从若干解中寻找一个相对满意的答案。这就决定了方案设计要从多渠道中去探索，而不能陷入一个方案的冥思苦想之中。诚然，这个方案是设计者首先想到的，但并不代表是相对最满意的。因此，前述方案生成过程中所获得的成果是否最为理想还需其他方案来验证，这就需要做多方案比较工作。

一、比较方案的探索

方案比较包含两种意思：

其一是设计者在方案构思一开始或在方案探索途中，对决策设计方向或解决某一设计问题进行不同思路的比较。这些思路或许各有利弊，那么，我们只能从分析利弊关系中，抓住关键问题或者方案性的问题，而不拘泥于其中哪怕存在明显的缺陷，只要它是可以在随后的设计过程中逐一被克服的，我们就可以认可它。因为解决设计问题总要有得有失，不可能面面俱到。这样，通过对设计条件的分析所构思的几种方案思路或对解决某一设计问题的不同方案比较，就能从中决策方案构思的方向或找到解决该设计问题的最佳途径，从而推动方案探索工作前进一步。作为设计方法，设计者应自始至终做这种解决各种设计问题的方案比较工作，才能使我们走上寻找设计最终目标的一条捷径。

其二是设计者自身或不同设计者从不同的立意与构思出发，采取不同的设计手法解决设计问题，从而得出截然不同的最终方案的比较。这种方案比较工作对于初学设计者可以起到训练思维、开拓思路的作用；或者对于建筑设计竞赛、招投标工作选优来说是一个必要的手段。只是各个方案应各具特色，否则方案彼此雷同就失去了比较的意义。

例如，一个小型俱乐部的设计，方案一设想为分散式布局，以体现俱乐部建筑的轻松活泼个性。可以通过院落组织文娱、阅览、科技、游艺、陈列等各类小活动室，使之闹静分区较为合理，在体量组合上也体现中国园林建筑的某些特点。因此，结合院落组织建筑空间是方案一的基本特点(图 3-204)。

方案二构思是集中式，以中庭沟通各活动用房，主辅空间相互流通，灵活可变，可适应现代娱乐生活发展变化的需要。因此，突出中庭空间、布局集中紧凑是方案二的基本特征(图 3-205)。

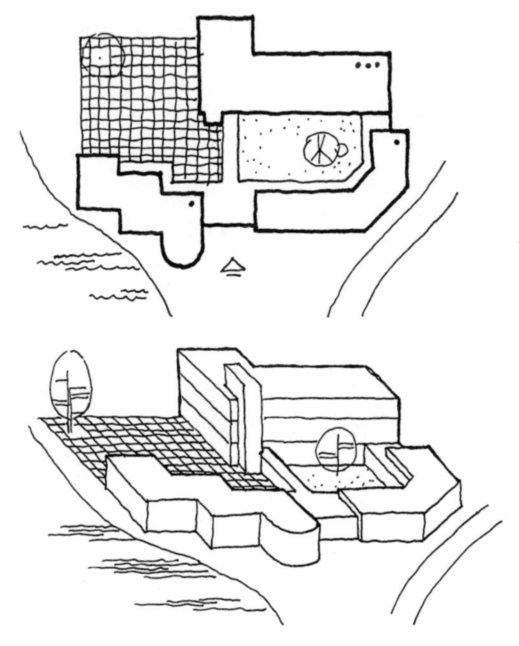

图 3-204　俱乐部方案一

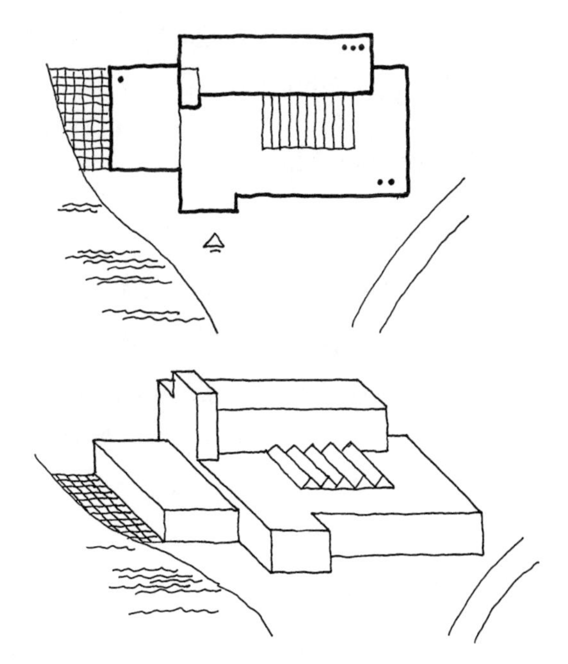

图 3-205　俱乐部方案二

方案三的构思是突出建筑与水面特定环境的结合，让尽可能多的活动用房与水面发生紧密关系，或直接亲水，或视线可及。因此，强调与地段环境的有机结合是该方案的突出特点(图 3-206)。

方案四的构思完全从几何构成出发，用两个三角形体量进行空间组合，以突出建筑造型的雕塑感。因此，把设计重点放在形式构成上是该方案的突出特点(图 3-207)。

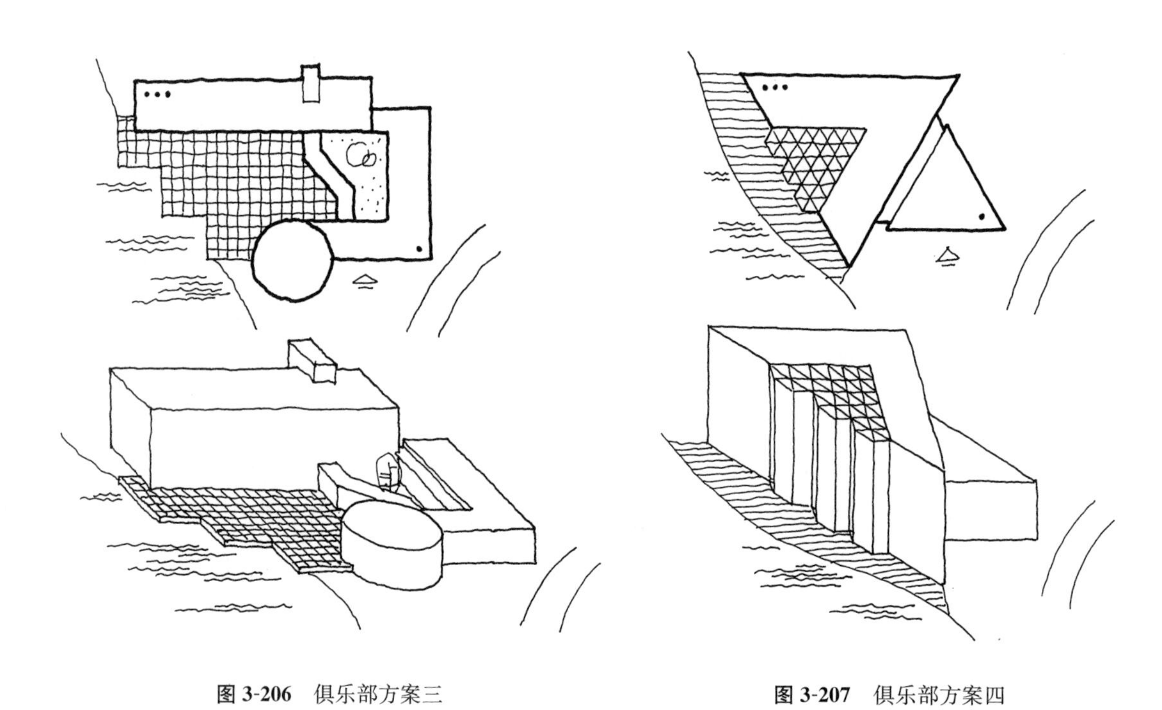

图 3-206 俱乐部方案三　　**图 3-207** 俱乐部方案四

当然，我们还可以从其他思路中探索比较方案的各种可能性。发散性思维越活跃，越能激发出创作的灵感，对于下一步方案的优化可以提供更大的选择余地。

面对若干各有特点的比较方案，我们如何从中选择一个可供发展的方案呢？这就需要对各比较方案进行评价工作，以便从中择优。

二、比较方案的评价

比较方案的评价工作本身就是一个复杂的系统，它涉及到物质与精神、主观与客观、技术与艺术、愿望与现实、感性与理性等等。因此，方案评价不能用绝对的标准来衡量方案设计的所有问题，它必定带有综合性特征。何况方案评价又受到作出评价的人、评价的时刻、评价针对的目的等因素的影响，使评价工作总是带有相对性。

这样说来，是不是方案评价无从做起？也不尽然，为了使评价工作客观、公正，就需要建立一种评价体系和掌握正确的评价方法。

(一) 评价指标体系

对比较方案进行评价时，要从明确评价目标开始，建立若干单项评价指标，组成评价指标体系。这一评价指标体系反映方案应达到的目标要求。

一般来说，建筑方案评价指标体系包括以下内容：

(1) 政策性指标：包括国家的方针、政策、法令，各项设计规范以及规划部门的相关规定等方面的要求。这对于方案能否被有关部门获准尤为重要。

(2) 环境性指标：包括地形利用、环境结合、水土保持、生态保护、历史文脉等。

(3) 功能性指标：包括功能分区、平面布局、面积大小、流线组织、物理环境、心理因素等。

(4) 技术性指标：包括结构选型、构造方案、节能措施等。

(5) 艺术性指标：包括造型尺度、空间形态、色彩质感等。

(6) 经济性指标：包括投资造价、建造工期、土地利用、用材选择、性价比值、使用寿命、运转费用等。

上述六项是指一般情况下对比较方案进行评价所要考虑的指标大类，在具体条件下，针对不同评价要求，项目可以有所增减。

(二) 评价方法

(1) 对各被评价方案进行全面分析，掌握其特点及优缺点。如果方案毫无特色，而问题又多于优点，反映出设计水平有限，则该方案应不被看好。

(2) 根据评价指标体系对各被评价方案进行检验。如果违反多项评价指标要求，或虽少数评价指标不满足条件，但却是致命的，即使可以修改也使方案面目全非而失去原有方案面貌，则这种方案可属淘汰之列。

(3) 评价人对设计任务书规定的设计目标应心知肚明，以此作为评价各比较方案的尺码，并检查各比较方案是否得到正确而充分的表达。符合题意要求的方案可胜出，而偏题或者离题的方案则只能靠边。

(4) 对入围方案的设计深度再进行过细比较。凡是有设计深度的比较方案，说明设计者对设计任务书理解透彻，对设计问题考虑周全，而且对方案尚存在的缺点有足够实力进行修改完善。优选这样的比较方案继续发展下去应该是比较放心的。

(5) 即使最终选择的比较方案较之其他比较方案具有明显优势，但仍会存在某些不足，毕竟再好的方案也不能面面俱到。因此，正确的评价方法应看重方案的主流。如特点是否明显、评价指标体系满足程度是否较高，而方案的缺点只要是可以改正且不影响方案原有特色的，都可以包容暂时存在。

我们可以对前述小型俱乐部 4 个比较方案进行一番评价。

方案一平面布局灵活，体形错落有致，与地段的自然环境易融为一体，小建筑的尺度把握较好，结构简单。但两个院落尚有不足之处，东院落空间过于封闭，与水面关系欠缺。而西院落空间的构成缺少章法，在功能上没有明确目的。

方案二在内部空间形态上体现了明显的现代设计手法，很适合文化娱乐建筑的个性。但空间组织过于紧凑，体量与自然环境似有不协调之感，与水面亲水性不够。主入口过于后退，与道路缺少对话关系。

方案三的构思紧扣设计任务书的条件，抓住了地段环境的特征，是一个向水面开放的院落组合，空间层次丰富、功能分区明确。但建筑西端的形体与湖岸的自然走向结合较生硬，东区建筑拐角与道路关系不甚理想。

方案四的三角形母题空间构成较为新颖，边庭较方案二的中庭更能与水面结合，景观设计的优点较为突出。但过强的理性设计与轻松的自然环境、雕塑般的体量与自由的地形都缺少和谐关系；结构较之上述三个方案都复杂，对施工、造价都不利；而且室内空间将出现锐角形态，有可能与使用发生矛盾。

至此，通过评价分析，对各方案的优劣之处有了清晰地了解，而且逐步产生了一种倾向性的选择。相比之下，方案三更接近评价体系的各项指标，且更符合设计任务书的题意。至于它所存在的缺点仅属于设计手法欠缺而不是颠覆方案性的问题，完全可以在后续设计中完善。因此，方案三应被选中。

事实上，方案比较不仅是对比较方案进行评价，也是对评价人水平的考验。因为评价的目的是为了决策，而评价的质量影响着决策的正确性。这就是说，评价人不能带有个人感情色彩，应该保证评价的客观性，以便为正确的决策提供实事求是的评价结论。

三、比较方案的综合

经过多方案比较所选择的可供发展的方案距最后设计目标还有相当距离。尽管相比之下，它较其他比较方案有较多优势，但毕竟还存在若干有待完善的地方。如何以可供发展方案为基础，既要保持其主要特色，又要吸收其他比较方案的长处，就必须运用综合手段。

综合是最重要的思维方式，它以多方案比较的结果为依据，把各比较方案的优点转嫁到可供发展方案所能吸收的范围内。但这种综合不是量的拼凑，而是质的一种优化过程。

例如，前述的小型俱乐部设计通过多方案比较，把方案三作为优选方案。它的缺点能不能从其他方案中吸取灵感而加以修正呢？分析中可发现：方案一动区体形的韵律感与湖岸的走势相吻合，静区平面布局与道路有一种迎合关系，这正是方案三应吸收的。而方案二、方案四的中庭和边庭空间形态较为活泼，成为一个共享空间，很适合该建筑类型的特点。方案三虽不是边庭式方案，但它的空间处理的精髓对于完善其设计是有价值的，可以把方案三的主院落空间看成是没有顶盖的边庭空间，使其作为趣味交往中心的目的来进行设计，且它的亲水性比方案四更好。

通过这种方案综合，我们可以得到完善后的方案三(图 3-208)。

其实，一位设计方法掌握娴熟的设计高手，由于它的设计经验丰富，分析判断力过人，这种多方案比较、综合的设计工作早在从立意构思一开始，直至整个设计过程对一系列设计问题的不同解决方案都在时时刻刻的比较中积累完成了，他的最后方案成果自然基本符合评价指标，而且方案特色突出。这说明运用正确的设计思维与掌握正确的设计方法是提高设计者设计能力的关键，也是通向理想设计目标的捷径。

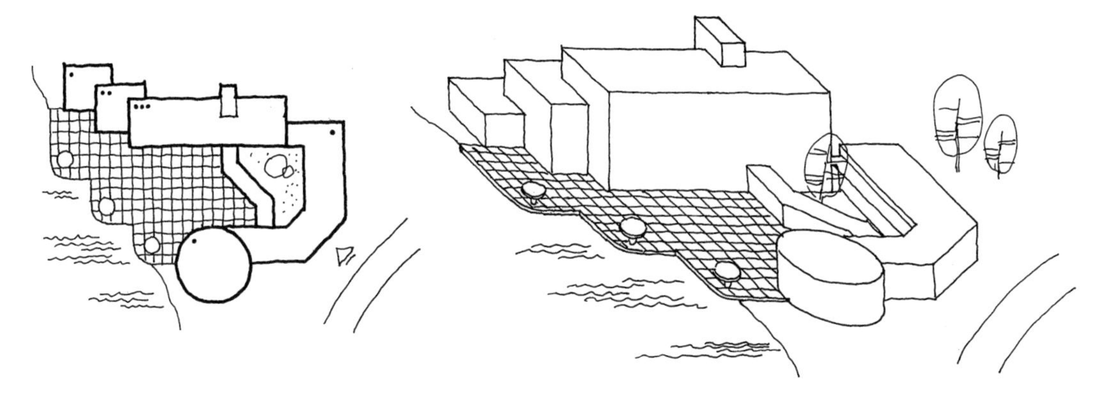

图 3-208　俱乐部最终方案

第四章　设　计　技　巧

我们走过了这么长一段路，从认识上懂得了什么是建筑方案设计，从实践中学会了怎样做建筑方案设计，这仅仅是建筑方案设计的入门阶段。那么，怎样尽快提高自己的设计能力，真正“入境”呢？这就需要设计者长期注重自己设计素质的提高和设计技巧的掌握。

应该说，设计能力是对设计者素质的综合评价。这些素质包括设计思维活跃、设计方法得当、空间概念清晰、创作想像丰富、艺术修养儒雅、知识领域博学、信息积累厚实、洞察眼力敏锐、兴趣爱好广泛、动手能力高强、生活经验多样等等。这些多项素质条件对于提高设计者的设计能力都有直接或间接关系，设计者只有在长期的人生经历和设计实践中才能逐步具备起来。

设计技巧不但意味着可以提高设计效率，而且也是衡量设计者是否成熟的重要标志。

第一节　善于同步思维

正如第一章所阐述的那样，建筑方案设计实质上是一个解决设计矛盾的过程，矛盾的自身发展规律决定了方案设计过程所面临的诸多问题总是相互交织在一起。它们互为依存，互相转化，旧的设计矛盾解决了，新的设计问题又上升为主要矛盾。方案总是这样在反复修改中深化，在仔细推敲中完善。因此，建筑设计的思维方法就不能孤立地看待问题，应避免形而上学的一点论。正确的设计思维应是用联系起来的观点处理设计过程所面临的所有问题，也即应采取辩证法的两点论。

建筑方案设计过程包含了若干阶段，各阶段所面临的问题，解决的方法都有所不同。但是，不同阶段设计矛盾的相互渗透、相互转化，决定了设计阶段又是模糊的。正因为如此，思考前一阶段的问题必然要涉及到对下一步设计工作的影响，或者要考虑如何为下一步走好而创造有利条件。而前一阶段所获得的设计成果还有待于下一步设计工作的反馈与验证，甚至受到反作用而需加以修改。因此，设计阶段的模糊性就决定了思维方法的同步特征。

其次，建筑方案设计是研究环境·建筑·人的友好关系，这是一个涉及众多知识领域的复杂大系统。在这个大系统中，建筑方案设计要想独立地进行工作是不可能的，它需要与其他学科的协作和其他工种的配合。因此，建筑方案设计过程中对问题的思考不能不与其他学科的知识交织在一起，这也决定了同步思维的必要性。

由此可知，同步思维方式不仅是一种设计技巧，更是设计者的一种能力。

一、环境设计与单体设计同步思维

本书从建筑设计方法的角度清晰地阐述了环境设计—单体设计—环境设计的全过程。两次环境设计的区别在于：前一次环境设计，即场地设计，是为单体设计提出一个符合设计任务书要求的外部环境条件，设计操作是概念性的、粗线条的。而后一次环境设计即总平面设计，是将设计目标完善化，设计推敲是深入细致的。这就是说，任何一个建筑方案设计都应是从环境设计入手，同时又必须注意到，单体建筑既是最终要达到的设计目标，又是初始环境设计要考虑的因素。而进入单体建筑设计阶段时，环境设计的初始成果就转化为对单体设计的限定条件。一旦建筑设计方案最终得以实现，反过来又成为后一环境设计即总平面设计的条件。如此思维活动螺旋形上升，使环境设计深化到新的层次。

许多初学设计者或设计能力欠缺者往往认识不到这种规律，总是一开始就钻进单体设计的思考中，或玩形式，或排功能，而对环境条件缺乏认真深入的分析，导致建筑方案设计违背了许多环境条件的限定，最终使单体建筑本身与给定的环境条件格格不入。

由此可见，环境设计与单体设计始终应该是互为因果、紧密关联的。这就决定了当我们分别进行环境设计和单体设计时，虽然呈现出设计程序上的阶段性，但思考问题却应是同步的。例如，在方案起步时，既要分析环境的外部条件，又要分析单体建筑的内部要求。两者结合起来，才能使环境设计成为有目标的设计，使单体设计成为有限定条件的设计。

当思考环境设计中场地规划时，更需要结合单体建筑体量组合的方式、功能分区的要求、环境应创造的气氛等诸多问题，达到两者在同步思考中互相调整关系，以期产生最佳方案的选择。从设计操作的现象看起来，我们是在研究环境设计中的问题，可是脑子里却在不断地思考单体建筑的种种条件。

反之，当我们研究单体建筑设计时，则要时时联系到前一阶段环境设计提出的若干限定条件。例如，场地主入口大体限定了单体建筑的主入口位置，相应也确定了门厅的布局，进而影响到方案建构的框架。又如，环境设计中日照间距规定了建筑物的高度限制，容积率规定了建筑物的体量控制，建筑密度规定了建筑物占地大小等等。在思维过程中，倘若忽视这些环境条件的要求，单体建筑设计必定是一个有缺陷的设计。为了弥补这种缺陷，势必又要从头反思设计过程，并对已做过的设计工作进行更为困难的调整。正如做一件新衣服容易而改一件旧衣服却要大费脑筋一样，这就相对拉长了设计周期，降低了设计效率。因此，从设计方法上加强环境设计与单体设计同步思维的技巧训练，是提高设计能力的有效途径之一。

二、平面设计与空间设计同步思维

多数建筑方案设计为了一开始就能从错综复杂的设计矛盾中理出较清晰的头绪，总是从平面功能设计入手。因为，平面一般最能表示出建筑物各种内在关系，设计者只要弄清楚设计对象的平面功能关系，经过一系列理性分析总能获得一个平面方案的框架。但是，许多设计者从此陷入平面功能设计中不能自拔，直至平面方案确定下来，然后才开始考虑造型和立面、剖面的设计问题。殊不知，一旦把自以为十分完善的平面矗起来，却发现体量组合关系十分不理想，甚至为了使体形满意，不得不回过头来调整花了许多精力才获得的平面方案。这就使设计过程走了弯路。

反之，当进行造型或立面设计时，许多设计者往往对平面功能未予考虑。总以为形式像篮子一样什么功能内容都可以往里装。这就违背了设计方法中的系统思维原则，造成空间设计与平面设计相互矛盾。

一个设计技巧性的问题是，当你入手做平面设计时，一定要事先构思一下设计对象的体量组合关系，并以此作为平面设计的限定条件。当然，这种体量组合关系必定要涉及到对剖面关系的初步研究。这样，以平面设计为先导，同时思考形体与剖面，就把平面设计与空间设计同步进行了思维。说明功能关系是决定平面设计的重要条件，但不是惟一条件，空间设计对平面设计同样起到不可忽视的作用。

反之，当研究建筑形体、立面、剖面设计时，不仅需要从建筑艺术上进行推敲，也需要考虑平面设计对其的制约性。从表面现象看，我们在不停地进行平面设计，可是头脑里始终有一个建筑形体的构思在约束着平面设计；或者我们在不停地推敲形体、剖面的问题，但头脑中始终不忘平面功能的要求。正是这样，我们通过这种平面设计与空间设计的反复同步思维，使方案设计逐步完善起来。

三、建筑设计与技术设计同步思维

作为建筑方案设计，不仅要解决诸如环境、功能、形式等问题，还要为结构、构造、给排水、电气等各技术设计创造有利条件。当然，设计者对这些技术设计的思考不可能达到相关技术专业的深度，但许多基础性的技术设计应尽可能及早融入建筑方案设计之中。

如对结构的选型及相关柱网尺寸，设计者需根据设计对象的要求结合对结构的考虑，在设计一定阶段加以确定，才能使按功能分析建立的图示表达纳入结构框架之中。或者在一个结构网格体系中，平面功能划分必定是按结构逻辑进行的。这种建筑与结构互相制约又同步进行思考设计问题，可以使建筑方案设计得到充分的技术支持而减少其随意性。

对于大跨建筑的方案设计更需要从方案起步开始就与结构构思进行同步思维，甚至由结构构思就决定了建筑方案设计的目标。这种建筑设计与结构设计紧密配合的设计方法，对于有特色的、高难度的设计项目是十分有效的。

至于建筑设计中立面的线条如若不与建筑构造设计同步思维，很可能造成这些立面线条仅仅是画出来而不是做出来的，这就失去了建筑设计方案的可操作性。设计者只要适时在方案设计过程中，稍加推敲立面线条的构造做法，就能及时发现立面线条依据是否可行，或者按构造设计要求及时调整立面线形或细部，使造型得以确认。

而建筑设计的卫生间布局，为了保证给排水上下层对位，必须尽早结合给排水技术要求与建筑方案设计同步思维给予方案性定位。对于配电间的设置也要考虑电气设计的要求与建筑方案设计同步思维给予合适的进线位置。甚至对于电气桥架的布置方式都要事先给予关注，以免与装修设计的吊顶方式产生矛盾。

由此可见，所谓设计的深度就是由建筑设计与技术设计同步思维而解决设计问题的程度所决定的。因此，设计者不但创作能力要强，而且要善于在方案设计过程中同步解决相关的技术问题。

第二节　把握平、立、剖面同步定案

前一章我们阐述了建筑方案设计的整个探索过程，并在方案深化与完善一节中分别就平、立、剖面的深入设计做了细致的研究。但是在设计实际运作中，并不是对平、立、剖面分别进行各自的孤立研究。因为它们的深化设计、最后定案都是相互关联、互相牵制着的，谁都不能冒进。尽管多数情况下，我们是让平面设计先起步，并经过很长一段探索过程，最终获得了一个较为满意的方案毛坯，但很多平面细节问题我们暂时还不能确定。例如，结合立面和造型设计要求，可能要求外墙平面位置前后有些移位，或平面局部房间有些凸出或凹进，甚至在高度方向上，要求局部加一层或局部减掉若干房间。大局之下，平面也得服从整体造型或立面设计要求作必要的修改。而立面这些要求也仅仅是想法、构思而已，要想把它落实下来，还得依赖在剖面研究上推敲细节，但剖面又不是凭空而生。它必须以平面为依据，以立面设想为目标，才能以自身表达的结构逻辑和节点构造作为立面设计的条件。一旦立面细节被认可，再反作用于平面作进一步的完善工作。就是这样，平、立、剖面谁也离不开谁，大家只能相互关照，同步推敲，齐头并进。

那么，在设计定案中我们如何同步推敲呢?

一、先准备平面方案

在这一阶段，我们可以把经过图示思维所获得的方案毛坯输入电脑，并标注结构尺寸，包括开间和进深，以作为下一步剖面和立面定案的依据。此时，平面关系应该大体已定，而平面外墙上一些门窗尺寸及其定位和一些外墙上的形体变化，甚至可能还存在内部房间或平面外轮廓有变动等，我们现在都还不清楚，要等剖面和立面的定案最后来敲定。那么，我们暂时先放一放，不要急于往深里推敲。

二、启动剖面设计

以平面的进深尺寸为依据，画出若干典型剖面的轮廓。所谓典型剖面位置是指能反映各层的标准空间形态，或内部空间有变化处(例如中庭、夹层、错层等)，或入口室内外高差有变化处，或外部造型有特殊变化处等。现在没有必要剖到楼梯间，因为剖面此时不关注这些细节问题。但剖面中的层高要根据功能要求，或造型要求、或室内空间要求等来确定，这就把剖面的结构框框确定了。但这还不足以作为立面设计的依据，只是平面方案与立面设想对剖面的约定。下面，剖面就要依据构造要求将外墙与外柱的位置关系、楼板厚度、梁高、屋面厚度(或坡屋面坡度)、女儿墙(或挑檐)做法、窗台高度及室内外高差等准确地反映在剖面设计上。最好将各楼地面、屋面注上标高，将外墙上所有洞口及构造节点变化处注上标高，以便为立面的定案设计准备好数据条件。到此，剖面只是完成了主要内容的设计，可能还有一些细节变化甚至层高尺寸，或屋顶高度等都要待立面设计来核准。所以剖面表达也不能一步到位。

三、展开立面设计

有了平面方案和剖面条件，就可以对立面进行推敲了。

立面的总长和开窗范围是依据平面的开间尺寸和总长尺寸，而立面天际线是依据剖面的女儿墙(或屋脊)标高，这就是立面的外框轮廓。而立面上的门窗洞口高度以及立面的起伏变化处是依据剖面外墙上的相关标高而定。但立面不是被动反映平面和剖面，它有自己的造型设计要求。如果设计者认准立面的造型，那么，这种认定就要反作用于平面、剖面，让平面和剖面随之改动。但我们说过，立面的艺术处理不能仅从二度空间来推敲的，一定要通过勾画局部小透视来研究造型效果，而且，这种推敲自身要能站得住脚，才能以此作平面、剖面修改的依据。当立面需要做些必要的造型处理，比如遮阳窗套、挑镂空构架、挑花槽，甚至外挑房间等时，这些造型变化都要反馈给剖面，在外墙大样上都要表达出来，看立面这些想法在结构、构造上能不能实现，并以此使剖面设计进一步完善。至于门窗形式、材质色彩、装饰符号等都属于立面自身从艺术性上进行的推敲了。

四、最后落实平面定案

上述平、立、剖面的互动推敲过程，决定了平、立、剖面的定案一定是同步进行的。因此，三个图是同时出现的，都是由整体到局部、从大轮廓到细节协同推进的。只有当剖面、立面最后搞定后，才能将所有变动的部分反馈给平面，以此做必要的局部修改或添加必要的细节，使平面定案最后落实，也即整个方案设计才算大功告成。

由上述可知，虽然方案设计是从平面设计起步，但最后完成方案设计的环节仍然回到平面。正因为在这一过程中剖面设计、立面设计连同平面设计三者是互为因果关系。这就决定了设计者在方案设计最后阶段，对待平、立、剖面的定案工作仍然需要运用系统思维，把它们看成整体，使定案工作有条不紊地同步推进。这样，不但提高了设计效率，也保证设计目标的完美实现。因此，平、立、剖面同步定案既是设计技巧，也是正确的设计方法。

第三节 娴熟掌握各种表达手段

建筑方案设计的整个操作过程，在不同设计阶段需借助于不同的表达手段而展开。这些设计过程的表达手段包括图示思维探索、设计草图推敲、工作模型研究、透视小稿勾画、计算机辅助设计等。它们在不同设计阶段，发挥着其他表达手段无法替代的优势，共同推动建筑方案设计又好又快地向前发展。作为设计者应全面娴熟地掌握这些设计表达的基本功，才能有助于提高自己的设计能力。

一、图示思维表达

我们曾经说过，在设计构思阶段和方案设计伊始，设计者对设计问题的思考都是朦胧模糊的，即使有了想法也仅是概念性的，况且许多想法也游移不定，甚至稍纵即失。特别是此时期设计者创作欲望极强，可又难以找到方案设计的思路。怎么办？我们总不能一直冥思苦想，总要把头脑中的思考拿出来，落实在图面上，以便通过视觉的判断，反馈于大脑，促进思维活动，使设计问题在这种无数次往复中逐渐清晰起来。适应这种思考方式，最好的表达手段就是用软铅笔粗线条地（用符号）表达一个设计概念（图 4-1），或者一个形式构成。运笔要奔放不羁、流畅自如，寥寥几笔足矣，不必拘泥细节的表达。如果觉得不妥，可再用粗线条覆盖其上，直至形同一团乱麻。如此似信手涂鸦般完全是因为思维流动太快，为了不放过任何一点设计信息，甚至为了捕捉设计灵感，只有让徒手图示与思维流动同步。

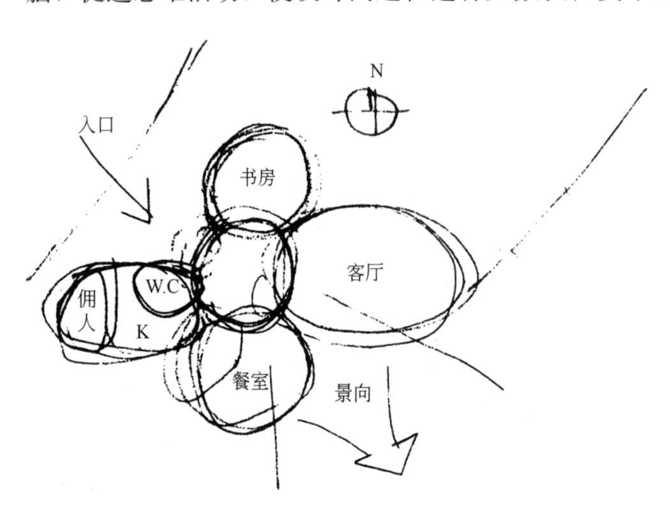

图 4-1 徒手表达设计概念

即使在方案设计探索过程中，从场地设计直到建立格网，也都是边分析、边思考、边图示的过程。许多设计问题都是从混沌的设想开始，按从整体到局部的思路，重点关注设计要素的配置关系而逐层分析下去，直至方案的雏形逐渐显现出来。记录这一方案探索过程的最佳方式仍然是粗线条图示设计分析的成果。与上述操作方法不同的是，此时要用拷贝纸蒙在给定的地形图上（比例 1∶500）进行图示思考。其目的：一是让方案的生成过程总是受到地形条件的制约；二是因为比例尺小，设计者只能研究整体性问题而不能注意细节，有利于掌握正确的设计方法。当这种图示思维记录越来越深入下去时，图面的线条也越来越乱七八糟，说明设计者的思维相当活跃，但方案思路也由此更加清晰起来。

我们之所以强调在设计起步阶段要采用这种图示思维的手段来表达设计最初的意念是基于两个原因：一是此时所思考的设计问题都是不确定的想法，而且很模糊，不可能用清晰而肯定的图形来反映此阶段思考的结果；二是此时思维的流动是快速的，很多想法似潮水般涌现，为了不中断思维的活动，只能手脑并用，毫无时间差地同步进行运作。这种高效又与设计特征相吻合的设计手段还有什么能代替的呢？即使高科技的计算机至少在目前还不能代替人的思维。它的运行由于鼠标的操作导致与人的思维存在时间差，使思维流动减速，甚至设计者的设计概念和想像力的表达常常被精确的数字输入所中断。久而久之，思维反应就变得迟钝起来，甚至思维越来越懒惰。因此，在方案设计起步阶段运用图示思维手段，并不是采用什么方式画图的问题，而是掌握正确的设计方法所应采取的工作手段，更是一位设计者所应具备的设计基本功。

二、设计草图推敲

当设计意念转化为生成方案的意向图形时，基本上完成了整体性的方案探索，主要表达在平面的功能配置关系和造型的体量组合关系上。如何再进一步把这种对方案思考的成果整理成方案的毛坯呢？这就需要运用设计草图推敲的手段。其目的：一是将对方案探讨的意向图形转化为方案成型的框图；二是在方案框图中调整各设计要素并加以确认。

那么，怎样展开设计草图的推敲工作呢？

当方案设计进入推敲阶段时，因为许多设计问题不再是图示，而应确定下来，但又不能十分肯定，因此需要采用软硬适度的铅笔(如 HB、H)通过徒手或工具草图方式把方案的平、立、剖面清楚地表达出来(图 4-2)。应注意此时仍关注方案性的整体问题，如平面大的功能布局、造型的体量组合、剖面的结构逻辑等，而对细节仍然可以忽略。这样，下笔就不必拘谨，线条交接可以交叉出头，画错了也不必把错线擦去，总之，线条看上去即快速又洒脱。而对于此阶段设计草图所要表达的内容也不要拘泥细节，一条粗线就可以表达一道墙体，墙上的门窗也不是此时要考虑的问题，可忽略不计。一个院落空间不必管它其中的内容，几条粗线一抹形成灰面，区分一下建筑内外空间的关系就可以了(图 4-3)。至于立面表达只要快速简练表示一下阴影关系，以感觉一下体形效果就行了等等(图 4-4)。

当方案经过设计草图表达逐渐明晰起来，还需要一次一次地修改，而方案推敲每前进一步都是在前一设计成果的基础上发展起来的。适应这种工作的方式，宜采用拷贝纸一遍一遍地蒙在先前的草图上进行修改，直至方案认可为止。

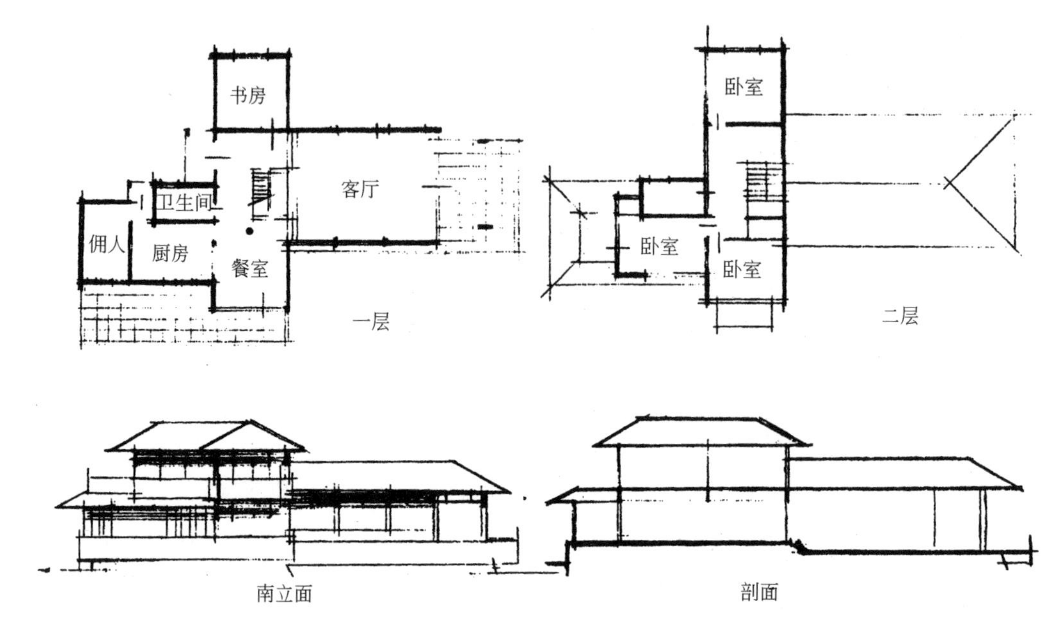

图 4-2 工具表达平、立、剖面

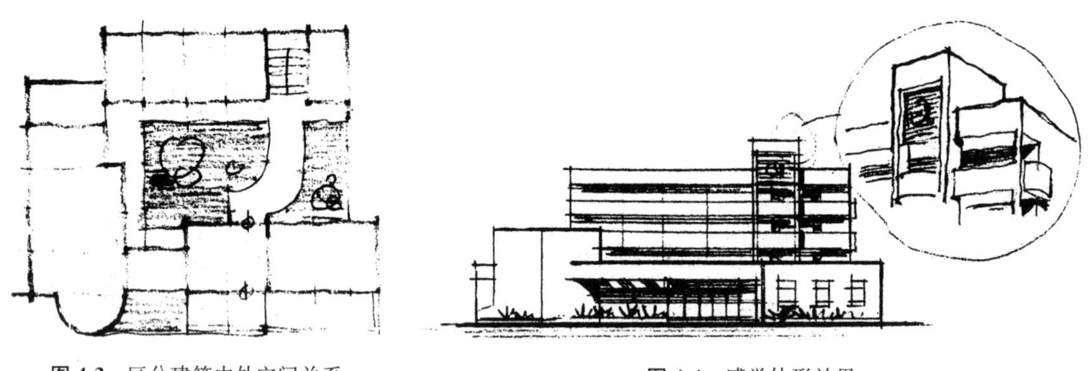

图 4-3 区分建筑内外空间关系

图 4-4 感觉体形效果

我们之所以在这一阶段仍然主张用笔来表达方案推敲的成果，是因为此时我们仅需要表达一个方案的框架，以便从整体上把握方案是否有问题。这种表达应是快速的，不拘小节的，同时可以进一步把相关尺寸落实下来，以便为下一步采取更适合的表达手段进行深化与完善设计做好准备。如果要修改方案，因是粗线条的方案框架改起来也方便。其次，我们把每一次方案设计的过程不仅看成是为了获得一个设计成果，也要把这一设计过程作为全面提高设计者个人素质与修养的机会。

三、工作模型研究

当方案推敲触及到对形体研究时，再用二维图形的手段表达已经无能为力了，必须借助工作模型从三维的空间角度直观地进行推敲。但此时我们只关注整体的体量组合关系，而不必注意细部的造型处理，并达到三个目的：一是检查一下已经确定的方案框架“站”起来是什么样的体量关系；二是审查这个体形与原来的体形构思是否一致；三是要能方便地进行修改。适应这种方案研究要求的工作手段当属工作模型，即以易于切割的材料如泡沫块、肥皂块、橡皮泥等，用小比例尺切成形体模块，然后从任意角度观察建筑体量关系的变化，并按空间美学要求，通过加减法修补体块，以推敲方案形体关系，直至令己满意。需要提醒的是，此时千万不要忘了这个形体对应于功能布局和结构体系是否合理，或者为了形体需要而变动功能布局时对方案会造成多大的影响，由此涉及到结构体系是否能得到充分支持。

对于有些形式要求较高的建筑(如纪念性建筑)在方案起步时就可以运用工作模型先进行体形构思，并从各个透视方向研究体量组合、比例尺度，再验证一下纳入功能后是否大体满足使用要求。这种研究手段是二维草图的表达所不及的。

四、电脑辅助设计

电脑技术正迅速地改变着人类的生活，同时也给建筑设计带来革命性的变化。它不仅以精确性、高效性的二维电脑图示进行绘图，并在弹指之间就可以对图纸进行修改或重绘，从而让设计者从繁琐的、低效的重复工作中解脱出来。而且电脑三维建模以它的逼真性、灵活性，可以给设计者任意视角来表现建筑空间形式，更能提供无数新的形式来丰富设计者创作的语汇。特别是电脑动画将建筑空间以四维动态展现在设计者面前，使设计者可以身临其境来研究设计的效果，帮助提高设计的质量。更为赞叹的是，电脑数字技术使设计者在空间造型设计时可以跳出纯几何体的缰绊，实现对复杂曲线、曲面的描述而构思出大量的“复杂表面建筑”，不但大大拓展了创作领域，而且影响着我们的美学观念、思维方式及设计方法。

不仅如此，电脑的网络空间在消除空间距离障碍、扩大设计者之间交流的同时，带来了信息资源的共享。设计者在创作过程中所需要的大量信息及图示储存由于网络这一庞大共享资料库的建立得以无限的扩充。而多媒体信息技术与网络通信技术还可以为异地设计者的协作以及让客户参与设计提供更为广泛的可能性。这种开放式的建筑创作机制也改变了传统建筑创作由设计者、长官和业主主宰的局面。

总之，电脑辅助设计手段已经大大超越任何传统表达手段，而且随着电脑技术的日臻完善成熟，还会带来表达手段新的拓展。但是，电脑的作用并不是要削弱设计者的创造性活动，设计者也不能完全依赖于电脑代替一切，毕竟建筑创作的主体是人，而不是物。对于不同表达手段的作用仍需设计者以辩证的观点正确看待。作为建筑创作前期的构思、探索工作，仍需借助二维图示或模型手段推进设计概念的发展，而在建筑创作的中后期就要发挥电脑辅助设计的强大威力，以便更好地让设计者从事建筑创作。因此，我们不应该把评判哪一种表达手段孰优孰劣作为首要重点，只有充分发挥它们在不同设计阶段的各自优势，使设计者更好地展开建筑创作才是最重要的。

第五章　设计方法演示

为了将前几章所阐述的建筑设计方法从理性转为感性，本章以模拟命题为例，通过示范讲解，把整个设计过程的思维活动和操作方法演示一番，希望能直观、形象地给读者以帮助。需要说明的是，关于设计前期准备工作，包括设计任务书解读、设计信息收集、设计条件分析的方法详见第三章第一节，这里不再赘述，以便我们可以直接进入展开设计之中。

模拟命题

一、项目名称

某社区幼儿园

二、建设地点

南方某市安居小区

三、项目概述

某安居小区为完善公建配套项目，拟建九班规模的日托幼儿园一座。总建筑面积为2700m^2。

四、用地概况

该项目地处安居小区中心绿地西侧，基地呈梯形，地势平坦。南、西、北均为小区道路，其外围均为多层住宅。该幼儿园占地约0.45公顷。

五、规划设计要求

(1) 规划建筑退让东侧用地边界不得小于3m，退让西侧道路红线不得小于3m，退让北侧道路红线不得小于5m，退让南侧道路红线不得小于8m。

(2) 建筑覆盖率不大于30%。

(3) 规划建筑高度不得大于14m。

(4) 做好室外场地的环境设计，既满足幼儿园教学的功能要求，又与小区中心绿地融为一体。

六、建筑组成及设计要求(注：各房间均为使用面积)

1. 幼儿生活用房(1476m²)

(1) 班级活动单元 9×120m²，每班包括：

①活动室 54m²；②卧室 42m²；③卫生间 15m²；④衣帽间 9m²。

(2) 音体活动室 150m²。

(3) 公共活动室 4×54m²(包括舞蹈室、美工室、科学发现室、图书室)。

(4) 公共卫生间 2×15m²。

2. 管理用房(345m²)

(1)晨检、接待室 30m²；(2)医务室 15m²；(3)隔离室 15m²；(4)园长室 15m²；(5)教师办公室 3×30m²；(6)行政办公室 15m²；(7)会计室 15m²；(8)资料兼会议室 45m²；(9)教具制作室 30m²；(10)储藏室 3×15m²；(11)门卫监控室 15m²；(12)男女厕所(各一蹲位)15m²。

3. 供应用房(123m²)

(1) 厨房 93m²(包括主副食品加工间 54m²，主副食库 15m²，更衣室 12m²，男女厕浴 12m²)；

(2) 开水消毒间 15m²；

(3) 洗衣房 15m²。

4. 其他(756m²)

包括各层水平与垂直交通和结构等辅助面积。总建筑面积为 2700m²，允许面积误差增减 270m²(±10%)。

七、图纸要求

1. 总平面 1∶500

(1) 画出幼儿园建筑屋顶平面，并标注层数。

(2) 画出基地范围内场地各设施(班级活动场地、集体游戏场地、器械活动场地、绿化、沙坑、戏水池、入口广场、30m 跑道、教师自行车存放等)的总图布局。

(3) 画出基地主次出入口的平面形式。

2. 各层平面 1∶200

3. 立面(2 个)1∶200

4. 剖面(1 个)1∶200

5. 透视表现方法不拘

八、地形图(详附图)

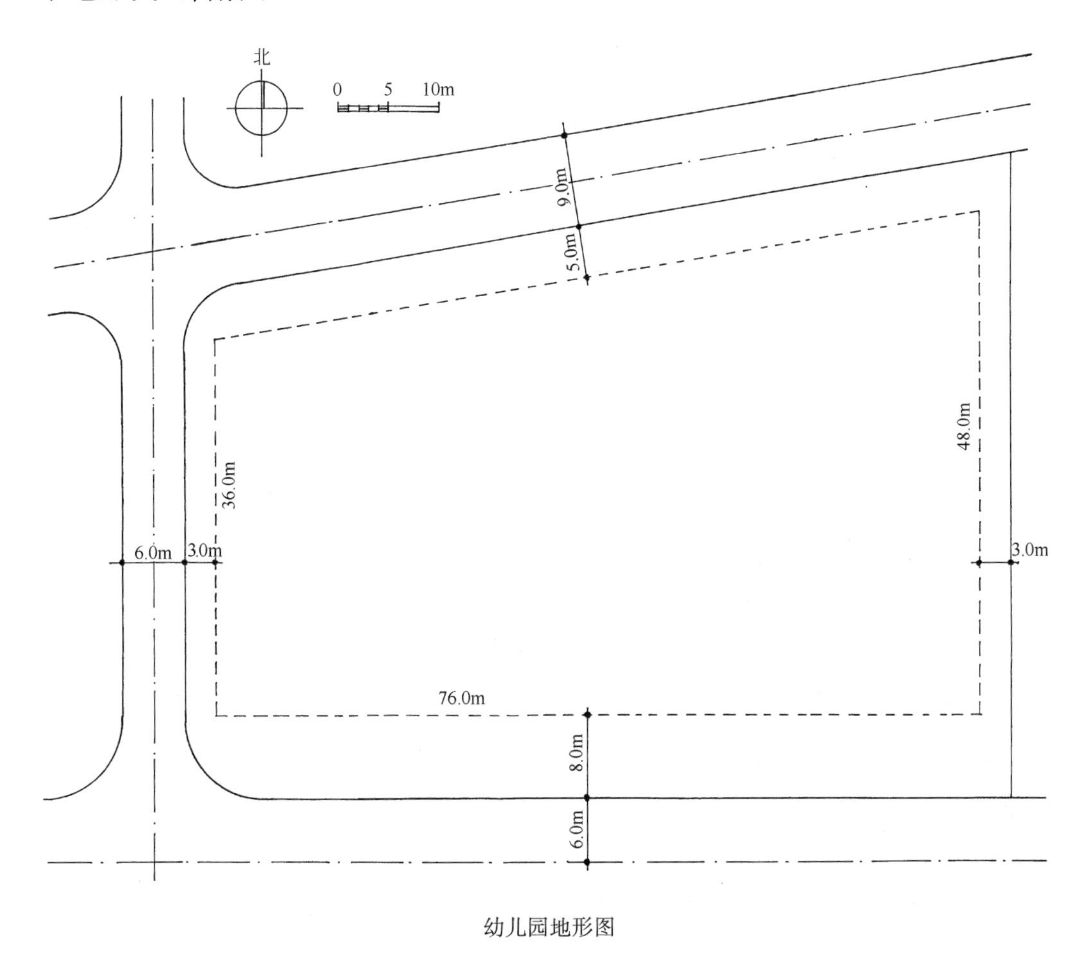

幼儿园地形图

第一节　方案构思

在做了一系列设计前期的准备工作(设计任务书解读、设计信息收集、设计条件分析)之后，为了使幼儿园方案设计在目标方向上有一个指导性理念，先要经过一番符合题意的构思过程。

一、构思

因为这是一座服务于3～6岁特殊人群的建筑，所以它建起来从体量到体形都不能像成人建筑那样显赫。因此，突出建筑从里到外的小尺度感便成为构思的出发点。

二、思路

有了构思，还要想一想如何去体现意念中的小尺度感？初步考虑为平面布局在满足幼儿园教学要求的前提下不能太规整，要活泼多变。体形组合要高低错落，化整为零，也借此创造些屋顶平台作为室外游戏场地。细部设计要充分考虑幼儿身体特点和行为特征，使之更加细致精巧。

有了上述构思理念以及展开设计的思路，就可以作为下一步设计环节的指导原则。

第二节　方案设计的生成与建构

方案设计从零起步直到方案雏形是怎样一步一步进行的？在这个过程中，设计思维活动又是怎样展开的呢？以下我们分为七个步骤加以阐述。需要注意的是，这七个设计步骤一定要运用图示思维方法，其次一定要用拷贝纸蒙在地形图上展开工作，以便时刻被地形条件制约着。

一、场地设计

方案设计的第一步——场地设计要解决两个问题：一是确定场地的主次出入口；二是确定场地的“图底”关系。

1. 确定场地的主次出入口

(1) 主入口

幼儿园场地的主入口放在哪儿？这是方案设计首先要解决的问题。这就要看人流来自何方。因人流与道路又有直接关系，那就要从分析道路条件开始。地形图告诉我们：南面道路比西、北面道路要宽，说明南面道路上来自东西方向汇集的人流较多。命题又告诉我们：这是社区幼儿园，因此这几条道路应是小区内道路，而不是城市中的道路。那么，接送幼儿的方式多为步行，或推自行车。通过上述分析，我们把幼儿园主入口放在南面较宽道路上就成了必然的选择。

但是，进一步确定幼儿园主入口应放在南面道路的什么地方呢？如果我们对幼儿园建筑设计原理很清楚，知道幼儿园的室外游戏场地与幼儿生活用房同样重要，那么就要事先为室外游戏场地留下最好的地段。什么地段最好呢？根据地形条件图可知是东南地段。这里紧邻小区绿地，又向阳。想到这里，你还会把主入口放在南面道路东段吗？自然只能将主入口向西挪位。至于具体从哪一个坐标点进入场地，现在思考它还为时过早。因为主入口的确定还有一些其他设计因素要考虑，此时，我们只要确定主入口在南面道路的西段范围内就可以了(图 5-1)。

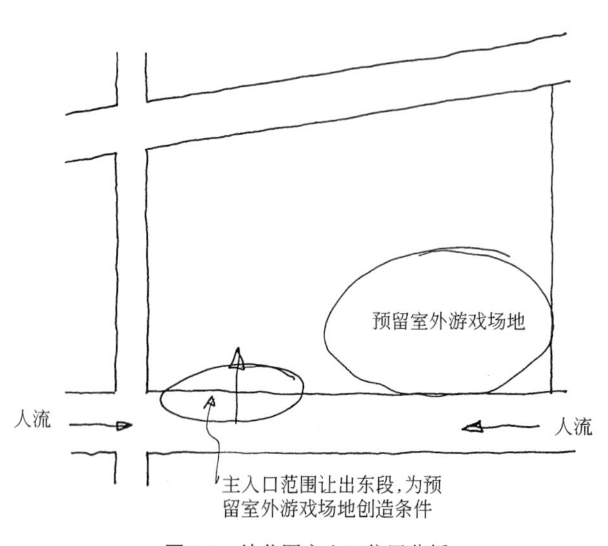

图 5-1　幼儿园主入口位置分析

(2) 次入口

主要供厨房进货、出垃圾之用。从避免流线交叉考虑，次入口最好选择在与主入口呈对角线的场地东北角(图 5-2)。思考一下这一方案会有什么问题吗？它太靠近小区绿地了，有点煞风景，且次入口势必要把幼儿生活用房挤到场地西侧去，造成与小区绿地关系脱节，这可是方案性问题，可谓弊大于利。有没有另外更好的选择方案？看来只有选择在西北角了。这样可以避免上述设计问题的出现，可以保证幼儿生活用房占据最好的地段。但是，次入口若在场地西北角，距主入口又比较近，在平面布局时有可能会出现流线交叉问题。不过这只是设计处理问题，也许在具体设计时可以避免。由此可见，次入口选择在场地西北角利大于弊(图 5-3)。

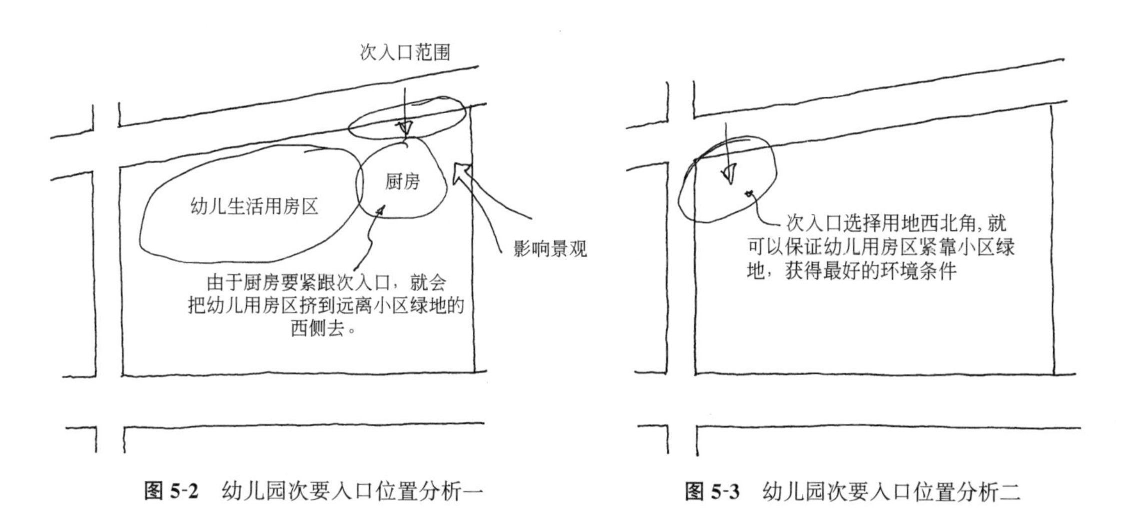

图 5-2 幼儿园次要入口位置分析一　　**图 5-3** 幼儿园次要入口位置分析二

从上述主次出入口选择的过程来看说明两个问题：一是设计问题的解决是一个分析内外条件的思维过程；二是分析设计问题的方法应是辩证的，一个设计问题的解决总会有利有弊，关键是要抓住矛盾的主要方面。

其实，一位设计者如果设计思维活跃，分析能力过人，上述对确定场地主次入口的综合思考，在脑海中应是快速、敏捷的，而且对最终解决主次出入口的范围能够一下子抓准。我们只是为了把这一思考过程交代清楚，才不得不多费点笔墨。

2. 确定场地的"图底"关系

既然我们要设计的幼儿园建筑——"图"不可能把场地——"底"占满，何况设计任务书已规定了建筑物的覆盖率不大于 30%，因此总要留出一部分室外空地作为诸如游戏场地、入口广场、绿地等之用，那么在这一步对"图"的思考有两个设计问题要解决：

(1)"图"的位置

既然"图"不能占满场地，那么"图"往场地哪儿放呢？这是先行要确定的。如果设计者对幼儿园建筑设计原理熟悉，就会知道占"图"大部分的幼儿生活用房和为幼儿活动使用的室外场地都要有良好的日照、通风条件，那么把"图"放在场地北面就成了最好的选择。能不能把"图"放在场地东面，让它更接近小区绿地不是更好吗？可是有两个严重的隐患你注意了没有？这就是"图"的南向面宽太小，那么多需要朝南的幼儿生活用房怎么放得下？其次，"底"即室外游戏场地也需要与小区绿地靠近，甚至连成一片不是更好吗？因此，"图"的位置惟一选择是置于场地北面。

(2)"图"的形状

其实，在上述考虑"图"的位置确定在场地北面时，应同时再为下一步设计深入思考希望能安排更多的南向房间，这个“图”形应画成扁长的。这还不够，作为前一步所获得的主次出入口的成果此时就转化为设计条件，即“图”形要与主次出入口发生关系。从目前看，“图”的位置因与主入口较远，功能会有问题。如果设计者对幼儿园建筑设计原理了解，或者通过对幼儿园的调查研究会知道，幼儿入园先要进行晨检。而晨检应接近主入口。因此要把“图”的一部分拉向主入口，就形成了L形“图”。这样，主次出入口都与“图”发生了密切的关系(图 5-4)。

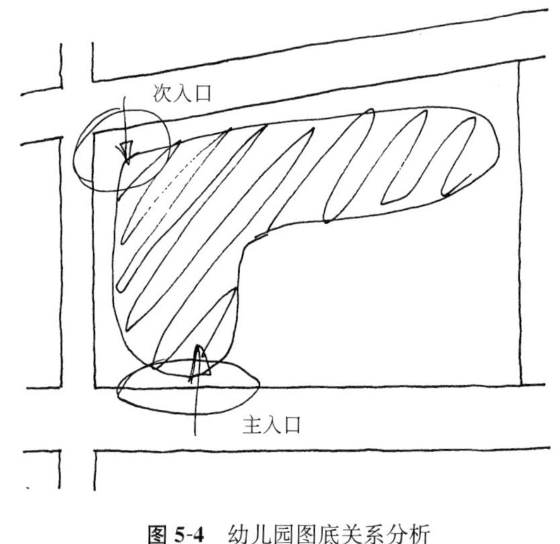

图 5-4 幼儿园图底关系分析

到此为止，我们基本上完成了场地设计的两项任务，获得了方案设计第一步的阶段性成果。检查一下这个成果还比较令人满意。因为L形图形向东南开口，是最好的方位，与小区绿地对话关系紧密，室外游戏场地阳光充沛，冬季可少受西北寒风侵扰。这就基本奠定了方案设计的大方向。

二、功能分区

前一步场地设计所获得的两个成果到方案设计进入第二步骤——功能分区时，就转化为设计条件。此时，我们要做的工作就是对L形“图”的考虑。其任务是把设计任务书所要求的各房间纳入到“图”中去。但是，我们又不能逐一将它们放到“图”中，那样会顾此失彼。我们只能运用系统思维方法将所有房间按同类项合并分为三大功能区，即幼儿用房区、管理用房区和供应用房区，然后把它们合理地放进L形“图”中。要注意三个操作要点：一是三者图示的大小(相对而言)要符合设计任务书所给的面积，即幼儿用房区最大，其次是管理用房区，而供应用房区最小。二是要以主次出入口作为制约条件，必定将供应用房区布置在L形“图”的西北角，让它靠近次入口；将管理用房区布置在L形“图”的南端，接近主入口。而幼儿用房区被安置在L形“图”的横向一条腿中，让它与“底”——室外场地有密切联系，并获得好朝向和好景观。三是三个功能区的图示要紧密相接，不要再出现“底”(图 5-5)。

但是，思维反应快的设计者会很快发现，L形“图”的中心部位在三个功能分区的交界处将产生无法自然采光通风的方案性问题，它将误导设计者的方案可能出现暗房间，或者管理用房呈东西向。为了避免这种误导，赶紧修正前一阶段“图底”关系的设计成果，变为如图 5-6 所示。这说明设计的思维如同下棋一样要走一步看三步，要能预计这一步对下几步的影响，以便及时作出相应对策。

如果设计者此时还没有醒悟这一潜藏问题的后果，暂时还没多大关系，但下一步必须要解决了。

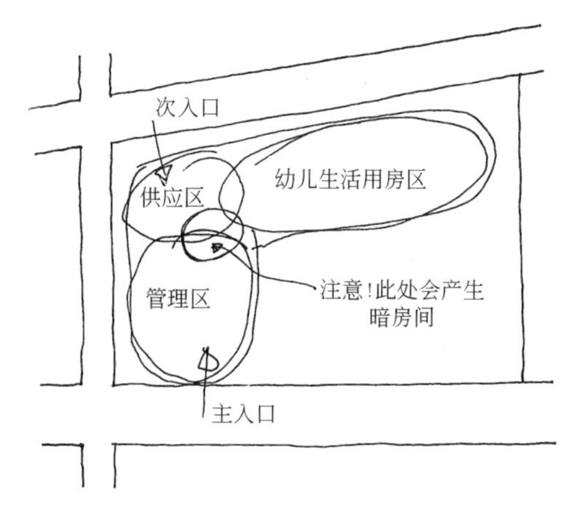

图 5-5　幼儿园三大功能分区分析

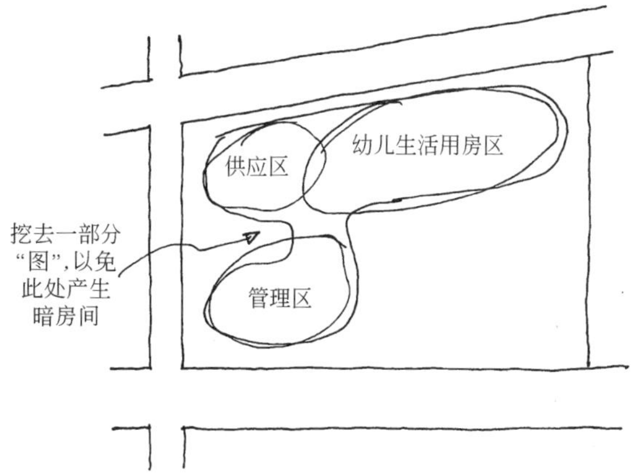

图 5-6　幼儿园功能分区与房间布局的同步思维

总之，这一步是从整体来思考功能布局问题，把复杂的功能关系简化为三个功能分区，这对于先解决全局性的问题是有利的，也符合正确的设计方法所阐述的正常设计程序，而且从设计操作来看也是比较容易把握的。

三、房间布局

这一步的主要任务是在三大功能分区中把各自所包含的若干房间有秩序地纳入其中，这一步设计工作就没有前一步那么简单了。从设计方法而言，有两点需要事先提醒注意：一是对每一功能区内的房间布局仍然要运用从整体到局部的分析方法，一步一步思考下去；二是在动手操作之前要先设想一下未来的设计目标在形体上有什么打算，以此来控制房间布局的走向。

1. 对形体的设想

根据构思阶段的设想，幼儿园的体量宜化整为零，希望能高低错落，并能由此获得一些屋顶平台作为楼上各班级幼儿的室外活动场地。这样不但使用方便，而且可减少地面场地的拥挤。进一步分析设计任务书，找出房间数量设置的规律及其功能性质，可发现 9 个班级活动单元按幼儿园教学三轨制应该是大、中、小班各 3 个班。大、中、小班各占一层，共 3 层正合适。那么三层班级的幼儿要想不下到地面活动，就需要提供二层屋顶平台。什么功能内容可以作为两层呢？公共活动室有 4 间正好可做两层，每层 2 间。而管理用房区也可以按两层设计，这样就解决了三层 3 个班级的屋顶室外活动场地问题。

二层班级的幼儿屋顶活动平台就需要设置一层的体量。现在就剩下供应用房和音体活动室，它们只能按一层设计了。

此外，在形体上还应充分体现幼儿园建筑小尺度的特征，让房间布局能够自由变化些。

上述对幼儿园形体的分析实际上是结合了竖向功能分区具有优先权的考虑，这种空间与平面的同步思维是正确的思维方法所决定的，对于提高设计效率大有帮助。

2. 平面布局

在确定了竖向上各层房间布局后，我们就可以进行每层的平面布局思考了。

(1) 管理用房区的房间布局

在形体设想中已经将管理用房作为两层考虑，那么按对外办公与对内办公功能分区应明确的宗旨，自然要把对外办公的若干房间放在一层，且将门卫、晨检接待、医务隔离优先放在入口门厅附近，而将行政、会计、储藏放在一层另一端。而对内办公如园长办公室、教师办公室、会议资料室、教具制作室宜放在二层。

(2) 供应用房区的房间布局

此功能区中最主要的房间就是厨房及其附属房间，应优先将其定位。它前要与各班级活动单元有便捷联系(送餐)，后要与次出入口有紧密关系(进货出垃圾)。因此，厨房及其相关房间应处在供应用房区的北部，呈扁长图形，这也为下一步做好厨房内部各房间的安排及食物从生到熟的流线处理创造了有利条件。

开水消毒间主要功能是供应各班饮用开水(现在已由各班用电开水壶自行解决饮水问题)和饭后的餐具清洗与消毒。为了保证餐具的洁污分流，互不相混，必须将用过的餐具从消毒间窗口递进，经洗消后再送入厨房或备餐间。因此，开水消毒间宜置于厨房送餐口的外侧，并紧靠备餐间。

洗衣房，由于要考虑晾晒问题，需就近有一块足够大的场地。看来地面上很难寻找到合适的位置，而晾晒场地又是解决洗衣房位置的关键所在。此时，我们不能被洗衣房必须在供应功能区内的思维定势所束缚，那就运用逆向思维将洗衣房设置跳出在一层的框框而跑到屋顶上去找，而且不要与幼儿屋顶活动场地相混。那么只能跑到最高处——三层屋顶上去找。而且洗衣房有上下水问题，把它放在某一班级活动单元中的卫生间之上就成了必然的选择。有了这个思路足可以了，至于具体定位待到后续设计的一定时机再解决也不迟。

直到此时，设计者应该发现管理用房区与供应用房区前后是不能紧靠在一起的，否则真会出现许多暗房间。好在赶紧把二者拉开适当距离就可以了。

(3) 幼儿生活用房区的房间布局

在这个功能区内有三种类型用房，即班级活动单元、公共活动室、音体活动室。其中音体活动室是一个特殊的房间，它因层高和跨度的原因不能放进主体建筑里，必须单独拉出来优先考虑。放在哪儿呢？有两条原则应遵守：一是它仍属幼儿生活用房区，不能“跑”得太远；二是要与室外游戏场地有密切关系，因为都是动态空间。先试着放在如图 5-7 所示的位置，其优点是音体室与幼儿生活用房区和室外游戏场地关系都紧密，与小区绿地也能互为景观。但最大的缺点是遮挡了后面幼儿生活用房的阳光和通风，这是致命的。能不能将其向南拉出来脱离主体呢？遮挡后面用房阳光的问题虽然解决了，可是又带来更大的问题。它侵占了游戏场地，也即否定了第一阶段图底关系的设计成果，这是不行的。如果考虑深入一点，作为幼儿园当放寒暑假时，能不能让音体活动室为小区业主开展社会活动服务呢？比如作为亲子活动场所。如果这样，就希望音体活动室最好靠近大门入口，以便从管理角度让外来人员不要太深入幼儿园内部。因此，我们试着把音体活动室“搬”到紧邻管理用房区的东端(图 5-8)。比较一下与前一解决方案似乎优点更多一些，这样可以充分保证所有幼儿生活用房得到最好的优质环境条件。惟一遗憾的是，它与幼儿生活用房区的距离是要增加一些，但这不是问题的关键。在解决设计问题不能十全十美的情况下，还是以抓住解决方案性的大问题为重。

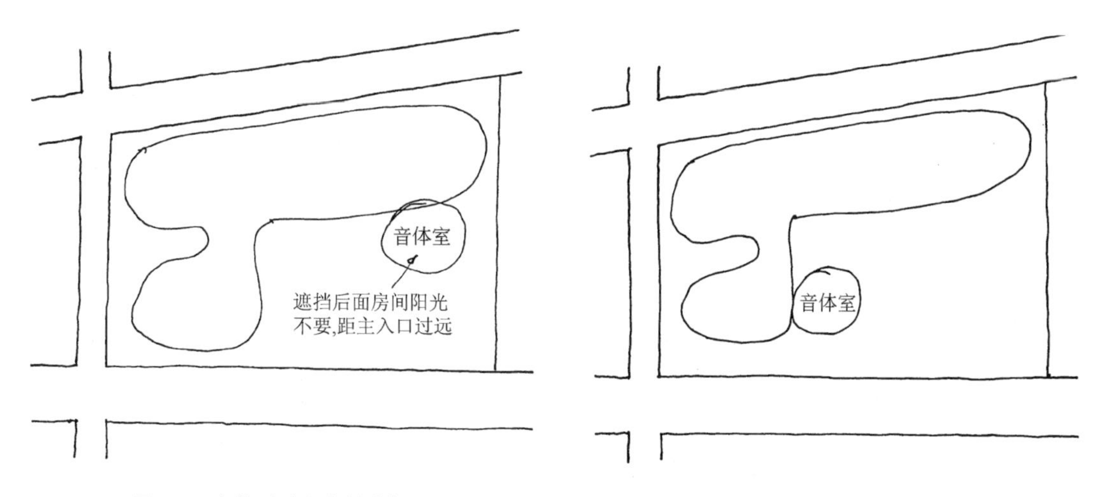

图 5-7　音体活动室布局分析一

图 5-8　音体活动室布局分析二

剩下的班级活动单元和公共活动室两个部分，在幼儿生活用房区的布局只有两种可能性。或者前者在东，后者在西；或者前者在西，后者在东。两种解决问题的思路都能保证两者有最好的日照、通风、采光条件。那么，采取哪一种办法更好呢？如果设计者了解幼儿园的教学生活规律就知道，幼儿每天入园后是先到各班级去而不是到公共活动室。也就是说，公共活动室与主入口是没关系的，它在功能上只与各班级有关系。因此让班级活动单元区在西更接近主入口为好，而公共活动室位于此区东端就顺其自然了。

接下来把班级活动单元区一分为三，把公共活动室区一分为二，串起来就成为幼儿生活用房区的房间布局了。

如果把设计方案做得再仔细一点，可以将班级活动单元的房间布局再深入做下去。按照班级活动单元最佳平面模式(图 5-9)，各房间采光、日照、通风都非常好。但面太宽、进深浅，此地段肯定放不下并联 3 个单元。现在只能有得有失，失什么？根据题意，它是日托幼儿园，幼儿午睡只有 2.5 小时，卧室其他时间闲之无用，看来只能优先保证活动室而牺牲卧室了。让它移到活动室之北，这样就大大缩短开间宽度。但卧室与活动室不能作为独立的两个房间，否则卧室朝北有违规范要求，只能合二为一变成一个大房间，就不存上述问题。且卧室区居北，光线柔和反而有利幼儿午睡(图 5-10)。

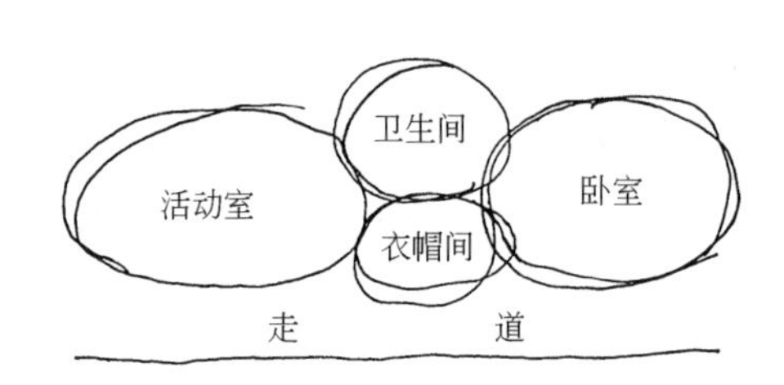

图 5-9　班级活动单元模式

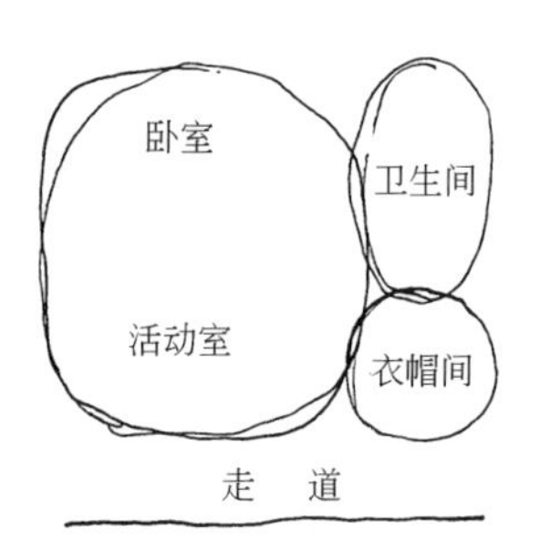

图 5-10　调正后的班级活动单元模式

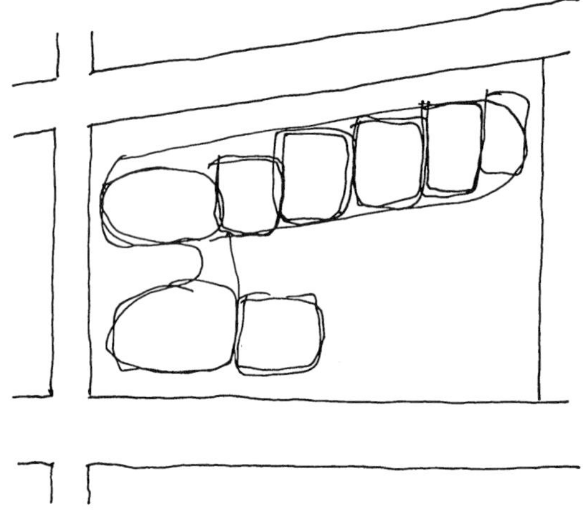

图 5-11　幼儿园活动单元布局适应边界条件的分析

但是，当 3 个班级活动单元和 2 个公共活动室布局在“图”中一字排开时，你会发现与环境条件之一的北面斜路关系不太和谐了，也是直到目前为止我们疏漏的外部条件。怎么办？有两个思路可以解决，一是让 L 形图的长“腿”平行于北面的斜路，但要预想到它与 L 形图的短“腿”的结构柱网成斜交叉，这会带来许多麻烦，且体量太规整而缺少应有的变化，与小尺度体量的构思也相背。第二个思路是将 3 个活动单元和 2 个公共活动室仍然正南北向，但顺应北面斜路的方向呈阶梯状退台式布局，一下子就把一个大体量的建筑化为小尺度的体量组合，平面也由此产生了丰富变化(图 5-11)。

接下来另换拷贝纸蒙在一层平面分析图上，分别对二、三层进行同样的平面分析。

至此，此阶段房间布局的分析任务总算大功告成。

四、交通分析

此阶段的设计任务就是通过对水平交通与垂直交通的分析，把前一阶段落实下来的设计成果串成一个横向与竖向形成有机整体的功能关系网络。此时，设计者要把自己摆进去，亲自在方案中“走”一遍，以此进一步检查功能分区、流线组织是否得当，并为水平交通空间和垂直交通手段的设置提供基础。

1. 水平交通分析

既然我们要亲自进入幼儿园“走”一遍，那么一定是从主入口进入门厅开始。但门厅在哪儿呢？从前一阶段的房间布局分析看，起始部分有两个功能区，即管理用房区和幼儿用房区的音体活动室。那么幼儿总不能从管理用房区的中间进去吧，这样会造成功能相混，只能在这两个功能区的衔接处设置门厅，以此把两个不同功能内容的区域分清楚。这样，又反过来最后确认了场地主出入口的坐标，因为它要与建筑主入口呈一种对话关系。

进入门厅有三条流线可走：向西进入管理用房区的中廊；向东单独进入音体活动室。而中间向前是幼儿的主要流线，穿过一段连廊抵达后楼的一个十字路口。怎么办？除去向西是厨房供应流线外，幼儿到各班去的路线有两种选择：一是直接向前走并向东拐入北廊，再分别由活动单元北入口进入各班内(图 5-12)。其理由是让阳光可以毫无遮挡地进入南向的活动室。但为了这一点却带来三个致命的缺点：一是流线太长；二是幼儿要经过厨房供应流线，有流线交叉嫌疑；三是各活动单元入口朝北，对于主要入园流线太隐蔽，且幼儿进出与南面的室外游戏场地及小区绿地缺少必要的有机对话关系，看来这条路是走不通的。那么就从十字路口向东拐，直接从南外廊进入各班级活动单元，这条流线既短又明显。如果把走廊再加宽些，还可作为幼儿的小活动区域。这里阳光足，景观好，对幼儿的身心健康发展十分有益，因此决定采取这一方案(图 5-13)。

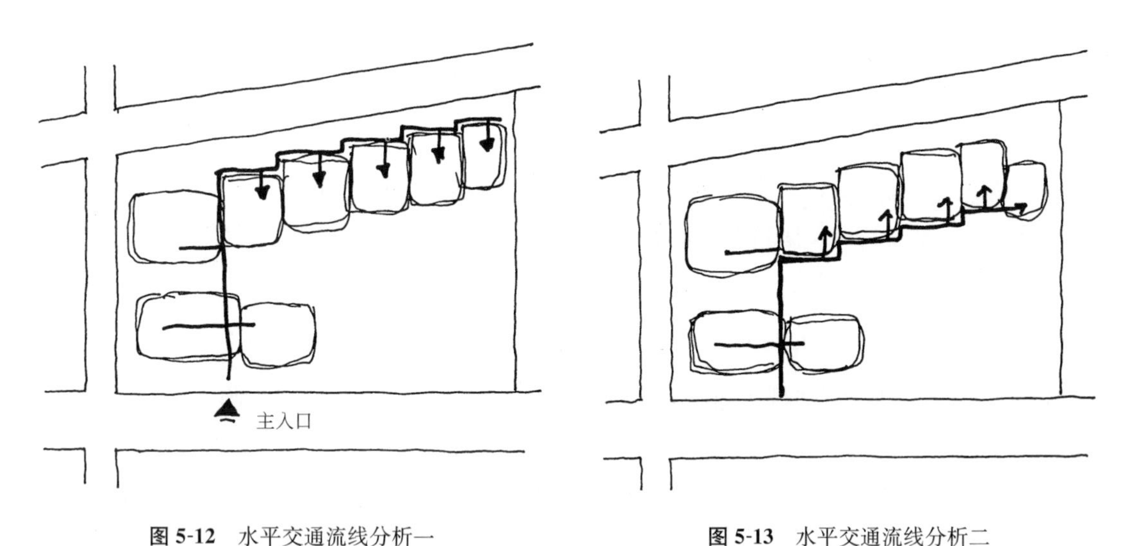

图 5-12　水平交通流线分析一　　**图 5-13**　水平交通流线分析二

2. 垂直交通分析

主要是对楼梯设置的考虑。幼儿园既然有三层，就需至少设两部楼梯。其中一部为主要楼梯，另一部作为疏散楼梯考虑。设置时一定要在已经确定的水平交通流线上找。

一般来说，主要楼梯应设置在门厅附近，以便尽快分流人群。但幼儿园的门厅面积不可能很大，硬“塞”进其中可能造成拥堵，且又不能远离 3 层建筑。因此适宜设在前后楼的衔接连廊处，以便幼儿入园尽早在此上下层分流。至于设在连廊东侧还是西侧以后再说，这个问题不是现在要关心的。

次要楼梯作为疏散考虑应从顶层即三层寻找其合理的位置。现在西端已有一部主楼梯上来，那么，疏散楼梯就应设在三层东端，以满足双向疏散的消防要求，且设在南外廊外侧为宜，不但不会占据开间避免使建筑增长，又可成为造型的因素。但是，下到二层时，东端会有一个袋形走廊出现。不过，没超过规范规定的距离，因此，可以认定此疏散楼梯的位置。

再检查一下，还有哪儿需要设楼梯的地方。看来在管理用房区出现了袋形走廊，且距主

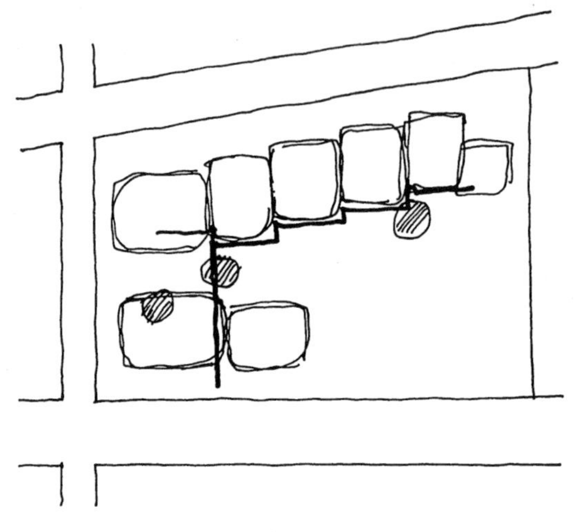

图 5-14　垂直交通流线分析

楼梯长度已超过规范要求，因此，在此部分需另设一部楼梯。当然此楼梯应居中廊之北，以保障更多的办公房间朝南。

图 5-14 为通过垂直交通分析落实下来的楼梯布局。

五、卫生间布局

卫生间是任何一幢公共建筑都需要设置的。在设计任务书没有明确提示下，为了不遗漏对它的考虑，最好如同对楼梯的分析一样，及早将它的布局定位。

在幼儿生活用房区，除各班级活动单元内都有各自的卫生间外，在音体室和公共活动室区也应该各自为幼儿提供一套卫生间。否则，幼儿在活动途中万一要上厕所怎么办？不可能让他(她)们独自回到班级卫生间去吧。

在办公区，毫无疑问需为工作人员设一套成人厕所，并应该布局在较隐蔽的角落。此外，为厨房人员安排一间厕浴也是必要的。

至此，设计任务书中所有要考虑的问题都已分析到位，需要提及的是：上述所有思考过程都是在一张拷贝纸上运用图示思维方法完成的。可能图面上的线条此时是乱得一塌糊涂。越是这样，越说明设计者的思维活跃，但他头脑中的思绪应该是非常清晰的。其次，这个阶段的成果仅仅是平面功能配置关系的图示，同时也暗示了体量组合的关系。但它并不是方案本身，要想使它转化为设计方案雏形，还需通过建立结构体系，让它成为方案框图。

六、建立结构体系

这一阶段的主要任务是通过合理的结构形式，将功能配置关系图示的成果纳入结构框架中，达到各房间形状、面积符合设计要求。但前提条件是不能打乱原来考虑成熟的功能秩序和蕴含的体量组合关系。

在设计操作方法上需要另换一张拷贝纸蒙在先前的平面分析图上，按同样比例通过以下思路逐步画上结构格网布置图。

由于幼儿园有许多大房间，而且功能上要求空间开敞，因此，首选框架结构为宜，下一步就是确定柱网尺寸。

因为幼儿园房间众多，且大小不一，而平面与形体变化较大，因此不宜采用方格网，而应为矩形格网。这就要先确定开间尺寸。

根据框架结构常用的开间尺寸为 6～8m，比较符合结构受力特点。但这样大的开间尺寸，以及由此带来的柱径、梁高尺寸也比较大，将来的造型可能与构思所要求的小尺度感相矛盾，不能体现幼儿园建筑的特征。因此开间要缩小，以便使柱径和梁高尺寸都可以相应减少。尽管对于框架结构来说显得没有最大发挥结构性能，但为了实现造型构思目标只能有得有失。这也是在处理形式与结构这一对矛盾时，从幼儿园建筑设计整体出发，抓住矛盾的主要方面所决定的。

那么，开间尺寸缩小到多少呢？看看设计任务书所给的房间面积规律，多为 $15m^2$(使用面积)的模数。因此，大量 $15m^2$ 的房间可采用 3m×5.4m 的矩形格网，使房间比例合适。由此得出幼儿园整体框架体系的开间以 3m 为宜。这对于管理用房和供应用房的柱网比较简单，但是对于幼儿生活用房却要动一番脑筋。

先讨论一下班级活动单元的结构格网，按照前述分析的每个班级活动单元内 4 个房间平面布局的结果，卫生间、衣帽间可以共占一开间，而活动室至少要占 3 开间，计 9m 面宽，那么，它的进深用使用面积 $54m^2$ 一除，即得出约 6.4m 的轴线尺寸。卧室与活动室等面宽，也拿其使用面积 $42m^2$ 一除，得出约 4.6m 的轴线尺寸。这样，每一班级活动单元的总面宽为 4×3m，计 12m。总进深为 6.4m＋4.6m 计 11m(图 5-15)。

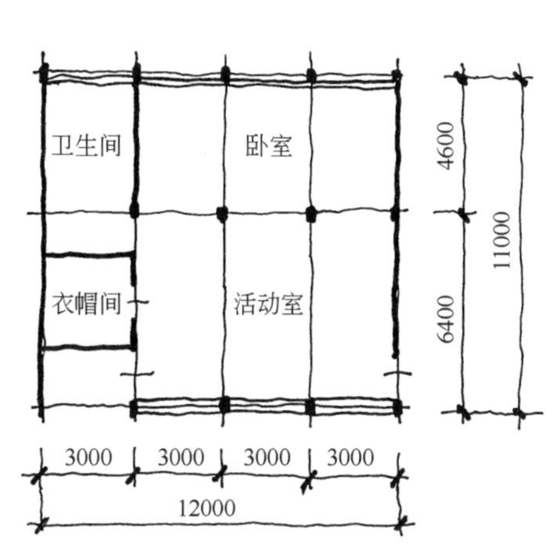

图 5-15　班级活动单元结构格网

下一步再确定南外廊的宽度，我们取 2.4m 宽。

此时就可以将 3 个班级活动单元的格网模块沿着北面斜向道路的走向，在建筑退让线内，采用阶梯形退台手法布局。要注意，退台的尺寸宜为南外廊宽度(2.4m)，这样可以使横向轴线(特别是南外廊)尽可能拉齐。到了东端两个公共活动室，按使用面积 $54m^2$ 可采用面宽 3 开间(9m)，进深为 6.4m 平面形状。为了使 3 个班级活动单元结构模块组合的韵律感延续下去，将其中一个公共活动室再增加一开间(作为幼儿卫生间)，成为与班级活动单元一样的结构模块，并也向北出去 2.4m。而将另一间公共活动室的图形因只有两开间向北露出，形成不了体块组合的韵律感，干脆将其向南与南外廊拉齐。

至于音体活动室的结构格网更简单，仍按 3m 开间，需 5 开间计 15m，再用使用面积 $150m^2$ 一除，得出进深为 10.4m 的轴线尺寸。

至此，幼儿园的结构格网基本建立。开间与各进深尺寸都已具备，设计方案基本成形。下一步就是通过工作模型推敲体量的组合是否需要微调的地方。如果设计者空间概念很强，对立体构成章法的控制力有足够把握，这一程序可以省略。

第三节　建筑体量的推敲与完善

选择易于切割的材料(如泡沫块)，按平面布局与结构尺寸，用小比例搭建一个工作模型。应该说体量组合关系基本与构思相吻合，因为整个方案探索过程始终是在平面与空间同步思维的控制下进行的，而且设计方法总是按照从整体到局部层层展开的。

仔细从各个角度观察工作模型，发现有几处地方的体量关系不甚理想：

一是作为两层高体量的办公部分与相当于一层半高的音体活动室体量之间的组合关系直接相撞。因两者高度差不多，平面又基本拉平，且从平面关系看，音体活动室的门直接开向门厅，无论从体量关系还是从平面功能关系来看似乎都缺少一种空间过渡。那么，在工作模型上把两者断开，既然是两个不同的体量，就让它们在平面上前后错开，并在体量上再进一步拉开一开间(3m)距离，然后在其中插入一个低矮的体块。虽然两者体量组合不那么生硬了，但作为一个体形整体结合还不十分紧密。可以在主入口处加一个门廊体块(与插入体一样高)，并让门廊雨篷挑出，“咬”住音体活动室体块(图 5-16)。这样，回过头来调整相应的平面关系。把插入体作为门卫，并留出一个通向音体活动室的短过道，形成音体活动室与门厅的过渡空间，满足相互不干扰的功能要求(图 5-17)。

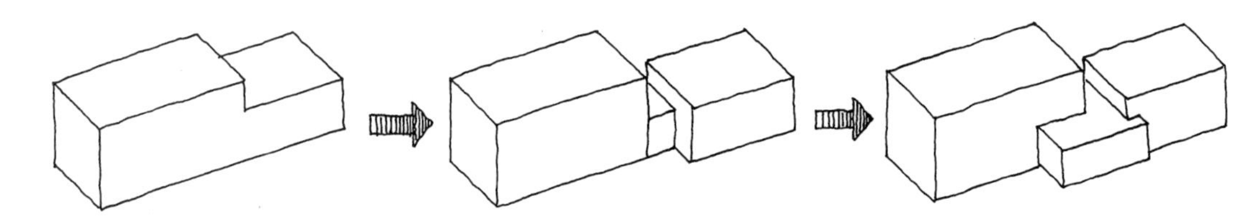

图 5-16 办公楼与音体室体量结合的模型研究

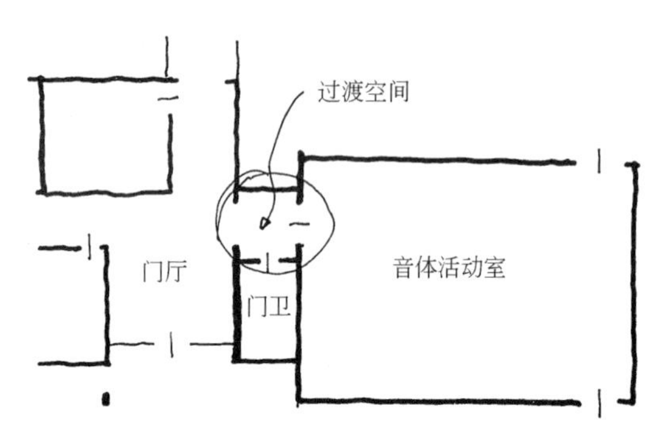

图 5-17 体量推敲与平面关系的互动研究

另一个问题是三层主体建筑与前后楼连廊的体块结合较薄弱。解决的路子是增大两者的接触面。看来只有把连廊的体块向北加长，让它与三层主体建筑接触面更大些。但是加长的部分做什么用？要给出一个充分的理由。原来，到目前为止我们始终忘了一个实际的问题，设计任务书也没明确提示。这就是从厨房送餐到二、三层怎么送？应该设置食梯嘛！这说明做建筑设计要求有很强的生活设计概念，设计者应有丰富的生活体验，才不至于对使用考虑不周。幸好连廊加长的体块可以当作各层备餐部分。更巧的是，它下到底层正好在厨房里，功能、流线上没有出现新的问题。

还有一个小问题，就是主楼梯在交通分析中已确定在前后楼的连廊处，但放在连廊东侧还是西侧？没有确定。当进行工作模型推敲时发现，若将主楼梯体块放在东侧，则东小院显得拥挤，也影响幼儿的地面活动。放在西侧可使东小院完整，且主楼梯的造型对西边道路也可起到景观作用。

最后，主体建筑东端的两层体块似乎进深大了些。再看看此处平面关系，西边的公共活动室好像是朝北方向，因为其南面有一个较大的交通空间遮挡了阳光。能不能把这一部分挖空，让阳光进入这个公共活动室，并可形成一个很好的小庭院，不是一举两得吗？那么，在工作模型上用刀把这一块挖去，效果果然不错。

还有什么可值得在工作模型上研究的呢？如果想锦上添花的话，可以在几个平淡的屋顶平台上加些诸如伞亭、葡萄架之类的小品点缀。一是增加体形的趣味性，二是这些小品可用鲜艳色彩加以强调，共同体现幼儿园建筑的特征。

第四节　剖面、立面、总图的设计

当方案全局性的问题——平面与体量基本得到认可后，就该对剖面、立面、总图进行深化与完善的推敲工作。

一、剖面设计

先找一个典型的能表达不同空间变化的部位，即穿过三层班级活动单元主楼和一层音体活动室的部位作为剖面的位置，再确定班级活动单元的层高为 3.30m，音体活动室的层高为 4.20m。这样，就可画出能表示幼儿园建筑设计方案的剖面图(宜以 1∶200 比例尺表示)，在剖面图上要清晰地表达柱梁板结构关系、外墙与边柱的关系、窗洞口尺寸、屋檐形式设计及室内外高差处理等关系，并作为下一步立面设计的依据。

二、立面设计

根据平面的尺寸和剖面的标高，我们就可以画出各个立面的基本图形。之所以称为立面的基本图形，是因为还有许多从艺术角度应充实的立面设计内容有待我们深入推敲下去。虽然这些都涉及到设计手法的处理，况且因人而异，不可能有千篇一律的固定模式。但从立面设计方法而言有两点还是值得提醒的：

1. 立面设计要符合结构逻辑与构造做法

立面上门窗洞口的大小、排列应该对应于平面的开间规律和剖面的外墙结构构造要求。因此，门窗上沿应拉齐且不能超过圈梁底标高。窗台不低于 0.90m(活动室、音体活动室应不低于 0.70m)。窗的宽度要根据采光系数确定，不可太大，也不能太小，还要结合立面的艺术性统筹考虑。由于办公室开间只有 3m，面积只有 15m^2，确定窗宽 1.20m 就够了。而活动室、音体活动室采光系数要求较高，进深又大，而且窗台部分又是作为自然角(摆放小动物、小植物之用)使用，因此，将窗开足，只留下框架柱。

但是，南立面上办公部分的窗较小，而音体活动室的窗大且高，这就产生了尺度不协调的矛盾，不利于南立面的整体性效果。为此，可以将音体室的窗上沿压低至同一层办公室窗上沿一样的标高，以取得窗上口对位的一致关系。好在音体室南北两面均开大窗，只要保证人的活动范围内采光量足够就可以了。音体活动室窗上墙较高，可以采取其他手法加以处理。

而屋顶是作为室外活动场地使用的，因此需做平屋面。为安全起见，规范要求做不低于 1.20m 的女儿墙。如果设计者的屋顶构造做法概念清楚，应该再将女儿墙加高 0.2m。这就决定了立面上天际轮廓线的位置。

2. 立面设计要结合造型变化与材料搭配

在立面上仅仅挖门窗洞其效果是很苍白无力的，尤其幼儿园建筑需要做些细部变化才显得与建筑个性相称。

办公楼部分南立面只有两层，而且上下层窗户一样大，不做任何设计处理确实显得单调。我们可以将一层的窗下墙向内退，并贴仿石面砖。再打破常规，在一层每开间中间不是窗，而是一堵不到顶的实墙，而窗被拆分在两边，并与柱相撞。中间的墙就作为装饰墙，可做马赛克儿童壁画或者童话故事浮雕，这样更能体现幼儿园建筑的特征。而二层外墙向外推至与柱外皮齐平，让上下层外墙面起伏有些变化。二层窗也可以另采用圆窗洞，让玻璃窗占 3/4 面积，1/4 作为窗下墙，并点缀彩色马赛克。如果还嫌墙面起伏不够，可将圆窗洞口上部做窗罩，以产生阴影变化，这样，南立面更显的丰富些。

音体活动室的南立面处理应与办公楼处理相协调。也可将窗下墙向内退，露出壁柱，并以水平遮阳板与主入口门廊拉通，使音体室与办公楼两个不同体量成为一体。

主体教学楼的立面设计，按功能要求南外廊要做通长的金属漏空直条(净距 11cm)栏杆。这种形式比较单调，可在曲尺形南外廊的拐角开间做实墙，并挖景窗洞，再将实墙涂以彩色乳胶漆。这样，就打破了通长单调的栏杆形态，有了韵律变化的美感。再进一步将三层南外廊顶板在拐角处做折起，以产生天际轮廓的起伏变化，从而破除了平屋顶稍嫌平直的感觉等等。这些立面处理手法不一而足。设计者完全可以充分发挥自己的才智，做出多样的更符合幼儿园建筑特点的立面设计。

诸如此类的立面推敲方法都可以运用到其他立面的设计中，在这里不再赘述。但要注意，东西立面因要防止东西晒，除了走廊尽端可开窗外其余宜为实墙，不需做过多的立面处理。这样从透视上看，反而与南(北)立面有了一种简与繁的对比。但音体活动室的东立面因面临室外游戏场和小区绿地，可以作为艺术墙面单独设计。

三、平面深化设计

前述体量推敲与剖面、立面设计都涉及到对平面方案的局部调整。实际上，这几个方面的设计都是互动的，而平面深化设计作为方案设计的最后环节还有许多细致的工作要做。包括局部调整墙体位置、布置卫生间洁具、处理楼梯细部、表达室内外高差的衔接方式、确定门的配置、增添屋顶平台小品等等。这些深化设计内容多属具体设计手法，不再详细阐述，可参见方案的最后成果图。

四、总平面设计

总平面设计的方法如同建筑方案设计一样，按照合理的功能分区，并考虑各自使用的特点，进行各项内容的布置。

1. 场地主入口设计

为了强调幼儿园大门的位置，可加大它的面宽，并将周边漏空围墙在此后退一段距离，以与道路形成缓冲。

2. 游戏场地设计

按不同游戏内容与方式将器械活动场地布置在沿南地段边缘一带。一是不影响场地其他的游戏活动，比较安全；二是作为南立面道路的景观，以体现幼儿园的环境气氛。

把一层各班级活动场地紧靠近各班级活动单元门前，场地中心部位作为集体活动场地，在其中布置 30m 塑胶跑道。

在教学楼班级活动场地前布置砂池，此处背风向阳，不但适宜幼儿玩砂，而且可成为景点。而戏水池可布置在东小院南侧，夏天可免遭暴晒。植物园和小动物房舍可布置在西小园，一方面是幼儿每天必经之路，可以经常接触、观赏；另一方面靠近办公区域，便于工作人员的管理

在场地周边设置漏空围墙及绿化带，并在西、北两侧栽植乔木，以挡西晒并与住宅区形成屏障，对创造各班卧室的安静环境有一定好处。而在南面和东面场地边缘处可种植低矮灌木，让幼儿园建筑形象可展露出来。

另外，还要考虑教师的自行车、摩托车存放(可布置在大门西侧院内)和晒衣场(可布置在三层屋顶)。

到此为止，我们经过对该幼儿园建筑设计的任务书解读与分析、方案构思与设计，详细阐述了正确展开方案设计的思维与方法及各设计阶段的成果表达方式，我们最终达到了预期的设计目标，获得了一个令人满意的方案。并按设计任务书绘图的要求，把设计成果完整表达出来(图 5-18～图 5-25)。

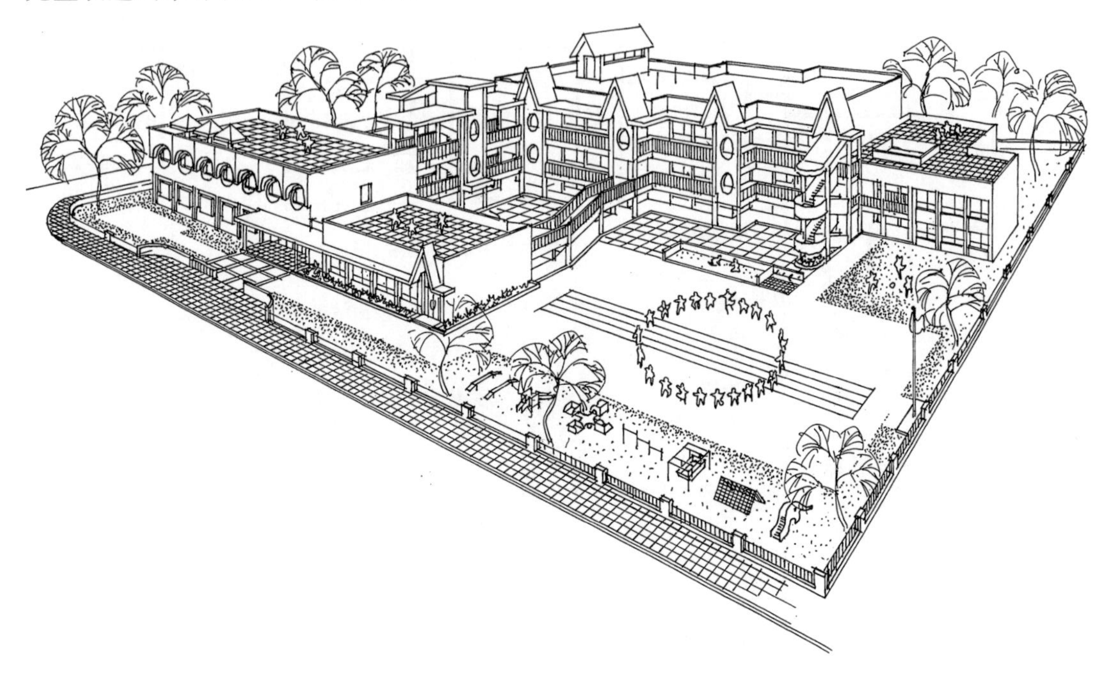

图 5-18　鸟瞰图

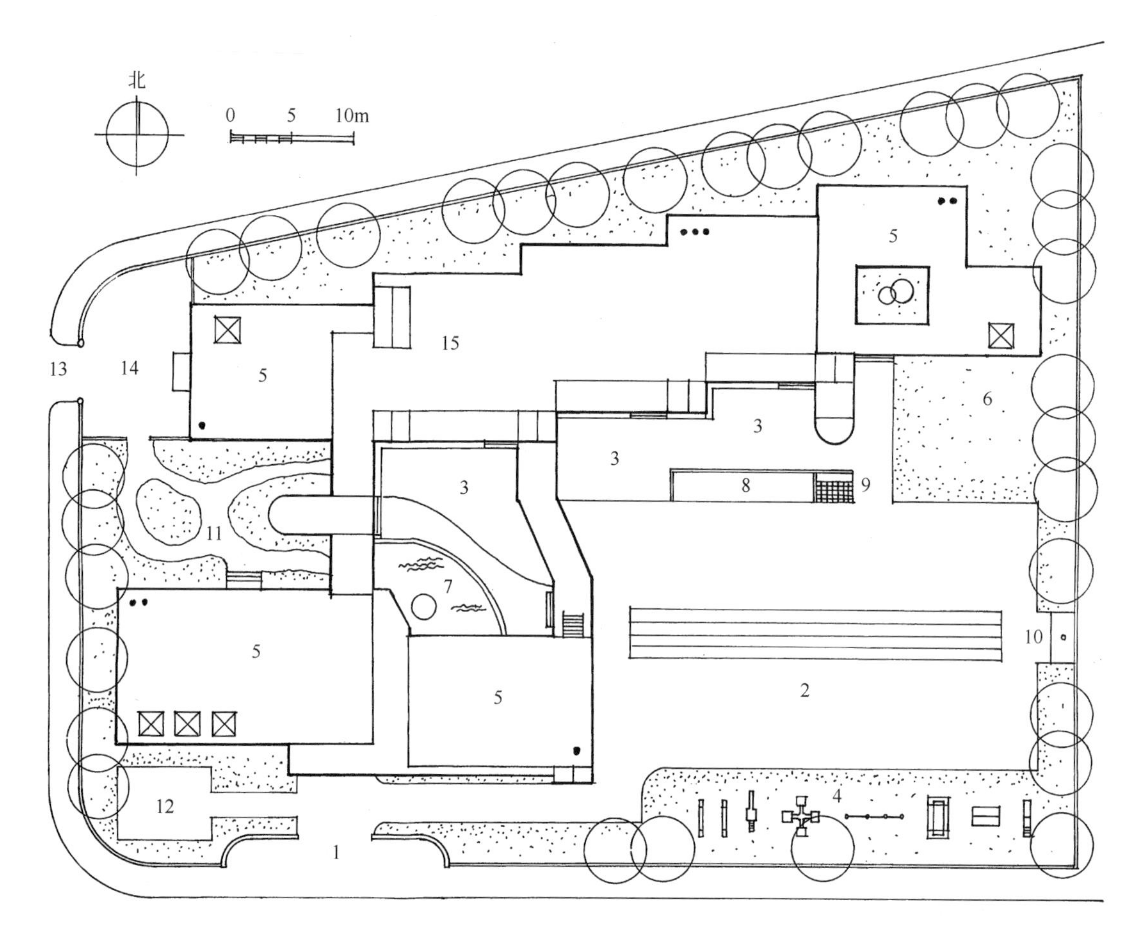

图 5-19 总平面

1—主入口；2—集体活动场地；3—班级活动场地；4—器械活动场地；5—屋顶活动场地；6—草地；7—戏水池；8—砂池；9—洗脚池；10—旗杆；11—植物园地小动物房舍；12—自行车存放；13—次入口；14—内院；15—屋顶晒衣场

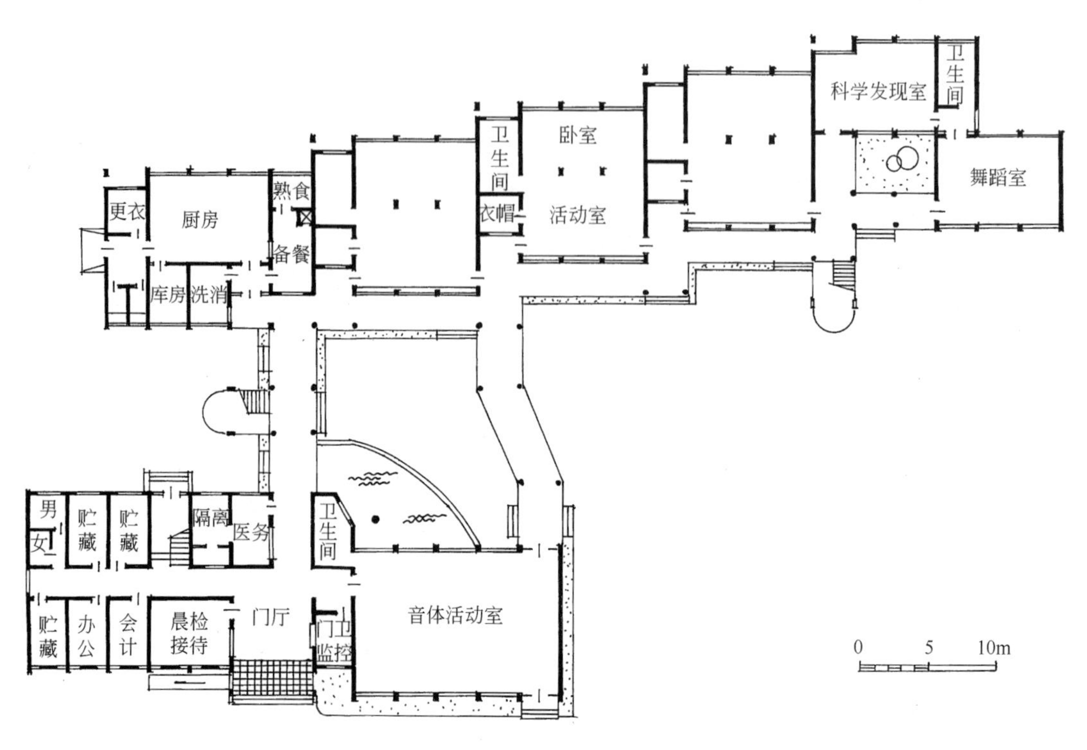

图 5-20 一层平面

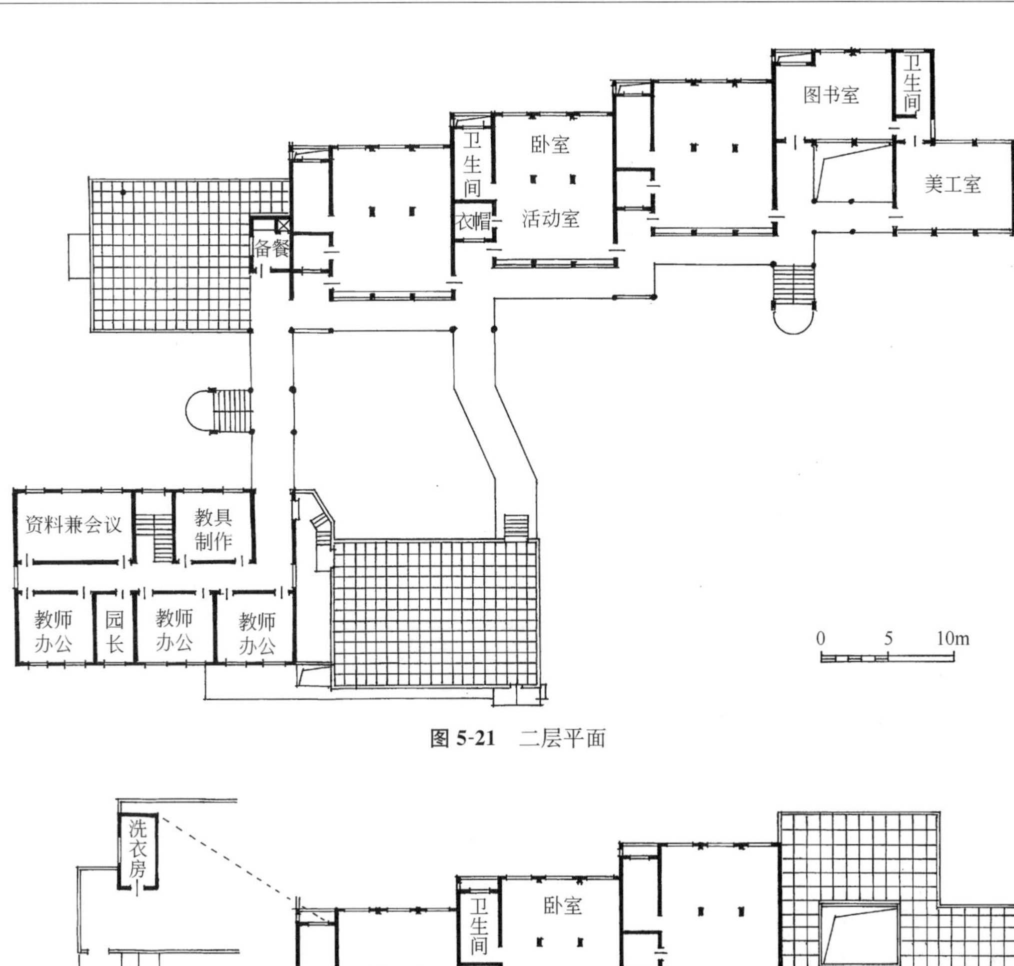

图 5-21　二层平面

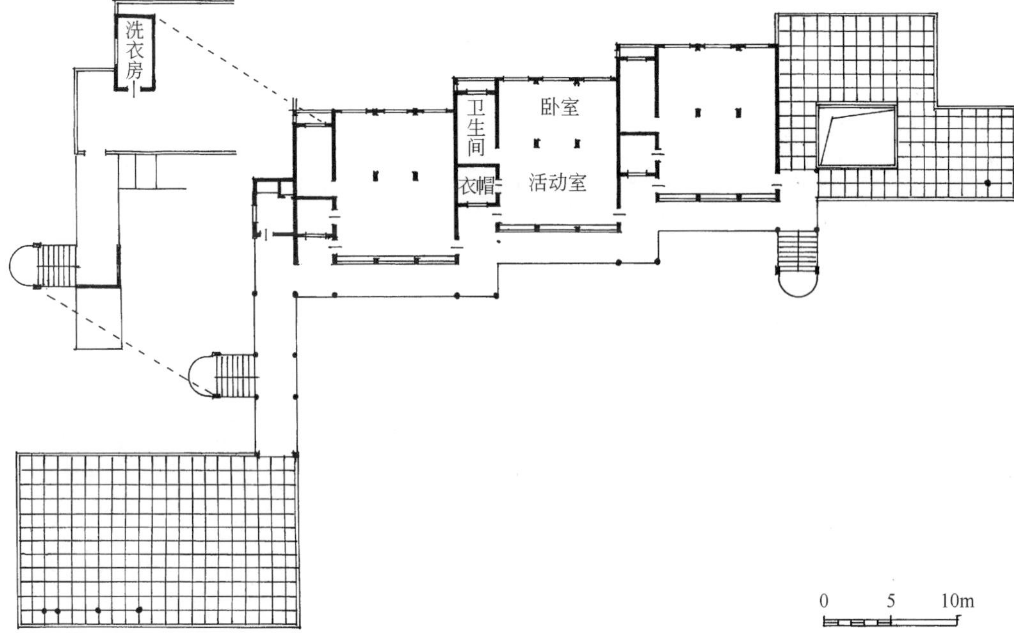

图 5-22　三层平面

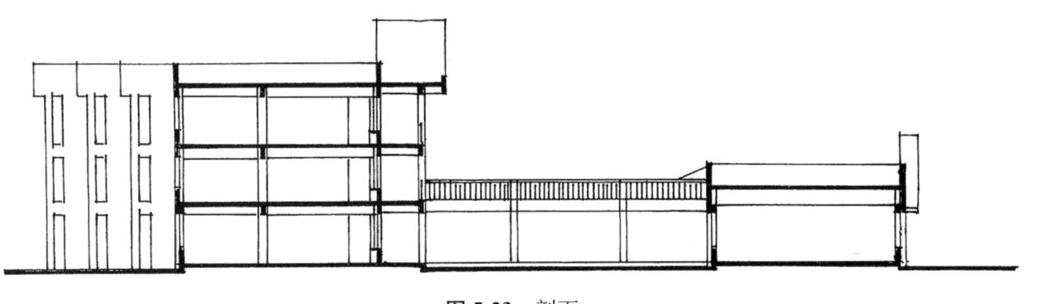

图 5-23　剖面

图 5-24　北立面

图 5-25　南立面

主 要 参 考 文 献

1. ［英］G·勃罗德彭特著. 建筑设计与人文科学. 张韦译. 北京：中国建筑工业出版社，1990.
2. 黎志涛. 建筑设计方法入门. 北京：中国建筑工业出版社，1996.
3. 戚昌滋，胡云昌主编. 建筑工程现代设计方法. 北京：中国建筑工业出版社，1988.
4. 芮杏文，戚昌滋主编. 实用创造学与方法论. 北京：中国建筑工业出版社，1985.
5. 陈政雄. 建筑设计方法. 台北：东大图书有限公司，1972.
6. 黎志涛. 一级注册建筑师考试建筑方案设计(作图)应试指南(第三版). 北京：中国建筑工业出版社，2007.
7. 天津大学编. 公共建筑设计原理. 北京：中国建筑工业出版社，1981.
8. 彭一刚. 建筑空间组合论. 北京：中国建筑工业出版社，1983.
9. 尹青. 建筑设计构思与创意. 天津：天津大学出版社，2002.
10. ［英］丹尼斯·夏普著. 20世纪世界建筑——精彩的视觉建筑史. 胡正凡，林玉莲译. 北京：中国建筑工业出版社，2003.
11. 吴焕加. 20世纪西方建筑名作. 郑州：河南科学技术出版社，1996.
12. 严坤编著. 普利策建筑奖获得者专辑(1979—2004). 北京：中国电力出版社，2005.
13. 罗小未主编. 外国近现代建筑史(第二版). 北京：中国建筑工业出版社，2004.
14. 潘谷西主编. 中国建筑史(第五版). 北京：中国建筑工业出版社，2004.
15. ［美］戴维·拉金，布鲁斯·布鲁克斯·法伊弗编. 布鲁斯·布鲁克斯·法伊弗撰文. 弗兰克·劳埃德·赖特：建筑大师. 苏怡，齐勇新译. 北京：中国建筑工业出版社，2005.
16. 马国馨. 丹下健三. 北京：中国建筑工业出版社，1989.
17. 王天锡. 贝聿铭. 北京：中国建筑工业出版社，1990.
18. 李大夏. 路易·康. 北京：中国建筑工业出版社，1993.
19. 郑时龄，薛密编译. 黑川纪章. 北京：中国建筑工业出版社，1997.
20. ［韩］C3设计. 艾瑞克·欧文·摩斯，查尔斯·柯里亚. 连晓慧译. 郑州：河南科学技术出版社，2004.
21. ［韩］C3设计. 安藤忠雄. 郑州：河南科学技术出版社，2004.
22. 支文军，朱光宇编著. 马里奥·博塔. 大连：大连理工大学出版社，2003.
23. 徐芬兰著. 高迪的房子. 石家庄：河北教育出版社，2003.
24. ［美］亚历山大·佐尼斯著. 圣地亚哥·卡拉特拉瓦. 大连：大连理工大学出版社.
25. 薛恩伦，李道增等著. 后现代主义建筑20讲. 上海：上海社会科学院出版社，2005.
26. 吴焕加、刘先觉等著. 现代主义建筑20讲. 上海：上海社会科学院出版社，2006.
27. 杨永生主编. 中外名建筑鉴赏. 上海：同济大学出版社，1997.
28. 布正伟. 结构构思——现代建筑创作结构运用的思路与技巧. 北京：机械工业出版社，2006.

29. 高立人，方鄂华，钱稼茹编著. 高层建筑结构概念设计. 北京：中国计划出版社，2005.

30. 郝亚民主编. 建筑结构型式概论. 北京：清华大学出版社，1982.

31. [德] 柯特·西格尔著. 现代建筑的结构与造型. 成莹犀译. 北京：中国建筑工业出版社，1981.

32. [苏] A·B.·利亚布申、И·B·. 谢什金娜. 苏维埃建筑. 吕富珣译. 北京：中国建筑工业出版社，1990.

33. 彭一刚. 形象思维与逻辑思维的统一. 建筑师(第9期)，1981.

34. 汪正章. 谈建筑构思与环境. 建筑师(第12期)，1982.

35. 黄亦骐. 设计方法论中思维程序及其思维手段. 建筑师(第16期)，1983.

36. 张韦. 形象思维纵横. 建筑师(第22期)，1985.

37. 陈励先. 图示思维与建筑设计教学. 建筑师(第27期)，1987.

38. 汪正章. 建筑师的创造性思维. 建筑师(第27期)，1987.

39. 朱卫国. 建筑构思论. 建筑师(第75期)，1997.

40. 周大明. 建筑形象设计中的结构技术构思与结构技术表现. 建筑师(第98期)，2001.

41. 董豫赣. 材料的光辉. 建筑师(第97期)，2000.

42. 周庆琳. 从国家大剧院建筑方案的国际竞赛看东西方文化的差异. 建筑学报，2000.1.

43. 吴焕加等编著. 20世纪外国建筑师精品回顾(100例). 世界建筑，1999.6.

44. 彭一刚. 从这一类到这一个—甲午海战馆方案构思. 建筑学报，1995.11.

45. 李倪. 我的“功宅”方案介绍. 建筑学报，1985.5.

46. 卢小荻. 实践与认识——我国大中型铁路旅客站建筑创作的反思. 建筑学报，1989.6.

47. 陈集珣，盛涛. 高层建筑结构构思与建筑创作. 建筑学报，1997.6.

48. 刘先觉. 仿生建筑文化的新趋向. 世界建筑，1996.4.

49. 赵炳时. 美国城市标志性超高层建筑发展历程. 世界建筑，1997.2.

50. 张铭琦、吕富珣. 论医学模式的发展对医学建筑形态的影响. 建筑学报，2002.4.

51. 李纲，吴耀华，李保峰. 从“表皮”到“腔体器官”——国外3个建筑实例生态策略的解读. 建筑学报，2004.3.

52. 马笑漪编译. 海天之恋——TJIBAOU文化中心，新喀里多利亚. 世界建筑，1999.3.

53. 范雪. 苏州博物馆新馆. 建筑学报，2007.2.

54. 李祖原. 台北101大楼. 建筑学报，2005.5.

55. 赵擎夏. 西藏博物馆设计回顾. 建筑学报，2002.12.

56. 王世仁. 重读列宁墓. 世界建筑，1999.1.

57. 戴复东. 北斗山庄——一个继承传统文化建筑创作的探索实例. 建筑师(第51期)，1993.

58. 沈瑾，许智梅. 潘家峪惨案纪念馆设计. 建筑学报，1999.6.

59. 清华大学建筑学院、清华大学建筑设计研究院. 曲阜孔子研究院的设计实践与体会. 建筑学报，2000.7.

60. 李兴钢、张音玄、付邦保. 表皮与空间——北京复兴路乙59-1号改造. 建筑学报，2008.12.